工业设计专业教材编写委员会

高等学校教材

产品设计中的人机工程学

第二版

王继成 编著

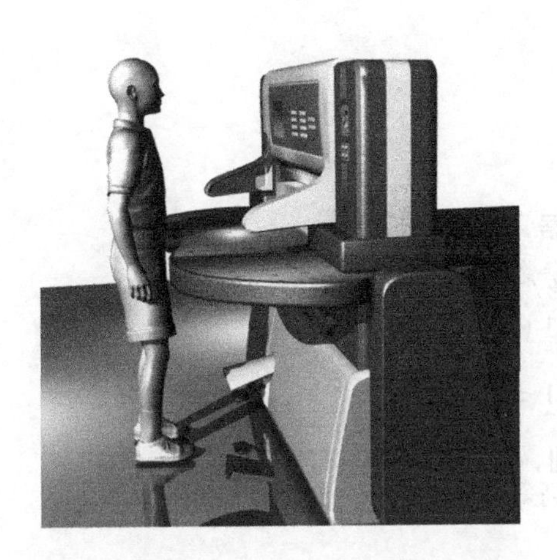

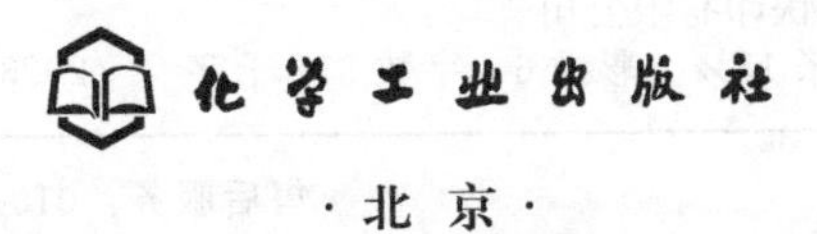

·北京·

内容简介

本书着重介绍了人机工程学在产品设计中的应用与最新发展，介绍了产品的可用性研究与可用性测试的概念，以及在产品设计中具体实现以人为中心设计理念的设计手段与方法。

以人为中心是现代设计的基本出发点。本书运用人机工程学的基本原理，从提升产品可用性品质的基础上，全面分析了产品设计中的人的因素，并将人的因素的研究融入到产品开发的全过程中。结合实例，具体介绍了通过产品的可用性研究与测试，获得基本设计数据的过程与方法，并具体应用于解决实际的设计问题。本书同时还介绍了无障碍设计、老年人设计和共用性设计等新的设计理念；介绍了最新发展的 ISO 13407（以人为中心的设计过程的标准化）的基本内容与要求。

全书共分十三章，大部分章节后均附有具体案例分析与研究，在所有章节后增加了习题，并设计了综合作业。内容新颖，有特色。

本书可作为工业设计专业及机械设计等其他设计类专业的本科或研究生教材和教学参考书，也可供工业设计人员和相关工程技术人员参考。

图书在版编目(CIP)数据

产品设计中的人机工程学/王继成编著．—2版．—北京：化学工业出版社，2010.11（2023.1重印）
高等学校教材
ISBN 978-7-122-09567-1

Ⅰ．产… Ⅱ．王… Ⅲ．①人-机系统-高等学校-教材②工业产品-造型设计-高等学校-教材 Ⅳ．①TB18 ②TB472

中国版本图书馆 CIP 数据核字（2010）第 189825 号

责任编辑：张建茹　李彦玲　　　装帧设计：韩　飞
责任校对：宋　玮

出版发行：化学工业出版社（北京市东城区青年湖南街 13 号　邮政编码 100011）
印　　装：北京七彩京通数码快印有限公司
787mm×1092mm　1/16　印张 18¼　彩插 6　字数 371 千字　2023 年 1 月北京第 2 版第 7 次印刷

购书咨询：010-64518888　　　售后服务：010-64518899
网　　址：http：//www.cip.com.cn
凡购买本书，如有缺损质量问题，本社销售中心负责调换。

定　　价：56.00 元

序

化学是研究物质的变化和规律的一门学科。设计是研究形态或样式的变化和规律的一门学科。一个是研究物质，包括从采掘和利用天然物质到人工创造和合成的化学物质；一个是研究非物质，包括功能和形态的生成，变化及其感受。有物质才有非物质，有物才有形，有形就有状，物作用于人的肉体，形作用于人的心灵。前者解决生存问题，实现人的生存价值；后者解决享受问题，实现人的享受价值。一句话，随着时代的进步，为人类不断创造一个和谐、美好的生活方式。

其实，人人都是设计师，人们都在自觉或不自觉地运用设计，在创造或改进周边的一切事与物，并作出判断和决定。设计是解决人与自然，人与社会，人与自身之间的种种矛盾，达到更高的探索、追求和创造。通过设计带给人们生活的意义和快乐。尤其在当今价值共存、多样化的时代下，设计可以使“形”获得更多的自由度，使物从“硬件”转变成与生活者心息相通的“软件”，这就是“从人的需要出发，又回归于人”的设计哲理。有人说设计就是梦，梦才是设计的原动力。人类的未来就是梦的未来。通过设计可以使人的梦想成真，可以实现以地球、生命、历史、人类的智慧为依据的对未来的想像。

化学工业出版社《工业设计》教材编写委员会成立于2002年10月。一开始就得到各有关院校的热情支持和积极参与。大家一致认为，设计教育的作用是让学生“懂”设计，而不只是“会”设计。这次确定的选题，许多都是自己多年设计教学实践的经验、总结和升华，是非常难能可贵的。经过编委会的讨论、交流、结合国内现有设计教材的现状，近期准备出版以下工业设计专业的教材或参考书：

《产品模型制作》（福州大学谢大康）；
《产品设计原理》（深圳大学李亦文）；
《设计色彩学》（上海大学张宪荣、张萱）；
《基础设计》（福州大学谢大康，湖北美术学院刘向东）；
《设计符号学》（上海大学张宪荣）；
《网络化工业设计》（北京航空航天大学黄毓瑜）；
《工业设计概论》（中英双语）（北京航空航天大学黄毓瑜）；
《设计图学》（中国地质大学李理）；
《产品设计中的人机工程学》（华东大学王继成）；
《设计形态语义学》（上海理工大学陈慎任）；
《设计材料与加工工艺》（南京理工大学张锡）。

以上工业设计专业教材及参考书的出版力求反映教材的时代性、科学性与实用性，同时扩大了设计教材的品种及提高了教材的质量。最后，我代表编委会感谢化学工业出版社的大力支持和帮助，使这套系列教材能尽快地与广大读者见面。

《工业设计》教材编写委员会
主任　程能林
2003年7月5日

第二版前言

本书自2004年出版以来，已有六年了。在过去六年中，承蒙读者的厚爱，让本书有机会在高校相关专业的教学中发挥了一定作用，获得了好评，但同时也反映了一些不足。值此再版之际，笔者结合教学实践的需要与学科本身的发展，对本书作了较大篇幅的调整，修改如下。

1. 依据课程教学的要求，合理调整了章节的顺序；

2. 为改善和提高学生对相关知识点的理解与应用能力，在每章之后增加了习题，并针对主要教学环节增加了综合作业。这些习题与综合作业，是作者经过多年教学实践精心设计和逐步积累的结果，强调了与产品设计的结合与运用，并经过了多轮教学实践的检验；

3. 依据学科本身的发展，笔者对全书作了内容上的修正，增加了如产品可用性等新的内容，同时也删除了相对陈旧的内容。

科技水平的快速发展实现了产品功能的日趋完善，同时，也加深了人们对产品功能的复杂化和使用的简易性与直观性需求的矛盾，从而导致了产品普遍存在的可用性问题，因而针对改善这一矛盾并以用户为中心的产品可用性研究必然成为人机工程学具有重要应用意义和研究价值的内容。

笔者希望修订后的本书将更突出人机工程学在产品设计中的应用特点，强调将人机工程学融入到产品开发的过程中，以便更好地改善和提高产品的可用性品质。

继续期待同行、专家和广大读者的批评与指正。

王继成

2010年8月8日

第一版前言

工业设计是现代社会工业产品竞争力的核心要素，是实现高、新技术产业化的重要手段，是科技创新不可或缺的另一翼。它不仅指产品外观的美化，更包括对人的因素、环境生态、技术前景、社会变革等高层次的理解，并因此被著名科学家杨振宁誉为“21世纪最有前途的科学”。

工业设计的主体是产品设计。它的目标是通过增强产品的宜人性和更好的形式对功能的适应，通过对消费者心理的敏锐知识，通过产品外形，色彩和结构上的美学感染力来加强产品对用户的吸引力，使产品成为用户竭力向往得到的东西。事实表明：在市场经济背景下，产品如无工业设计辅助就难以转化为商品；难以形成能被世界市场接受并能与国际著名品牌相抗衡的本地品牌。在不同产品领域内，都有相应的国际著名品牌受到国际市场的青睐，引领着各自产品领域的世界潮流。名牌产品能立足市场而经久不衰的主要原因是重视了工业设计，适应和把握了市场的变化与发展。及时迎合或超前指导了人们需求的变化与发展。成功的品牌产品本身也因此必然能够相对正确地折射出市场与人们需求的变化与发展。优秀的品牌产品还能体现现代工业设计的发展趋势。

工业设计的核心是“以人为中心”。在进入21世纪，面临经济全球化的今天，企业的产品将面临更广泛、更严厉、多层次的消费者审视。在一个高度竞争的市场上，用户的需求与喜好将在产品开发过程中得到更大关注，工业设计的内容、方法和手段也将发生相应的变化。

今天，由于科技的进步使企业间在产品质量上的差距日趋接近，而使设计，使诸如实用外观专利等成为重要的知识产权。产品不仅要满足功能要求、美学要求，更要满足使用者的安全，舒适，有利健康和操作的得心应手，以及与环境保护的一致。因此，如何寻找人—机—环境间的最佳匹配关系，探索工业产品以人为中心的设计理念、设计手段与方法，成为实现产品品质赶超国际水准的关键。成为现代工业设计必须关注的重要课题。

人机工程学是实现以人为中心的设计思想的重要理论基础，是衡量当代产品设计水平的最重要指标。随着科学技术的发展，以人为中心的理念已成为设计产品系统的主要目标，人机工程学也因此成为设计学科领域中的主要研究方向，成为工业设计的主要理论基础和设计理念。正是基于这一认识，作者编写了这本教材。

本书运用人机工程学的基本原理，较全面地分析了产品设计中的人的因素，并将其融入到产品开发的整个过程中。人的因素作为一项可以被用来在人的领域中创造产品而使之为人们更好服务的技术而被添加到产品设计中，它关注产品的使用者（有时称为最终使用者)，它主要目标是确保产品易于使用、学习、生产和安全。在产品设计中，通过人的因素的研究可获得基本的设计数据，并具体应用于解决实际的设计问题。这将有助于改善产品的使用性与质量。提高产品成功的概率，并大大减少用户对生产企业可能的法律诉讼。

科学技术的进步给大多数人的生活、工作、学习带来了极大的方便，但对许多老年人和残疾人来说有时却成为一种障碍。许多产品他们无法使用或不能方便地使用。然而老年人和残疾人要求独立生活和平等参与社会的愿望日益强烈。因此能否为尽可能多的人（包括健康的老年人和能够自食其力的残疾人）提供使用性良好的工业产品和设施，为现代人提供平等的使用机会，将成为企业通过产品接近消费者，向社会显示产品品质，获得国际竞争力的重要手段。是现代国家最重视的设计理念和文明程度的重要标志。为此，发达国家提出了共用性设计的理念。

目前仅中国国内，老年人和残疾人的人口已超过了两亿。如何使现代设施和用品满足包括上述群体在内的用户使用，已成为不容忽视的人机工程学与工业设计的课题。

本书以较大篇幅介绍了共用性设计的概念和内容。分析了不同类型功能障碍者的特征与不便，归纳了实现共用性设计及其产品系统的途径与方法。随着世界人口老龄化和残疾人日益增多，共用性设计必将成为产品、环境、通信等领域设计的发展方向。

本书最后具体介绍了ISO 13407的主要内容与要求。随着人机工程学在工业中应用的日益广泛，人机工程学的标准化问题变得越来越重要。国际标准化组织于1975年设立了人机工程学技术委员会，负责制定人机工程学方面的标准。各地区和各国也都根据自己的具体情况制定了相应的标准和规范，如CE标准是目前欧洲、美国、日本已经开始实施的人机工程学方面的标准，它是产品进入这些地区的重要评价指标。正在酝酿推广的以人为中心的设计过程的国际标准：ISO 13407将在更大范围内执行人机工程学的要求。

ISO 13407为产品设计提供了具体、可操作性的有效方法和原则，具有极高的实用价值。同时对政府建立相关的产品开发政策，设计人员建立正确的产品开发思想，提高产品的档次和在市场上的竞争力，形成社会对工业设计价值和人性化主体价值的认同有重大意义。

在本书的编写过程中，作者得到了东华大学工业设计硕士研究生杨智勇、毕湘军、马婷婷、牛小夺、黄坤、王惠的鼎力相助，谨此表示衷心的感谢！

最后，期待同行、专家和广大读者的批评与指正。

王继成

2004年5月8日

目 录

第1章 人机工程学综述

- 人机工程学的概念
- 人机工程学的组成
- 人机工程学的起源
- 人机工程学的发展
- 人机工程学与产品设计
- 人/机系统

人机工程学作为一门新兴的科学，是在20世纪50年代前后才发展起来的。然而，今天它已成为一切工程技术人员必不可少的工具，成为实现工业设计目标的重要手段。

人机工程学在美国被称为Human Factor Engineering（直译为“人因工程学”）。而在英国，则被称为Ergonomics。这是由两个希腊单词：ergo（表示工作）和nomos（表示法则或习惯）组成的新词。因此，ergo-nomos的含义是：把机械产品设计成十分符合人类的工作或动作的法则或习惯。这一名称（即ergonomics）已被国际标准化组织正式采纳。

1.1 人机工程学的概念

2000年8月，国际人机工程学学会（International Ergonomics Association）对本学科所下的定义为：人机工程学是研究人与系统中其他因素之间的相互作用，以及应用相关理论、原理、数据和方法来设计以达到优化人类和系统效能的学科。人机工程学专家旨在设计和优化任务、工作、产品、环境和系统，使之满足人们的需要、能力和限度。

人机工程学将人类的需求和能力置于设计技术体系的核心位置，为产品、系统和环境的设计提供了与人类相关的科学数据。追求实现人类和技术完美和谐融合的目标。

现代高度发展的技术已把人置于这样一种地位，在这里，任何控制或判断上的差错都将产生十分严重的后果。例如，从技术角度来看，观测手表以判断商店是否还在营业的过程与在飞机上观察高度仪以判断飞机高度的过程几乎没有任何区别，但由于误读而产生的后果在本质上却相距甚远。类似地，空中的交通控制、外科手术或原子能反应堆的操作、预警雷达系统的控制都不允许在操作、控制上产生半点差错。即使一般的工业产品，人们也要求它不仅能够满足功能要求，还必须符合美观、使用方便、操作灵活、舒适和安全的要求。

以人为中心的设计已成为现代迅速发展的技术的一个基本点。可以说在现代，设计的主要困难已不在于产品本身，而在于是否能够找出人与产品之间最适宜的相互联系的途径与手段，在于是否能够全面考虑到操作者在人/机系统中的功能作用特点和产品结构与“人的因素”相吻合的程度。因此，如何把产品设计得更适合于人使用的问题越来越受到重视，人机工程学正是在这样的背景下产生的。

要使产品和功能符合人类特性，使产品既容易操作，又正确可靠。不易使人疲劳，就必须收集有关人类特性临界值的数据。这就使生理学、医学、解剖学和心理学都与工程设计发生了密切的联系，并参与共同确定人在作业活动中的极限。这些经过生物学角度进行调整的规则在工程领域中的渗入就是人机工程学的本质。因此，关于人机工程学的定义也可以简单地描述为：“研究与劳动环境和设备设计有关的人的因素的科学”。

显而易见，人机工程学是一门综合的自然科学。人机工程学专家和其他领域的专家，如工程设计师、工业设计师、计算机专家、工程医学和人类资源专家通力合作，最终目标是实现把人们对人类特性的知识转化成解决人类工作和休闲时的具体问题。在许多情况下，人类可调整姿势以适应不舒适的环境，但是这种调整通常是低效率、易出错、需要承受难以忍受的压力、甚至付出身体和精神方面的代价。人机工程学的研究与应用可以彻底改变这种状况。人机工程学几乎包含与人相关的一切事物。如果设计得当，运动、休闲、健康、安全都将体现人机工程学的基本原理。

虽然不能期望人机工程学能因此解决所有的问题，但是，只要接受人机工程学的技术与准则，就可以帮助设计者减少明显的差错与危险。

1.2 人机工程学的组成

人机工程学是处理人与工作环境之间的关系。研究人类的基本学科包括解剖学、生理学、心理学。人机工程学运用这些科学主要目的在于：更充分地发挥人类的能力和维护人类的健康与安宁。具体地说，就是确保作业任务在所有方面均适合于人，且工作环境不能超出人的能力和局限性。

基础解剖学的贡献在于它改善了人与使用工具之间的身体适应性，从手工工具到飞机驾驶室的设计，要想取得良好的身体适应性产品的设计无疑必须考虑人的形体尺寸的不同；人类学提供了人体各种姿势的数据；生物力学则考虑肢体和肌肉的动作，确保工作时的正确姿势，并避免使用过大的力。

人类生理学的知识包括两方面的内容：一方面是劳动生理学研究人体作业所需能量并设计出人类可承受的工作频率和工作载荷的标准；另一方面是营养学考虑人在某些特殊工作条件下的营养需求，如在高温、嘈杂、振动的条件下的最佳需求选择。

心理学与人处理信息的过程和决策能力有关。简单来说，心理学就是帮助人对他们使用的工具有更好的认知性。与此相关的主题还包括理性过程、观察、长期和短期记忆、决策与行动。在当代高科技社会中，心理学对人机工程学尤其重要。心理学对人机工程学在人—计算机交互界面、人—机交互界面、工业过程的信息表达以及培训计划、人的任务和工作的设计研究中起了很大作用。

在当今信息社会，信息过量的情况已很普遍。如在高度自动化水平的生产流水线上，要同时处理监视、管理和维护以及如何合理分配流水线上每人的任务，常常会增长对人脑力方面的要求。如何提高人脑信息处理和决策能力就离不开心理学的帮助。

1.3 人机工程学的起源

人类工具的发展史就是不断实现方便使用目标的历史。一切人造工具，无论原始的石器还是今日的电子产品，人们制造它们并不断改进它们，都出于一个共同的观念与目标：就是为了让人们更好、更方便、更安全地使用工具从事各种活动与工作。尽管人机工程学直到20世纪20年代才出现，然而，有证据表明人机工程学原理实际上在2500年前就已经为人所知并确定了下来。可以发现，那些在现今的设计中所关注的人机工程学主题几乎都可以在下面的例子中找到它的萌芽。

人机工程一词来源于希腊语 εργου（ergon）意思是工作，以及 νόμοs（nomos）意思是物质生理惯例。尽管并无具体应用人机工程学这个名词，考古发现的不同领域人机工程学设计的例子证明了人类祖先对实用性和提高生活，改善工作条件的关注。在设计工具、工作场所或工作情况时考虑到了人的因素。种种征兆显示在古代已经拥有很好的关于人的因素的知识，并借此实现以人为中心的设计目标。

1.3.1 以人为中心设计理念的萌芽

Plato 戏剧中引用的一句格言："人是所有东西的测量尺度。"形象表达了以人为中心的设计理念。有许多例子可以表明这种概念如何应用于实际情况。

用来测量长度的尺度单位的名称及大小都来源于人体。如 δακτυλοs（手指），παλαμη（手掌），πηχυs（前臂）和 πόδτ（脚）。使用这种测量系统，许多建筑的基本单元都与人体成比例。古希腊人的葬礼仪式提供了另一个例子，表明他们对以人为中心设计的关注。古希腊人相信在死亡后灵魂会去另一个世界。为了使他们的死亡之旅及来世舒适一些，他们在坟墓里放上像器皿用具之类的个人物品。这些陪葬品的尺寸大小与死者的年龄和身材相匹配。

1.3.2 基于对人的因素良好知识的设计迹象

雕像和绘画表明了古希腊人有很好的人类学知识。他们利用人体各部分的相对比例关系作为设计的基本比例。例如：庙宇圆柱的高度是其柱脚直径的8倍。而8∶1正是女性身高和脚长之间的比。

由于了解了人的视错觉特性，古希腊建筑师在设计建筑物时充分利用视错觉，以给观者特别的感觉。例如：图1-1帕提亚神庙中巨大的柱子并非是笔直的，而故意设计成一定的弯曲弧度，却给人以精巧、挺拔的感觉。

1.3.3 人机工程设计建议

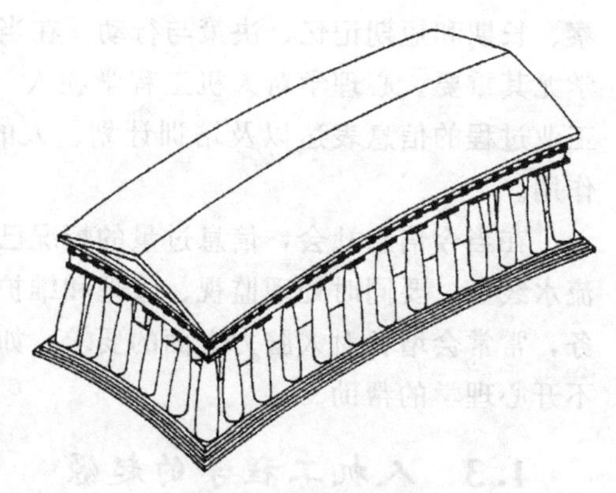
图 1-1 帕提亚神庙

医学之父 Hippocrates（公元前 460～公元前 370）在他关于外科手术的文章中，对手术场所进行了具体的介绍和建议。他建议手术可以根据操作动作来决定站着或是坐着进行，但总要采取最舒适的姿势。Hippocrates 描述了这些动作姿势，并决定手术医生、病人及灯光源（包括自然光和人造光）的相对位置，以使手术更容易，也能避免闪光刺眼。在同篇文章中，他也提到手术用具应该放在靠近医生手术操作手边，但同时又不能妨碍操作动作。在另一篇文章中还提到手术用具应该具有怎样的形状、尺寸、重量及结构，以便使用更方便。在这些文章中可以发现工作场所和工具设计应用人机工程学原理的明确资料。

在古代，关于工作条件的规定较为少见。然而，在位于雅典附近，从公元前 1200 年就已使用的矿场中，就有关于为安全考虑的相关规定。如禁止移除坑道中的金属支撑杆；禁止为照明而使用易产生过量烟雾的煤油灯。违反这些规定的承包商会遭到严厉处罚，在这里可发现当时对保护劳动者生命的关注。这可能是历史上第一个关于职业健康和安全的规定。

1.3.4 使劳动负荷最小化的设计

大理石是当时庙宇等公共建筑中使用的主要建筑材料。这种大理石材很重。如帕提亚神庙的圆柱和横梁每根重达 10 吨以上。由于大部分重要的公共建筑都建在山顶。更大大提高了大理石块修砌的难度。从大理石块和采石场上发现的痕迹可以推测，当时采用了许多聪明的技术。

图 1-2 负载马车的提升技术

大部分大理石的琢刻工作都是在采石场就地完成的。这样有两个好处。首先，琢刻工作在平地上更容易进行，同时也增加了安全性。其次，运输的大理石块的重量可以减轻。使用由动物（例：骡马）或人力，拖车来运输大理石。在大理石块必须被提升到山顶时，如图 1-2描绘了所利用的技术。当时并非使用骡马直接把车拖到顶部，而是在山顶部安装了一个大的定滑轮。系在满载的拖车上的牵引绳通过定滑轮改变方向，这样骡马只要沿斜坡往下拉，就可将满载的拖车拖到坡顶，大大减轻了骡马的工作负荷。

1.3.5 安全性设计

为防止在坡道上运输大理石块的拖车和马车滑动，制作了特殊的制动装置。其中一种用于下坡道的拖车上。如图 1-3 所示，大理石块用绳固定在拖车上。控制牵引绳穿过固定在拖车上的滑轮，两端分别卷绕在相隔一定距离的两个固定木桩上，并由两名作业者分别控制。一头放松，一头收紧，以此控制拖车，使满载的拖车能以平稳的速度向下滑动。如果石块很重，可由另外 2 名分别站在拖车前后的作业者持撬棒，帮助拖车移动。另一种制动器系统，用于上升的马车。如图 1-4 中的描绘。用杆相连的一对木制楔块，系在马车下侧，垫在尾轮后侧，以此阻止马车下滑。这个系统至今仍然被用作天然的停车制动器，例如当重型卡车停在斜坡上时的情况。

图 1-3 下坡移动的制动系统

图 1-4 上坡移动的止退系统

1.3.6 考虑方便安装的设计

在建筑中，为方便悬吊沉重的大理石构件，并能把它们起吊定位至精确到毫米的位置，在琢刻石块时，就已在石块上加工了辅助结构，以便于吊装和就位。而且不同形状的大理石构件有不同的结构，以和它的吊装方式与就位、连接形式相适应，如图 1-5。

1.3.7 适当的工具设计

任何产品因功能的需要和使用的方便，必须具备某些特定的结构形式。这一原则从文明一开始就影响了器具的制作，石头打制的工具也如此。如图 1-6，都是用来切割石料的工具，其中大部分和今天使用的几乎完全相同。从公元前 15～公元前 11 世纪，直至今天，它们最初的形态和功能仍然没有多大改变。这表明通过实践演变，它们的形态已经被磨炼得十分完善了。

图 1-6(b) 中的 9 手工扯钻特别体现了对人的关注。扯钻由两部分组成：

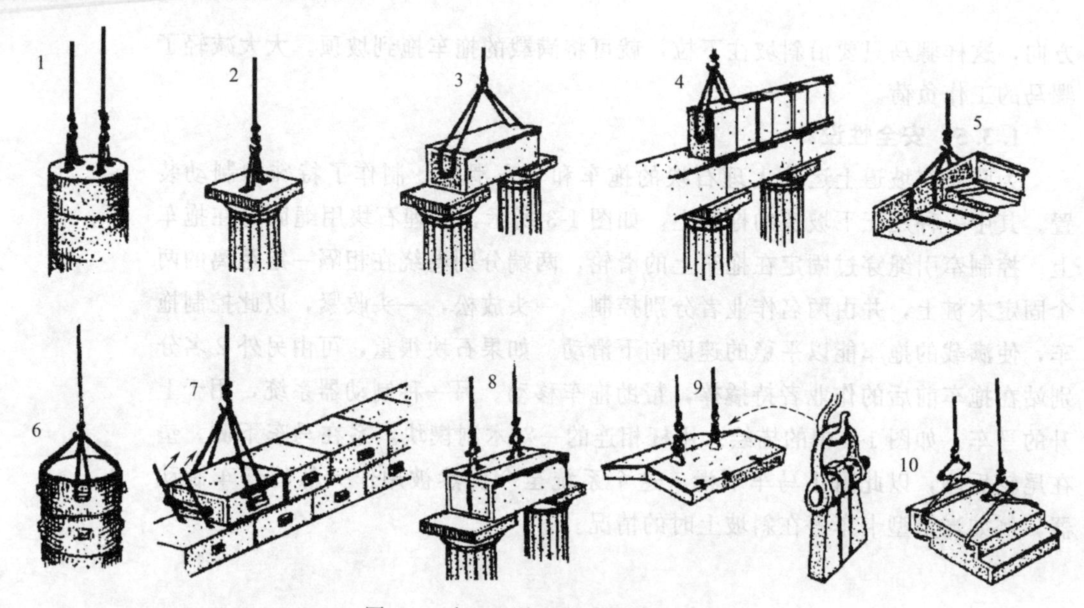

图 1-5 大理石块的悬吊和定位技术

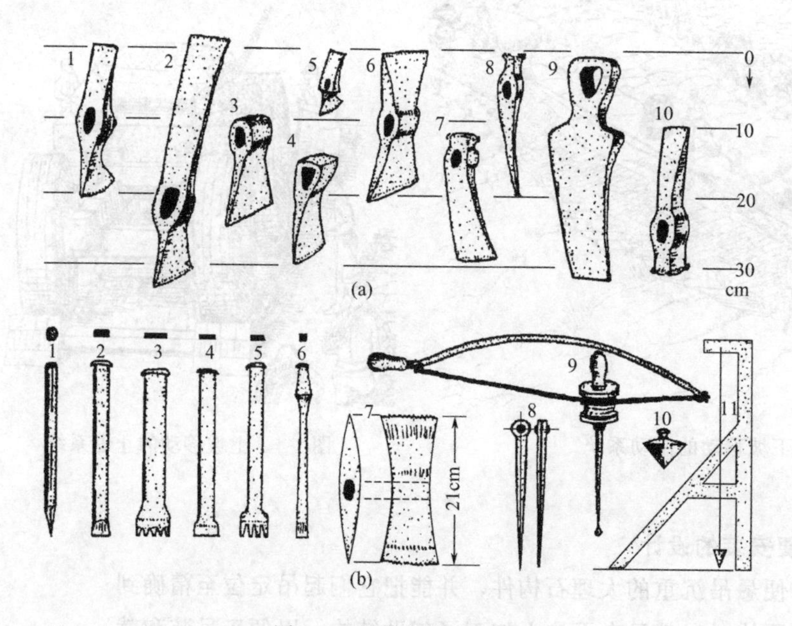

图 1-6 石头打制的工具

钻杆与木制手柄。细长的钻杆顶部有一个带有环形凹槽的鼓状物，木制手柄插在鼓状物顶部的孔内，与鼓状物可有相对转动。使用时操作者将“弓”的弦线环绕在鼓状物的凹槽内，用一只手握紧手柄，以控制钻孔的方向，并向下垂直用力。另一只手来回扯动“弓”，使钻杆往返转动。从而进行钻孔的作业。在整个钻孔过程中，由于手可以固定地握紧手柄（手柄与钻杆可有相对转动），而且钻杆可往返转动。这意味着手的来回移动都可以实现钻孔的有效作业，既舒适、方便，又可提高效率。而且这样的设计还可由两人来操作，以便能完成钻大孔的作业。

1.3.8 日常器皿的人机工程学设计

在古代，壶罐是最常用的器皿。在各种壶罐中可以发现有多种巧妙的设计解决方法。多种多样、不同形状和尺寸的壶罐有不同的用途，适用于不同的人体尺寸。尤其是把手的处理，特别显示了人类祖先对人的因素的关注。

图 1-7 为公元前 16 世纪时期的青铜罐（是古代盛水的容器）具有两个特别的把手。一个垂直置于罐出水口附近的颈部，另一个水平置于靠近底部的位置。下面的把手能够很好地控制液体的流出，而上面的把手供手抓握，以便提起水罐。使用时，一只手（可能是主要的一个）用力提举水罐，同时另一只手抓住下面的把手，以控制水流出的方向。

图 1-7 双重手柄的青铜罐

图 1-8 三个手柄的罐

图 1-8 为公元前 8 世纪的黏土罐。以三个把手为特征。两个水平、左右对称的手柄位于缸罐身的中间位置，第三个垂直安在罐颈部。当罐中充满水时，两个水平把手供两手一起提举。第三个与罐颈相连的把手则用于在罐空载时供用户单手提拿。它也可在肩扛时方便抓握以保持稳定。这个例子显示了对同一容器不同使用情况的关注：满载或空载，提或扛。

图 1-9 是一些双耳瓶（两个手柄的罐），用以存放像油、酒之类的液体。

图 1-9 双耳瓶

双耳瓶的特征是有两个对称位于瓶颈的垂直把手，并都有一个窄小锥形的底部，它们置于下部，当双耳瓶内盛满液体而要往其他容器内灌注时，可充当第三个把手，用于倾倒液体。这个位置的把手还有一个作用就是节约储存空间，紧贴瓶颈的把手可让瓶子在有限的空间里安全存放。并允许直立放置于特殊地面或沙地。如果把手位于瓶身上，会很容易因相互碰撞而损坏，否则为避免损坏，需要的存放空间就增加了。

图 1-10　可携带的黏土灶炉

在古代人们只能应用很少的材料（主要是木材、青铜和黏土）。然而，为了使他们的生活条件更舒适，仍然设法制作并使用了各种各样的器皿，其中一些直到今天仍在使用。考古发掘物中发现有少量的烹饪器皿，不同种类的瓶子，甚至是黄铜制品以及可携带的灶炉（图 1-10）。灶炉轻巧简洁并且十分有效，并具有两个便于搬运的把手。灶炉内火可通过底部方孔供应氧气以保持燃烧。黏土上盖可防止热量散发而浪费。此外如图 1-11 的儿童椅，尽管由不同材料制成，现代儿童椅实际上与其几乎具有相同的形状。图1-12的婴儿喂养瓶。这些物品中的许多形态实际上延续保留了几个世纪。显然，这是因为它们很好地适合了使用者。

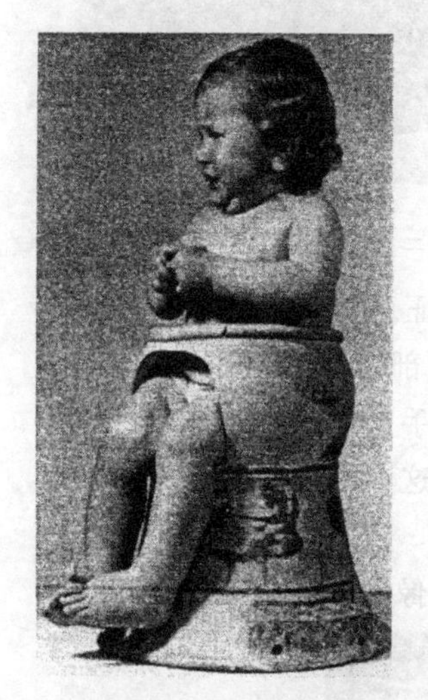
图 1-11　儿童椅

图 1-12　婴儿喂养瓶

1.4　人机工程学的发展

作为一门完整的科学，人机工程学仍是相对较新的科学，同时它依赖于那些早已产生的成熟的科学，如工程学、生理学、心理学。

人机工程学从产生到今天的整个发展过程，大致可分为三个阶段。

第一个阶段是人适应机器的被动阶段。在这一阶段中，机器相对来说还比较简单，对操作人员稍作选择或训练即可适应机器的要求。其真正的形成是在第一次世界大战时期，当时，作战双方为了提高作战能力，使士兵能更好操纵武器，都聘请了心理学家帮助解决诸如战时兵种分工、特种人员的选择与训练，以及军工生产的疲劳等问题。这一时期的特点是运用心理学来选择和训练人，使人适应于机器，其研究者大多为心理学家，这是人机工程学的萌芽阶段。

第二个阶段是让机器适应于人的阶段。第二次世界大战爆发后，由于战争的需要，出现了许多新技术，如雷达、声呐等。这不仅提高了武器系统的性能，同时也增加了武器系统的操作难度。在这种情况下，要使操作人员能够胜任复杂的操作，就必须对操作人员实行更严格的挑选，或经过长期的训练，这显然不能适应战争的需要。这就迫使设计人员在设计对象上下工夫，即从武器设计一开始就认真考虑潜在操作人员的生理、心理特点。使其在结构上就能确保适应一般人的操作。显然，这样的研究单靠生理学家已无法进行，而必须会同工程技术人员共同解决。战后，随着工业技术的发展，上述趋势也逐渐向民用领域扩展。如汽车、机械设备、建筑、生活设施及生活用具等，所涉及的与人的因素有关的问题愈来愈多，人机工程学得到了进一步的发展。

第三个阶段是将人—机器—环境作为一个整体来研究的阶段。近20年来，工业技术获得了更大的发展，机械化与自动化已大规模地使用机械能来代替肌肉的力量。使机器变得更有力量，并互相结合起来，从而给机器的控制和操作带来意想不到的困难。人与机器乃至与环境之间的关系越来越复杂，这意味着人们绝不能再孤立地设计每一台机器了。也就是说，在机器设计中必须将其与潜在的操作者、未来的运行环境条件联系在一起，作为一个完整的系统来设计。例如，汽车的设计，在高速公路上行驶的汽车是一个由人（驾驶员）、机（汽车）和环境（高速公路）组成的一个相互作用的复杂系统。驾驶员坐在车中，根据汽车速度表可以知道汽车在当时的速度，然后根据道路状态与道路标志信号判断速度与方向，以便作出加快或减慢车速或改变方向的反应。其中任何一个环节发生故障，如汽车操作系统失灵、道路标志不全或驾驶员酗酒等，都会导致事故。因此，要成功地设计汽车，在人机工程学方面，除了必须考虑驾驶员本身的特性及其各种界限值之外，还必须考虑汽车未来的运行环境。只有在设计中充分考虑了人—机—环境之间的关系，才能保证驾驶员运转在安全性很强的系统中，同时也使该系统成为能够高速奔驰的系统。这样的汽车设计才是成功的。

今天，随着电子计算机的出现、原子能的利用，尤其是方兴未艾的信息革命正在改变着人机工程学的性质。如果说传统的机械主要扩展了人的肌肉力量的话（当然也有例外，如显微镜与望远镜主要是加强了人的视觉能力），那么，在这场信息革命中扮演主角的电子计算机则扩展了人们认识、处理和传递信息的能力。现在，即使是低水平的控制也已开始由机器来执行了，而只把全局的计划和对突发事件的处理留给操作人员。因此，人机工程学将更注重于人的信息处理的能力，更注重人—机—环境关系的完整研究，并运用系统论、信息论等新兴科学来研究这个新的系统，以创造更适合于人工作的条件与环境，使人机系统的综合效能达到最高水平，可以说是人机工程学的成熟阶段。

1.5 人机工程学与产品设计

在人们日常生活与工作中，经常会与各种产品打交道。即使是最简单的产品，如果设计得不好，也会给使用带来不便。在使用这些产品的过程中，人们会经常遇到各种不方便、不舒适甚至不安全。例如为什么使用某些家用电器难以按照标签指示操作？为什么经过了一次长途旅行后，车的座位使你感到疼痛？为什么一些计算机工作站会使你的眼睛和肌肉感到疲劳？这些不适和不便是不可避免的吗？人们的祖先没有遇到过这个问题。他们只是简单地制造适合自己的东西。而现今，产品设计者通常远离产品的最终用户。这使产品设计以用户为中心进行人机工程学的改进变得更为重要。

这种设计改进包括研究人们如何使用产品，通过与他们交谈并向他们了解产品的实际使用情况。人机工程学设计对于包容性设计尤为重要，产品的设计要充分考虑老人和残疾人的使用。

人机工程学可以广泛应用于每天的家庭生活中，尤其对工作环境中的高效性、安全性、健康性和宜人性的作用更为明显。例如：

• 设计包含计算机在内的装置和系统，以使它们易于使用，且不易误操作，这在高压、需绝对安全的地方，如控制房尤其重要；

• 设计产品的功能和功效以使它们是高效的，且考虑到人的需求（如休息和敏感的转换方式）和其他一些因素（如工作的固有特性）；

• 设计装备和工作布置以改善工作姿势和减少身体负荷，因而降低累积伤或与工作相关的四肢不适；

• 信息设计，就是使产品的解释、使用说明、标记和显示易懂且不易出错；

• 设计培训计划覆盖产品相关功效的所有重要方面，且考虑到人们学习的需求；

• 工作环境的设计，包括光和热，都需满足用户和功能的要求，在必要的环境下，如在工作中和恶劣环境下，需设计个人保护装置；

• 实现满足特定人群的特殊需求的产品设计。

随着微型集成电路和其他微型电子元件在工程中越来越广泛的应用，产品的造型也开始逐步摆脱了结构的制约。这种内在制约因素的消失使产品有可能完全任意地发展其本身的造型。在这种背景下，设计师们将主要地从人/机之间的关系中寻求造型的合理依据。如果孤立来考虑，无论是人还是机器本身都无法提供明确的答案，以便发展出恰如其分的造型形式。于是，这种人/机关系，即对人机工程学方面的考虑就上升为头等重要的因素了。手表的设计可以作为一个很好的例子。现在的手表已经可以设计得相当小，甚至小到无法发挥表的作用。当表太小时，佩戴者就难以从表上认读时间，更无法对它进行调整。因此，当代成功的电子表是在同时兼顾使用者和机构的前提下进行设计的，即是根据人/机之间的关系来考虑的。

立体声音响系统的设计也是这样。由于微型集成电路块取代了原来的结构功能件，其中许多元件都可以设计得相当小，以便组成较小的单元。这里，同样主要也是买主的需要和美学因素的考虑而不再仅仅由技术支配了这类产品的造型。当这类装置在家中使用时，为适应家庭的环境，设计者就必须在较大的规格尺寸前提下来注意造型；而当需要在随身使用时又可设计得很小。在机床等机械设备中也同样如此，由于微处理机取代了原来的结构功能件，从而大大改变了造型的结构与尺度主要受技术约束的状况，而能更主要地从人的角度进行设计与改进，如彩图 1-1、彩图 1-2。

现在不少工业先进的国家已把人机工程学方面的指标作为国家标准予以制订。产品必须符合人机工程学的标准才算合格产品，否则将负法律责任。

中国在人机工程学方面的研究与国外相比差距还很大。在产品设计中，往往主要从满足功能要求的角度出发，而很少考虑人的因素。在人/机之间的功能分配上也不合理，使生产出的机械设备给操作者带来了过度的工作负担。目前，这一情况已有很大改变。人机工程学在工程技术设计中的重要地位已为更多的人所接受。在中国制定的《生产设备安全卫生设计总则》中，就规定了有关机械设备的若干人机工程学原则条款。在产品鉴定中，人机工程学标准也被列为一项重要的技术指标。可以相信，人机工程学也一定会在中国得到迅速发展，并在经济建设中发挥重要的作用。

1.6 人/机系统

机械作为人类历史的一部分，它的诞生已有很长时间了。自产业革命之后，由于技术的进步，使机器变得更有力量，并互相结合形成了更为复杂的系统。因此，由于操作人员判断差错或操作不当而造成的后果也更为严重。这就意味着要成功地设计一台机器必须将其与潜在的操作（或使用）者、未来的运行环境结合在一起，进行“人/机系统”的设计。

1.6.1 系统的观点

如前所述，在今天要成功地设计一件产品必须采取系统的观点，而不能孤立地只从产品本身来考虑。当设计者用系统的观点来看待未来的操作者——人时，就能从只考虑人在操作中的个别细节的过程中解脱出来。并站在较高的层次上来检验人与系统中其他组成部分之间的完整的相互关系。

在一个目标确定的系统中，如安全运送人员的系统、从月球上取回试样的系统、生产棉纱的系统等，人只是其中的一个组成部分，一个具有特定输入与输出特征的“黑盒子”。在有些场合，如直接控制放射性试样的场合，由人来控制显然行不通；而在有些场合，如海底采矿或宇宙航行等，则系统既能由人来操作，又可完全自动地运行。这时，究竟是否要由人实施操作、控制，就要进行仔细估量。

根据系统中人与机器功能分配的相对程度，可将人机系统分为以下三种类型。

第一种类型是人工系统。这是由人、手动工具和其他辅助手段结合而组成的。这里的辅助手段也必须由操作者以自己的体力来进行操作，操作者运用他的工具来传递，并从中接受大部分信息，其工作节奏和步调可以完全由自己掌握。

第二种类型是机械系统。如机床是由不同的零件适当结合在一起组成的，其动力通常由机械提供，操作者的作用基本上是执行其中某一部分的控制。每个独立的机械系统还可以连接在一起，以形成更完整的生产线。在这些系统中，操作者接受有关系统运行状态的信息，执行信息处理，做出决定的功能。并运用控制装置来完成所做出的决定。

第三种类型为全自动系统。在这样的系统中，所有的操作功能，包括检测、处理信息、做出决定和完成动作，都由机械来执行。但这种系统需要人事先对所有可能预料出现的各种输入信息的结合方式做出周密的考虑。所以尽管从理论上来讲，这样的系统根本无需人的干预，但在实际上也还是离不开人。不过，这时人的主要功能是进行监视、计划和保养。

比较这三类人机系统，显然第一类系统中人的负担最重；第三类系统中人的负担最轻；第二类系统则介于两者之间。

为了便于判别操作人员在系统中的作用，促进创新的灵活性，可以利用从实际中分离出来的抽象的功能概念把系统概念化。图 1-13 表达了这一概念性的系统设计过程。

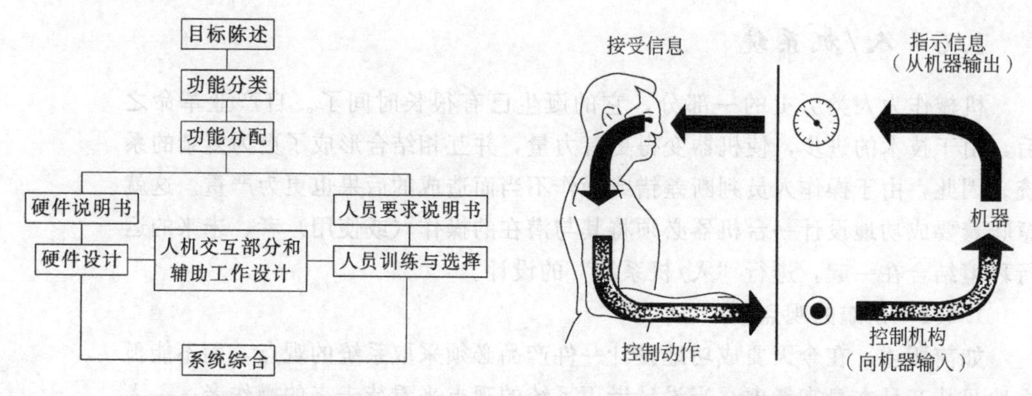

图 1-13　系统的概念化设计　　图 1-14　闭环控制系统中的相互关系

当把操作的人看作系统中的一个组成部分时，无论是起重机、铁路机车还是轮船、汽车驾驶室内的操作者，都可看成是一个闭环控制系统中的组成部分。图 1-14 即表明了整个人机系统中各组成部分的相互关系。还可进一步分析出人在整个人/机系统中具体进行控制作业时的信息处理过程，如图 1-15 所示。

1.6.2　人与机器的合理分工

任何人/机系统只有当它所有的组成部分之间都能够以某种方式相互联系、相互作用时，才是有效的。机械设计如果不注重将来使用、控制和监测该装置的人的精神与体力的能力，是不可能成功的。在人类只使用手工工具进行生产的年代，工具是由人直接提供的能量产生动作的。因此，人想要停止工作即能立刻停止。例如，人想使锤子停止工作只需松开手即成。然而，自产业革命后

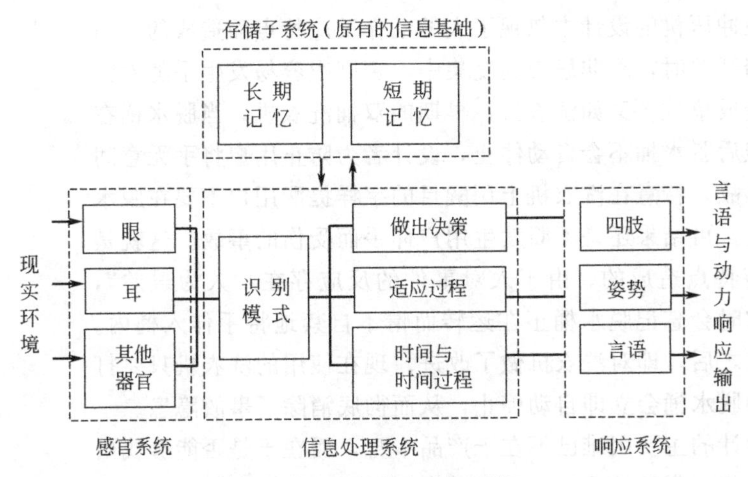

图 1-15 人的信息处理系统

出现的机械能的利用，产生了与人的力量迥然不同的巨大能量。当持有小能量的人面对具有巨大能量的机械时，就必须考虑如何把这种机械设计成也能随人的意愿进行控制。这样，必须在人、机之间按各自的能力，正确、合理地分配所承担的工作。人类这种工作性质的改变可用图 1-16 来说明。因此，机械的有效性将不只取决于这样一些“传统”的技术特性，如有效系数、生产率和可靠性等，还与操作者能够操纵机器的难易程度和准确性有关。如果设人/机系统的综合效率为 η_s，机械效率为 η_m，人的效率为 η_h，那么，三者之间存在如下的关系式：

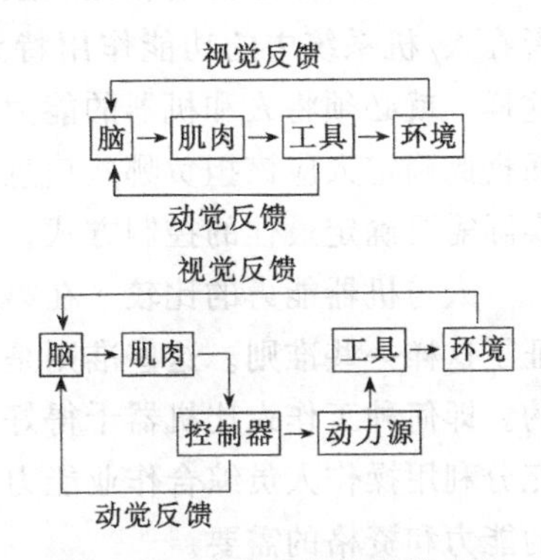

图 1-16 人类工作性质的改变

$$\eta_s = \eta_h \cdot \eta_m$$

即反映出来的实际效率将是人机的综合效率，而不只是机械本身的效率。如果机械效率 $\eta_m = 0.78$，而人的效率 $\eta_h = 0.3$，则整个系统的效率就是 $\eta_s = 0.78 \times 0.3 = 0.234$。可见，尽管机械本身的效率不低，但由于人的效率过低就会使整个系统反映的实际效率大大下降。在此例中，如果当人的效率提高到 $\eta_h = 0.9$ 时，尽管机械效率保持不变，系统的效率却会大大提高（$\eta_s = 0.702$）。这里以数学形式再一次强调了人的因素是一个不可忽略的因素。

在工程实际中，造成人的效率下降的主要原因是人与机器之间的分工不合理。

不合理的第一个方面就是使人承担了超出其能力所能承担的负荷或速度。如德国某一工厂安装了一台缝纫机，尽管其外形、色彩十分美观，但由于操作速度太快（1min 可缝 6000 针），超出了大多数人的极限，结果 80 名女工中只有 1 人能坚持到底。因此，其实际效率仍是低的。又如在印度，为了提高插秧速度，有人制造了一种插秧机，其与人工插秧相比可以提高工效 10 倍，可是因操作十分费力，体力消耗增加 2.5 倍，结果无法推广。

不合理的第二个方面是不能根据人执行功能的特点找出人机之间最适宜的相互联系的途径与手段。如在不少使用冲压机的工厂经常会发生工人手指被切断的事故，就是因为在冲压机的设计中忽视了人的动作反应特点而造成的。当操作者伸出脚踩下脚踏开关时，除非思想高度集中，否则很容易发生手随着脚下意识地一齐前伸而造成事故。又如洗衣机，早期的双桶洗衣机，当脱水桶在运转时，打开脱水桶盖后脱水桶不会自动停止，设计者为防止用户将手无意间伸入旋转的桶中造成事故，特意在洗衣机上用醒目的字样提醒用户不要在脱水桶工作时将手伸向桶内。可结果还是不断发生用户伸手而受伤的事故。这就是设计者忽视了人的反应特点造成的。由于人对事件的反应存在“人为误差”，当发现桶内衣物不正常时会忘记脱水桶正在运转而情不自禁地将手伸入桶内。设计者认识到这一事实之后，即对洗衣机做了改进。现在使用的洗衣机只要打开脱水桶盖，旋转着的脱水桶会立即自动停止，从而彻底消除了事故隐患。

可以说在现代，设计的主要困难已不在于产品本身，而在于是否能够找出人与机器之间最适宜的相互联系的途径与手段，在于是否能够全面考虑到操作者在人/机系统中的功能作用特点和机器结构与“人的因素”相吻合的程度。这样，就必须将人和机器的能力作适当比较，以便了解人/机能力的差异，从而据此确定人应该担负哪些信息加工功能，机器应该担负怎样的工作，并根据实际需要确定最佳的控制方式。

人与机器能力的比较　在第二次世界大战之后的20年间，人机工程学验证了这样一些准则。这些准则是建立在综合比较人与机器间相对能力的基础上的。即何种工作人比机器干得好，何种工作机器比人干得好，同时，还体现了充分利用操作人员综合作业能力的需要以及与不同类别工作相联系的不同程度的能力和资格的需要。

这里可以将人与机器的特点作一概括的描述。通常，人比较灵活，但不能长期以固定不变的或重复的方式进行操作；而机器则能够可靠地，以固定不变的、重复的方式运行，但是，它不能随机应变。下面从某些侧面对人、机能力作一些综合比较，以供设计时参考。

① 人善于：

- 察觉某些低水平的刺激；
- 在“喧闹”的背景中检测出讯号刺激；
- 辨认复杂刺激的不同相关模式；
- 察觉偶发和意外的事情；
- 在较长的时期内记住策略与原理；
- 回忆恰当的或相关的信息项，但其可靠性较低；
- 在做出决策时，能利用不同的经验，并使决策适应所面临的局面，并做出应急反应；
- 在某些模式不能取得成功时，挑选可供选择的其他操作模式；
- 用归纳法进行推论，从观察中引出一般性结论；
- 应用某个原理以解决多变的问题；
- 做出主观估计与评价；
- 形成全新的解决办法；

- 在超负荷的条件下，仍能集中全力于更重要的事情；
- 使做出的响应在合理范围内适应操作要求的变化。

② 机器善于：

- 感觉超出人正常范围之外的刺激，如X射线、雷达波和超声振动；
- 运用推论的论据，识别属于某一类的特殊信息；
- 监控预先设定的事件，尤其在这类事件较少发生的场合；
- 迅速、大量地储存代码信息；
- 在有特殊要求时，可以迅速、正确地取出代码信息；
- 遵照特定的程序处理定量信息；
- 对输入相同信号时做出迅速而稳定不变的反应；
- 以高度可控的方式施加相当大的力；
- 在较长周期内持续工作；
- 计算或测量物理量；
- 同时执行几个程序所计划好的动作。

功能分配的方法：显然，以上罗列的项目有明显的局限性，往往难以处理具体设计中的特殊性质。在实际运用中，常采用下面的方法。

第一种方法，适用于复杂的并具有相当程度的自动化和计算机化的系统中。这种系统中的模拟原型是由人机工程学承担的。因此，能够对可选择的功能分配的方案进行调查，并从执行情况的指标、主观感觉的分析以及操作人员的反应中获得如何分配功能的客观数据。这样的过程往往需要花费较多的时间，动用的设备、计算机和人力也较昂贵，但这样的花费对于整个大型计划只占很小一部分，而且，随着计算机的发展和对设计者要求的增加，使之日益变为一种基本的而不是可有可无的过程。更何况这样的努力还能带来设计计划的效益与安全，以及操作人员的健康和福利。

第二种方法，适用于较小且不太复杂的系统，其功能可以暂时先按人机工程学的一般原则进行分配，在它们相互作用的基础上进行分析。这样便于经常暴露出在功能分配中存在的问题，例如有可能在交互作用中设计分配的功能，要求操作者在同一时间内掌握的信息过多，而使操作者难以完成要求的操作等，但随着设计过程的进行，可对此作进一步修正。总之，对于功能与人力分配的决定是受到人实现其功能和完成系统目标的要求支配的。

通过上述方法，适当的功能就被分配给人、机器和计算机。人/机（包括计算机）的相互作用关系就被要执行的一种或一组功能所确定，只要这种相互作用关系符合人机工程学的标准就能产生一个高效与安全的人/机系统。

1.6.3 人/机系统的设计

人/机系统的设计是总的实体设计，系统应遵循系统化的程序，它包含了以下几个步骤。

第一步，明确系统的目的与条件，将系统的目标具体化，明确系统将在怎样的约束条件下进行操作。这些约束条件包括要求系统的输出、系统将接受的输入、允许的环境因素、单位成本、自然资源的可用性等。

第二步，将功能从实际问题中分离出来，并在设计行为一开始就把功能处理的问题作为一种独立与确定的对象来处理。

第三步，把人作为系统中一个完整部分来对待。工程原理不能在离开必须操作和维修机器与设备的人的情况下运用于机器设备的设计中。当功能已被限定和分配之后，就应当考虑人的性能与能力，并恰如其分地决定由谁——是人、机器还是计算机——来具体实现某种功能。在进行功能分配的过程中，必须时时牢记人的生理极限，以及人们对于工作场所和适当的社会环境的需要。

第四步，应对设计决策做出定义与分类，并尝试将它们按一定顺序进行排列。当证明这种顺序对设计规划和控制是有效的时候，就能给予设计者一个系统的框架。

第五步，分别对硬件设计与制造及人员选择与培训做出计划。

第六步，进行系统的综合与评价。

图 1-17 表达了系统设计的完整决策过程。

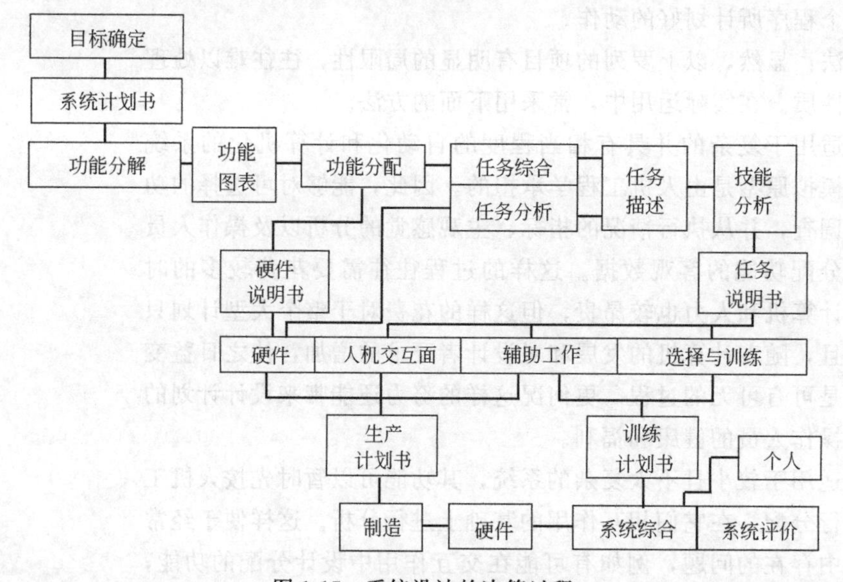

图 1-17 系统设计的决策过程

【习题一】

1-1 请选择一件传统器皿，分析其造型对适合于人使用的考虑。

1-2 请说明人机工程学与产品设计的关系。

1-3 为什么与手工艺生产时期相比，现代的产品设计可能更容易忽略人的要素？如何理解“在现代，设计的主要困难已不在于产品本身，而在于是否能够找出人与机器之间最适宜的相互联系的途径与手段”？

第2章

心理学、生物力学和人体测量学因素

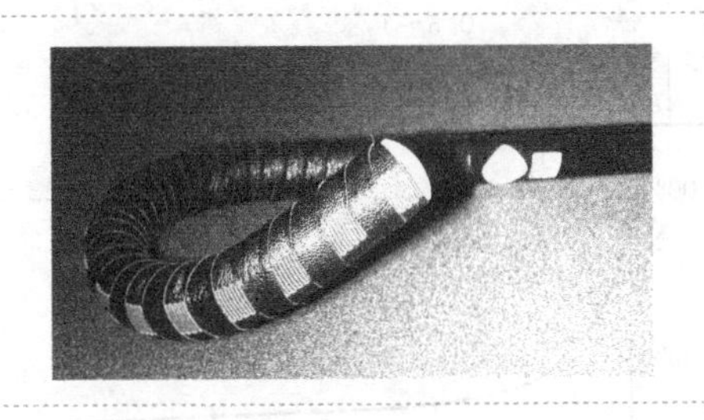

- 人的体能特点
- 生物力学因素
- 应用人体测量学数据

本章介绍心理学、生物力学（包括肌肉力）和人体测量学数据的应用。同时也包括残疾人和老年人的人体测量学数据。特别提及在产品设计中正确使用人体测量数据应遵循的基本步骤及人体测量数据在产品设计中的具体应用。

通常一个人对于像连续骑单车这样一种有氧运动的能力取决于他自身新陈代谢的特点。然而，当由使用产品造成的生物力学压力集中在人体某个具体的肌肉部位时，肌肉力就会成为一种限制因素。

在确定产品与人相关的空间尺寸（如维修进口的尺寸、门的高度和座位的宽度）、视觉显示装置的最佳位置和工作面的高度时，考虑人体测量学数据就特别重要。而当涉及用户无法在固定位置使用的产品时，还必须考虑动态人体测量数据（如作业的极限范围）。

2.1　人的体能特点

对于人来说，动力是由肌肉和包括骨骼在内的关节之间的相互作用转化产生的。能量通过肌肉内营养物质的“缓慢燃烧”过程而释放出来。在这个工作模式中通常能忍受超常的输出影响，如深呼吸和心跳加快。

通过让被测试者戴呼吸运动计作业，可测定和计算一个人作业所需能量的大小。呼吸运动计能以 L/min 为单位测出被测试者的氧气消耗量，由此并按下面的关系式估算所消耗的能量：

$$1L/min\ O_2 \text{ 吸收量} \approx 5cal/min \text{ 能量消耗} \quad (1cal=4.18J)$$

表 2-1 给出了物理作用力与能量消耗的对应关系。除了像体育装备这样一类产品外消费产品所需的能量都应保持在 7.5cal/min 以下。这样就保证了产品使用期间所需的物理作用力不会比中等力大很多。

人类能在极短的时间内以体内氧的最高储备量发挥身体的机能作用。然而这个最高储备量的水平随着人们的年龄、身体和健康状况变化极大。图 2-1 描述了作业持续时间与人最大程度发挥储备氧能力的百分比关系。很明显，如果用户持续工作在最高水平的 33%上，会大大降低人的工作能力。

表 2-1　完成各种不同物理作用力所需的能量消耗和 O_2 消耗

所需的物理作用力	能量消耗/(cal/min)	O_2 消耗/(L/min)
超负荷	≥12.5	≥2.5
很重	10～12.5	2～2.5
重	7.5～10	1.5～2
中等大小	5～7.5	1～1.5
轻	2.5～5	0.5～1
很轻	≤2.5	≤0.5

除了生理学数据外，也包含了能量需求的客观估计。通常的过程包括要求用户在使用产品期间与所需的发挥水平成比例。

值得注意的是肌肉具有一个无氧呼吸系统，这个系统能够在不消耗氧的情况下输出超常的动力。然而，这类工作时间不能持续很长，并在结束后还必须给予一个较长的恢复期，以偿还氧的“欠债”。因此，人不能长期承受高强度的工作。氧的消耗随着工作负荷的增加而增加，最终达到肌体供氧能力的最大值，一旦超出这一值，无氧代谢产生的代谢物就不能很快排除。因此，苦干后必须休息以待恢复。而较低强度的工作则易于取得平衡，工作也能持续较长时间而不觉疲劳，如图 2-1 所示。

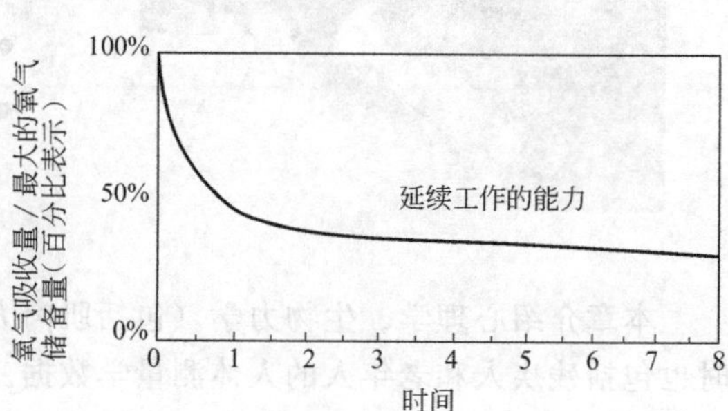

图 2-1　事件的持续时间与人所具备的氧的最大储备量的百分比之间的关系

100%表示氧的最大储备量

因此，当要求操作者连续进行体力劳动，并持续一定周期时，他所承担的强度就必须低于健康成年人在任何操作中短时间所能提供的最大能量。

有人曾运用能量消耗的主、客观标准评价具体的消费产品。50 名 17～55 岁之间的男性测试者参加了试验。测试者将汽车上光蜡用力涂抹到一块喷涂过油漆并附有测力秤的金属板上。每位测试者消耗的能量可计算为：

力的垂直矢量×运动的距离×每次擦亮所用力的持续时间

用完上光蜡后，要求测试者描述来回移动上光蜡的难易程度。

汽车上光蜡是一个能根据能量消耗的大小来评价消费产品的例子。上述试验表明人们在选择购买哪种品牌的上光蜡时可能会受到以下因素的支配：①当任务结束时用户是否感觉很累；②汽车是否很容易擦亮。如果使用的上光蜡所需的力很大，而最终效果又很差，用户下次将会使用另外一个品牌。

体育装备的设计和评价经常要考虑能量需求。例如，1984 年有人（Frederick）阐述了设计业余跑步者和专业跑步者所穿鞋的重要性。鞋每重 100g 就会造成跑步者大约 1%的能量消耗。由于跑步者每跑一步都得抬脚，增加在他脚上的重量会产生累积效应，而最终影响他的效绩。另外，鞋的形状和生物力学要素也是很重要的因素。

2.2 生物力学因素

生物力学是运用如杠杆等工具的力学和机械原理，分析身体各部分的结构和运动。设计产品时，必须考虑质量、重心以及抬举或移动身体部位和物体的瞬时惯性等因素。而肌肉作用力是生物力学讨论的另一方面。

2.2.1 质量、重心和人身体的瞬时惯性

身体每一部位都有自己的质量、重心和绕某轴的瞬时惯性。将各部分数值结合起来就能获得整个身体的复合数值。然而重心和惯性的复合数值并不惟一。它们随着身体位置的变化而改变。

为了研究质量、重心和人身体以及身体部位的惯性有人进行了一系列重要的研究（例如，Kaleps，Clauser，Young，Chandler，Zehner 和 McConville，1984)。从这些研究中获得的信息已被用来设计更好的产品。尤其对那些助残器械的设计（如假肢和机械转换关节）将经常运用生物力学的数据。这些数据对那些主动和被动限制系统的设计也至关重要，如汽车上的安全气囊和安全带。

2.2.2 肌肉力

虽然大部分体力劳动已被机器所代替，但在某些部门，如农业和采矿业中仍需要人们消耗相当大的体力，即使在一般的机械操作中，也需要操作人员付出相当的努力。为了确保操作人员在操作过程中不会有任何行为被强加不可接受的负担，使人—机间的负荷分配更合理，就必须对人的体力极限作一番研究。

肌肉力和动态的提举数据常被用来建立提举的设计原则。然而对于消费产品，采用工业指导方法并不合适。这些产品的用户不像产业工人那样，他们通常会拒绝提举或搬运过重的物体。人们发现体力相当的学生和工人愿意搬运的重量变化极大，工人相对愿意搬运重一点的物体，无论其形状如何。

当设计某产品需要考虑肌肉力数据（如指定操作大的杠杆和手轮所需要的最大作用力）时，还应同时考虑其他的因素。例如，手柄的尺寸就制约着用户能使出的最大作用力，类似地，手柄表面的材料和质地也影响着手传递力矩的大小。此外，还要考虑握持表面的温度，以及可能要戴上手套。应当考虑的用户变量还有：年龄、动机等因素。

在正确使用产品的状态下，适当作用的力大小应与其在预期的最不利的手足位置时通常能使出的最大力的数值相吻合。图 2-2 显示了前臂的力和上臂与前臂间所夹角之间的函数关系。

曲线的形状描述了肌肉块和肢体的骨架结构之间的几何关系。图中显示出：仅当上臂和前臂所成的角接近 90°时，人才能使出 34kg 的最大提举力。

图 2-3 显示了肌肉施力与时间的对应关系。在经过一个持续时间段后，大多数肌肉块处于紧张状态，此时的肌肉力仅相当最大力量时的 20%。超过了 20%后，心脏血管系统再不能维持必要的化学平衡以抵抗收缩肌肉块中形成的乳酸。而乳酸又会造成疲劳肌肉的胀痛感。

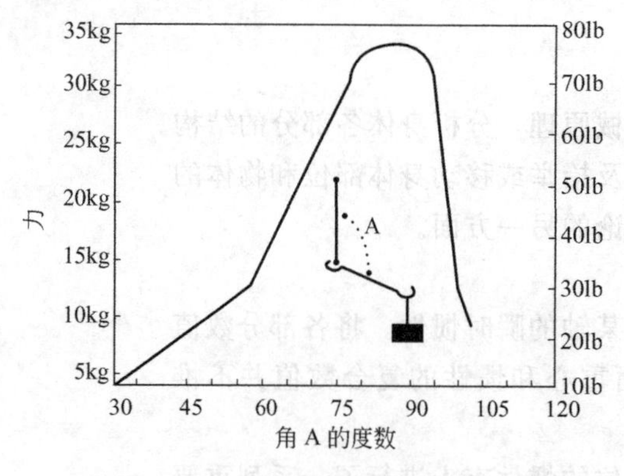

图 2-2 提举力与上臂和前臂所夹的角之间的函数关系

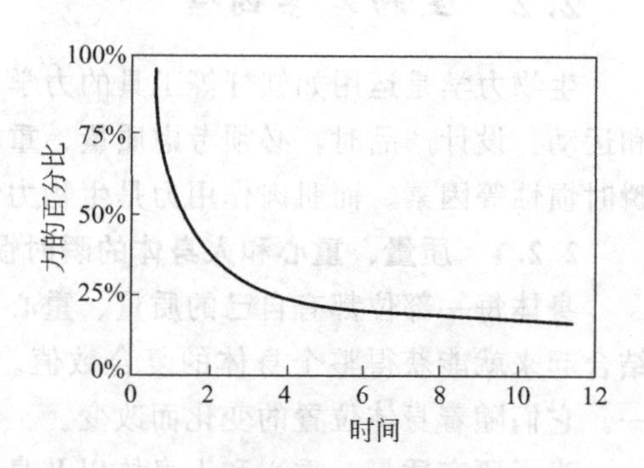

图 2-3 所能维持的最大肌肉力的百分比与事件持续时间之间的函数关系。注意一个人在 4min 内能使出的最大力仅约为最大肌肉力的 25%

图 2-3 中的曲线显示是以肌肉块的静态施力为前提的。静态力数据比较适合用来推测在不给用户带来负面影响的情况下他所能搬运重物的大小。

尽管儿童和老年人群体不在上述肌肉力研究的范围中，但可以判断这些群体的肌肉力处于预期用户能力的下限。事实上，在一些研究中已经获得了不同年龄阶段的儿童生物力学数据，以及有关 5～8 岁之间儿童的握持和抓捏力量的数据。在另一项研究中，则获得了 62～92 岁之间老年男子和女子的手腕扭力的数据。然后调查者将这些数据与开启目前市场上食物罐头的瓶盖（直径为 27～123mm 间）所用的力进行比较：发现只有不到 1/3 的老年女子有能力开启这样的罐头盖。这一事实再次强调了在设计一件产品前有必要充分考虑具体用户的实际能力。

在仅涉及较小肌肉群的地方，也能发现有类似极限的存在。在局部肌肉群工作的场合，例如用手抓握进行的操作，其静态或动态工作的忍受力与产生的肌肉作用力相对肌肉能产生的最大作用力之间的比值有关；图 2-4 即表示最大抓握维持时间与作用力相对比值的关系。

从图中可以发现，对于同样比例的肌肉收缩（只有肌肉做功而无关节运动），当承受负荷为最大极限负荷的 50%时，可维持 1min，而当承受负荷低于极限负荷的 15%时，肌肉收缩能维持的时间几乎是无限的。

为了确保不将过分的和不能接受的工作负荷强加给劳动个体，劳动生理学者根据生物力学营养物质衰竭的知识，运用多种技术，测算出一系列典型动作的体力消耗量。图 2-5 将部分作业、动作行为的体力消耗能量作了比较。这样测得的数据虽不全面，但多少也为工程设计师提供了操作者可能承受的载荷量的大小。

生理学意义中的做功不一定意味着位移。当保持一定姿势以克服重力或对控制器施力而并不移动时，人也被施加了静载荷。事实上，不同姿势下的能量消耗很大程度上是由于静载荷的变化引起的。每个人都会有这样的体验，当人

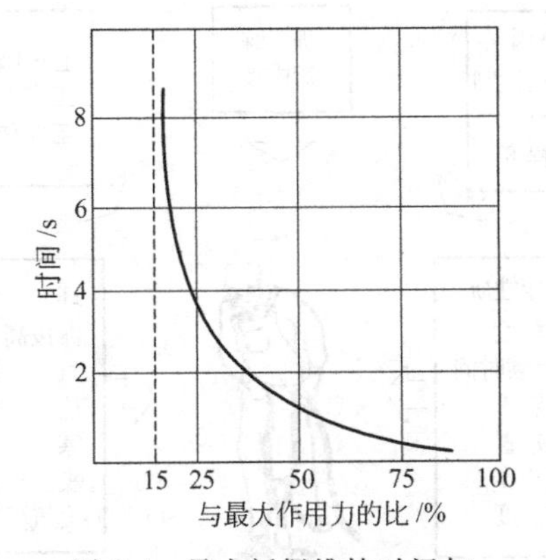

图 2-4　最大抓握维持时间与作用力大小的关系

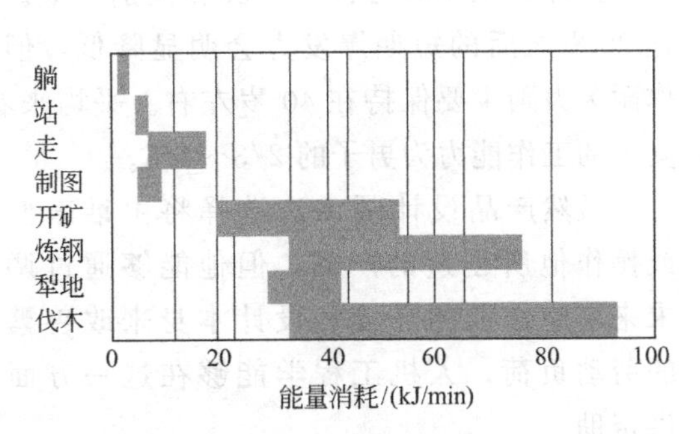

图 2-5　不同工种能量消耗比较

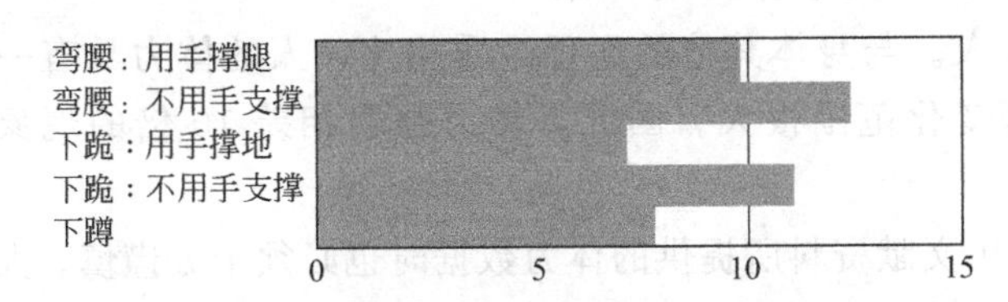

图 2-6　用不同姿势从地面捡起物体的能量比较

们采取某种不自然的姿势工作时会更容易疲劳，如在汽车底下或某个狭窄位置上工作。图 2-6 比较了采用 5 种不同姿势从地面捡起同一物体时的能量消耗情况。显然，采取下跪姿势，并用一只手支撑地面、另一只手捡起物体时所消耗的能量为最小。

因此，同样不能忽视静态工作负荷对人的影响，在产品设计和工作场所的布局中应把受重力强化的工作负荷减到最低。当然，也不能忽略强度较小的行为，如书写久了也会引起手的局部肌肉痉挛就是一例。

总之，在设计过程中，当存在明显的要求操作者进行体力作业成分时，检查一下整个过程中将施加于操作人员的负荷总量是不无益处的。

2.2.3　影响体力的因素

人类体力劳动的能力是由内因和外因的复杂相互作用而形成的。这里有心理因素、环境因素，同时还有劳动者的生理因素。

生理因素主要是指年龄与性别。人的体力在 20 岁以后可达到最大值，这一水平可保持 5～10 年。此后，体力便会逐渐减弱。女子的这种减弱趋势要大于男子。一般来说，30 岁左右的女子的体力近似为男子的 2/3，但到了 50 岁，她们的体力就只及同龄男子的 1/2 了。由于人的体力差异较大，在特殊情况下，也存在着某些女子要比男子更强壮的情况。

此外，环境因素也会对人的体力造成影响。例如环境中的噪声，不仅损害听觉，也会加快心跳和改变其他生理参数，从而降低体力操作的能力。又如寒冷会使人手脚麻木、体温降低，从而使人的动作迟缓。而为抵御寒冷所增添的衣服也加重了负荷而影响了人的劳动能力。影响人的体力的因素还很多，图

2-7简要表示了这些因素。

此外，工作能力也与年龄和性别有关。人在20岁之后的短期爆发力会明显降低，但工作耐久力则主要保持在40岁左右。平均来看，女子的工作能力为男子的2/3～4/5。

虽然产品设计师无法选择将由谁来使用或操作他所创造的产品，但他能够通过调节未来实施作业的环境和设计本身来改善繁重的劳动负荷。人机工程学能够在这一方面提供帮助。

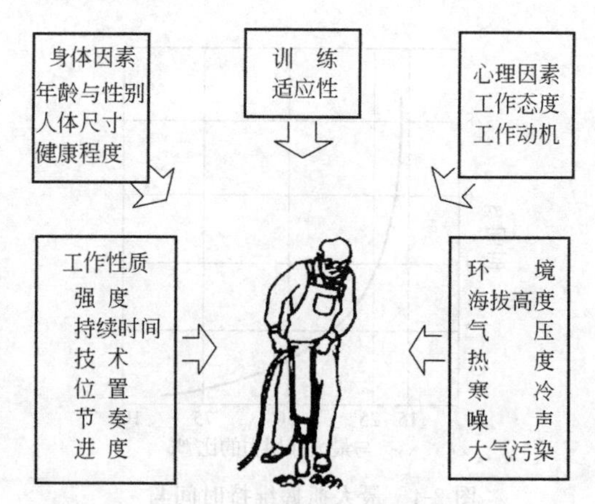

图2-7 影响人的体能的因素

2.2.4 体力的标准数据

与人体测量数据一样，关于体力的详细信息也主要来自于青年人。与身体其他的生理品质相比，人的体力具有一个令人感兴趣的特点，即变化范围很大。因此，体力强弱相差10倍的现象并不罕见。

工程师在设计中运用文献资料所提供的体力数据时也必须十分谨慎。尤其在选用不是按年龄与性别而定的“平均值”时更应如此。

作用在控制器上的最大作用力与其作用位置有关，并应该考虑操作者施力的位置。要最大限度地遵循与杠杆、支点和质量相关的物理法则。通过调整操作者的姿势，以使操作者施力更有效。为使工作能够持久，在设计中应注意使要求的力不超过预计的最大力的30%～40%。要尽量避免固定的工作负荷。

在运用资料所提供的数据时，应检查一下是否适合你的用户对象，尤其是在年龄和性别方面。

2.3 应用人体测量学数据

人体测量学（anthropometry）是研究用何种精密仪器与方法，测量产品设计时所需的人体各有关参量。以研究人的形态特征，确定个体之间和群体之间的差异，以及如何将这些人体参数应用于产品设计的学科。人体参数包括：人体尺寸、体表面积、肢体容积、肢体重量与重心等，其中人体尺寸测量是借助人体各部分的尺寸和比例来研究人体的方法，是人机工程学的基础。

从实用角度来看，人体测量内容一般有以下三类。

① 形态的测量：主要有人体尺寸测定；人体体型测定；人体体积和重量的测定；人体表面积测定。

② 生理的测定：主要内容有人体出力测定；人体触觉反应测定；任意疲劳测定等。

③ 运动的测定：主要内容有动作范围测定；动作过程测定；体形变化测定；皮肤变化测定等。

人体尺寸是设计师确定其产品尺寸的重要依据之一。作为产品的设计师必须了解人体各部分的尺寸，只有这样，才能预先确定产品的使用者在其有关位置上的能见范围和活动范围，并针对这些要求从人体的极限尺寸和所能采取的姿势的角度进行分析和作出判断。这样的判断对未来产品的影响极大，它不仅影响操作效率和产品的外形，而且对安全也至关重要。可以设想，如果安装的应急按钮使大多数人伸长手臂都无法触及的话，其后果是可想而知的。

然而，由于人体在尺寸方面存在着较大的差异，要正确地测量人体是一件相当困难和乏味的工作。通常涉及的人数很多，面很广，并需要用特殊的设备。目前，大部分可供采用的参考数据主要来自军队或大学，因而这些数据相对来说更适合于青年人。

从已发表的各种文献中取得的人体测量学资料，由于存在许多局限，在使用时必须十分谨慎。这些局限性是由测量误差、测量技术的变化、对象的性别、非典型取样以及对象是否穿着衣服等因素造成的。

2.3.1 人体测量数据的分类

人体测量数据可分为静态与动态两种：前者如其定义所表明的，主要取自静态、裸体并采取规范化姿势的人体对象；后者的人体测量数据比较复杂，一般具有三维空间，涉及由四肢挥动所占有的空间体积与极限。这时不仅要考虑人体的静止尺寸，还必须考虑由关节类型和衣着所限定的约束类别。如球形铰座的髋骨节运动的自由度与“铰链式”约束的肘关节运动的自由度就有区别。表2-2与表2-3分别列出了中国成人男女人体主要尺寸及中国成人男女人体功能尺寸（GB 10000—88《中国成年人人体尺寸》）。

表2-2 中国成人男女人体主要尺寸/mm

性别	男(18～60岁)					女(18～55岁)				
百分位数	5	10	50	90	95	5	10	50	90	95
身高	1583	1604	1678	1754	1755	1484	1503	1570	1640	1659
上臂长	289	294	313	333	338	262	267	284	303	308
前臂长	216	220	237	253	258	193	198	213	229	234
大腿长	428	436	465	496	505	402	410	438	467	476
小腿长	338	344	369	396	403	313	319	344	370	375
立姿会阴高	728	741	790	840	856	673	686	732	779	792
坐姿肩高	557	566	598	631	641	518	526	556	585	594

表2-3 中国成人男女人体功能尺寸/mm

GB 10000—88《中国成年人人体尺寸》

性别	男(18～60岁)			女(18～55岁)		
百分位数	5	50	95	5	50	95
坐姿上肢前伸长	777	834	892	712	764	818
坐姿上肢功能前伸长	673	730	789	607	657	707

静态和动态的人体测量学数据对产品设计有很大帮助。静态尺寸可以通过固定身体部位，标准姿势获得。静态人体测量学尺寸主要包括：身高、眼高、手掌长度、腿高和坐高。这些人体尺寸很容易通过人体测量仪器和工具获得。

功能或动态尺寸是人在工作姿势下或在某种操作活动下测量的尺寸（也可在非连续动作条件下测得）。功能或动态尺寸包含着身体运动的一些形式。动态人体测量的特点是，在任何一种身体活动中，身体各部位的动作并不是独立无关，而是协调一致的，具有连贯性和活动性。例如，臂能及的最大距离除了受臂的长度和手的位置影响外，还受肩膀和躯干运动的影响。因而，获得和应用功能尺寸比较麻烦。

2.3.2 人体测量数据的统计特征

人体测量数据常以百分位数来表示人体尺寸的等级。

(1) 百分位

百分位是指分布的横坐标用百分比来表示所得到的位置。用百分位可表示“适应域”。一个设计只能取一定的人体尺寸范围，这部分人只占整个分布的一部分“域”，称为适应域。如适应域90%就是指百分位5%～95%之间的范围。百分位由百分比表示，称为“第 x 百分位”。如50%称为第50百分位。

(2) 百分位数

百分位数是一种位置指标，一个界限值，以符号：P_K 表示。百分位数是百分位对应的数值，在人体尺寸中就是测量值。一个百分位数将总体或样本的全部测量值分为两部分：有 K%的测量值等于和小于它，有（$100-K$）%的测量值大于它。

例如身高分布的第5百分位数为1583mm（即 $K=5$，见表2-2），表明有5%的人身高等于或低于这个高度，有（100－5）%，即95%的人身高大于这个高度。

人体测量学数据通常用带有数字的表格显示，在人体测量数据表中常出现的人体尺寸如图2-8所示。一般都提供男性和女性的第5、50、95百分位数值。偶尔也提供第1和第99百分位数据和标准偏差。对于未给定的特殊尺寸百分位值数据，则可以该尺寸的平均值和标准偏差计算出百分位数值。如果缺少第50个百分位数值，可以通过第5个和第95个百分位数值的算术平均值获得。

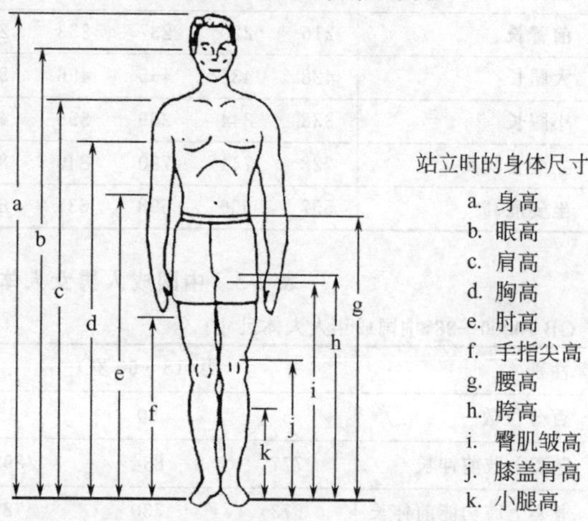

图2-8 在人体测量数据表中常出现的人体尺寸

2.3.3 人体测量数据在产品设计中的应用

为在产品设计中正确使用人体测量数据应遵循以下基本步骤：

① 确定预期的用户人群；

② 识别所有与产品设计相关的人体尺寸；

③ 选择一个合适的预期目标用户的满足度；

④ 判断并确定尺寸设计任务的类型；

⑤ 获取正确的人体测量数据表并找出需要的基本数据；

⑥ 确定各种影响因素，并对从表中得到的基本数据予以修正。

下面将讨论每一个步骤。

（1）识别所有与产品设计相关的人体尺寸

通常如果设计师明确产品的使用方式，要识别与产品设计相关的人体尺寸并不困难。表 2-4 列举了几类产品的人体测量学相关尺寸。一般来说，与产品有直接接触的人体部位尺寸比较重要。因此，对于那些需要穿戴（如服装、太阳镜和手表）、抓握（如电吹风、电话听筒和高尔夫球棒）或携带（如公文包、手电筒、背包）和坐（如椅子和凳子）的产品而言，这类人体相关部位的尺寸就特别重要。其他与设计有关的人体测量尺寸包括：预留尺寸（如手宽和臀宽）和为了用户的安全、舒适而确定放置显示器、控制面板和工作面的合理尺寸（如坐姿时的眼高、手能伸展开的最大尺寸）。

表 2-5 提供了设计细节中的关键人体测量数据的选择依据。

表 2-4　几类产品的人体测量学相关尺寸

产　品	相　关　尺　寸
汽车	静态：坐高（挺直）、坐姿眼高、肩宽、胸高、前臂长、臀宽以及手和脚的各部位尺寸 动态：功能极限尺寸（臂和脚）、最佳视角
自行车	静态：手宽、脚宽、前臂宽、臀宽、胯宽 动态：臂的功能极限尺寸、腿的机能极限尺寸
计算机终端	静态：坐姿眼高、指宽 动态：最佳视角、手指的功能极限尺寸（键盘输入）、臂的功能极限尺寸（触摸屏）
潜水罩	静态：脸部宽度、两眼的宽度、头围
手持式计算器	静态：手掌宽、手掌长、手长
割草机	静态：肘高和指尖高（立姿）、前臂宽
办公桌椅	静态：体重，肘的高度、膝高、臀宽（坐姿）、股骨长度、腰的高度、膝盖的高度
立体声听筒	静态：耳长、耳宽、耳廓凸出程度

表 2-5　设计细节中关键人体测量数据的选择依据

项　目	取适应大多数的人体尺寸	注　释
通道入口	应取允许 95%的男性通过的高度	其余 5%的高个可低下头通过
应急出入舱口	其宽度应允许 99%的男性通过	应考虑通行者的穿着，这里的宽度如取平均值，会使 50%的人无法通行
控制板（非紧要的）	各旋钮间隔应允许 90%的男性使用	如戴手套操作，各旋钮间距应留得更大
仅允许旋凿进入的孔眼	其孔径应取最小，只有 1%的男性手指可通过	设计应确保不让人的手指插入这样的孔眼

(2) 确定预期的用户人群

有关用户特征的信息可以从产品开发计划阶段所形成的用户模型中获得。了解用户的民族和性别也必不可少。特别是为儿童设计产品时还必须掌握用户的年龄。有时，如能了解用户的职业情况也会助设计一臂之力。

人体测量数据是否取得合适取决于被调查的用户和预期用户群体之间的相似性。

(3) 选择一个合适的预期目标用户的满足度

满足度——所设计的产品在尺寸上能满足合适地使用它的用户与目标用户总体的比，通常以百分率表示。一个合适的满足度的确定主要根据设计该种产品所依据的：目标用户总体的人体尺寸的变异性；生产该种产品时技术上的可能性和经济上的合理性，而综合考虑。

变化范围小——用一个尺寸规格覆盖整个变化范围。

变化范围大——用几个尺寸规格的产品覆盖整个变化范围。

自然，对于每一项设计总希望能够完美地适应所有人员，但在实际上这是不可能的。出于经济的考虑，常常确保其 90％的满足度。如果可能的话，设计师应尽量取到 95％～98％。

显然，在涉及与安全相关的问题时，尽管从经济的角度出发仍可能再次排除直接为少数具有极端尺寸的人员设计，这时就必须采取某些必要措施，如可以对操作人员进行选择，以限制人员的尺寸大小等。

(4) 判断并确定尺寸设计任务的类型

依据设计中所使用的人体尺寸的设计界限值可将产品设计任务分为以下三类。

① Ⅰ型产品尺寸设计任务。需要两个人体尺寸百分位数分别作为尺寸上限值与下限值的尺寸设计任务。如汽车驾驶座椅调节范围的确定、自行车座垫高度调节范围的确定等。

② Ⅱ型产品尺寸设计任务。只需要一个人体尺寸百分位数作为尺寸上限值或下限值的尺寸设计任务（又称单限值设计）。其中只需要一个人体尺寸百分位数作为尺寸上限值的为$Ⅱ_A$型，而只需要一个人体尺寸百分位数作为尺寸下限值的为$Ⅱ_B$型。如门的高度，只要考虑了高身材的人的需要，低身材的人使用必然不会发生问题，此时可取 P_{90} 为高度依据。

③ Ⅲ型产品尺寸设计任务。只需要第 50 人体尺寸百分位数（P_{50}）作为尺寸设计依据的设计任务，又称折中尺寸设计任务。即要求采用人体某项尺寸的算术平均值作为设计依据，如门把手的高度。

对于成年男女通用的产品尺寸设计任务，可根据上述要求：如属于Ⅰ型产品尺寸设计任务的，可选用男性的 P_{99}、P_{95} 或 P_{90} 作为尺寸上限值的依据；选用女性的 P_2、P_5 或 P_{10} 作为尺寸下限值的依据；如属于Ⅲ型产品尺寸设计任务，则可选用男性的 P_{50} 和女性 P_{50} 的平均值作为折中尺寸设计的依据。

(5) 获取正确的人体测量数据表并找出需要的基本数据（主要尺寸的设计界限值）

针对国内市场的产品可主要依据国家标准 GB 10000—88《中国成年人人体尺寸》，该标准提供了中国成年人共 7 类 47 项人体尺寸基本数据。

由于种族等原因，人体尺寸有很大差异。以身高为例，1962 年部分国家数据如下（单位：mm）：（白）美国 1793、英国 1736；（黑）科特迪瓦 1665；（黄）中国北方 1680、中国南方 1630、日本 1609。当然这种差异不仅仅是尺寸上的，还有比例上的差异。因此，在设计以进入国际市场为目标的产品时还必须注意相关国家与地区的人体尺寸数据。

除此之外，还有上千种其他的人体测量数据。其中大部分针对如空军飞行员、飞机驾驶员、空姐、机组调度者这样的专业人群。专业人群的人体测量数据往往不适合用作一般产品的尺寸设计依据，因为这类数据通常不包括一般人群的极端情况（如特别高或特别矮的个子）。因此，设计产品时，如以专业人群 95％的测量数据为依据，可能仅满足一般人群的 75％。

（6）确定各种影响因素，并对从表中得到的基本数据予以修正

大部分人体测量数据常取自裸体或衣着单薄的对象。但在具体设计中，还必须考虑操作者的实际衣着和他们所佩戴或携带的其他设备。如安全帽盔、工作靴以及测量或试验用的仪器、维修工具等。表 2-6 提供了在采用基本的人体测量学数据后。由于上述因素所必须考虑的一般调整量。

表 2-6　穿着衣服后男性身体各部分增加的尺寸/mm

身体部位	轻装夏装	冬装外套	轻便劳动服靴子和头盔
身　高	25～40	25～40	70
坐眼高	3	10	3
大腿厚	13	25	8
脚　长	30～40	40	40
脚　宽	13～20	13～25	25
后跟高	25～40	25～40	35
头　长	—	—	100
头　宽	—	—	105
肩　宽	13	50～75	8
臀　宽	13	50～75	8

此外，在有些场合还应该考虑紧急情况下的条件。如在应急时动用的疏散通道，就必须考虑在必要时允许穿戴防护头盔、特种服装或携带氧气瓶、太平斧，甚至扛担架的救援人员通过。

为老年人和残疾人的设计更面临特殊的挑战。例如，老年人的肢体伸展范围就不同于年轻成年人；坐在轮椅上的人，其视力和肢体所能伸展的范围与正常人相比，肯定也不一样。表 2-7、表 2-8 和表 2-9、表 2-10，给出了这两类特殊人群的人体测量数据。

由于人体尺寸会随着年龄而变化，因此了解用户的年龄十分重要。例如，从出生到 25 岁人的身高会一直增长，过后会略有下降。此外，人体尺寸在代与代之间也会存在差异。因此，应以近 15 年内搜集到的人体测量数据为准。

表 2-7　老年男子的人体测量尺寸

	2.5%	50%	97.5%
	cm	cm	cm
a. 头高	162	177	189
b. 肩高	131	143	155
c. 肘高	101	113	122
d. 关节高	67	76	85
e. 眼高	152	165	177
f. 倾斜垂直能及的最大距离	177	195	213
g. 垂直能及的最大距离	192	210	229
h. 向前能及的最大距离	46	55	64

表 2-8　老年女子的人体测量尺寸

	2.5%	50%	97.5%
	cm	cm	cm
a. 头高	143	155	168
b. 肩高	119	128	140
c. 肘高	91	101	110
d. 关节高	64	73	82
e. 眼高	131	143	155
f. 倾斜垂直能及的最大距离	155	171	186
g. 垂直能及的最大距离	168	186	204
h. 向前能及的最大距离	40	46	52

对于可调节的尺寸，如汽车驾驶座椅、保险带长度和限位装置，自行车坐垫高度等调节范围的确定，其调整幅度应能适应 90% 的人员。如果产品可以调节，要实现满足 90% 预期用户的调节范围应从相关人体尺寸数值的第 5 个百分位和第 95 个百分位中确定。提供可调性很合理，这样，用户可以根据个人的需要调节产品的尺寸。一旦由用户调节到合适程度，产品更易使用（如双目镜和汽车），更舒适（如办公椅和立体耳机）。

表 2-9　成年男性坐在轮椅上的人体测量学尺寸

	2.5%	50%	97.5%
	cm	cm	cm
a. 垂直所及的最大距离	158	171	183
b. 头高	122	134	146
c. 肩高	94	104	116
d. 肘高	64	70	76
e. 关节高	37	40	43
f. 脚高	9	15	21
g. 椅子的前边缘	—	49	—
h. 膝盖的水平高度	55	61	67
i. 眼的水平高度	110	122	134
j. 向前垂直所及的最大距离	131	140	149
k. 倾斜垂直所及的最大距离	149	158	168
l. 向前所及的最大距离	46	55	64

表 2-10　成年女性坐在轮椅上的人体测量学尺寸

	2.5%	50%	97.5%
	cm	cm	cm
a. 垂直所及的最大距离	143	158	171
b. 头高	113	125	137
c. 肩高	88	101	109
d. 肘高	61	70	76
e. 关节高	40	43	46
f. 脚高	9	15	21
g. 椅子的前边缘		49	—
h. 膝盖的水平高度	55	61	67
i. 眼的水平高度	104	116	128
j. 向前垂直所及的最大距离	119	131	143
k. 倾斜垂直所及的最大距离	134	146	158
l. 向前所及的最大距离	40	49	57

此外，姿势与尺寸之间也有相当密切的关系，设计应允许操作者变换姿势，因为限止运动通常易引起疲劳。

当设计者具体运用从本书或其他资料中获取的人体测量资料转化到实际的二维或三维模式中去时，还会碰到一些麻烦，这时不妨可以根据掌握的人体测量数据自制一些带有关节的二维人体模型，并将其放置在以同样比例绘制的设计图样上，用以获得人体能达到的活动范围和净空间的估计数据。但是，在使用这样的模型时，必须时时记住两个关节间的连接长度，即使非常正确也未必能表明关节运动的真正限度。当然，倘若可能，可由用户在模型上进行模拟操作，因为没有任何方法可比由用户直接在与实际产品完全相同的模型上进行模拟操作更有效。但若无法实现这一点，通过仔细、谨慎地使用各种人体测量数据对避免设计中某些易犯的错误是大有裨益的。

随着计算机技术的发展，还可以利用计算机来建立人体模型，以检验所设计的产品与人体有关的尺寸是否符合人体测量学的要求。例如，可以利用系统建立的三维人体模型检验所设计的汽车座舱的高度、座椅及操纵器的位置是否适应人的生理特征。系统人体模型的各个骨节都能在屏幕上动作，模拟人的操作行为，如骑自行车、操纵方向盘等。这种活动的人体模型在表现人体的动态测量数据方面尤为方便、有效，见彩图 2-1、彩图 2-2。

【习题二】

2-1 请分别说明“百分位数”与“满足度”的概念。满足度的确定应依据怎样的原则？

2-2 设某产品上有一不可避免的孔洞，若出于安全考虑，不能让操作者手插入，则该孔洞尺寸属于哪类尺寸设计任务，应按人手的第几个百分位确定？若该孔为检修孔，为了便于操作者手伸入维修，则该孔洞尺寸又属于哪类尺寸设计任务，必须按第几个百分位选取？

2-3 产品尺寸设计任务可分为哪几类？应按怎样的原则来确定？同一产品中与人体相关的尺寸是否一定属于同一类尺寸设计任务，为什么？以办公用扶手椅为例，其座高尺寸应属于哪类尺寸设计任务？而其座宽尺寸以及扶手的高度尺寸呢？

2-4 在产品设计中正确使用人体测量数据应遵循怎样的基本步骤？以家用洗衣机为例，设计中会涉及哪些相关的人体测量学尺寸？

2-5 肘高是确定工作面高度的一项重要指标，一般认为工作面高度比肘高低 150～200mm 是使手臂舒适地进行切割或搅拌操作的适合高度。

（1）试判断通用家庭厨房料理台工作面高度应属于哪类尺寸设计任务？

（2）据此确定家庭厨房料理台的合适高度（设满足度为 90%）。

（3）如将其设计为高度可调，该高度尺寸又应属于哪类尺寸设计任务？请确定可调的最低高度与最大高度（设满足度为 90%）。

附录：① 穿鞋修正量：立姿身高、眼高、肩高、肘高、手功能高，男子：25mm，女子：20mm。

② 由荷重或自然放松姿势引起的人体立姿身高尺寸变化：10mm。

表 2-11　立姿人体尺寸（GB 10000—88）

立姿人体尺寸(男)18～60 岁

测量项目＼百分位数	1	5	10	50	90	95
①眼高	1436	1474	1495	1568	1643	1664
②肩高	1244	1281	1299	1367	1435	1494
③肘高	925	954	968	1024	1079	1096
④手功能高	656	680	693	741	787	801

立姿人体尺寸(女)18～55 岁

测量项目＼百分位数	1	5	10	50	90	95
①眼高	1337	1371	1388	1454	1522	1541
②肩高	1166	1195	1211	1271	1333	1350
③肘高	873	899	913	960	1009	1023
④手功能高	630	650	662	704	746	757

GB 10000—88

①
②
③
④

③ 表 2-11：立姿人体尺寸（GB 10000—88）。

2-6 【综合作业（1）】人体测量数据在产品设计中的应用。

一、作业目的

通过对目标产品的分析，学会依据人的形态特征和人体测量数据，遵循相关设计准则获取相关设计参数的过程。掌握人体测量数据在产品设计中的应用方法。

二、作业内容

以桌、椅（或超市、大卖场的收银台）为对象，从满足使用角度进行设计。

三、作业步骤

1. 确定产品的设计目标和预期的目标用户人群；
2. 识别所有与产品设计相关的人体尺寸；
3. 选择一个合适的预期目标用户的满足度；
4. 判断并确定尺寸设计任务的类型；
5. 获取正确的人体测量数据表（GB/T 10000—1988《中国成年人人体尺寸》或其他合适的人体测量数据表）并找出需要的基本数据（主要尺寸的设计界限值）；
6. 确定各种影响因素，并对从表中得到的基本数据予以修正，以获取合适的功能尺寸；
7. 绘制产品的工程图和效果图。

四、完成实验报告

实验报告必须包括上述所有内容。

第3章 人的因素和设计的进展：纵览

- 一件优秀设计产品的特性
- 人机工程学和产品设计的融合
- 人机工程学在设计中应用的益处：商业案例
- 纵览产品开发过程
- 设计周期中的变动

产品设计是一项为了人们使用而创造新型和改进产品的过程。其首先考虑的是功能性、可靠性、可用性以及外形和价格。

许多产品是一个由市场专家、工程师、人机工程学专家、工业设计师组成的团体设计出来的。市场专家和工程师主要负责产品的功能；人机工程学专家主要负责产品的可用性；工业设计师主要负责产品的外形。

人的因素（包括人体工程学、工程心理学、人体行为工程学）是由工程控制和应用科学综合而成。它包含了心理学、生理学、生物力学和人类学等要素。人的因素作为一项可以被用来在人的领域中创造产品而使之为人们更好服务的技术而被添加到产品设计中，它关注产品的使用者（有时称为最终使用者），它主要目标是确保产品易于使用、学习、生产和安全。从人的因素出发，可将产品分为普通用户产品与产业用户产品。

普通用户产品是为大众使用而设计的产品。普通用户产品包括两类：一类是用来满足人们需要的舒适感的产品和另一类专为特定人群，如为儿童而设计的产品。

产业用户产品通常既包括实际的物质产品也包括提供非物质的服务。就产品而言，用户模式和产业模式最主要的区别在于特色、性能和服务速度。普通用户产品和产业用户产品同样依靠大量的市场，使用同类的技术。尽管它们具体的目标市场不同，必须不断改进以具有竞争力，如图 3-1 所示。

普通用户产品与产业用户产品的最大区别在于它们的用户。用户产品的使用者通常是未经训练，没有技术和没有管理经验的。与此相反，产业用户产品的使用者则往往是训练有素、高技术和有管理经验的。另外一个重要区别则是普通用户产品通常由用户本人购买，而产业用户产品通常是由企业采购部门购买的。不同的对象导致不同的设计理念与形象，如图 3-2、图 3-3 所示。

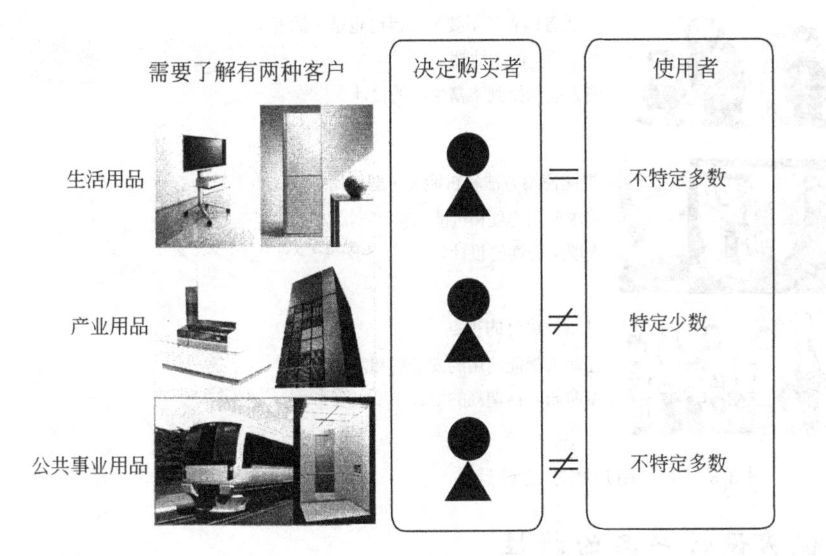

图 3-1　产品按使用者性质的分类

要求产品所具有的形象

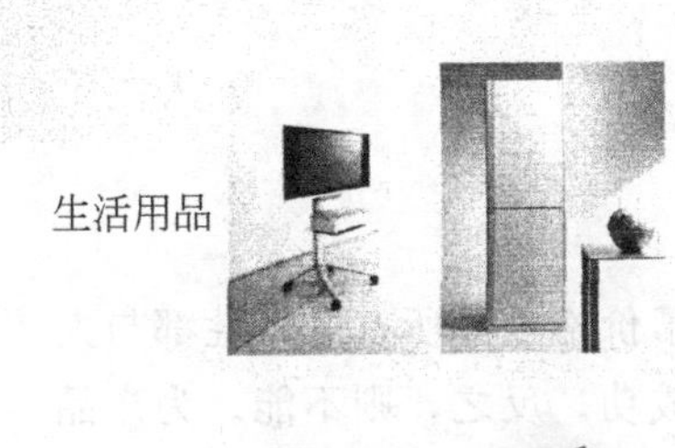

AV/ 多媒体用品
[先进性] [崭新的] [丰富的]
家电产品
[亲和性] [机能性] [丰富的]

生产、研究设备等
[机能性] [信赖性] [象征性]
信息系统设备
[信赖性] [尖端性] [象征性]

公共事业用品

铁道车辆、电梯等
[社会性（与环境协调）]
[持续性] [信赖性]

图 3-2　不同的对象导致不同的设计理念与形象

了解用户、探询用户所需求的设计

生活用品

生活者调查（不要忘记自己也是生活者）
与生活空间的协调
使人能预感到丰富生活的设计

产业用品

把握使用方法和机能（了解使用现场）
追求使用方便和机能
表现象征性的设计

公共事业用品

共用性设计的视点
任何人都能使用的安心感和舒适性
寿命长、格调高的设计

图 3-3　了解用户需求的设计

3.1　一件优秀设计产品的特性

一件优秀设计产品的特性一定是：

• 安全的；
• 有效的；
• 舒适使用的（如易用）；
• 耐久的；
• 可用的；
• 实价的；
• 有令人喜爱的外形。

这些特性被使用者理解为该产品的价值。除了价格以外所有的特性都与人的因素有关。有价值的产品通常能在市场上获得成功。反之，则不能。为产品增加价值需要以评定使用者需求和能力为起点进行一个系统的设计。

3.2　人机工程学和产品设计的融合

有三种方法可以在设计中将与人的因素有关的特性融入到产品中去：

• 产品的演化（试验和失败）；
• 直觉意会；
• 在设计中应用人机工程学技术。

进化的过程一直是最普遍的。自从有历史记载开始，人类就通过试验和失败不断地发展劳动工具。例如，远古的狩猎工具和同期的手工工具，如木匠的木锤，都被改进以提高它们的易用性和功能性，因此，那些经过演变而成的设计通常比现代的设计要好（见第一章）。然而这种演化过程有一个最大的缺陷，那就是花费时间太长。

直觉意会是第二种将人机工程学融入到产品设计中去的方法。设计师可以简单地决定产品的用户界面是怎么样，以及功能如何，完全依赖个人倾向及引导。结果经常是产品适合某个工程师或技术专家却未必适合未来的使用者。

第三种方法是通过在设计中引用人机工程学技术将人的因素设计到产品中。人机工程学技术包括方法和数据，两种经常使用的方法是：试验方法和理论方法。

试验方法包括在观察数据的基础上引用特殊的设计方法，尽管这种方法受到高度赞扬，但设计试验方法在一些特定的情况下是自相矛盾的，需要良好的判断，并且在技术改变时必须更新。人的行为理论的发展，在阐述设计问题时具有普遍的应用价值，然而，一个模型或理论的不完整或是一些重要的变量被忽视时，就会存在一定的风险。

实际上，设计师们会发现对将人的因素和产品设计融合而言，三种方法都能适用。然而，一旦有可能人机工程学技术就应该作为那些对使用者有影响的初步设计决策的基础，不应忽视任何细节，而且当缺乏经验和理论基础时，可以通过直觉意会作出设计决定。

不管用何种方法做出设计决定，可用性测试都应成为任何产品设计中的一项重要部分。这些测试提供了一种评估有关人机工程学的特定设计方法，例如易用、易生产、舒适和安全。可用性设计在使用直觉作出设计决策的过程中尤为重要。

3.3 人机工程学在设计中应用的益处：商业案例

企业必须通过创造成功的产品而获利。成功的产品就是能满足使用者需要的产品。与人机工程学有关的属性（如易用、易学，高生产率、舒适、安全和可适用性）由于能增添产品价值并因能满足用户的需求而日益为企业所认识。

表 3-1 列举了在产品设计与发展中应用人机工程学技术的主要理由。这些理由可归纳为两个方面，即①创造能更充分满足用户需求的产品；②预防损失。前者有助于增加产品的销量；后者则可避免用户的诉讼、坏名声、产品退货以及由于产品不符合现有标准而造成销售量的损失。二者有着相同的动机，即创造利润。然而，归根结底，其原动力与诸如：现有产品的销售量下降、提升新产品盈利能力的愿望、变化了的市场、技术进步，甚至诉讼成本的增加等多种因素有关。

表 3-1　产品设计与发展中应用人机工程学技术的主要理由

创造更好的产品	防止损失
改进产品的使用性	防止用户的诉讼
提高产品的可操作性	防止产品返修
能适应不同用户间的差异	防止产品退货
制造安全的产品	符合工业标准
提高用户的舒适度	符合相关规定
增加用户的满意度	在产品保质期内，降低维修次数

一件真正好的产品设计——即一件具有战略意义的好的产品，要完成以下五项任务：

- 它能传达和加强公司信息和品牌形象；
- 它能吸引使用者（广义上定义的使用者，包括销售商、代理商、分销商和最终用户）；
- 它能表达并支持产品的功能；
- 它为最终用户建立一种情感连接；
- 它能表达一种令人赞叹的相互作用的技术感觉。

在创造一件更好产品的过程中，人机工程学提高了产品的可使用性和使用者的可执行性。当制造商拥有相同技术的时候，可以通过提供优良的易用性作为产品适合市场的特色，从而为产品提供强大竞争力的保证。对于那些通过提供设计来吸引大量潜在用户的产品，也可以用来扩大市场。此外，一旦获得可用性测试的定量数据，其结果还能被用来支持对产品性能的广告宣传。

运用人机工程学技术还能预防因降低与产品安全性有关的性能而导致未来用户的产品诉讼所造成的损失。近来日益增长的产品诉讼显然与国际社会对安全产品的需求有关。一项合适且有计划的设计方案可以保护制造商在产品责任案例中减少经济损失。足够的使用者测试不仅有助于提高产品的安全性，还可用以证明安全主题在产品的发展过程中丝毫没有被忽视。

最后，为了使之更有效，应从产品发展之初就被应用人机工程学技术（方法和数据），以确保产品在初始设计就能适合未来的使用者，以便在改变与可用性有关的任何问题的费用变得昂贵之前都应被确认和修改。

几年前，一家美国公司，在开发一种新型咖啡杯的过程中采用了具有人机工程学意义，定性的探索性调研。设计团队为这种新咖啡杯确定了潜在消费者的范围，并根据他们的习惯，喜好和可被察觉到的需求和渴望，将他们分成了相关类别，并从中选定了最有希望成为主要消费对象的一类顾客，然后设想目标消费者的情景，他们做什么？读什么？喜欢什么样的产品？他们怎样喝咖啡？如何通过设计来改善他们的咖啡杯和喝咖啡时的体验？所有这些努力的最终结果是使概念和市场化的想像更为具体和实在，为产品设计提供了具体的设计理念。

通过这一过程确定了充分体现目标消费者要求的，带有附加功能的纸咖啡杯的设计创意。具体的设计结果是一个加了“隔热垫”的纸咖啡杯，如图 3-4(a)。几个月后，经过完善的，现实的产品出现在了市场上，如图 3-4(b)。

显而易见，若没有这种人机工程学的考虑，将会把设计的关注点完全放在设计师的目标——即更好看的咖啡杯上，而不是放在最可能购买产品的人身上，从而可能疏忽了最佳的市场机遇。

事实证明大量具备人机工程学特色的产品是有市场的，并且随着用户对有良好人机工程学品质产品的获益和熟悉，对这些特色的市场需求也会继续增加。此外，技术复杂的产品实际上也必须通过良好的人机工程学使之更可用。

今天这种研究方法正在逐渐被设计和产品的管理团队所接受。这一系列多

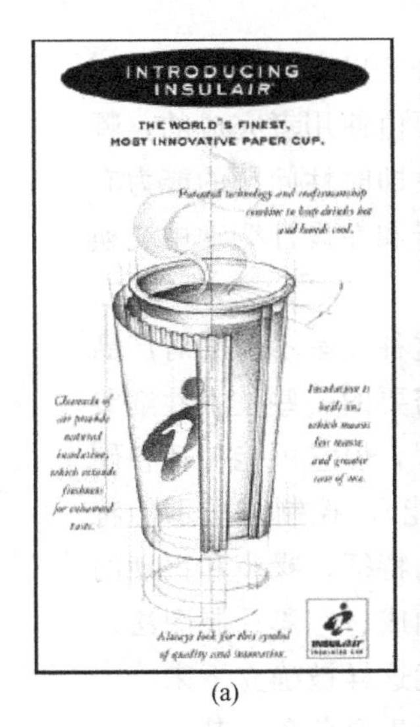

(a)

(b)

图 3-4　纸咖啡杯的设计创意

样化的过程共同作用，将种种不可言表的直觉转化为有意义的、有用的对话和可视要素。从而在设计者、产品开发团队和市场之间形成交流与对话，设计出能从中吸取精华的理性结果。

3.4　纵览产品开发过程

产品开发的完整过程由交换协议、平衡功能，以及明确性能、可靠度、可用性、外形和费用组成。此外，对于设计问题不再只有一种解决方法，而是有许多可以采纳的方法。

产品开发过程随着产品和生产组织的特性而变化，为了阐述的目的，这个过程可以被分为三到十二个时期。然而，有五个阶段的流程，对于大多数阐述来说就足够了，五个阶段如下：

- 制定计划；
- 设计；
- 测试和验证；
- 生产；
- 市场销售与评估。

例如，初始设计工作可以开始在制定计划的这一阶段。另外，生产改变可能发生在产品被提出之后。

发展循环的五个阶段简要讨论如下。

3.4.1　制定计划阶段

制定计划阶段通常包括对潜在用户的调查和对竞争产品的分析。此外，有关安全的资料以及由政府机关或其他组织制定的规章标准也需要被接受。或许，在这个阶段最重要的人机工程学活动是对用户档案的准备，这是一个用来描述产品潜在用户及他们能力的档案。

3.4.2 设计阶段

设计阶段通常由用户和产品之间功能的分配、任务分析以及工程学分析而开始的。其中功能职责的分配是个需要明确哪些职责上要由使用者完成的，哪些职责是可以自动执行的过程；而任务分析是与用户解决即时性问题的能力有关；工程学分析包括从结构分析的纯机械分析到费用分析和在设计变动中交换协定的工作情况等所有的分析。

一种正规的技术说明书在设计阶段是逐步形成的，这种文本不但会对产品软硬件结构进行说明，更会对其他为设计与原型结构所需要的一些技术性细节做出描述。这种文本的组成部分明显的有别于产品的原型，但它可能包括各硬件组成部分的详述，选材的要求（比如强度与热力学性能），控制与显示的特性，软件说明，一系列需要满足安全与人机工程学管理的特征，噪声和振动的控制方法，以及产品性状的描述（比如剖面图、外形、构成、色彩、制图法）。各项子系统的工程图纸也开始着手准备，一个工作模式就这样被确立下来。

在设计阶段人机工程学专家会在设计团队中扮演一个重要角色。其中一项重要的工作是在一个适合设计工作的模式里集合有意义的人的要素的数据，并将这些信息分派到下属各设计小组中。有时候有价值的数据可以在一些科技著作中找到，然而在大多数情况下，有必要在人机工程学原理的引导下通过试验直接获取精确的数据。另外，样机与模型也可用于评估每项设计的可行性。初步设计工作例如任务分析，操作和演示安排同样可以由人机工程学专家分派完成。

3.4.3 测试和验证阶段

第一次正式测试通常是成分试验，基准试验和辅助系统的测试。比较测试是一种由两种设计选择作比较的特殊类型设计，可能在设计阶段发生，在测试和验证阶段的辅助系统测试通常用来判断一个专门设计（例如人机界面）的辅助系统的具体设计是否令人满意。

在设计进程的运行中，各子系统被集成于一个运转的模型中，它是经过测试，由典型使用者操作的模型，目的在于评估效果与可靠性两方面。从这些试验中获得的数据为改进设计提供了帮助。人机工程学专家是惟一有资格引导这些试验的，这有赖于他们依照行为科学的持续训练。

若模型表现未达到预期效果，则必须进行修改和重新测试。修改与重新测试的进程将持续到出现令人满意的结果（即符合在产品需求文档中所限定的要求）为止，这种试验通常在实验室中进行并且被称为开发性试验。

紧随开发试验之后，需要在可操作环境中进行确定的试验。对于商业产品来说，最初的确认试验通常在生产该产品公司内的安全地点进行，这种内部试验有时候被称为最初测试（alpha test），接着的 beta 测试通常在经过选择安全可以保证的顾客地点（customer sites）进行。面向消费者的产品在制定国内或国际市场消费计划前一般先将产品投放在几个城市市场内，观察消费者反应。

一份用户手册的初步草稿应在第一个用户试验前就已准备好，这种试验将时常显示一些一开始不被发现直到一段时间后才被确实的缺陷。早期对缺陷的探测可使每次的再设计保持最低的投入。

3.4.4 生产制造阶段及市场销售与评估阶段

产品最后两个发展阶段——生产阶段及市场销售与评估阶段——不直接与设计有关，也不会在其后任何部分中进行讨论。工业人机工程学专家和工业工程师负责解决有关工业生产和销售的问题，而顾客反馈由市场研究专家评估。然而产品在（工程学、人机工程学，工业设计等）各方面都应与顾客对已发展的产品的反应相一致。正是通过顾客对设计师反馈的过程，使产品在设计上的演化与发展变得有可能。

3.4.5 生产阶段和市场评估阶段

产品开发的最后两个阶段——生产阶段和市场评估阶段。工业设计师和工程师需为解决与工业生产与发展的问题负责，而用户的反馈意见则由市场调查专家来评定。然而，产品设计师在所有专家中（工程师、人机工程师、工业设计师等）应更熟悉用户对他们的改进做出的反应。正是由于通过用户向设计师反馈意见的过程，才使产品设计的发展与改进成为可能。

3.5 设计周期中的变动

产品开发的过程很少像前面章节所描述的那样单纯或有规律。一般来说，每个阶段有关事物影响的总和因产品的不同而不同，少数阶段的活动也可能在同一时间发生。在图 3-1 中提到的一些步骤可能被省略，而由其他步骤取而代之。

在开发周期中也有可能发生一些重大的变动，例如在以下类型的设计中：

① 基于新技术的新产品；

② 系统整体创造；

③ 由外界承担加工的产品（OEM：原创设备制造）；

④ 对现有产品进行再设计的产品。

以下就对这些特殊情况进行讨论。

3.5.1 基于新技术的新产品

基于新技术的新产品往往伴随较大风险，然而成功的回报会带来新的经济效益，尤其当产品概念得到专利保护后。这种战略的一个经典范例是由某公司出品的历史上第一台复印机，由于这件新产品的问世，形成了一个新的从未存在过的产品市场。

遗憾的是，在基于新技术的产品开发中，关于工程技术的考虑往往胜于对用户需求的考虑，并可能成为一种主导力量。在这种情况下人机工程学专家必须确保产品未来人机工程学品质的发展，与参与市场调查的全体人员紧密合作，以便进行与工业技术的考虑有关的消费者观点的评估，并预见用户在接受新技术的过程中可能出现的问题。

然而，随着技术的成熟和来自竞争的压力必然促使企业最终将更多的注意力转移到产品的人的因素问题上。这种从“新技术”到“成熟产品”的转变在消费性电器领域体现得尤为明显。当 1983 年第一部 CD 播放器在美国问世时，其人机交互界面的设计十分拙劣，如这种新装置的控制键安排不合理，也不能将各功能有机地联系在一起。然而，到 1987 年，在美国已有超过 12 家 CD 播放器的制造商，单机的零售价也降至原价的 1/5。竞争的压力促使 CD 播放器逐步完善，今天大多数这种第三代播放器都有较好的人机界面并更易于使用，另外，产品说明也有了很大的改善。

3.5.2 通过系统整合创建新产品

经常还会存在由整合几家厂商的产品而形成的新的完整产品。销售机构在出售自动化系统时也常采用此种模式。例如，电脑制造商 workstation，可能获得从其他公司得到的打印或网络技术，通过购买或使用许可而避免自身为技术开发的资金投人。动力草地除草机是系统整体创造在消费型产品中一个为人所熟知的范例，除草机制造商通常从专门生产小型汽油机的厂家处获得动力装置，再从另一些厂家获得其他部件，而综合为一个系统的产品设计。

系统整体化创造中应从整体的人机工程学效用出发进行部件的协调，而不能仅仅满足于单个部件的人机工程学品质。从人机工程学角度整合的产品不宜从过多的供应商处获取部件，否则产品的合理性将明显降低。

3.5.3 OEM 产品（OEM：原创设备制造）

产品制造商有时会从市场上其他零售商处获得产品并冠之以自身的商业品牌，产品或产品部件的供应者常被称为——原始装备制造商（OEM）。而直接向消费者出卖产品的公司则被称为——增值转售商（VAR）。不少激光打印机就是以这种形式销售的。例如，1985 年就有 80％的 table-top 激光打印机采用的是相同的打印电动机，特别是 CX 打印机（santo，1985）。像 OEM-VAR 这样的关系在诸如照相机、音响、影像设备等消费类电器市场同样常见。大多数 VAR 厂家要求 OEM 产品包装符合他们自身产品的特征，这就要求外包装的再设计、变换色彩、商标与品牌标志等。

尽管在这种场合下对已存在产品作出改进的主要原因是为了实现产品与 OEM 产品间的形态差异，然而人机工程学专家也可因此获得改进产品合理性的机会。如，可以对控制面板以及软件进行修改，这种修改有时可毫不费力地实现。这样，可在不增加整体开发周期和开发成本的情况下大大增添产品的价值。

3.5.4 现存产品的再设计

对已经成熟的产品，制造商常通过一系列的再设计进行改进和提高。这种再设计的程度可大可小，变化大的再设计试图创造一种全新的产品，这种产品与旧产品功能相同但更有效率，使用更方便。

再设计为人机工程学专家改进产品的合理性提供了良机，改进的手段之一就是从已存在产品的消费者处获得合理的数据，在保留那些得到广泛认可的特色和功能的基础上，将再设计的重心放在解决用户反映严重的问题上。图 3-5、图 3-6 正是依人机工程学原理对消费性产品再设计的范例。

图 3-5 显示了电源插头的改进设计。改进的电源插头设计增加了一对杠杆结构，可方便用户起拔插头。图 3-6 是对拐杖把手的再设计，握持更舒适，尤其方便从地上拾取。

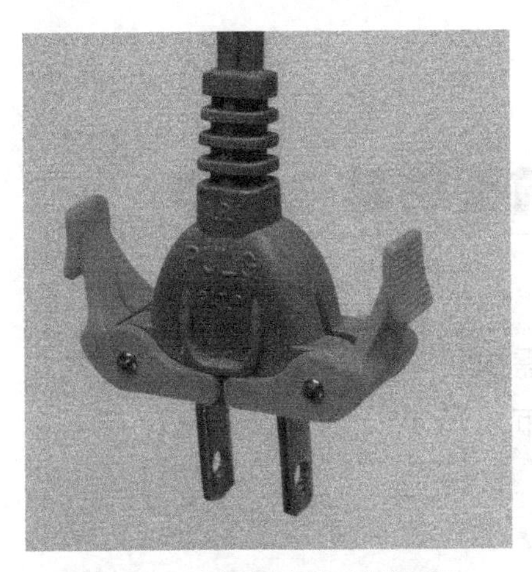

图 3-5　电源插头的改进设计

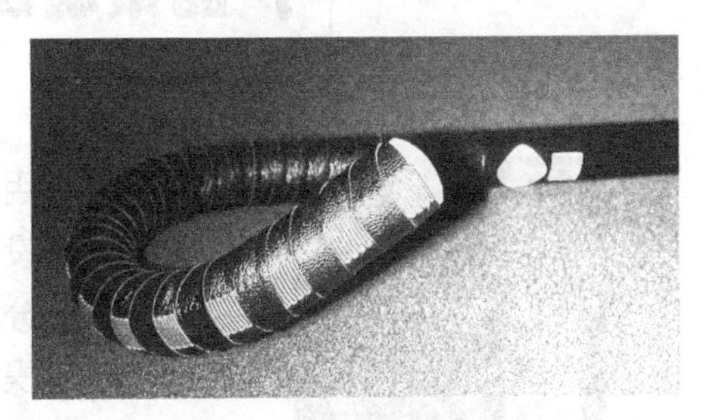

图 3-6　拐杖的再设计

【习题三】

3-1　从人的因素出发，可将产品分为哪两类产品？请说明这样分类对产品设计有何意义。以电动工具（如手提电钻）为例，当其目标用户分别定位为普通用户和产业用户时，在确定设计目标上应有哪些不同，为什么？

3-2　请分别选择一件生活用品、一件产业用品和一件公共事业用品，试判断其设计理念，并比较它们不同的形象特点。

3-3　请分别说明以下不同系统中的用户、使用场景以及使用目标与使用方式的特点，并比较它们的差异：

① 在工厂环境中操作机器；

② 在办公室环境中使用办公设备；

③ 在家庭环境中使用家用电器；

④ 在医院环境中使用医疗设备；

⑤ 在道路环境中使用交通工具。

3-4　请依据本章关于优秀设计的要求，以你熟悉的某件产品分析其存在的人机工程学缺陷并提出改进建议。

第4章 产品策划及设计前期的其他工作

- 明确用户与用户需求
- 确立设计目标和市场需求
- 功能分析
- 产品操作需求
- 设计约束因素
- 产品需求文档
- 实例分析与研究：柜式空调器的设计目标

本章讨论人机工程学在产品开发中策划阶段（也称概念阶段）的工作。策划阶段是正式创造一件新产品的第一步。这一阶段的目的是决定产品需要实现什么目标，谁来使用以及它的特性是什么。策划阶段明确地聚焦于“做什么”，而与“怎么做”的细节无关。整个过程见图4-1中的说明。具体行动包括：

- 明确用户与用户需求；
- 确立目标；
- 确定市场需求，功能需求和操作需求；
- 明确设计局限性；
- 制定一个产品需求文档。

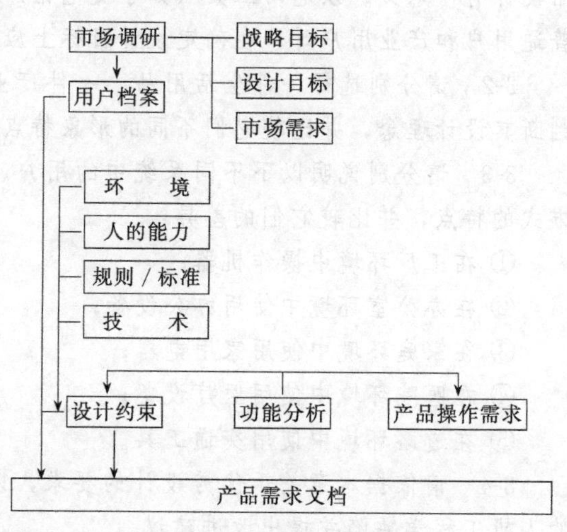

图4-1 产品定义流程

人机工程学在设计前期的工作，主要是揭示用户概况，处理调查结果，以便明确用户需求和偏爱，从可用性上评估同类竞争商品，完成功能分析和确立与用户相关的设计局限性，与产品定义相关的人类行为调查也必须在同期实施。

4.1 明确用户与用户需求

明确用户与用户需求的主要目的是确认新产品发展机会和已存在产品的改进措施。它从本质上设法找出人们将来要什么和买什么。市场调研的方式包括电话查询、问卷调查、访问、小组讨论、概念检验和各领域评测。

与明确用户与用户需求相关的具体工作内容包括明确用户概况，评估已存在产品的可用性和进行个人或团体集中访问。集中讨论致力于一些主题，诸如用户需求，用户对可选择设计的感知，特性的相对重要性以及在评价不同类型产品时消费者的标准。

4.1.1 用户概况

如果在产品设计工作正式开始时仍不能明确用户特征的话，最终产品可能会影响一部分潜在用户。在实际设计中往往容易忽视这一点。事实上，多数设计师在产品设计中会自觉或不自觉地将用户假定为 21～45 岁，身体健康，视力良好，并具有一定学历的人。

因此，明确用户概况应该是设计新产品的第一步。所谓用户概况是一个产品目标用户特征的概况。它必须包含以下信息：

- 年龄/性别/国籍；
- 教育状况；
- 对同类产品的使用经历；
- 母语；
- 母语阅读水平；
- 外语阅读水平；
- 身体缺陷；
- 职业；
- 特殊技能；
- 行为动机水平。

提供的每一个特征的信息必须指出用户的变化性。对有些项目（如阅读水平）来说，任何一项指示应能让最低层的用户读懂。用户概况的信息将在确定设计局限性时发挥作用。表 4-1 包含了 2 种产品的用户概况实例。

表 4-1　2 例目标用户概况

产品：大型办公复印机（美国）	年龄	18～65
	性别	多数为女性
	国籍	所有
	最低学历	高中
	对同类产品的使用经历	75%曾用过办公复印机
	阅读水平/母语	高中
	身体缺陷	无
	职业	复印机操作
	特殊技能	由公司培训
	行为动机水平	高
产品：电吹风（美国）	年龄	8～99
	性别	男，女
	国籍	所有
	最低学历	假定无学历
	对同类产品的使用经历	假定无
	阅读水平/母语	假定无
	身体缺陷	近视用户不能戴眼镜；除少数残疾人，大多可使用
	职业	所有
	特殊技能	无
	行为动机水平	从低到高

为残疾人用户设计有一定挑战。残疾人的感觉和运动能力降低，认识能力有局限，或者有情感障碍。后两种类型尤其会给设计带来更大的挑战。通常残疾人在学历和收入上也落后于大众。除此之外，这类人总体上比消费大众要年迈。例如，在美国，2/3的残疾人在45岁以上。

4.1.2 同类竞争商品的评估

不明确竞争商品的优势和劣势，用户与用户需求研究不可能完整。新产品或重新设计的产品必须竭力克服现有产品已存在的问题，而保留和加强用户认为有价值的特性。

汲取和收集竞争商品相关信息的捷径是建立一个数据库。这个数据库如能妥善建立、更新和应用，将会带来有价值的信息，而给产品的改进提供帮助。数据库中也应包括对自己产品的评估数据。数据库中的信息可由以下途径获得：

- 人类行为测试；
- 产品使用的直接观测；
- 产品用户的调查和访问；
- 专家评估计（市场、工程、人机工程、工业设计专家）；
- 消费者出版物，贸易出版物，设计出版物对产品的回顾；
- 销售著作和广告；
- 政府统计；
- 公众电脑数据服务；
- 访问销售人员和客户支持人员。

4.1.3 用户需求的群体专题讨论

群体集中查询，在产品发展的计划阶段经常被用来确定用户的需求和喜好。这样的群体通常由6～8个产品的潜在用户和一个群体活动的协调者组成。

下面是一个用以确定音响闹钟产品开发的富有成效的群体集中查询的实例。

设计师让试验者对每个音响闹钟中的14项重要特性进行评价，主要是关于音质、使用性、尺寸和外观等特征。

设计师首先给每位试验者一个具有所有14项功能特性的正在工作的声响闹钟。在对产品进行评价之后，试验者表明他们对每个特性都满意。从这两组评价中可以得到一个每个特性（评价重要与评价满意）的两维图形，如图4-2。

产品特性重要性和满意度评价的具体统计过程如下。

① 列出产品的各项特性，并予以编号。

② 由每位用户分别对产品各项特性的重要性和满意度进行判断，并作具体评分。

【评分方法】可以用自1～5间的整数表达不同程度的判断。

具体地：5——非常重要（非常满意），4——很重要（很满意），

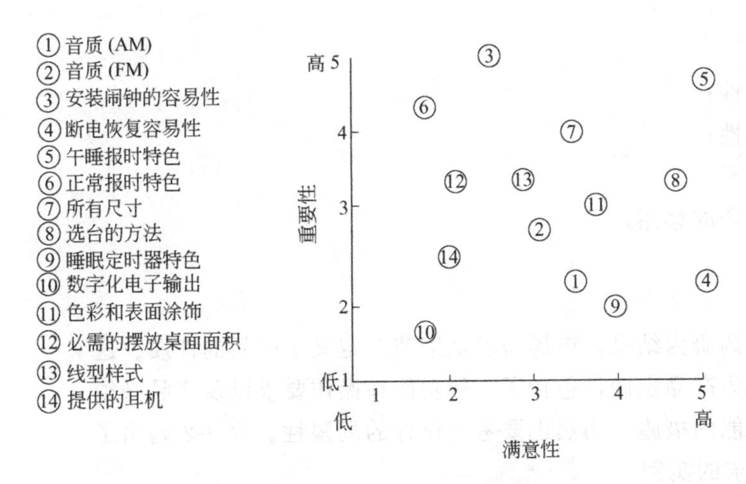

图 4-2　声响闹钟的产品功能特性

3——重要（满意），2——较重要（较满意），1——不重要（不满意）。

③ 汇总并处理上述评分数据，以获取产品各项特性的重要性和满意度的两组判断权重值。

【统计方法】假定参与评价的用户总数为 N（通常 $N \geqslant 30$），在对产品某项特性的重要性（或满意度）判断中，分别有 n_1 个人评 1 分，n_2 个人评 2 分，n_3 个人评 3 分，n_4 个人评 4 分，n_5 个人评 5 分（$n_1+n_2+n_3+n_4+n_5=N$），则该项产品的重要性（或满意度）的判断权重值 **WT** 为：

$$\boldsymbol{WT}=(5\times n_5+4\times n_4+3\times n_3+2\times n_2+1\times n_1)/N$$

④ 逐一依据产品每项特性的一对重要性和满意度的判断权重值，即可在重要性——满意度直角坐标平面内确定相应的点，如图 4-2，从而完成关于评价该产品特性重要性和满意度的两维图形。

按照作者的看法，重新设计应该注重于那些具有重要性高、用户满意度低的特性（图 4-2 中的特性③、⑥、⑫和⑬）。获得高的用户评价但是却感到不重要的特性（特性④和⑨）应该通过广告宣传，让用户理解其重要而予以提升。

4.2　确立设计目标和市场需求

对用户与用户需求的研究形成了与成本，操作，可靠性，可用性相关的设计目标的具体表述。由此可确定与可用性、用户操作相关的可能的设计目标。

在确立设计目标的过程中，必须明确每个目标的相对重要性。这些信息将成为确定最终设计方案的考虑依据。例如，要选择一个安全装置，如果某项功能可能对其使用性或效益产生负面影响，就必须改变原有的设计方案。

与可用性和用户操作相关的产品设计目标应包括：

- 使用方便；
- 易懂；
- 高产；

- 低错误率；
- 避免使用错误；
- 失误的更改方便性；
- 大小用户的协调性；
- 适合不同层次水平；
- 其他产品使用技巧的移用；
- 用户舒适性；
- 用户安全性。

以设计目标和市场调研为结果，市场需求从细节上定义了产品的性质。这些需求大多是从特征上为产品定性，包括了一般功能和操作要求以及产品必须满足用户要求的特殊性能的措施。当然也要考虑设计的局限性。表 4-2 列出了 35mm 照相机的市场需求的实例。

表 4-2　35mm 照相机的市场需求的实例

总体功能与操作要求	• 易于使用。操作要求无需专门的摄影知识
	• 可允许室外摄影，而不受天气影响（无论乌云密布还是阳光明媚）
	• 可允许室内摄影，而无需闪光灯
	• 从 1m 到无穷远的距离都可获得物体清晰、准确的图像
	• 闪光摄影的有效距离至少为 1～8m
	• 可靠
特色	• 广角并要求具备远程摄影能力
	• 取景时必须能正确显现对象在图框中的位置
	• 需要配备闪光直接电源转接器
	• 照相机必须具备三角架的安装接口
约束条件	• 照相机必须很轻，即使整天携带也不会不舒适
	• 照相机不会因意外受潮而损坏
	• 动力源必须能持续至少一年，并易于更换

某些产品的市场需求是被技术的发展驱动的。例如，第一代复印机不具备图像放大缩小的功能，而现在，即使是台式小型机也有此功能。同样，照相机曾经需要手工操作，现在调光圈，聚焦，闪光和卷片功能都已经自动化了。

4.3　功能分析

功能分析是指确定用户和产品要执行的特殊功能和任务。此文中的功能指有共同目的的一些相关工作单元。功能分析由设计师和人机工程学专家共同进行。

产品的功能分析最初由功能级别或任务级别指引，这取决于产品的复杂性。表 4-3 提供了 35mm 照相机按任务级别的部分功能分析。大部分功能和任务是否分配给用户或产品是依据对履行功能的方法或技术解决方式的考虑而进行的。

产品的功能分析还提供了在产品设计的不同专家间进行交流的手段，如工程师、人机工程学专家、市场营销人员和工业设计师等。

表 4-3　35mm 照相机的部分功能分析与操作要求举例

要履行的任务	用户/产品操作要求
装载胶卷	95%的用户能在 30s 内将胶卷正确装入照相机
胶卷速度选择	差错率<2%
胶卷向前推进	<2s 即可完成
聚焦选择与改变	新手可在 20s 内完成变焦，熟练的用户可在 10s 内完成变焦
快门速度选择	差错率<2%
镜头光圈选择	差错率<2%
光线测定	场景的 95%可正确测定
镜头聚焦	<2%的画面明显聚焦不准
画面构图	图像定位差错率<5%
胶卷曝光	完成时间取决于快门速度
胶卷倒带	<10s 即可完成
胶卷拆卸	95%的用户能在 5s 内拆卸胶卷

4.4　产品操作需求

产品定义流程的下一步是在市场需求和功能分析的基础上，确定附加的产品操作要求。它定义了产品的可发展能力。例如，35mm 照相机的操作要求可能包括在各种光度和失误情况下拍出好照片的百分数，这些失误包括相机的震动，目标移动而引起的模糊，聚焦失误和构图失误。

确立产品操作要求时也必须考虑用户对产品的期望操作能力。期望操作能力经常可由行为的直接观察而确定。曾有人为业余摄影者拍摄的照片确定了图片的评估提纲，通过查看图片可获得有关相机用途的信息。人们常用相机至被摄对象间的距离、现场光线情况和拍摄频率这三个数据创建照片空间的三维模式，这个模式阐述了用户对相机的期望能力。

4.5　设计约束因素

设计约束因素应尽早明确，因为它限定了产品设计师的选择，有时它们还限定了产品的实际可行性。

以下是约束产品设计的因素：

- 科学技术；
- 成本与日程；
- 调和性；
- 用户关联性；
- 环境。

人机工程学主要关注与用户相关的约束因素（用户能力和实际的使用经历）、受相关规则和标准限制的约束因素（安全规则和人机工程学标准）以及环境约束因素（如由于不寻常的环境约束因素而对设计以及控制与显示器的排列与安排方式的限制）。其中许多约束可在设计前期工作时就被发现并归档。例如，其中不少有价值的信息可从用户概况、对潜在用户的访问及人机工程学的相关标准中获知。

4.5.1　规则和标准

与人类行为相关的产品设计的规则和标准限制的约束因素与产品的安全和人机工程学密切相关，其中人机工程学标准才刚刚开始形成。人机工程学专家将承担识别相关的人机工程学标准与规则，并确保这些要求被包含在适当的产品需求文档中。

随着人机工程学在工业中的应用日益广泛，人机工程学的标准化问题变得越来越重要。与人机工程学相关的标准及限制可以在国际、国内和地方的不同水平上出现。而且规则和标准还会时时发生变化。因此，生产厂家必须不断关注新的发展，这些都会对现有产品的被认可性和未来产品的设计产生积极的影响。

国际标准化组织（简称 ISO）于 1975 年设立了人机工程学技术委员会，负责制定人机工程学方面的标准。各地区和各国都根据自己的具体情况也制定了许多相应的标准和规范，如 CE 标准是目前欧美日已经开始实施的人机工程学方面的标准，它是产品进入这些地区的重要评价指标。正在酝酿推广的 ISO 13407 将在更大范围内执行人机工程学的要求。如果生产的产品达不到这些标准，将对中国的出口形成技术壁垒，严重影响中国产品的市场竞争力，制约中国的外贸发展。

大多数人机工程学规则与设计问题和管理实践有关。此外，标准还引导着产品设计的发展方向。如德国计算机工作站的人机工程学标准（DIN66234），最具综合性。此标准中的部分章节内容已成为强制执行的安全规则。

在美国，人因协会（Human Factors Society）和美国国家标准协会（American National Standards Institute）制定了美国的计算机工作站的人机工程学标准（ANSI/HFS 100—1988），并于 1988 年被正式采纳。

某些国家（如瑞典）和美国一些州实行了或正在考虑实行关于人在操作计算机时的工作体能特性的规则。然而，这些规则只对一部分有选择的人员群体适用（如政府员工）。对产品设计师来说更普遍的问题是地方标准。地方标准在多数情况下比国家标准更为严格。

国际标准化组织（ISO）也在制订有关计算机工作站和用户—计算机间对话设计的人机工程学标准。国际标准化组织工作团队的成员由来自世界各国的专家组成，尽管这些标准是非官方的，但它们会代替现存的多重且相互抵触的国家和地方规则。

标准和规则的多重性给制造商出了难题。对此有三种不同的做法，而每种做法都存在严重缺陷：

① 制造能符合最严格标准的产品（这会导致昂贵的超常设计）；

② 制造多种模式，使各自能适应不同的标准，并可给消费者提供不同的选择（这会大大增加产品制造、分类和售后服务的成本）；

③ 制造能符合大部分标准的产品，而放弃执行更严格标准的市场（这会产生市场份额的损失）。

4.5.2 与用户相关的约束因素

与用户相关的约束因素包括两种类型，即：用户体力或脑力能力的局限性和与用户经历相关的局限性。为国际市场设计时，用户相关的局限性尤其严格，因为未来用户在身体特征和文化背景上相距甚远。

只有在未来用户确定后，才能界定明确的用户群，明确与用户相关的约束因素及其特征信息。通常在明确了与用户相关的局限性后，才不会逾越最低层次用户（通常是5%的用户）的极限能力。

（1）用户能力

产品设计应受人的行为与思维能力的限定。所以，每一位设计师必须对人的感觉、知觉、动机、认识和行为能力有一个初步了解。

设计信息与人的感觉、知觉、动机和认识行为相关的人的因素数据可以方便地在一些设计手册和其他资料中获得。

年龄、性别、身体特征和身体残疾程度影响着用户的行为能力。此外，年龄也会影响思维能力。使用者的年龄是影响行为的重要因素，因为人们的认识与行为思维能力会随年龄而变化。

体力和身体尺寸特征也很重要。例如，对绝大多数体力工作来说，女性力气明显比男性小。所以，推、提和拉的力量要求不能超过第5个百分位的女性能力极限。此外，另外一个重要的性别差异是伸手向前与向侧面可达的距离。通常女性的手臂比男性短，因此所有产品的控制器应置于第5个百分位的女性伸手可及的表面上。

人的体力和身体尺寸特征存在很大差异。这对于设计推向国际市场的产品影响很大，如电脑台和可调节座椅。因为每个国家有其特定的身体尺寸特征。因此，明确未来使用者的国籍很重要，这样在设计过程中就能运用合适的尺寸。如果设计师仅根据自己国籍的身体尺寸来设计国际商品，后果会很严重，如为美国人设计的产品的尺寸只对90%的德国人，80%的法国人，65%的意大利人，45%的日本人，25%的泰国人和10%的越南人适用。

明确设计局限性时，还要考虑使用者的生理缺陷。如果要求产品同时满足正常使用者和残疾人时，设计局限性就显得更苛刻。一个高大的男性（95%的身高）坐在轮椅里，他的活动区域可能比一个可行动的女性还要小。然而，在大多数人体测量学的基本数据中并不提供这样的数据。

（2）用户经历

除了人的行动和思维能力外，产品设计也受到用户经历因素的限制。这包括用户的母语、阅读水平、文化背景、文化水平、以前对技术类产品的使用经历、外文水平及职业技能等。

在很多情况下应能够提供使用者母语书写的标签和说明，这在许多国家是必不可少的。说明书的翻译必须准确，糟糕的翻译将会令产品使用更困难，影响用户对产品质量的感觉。所有翻译被核准前必须通过检验。

从某种程度上来说，显示和控制的要求取决于用户的母语。例如，日文文字的排列要求和拉丁字母大相径庭。同样，由于国与国之间文字的不同，打字机和电脑键盘上的按键排列与标识都不相同。

为国际市场设计产品时必须把用户文化差异纳入考虑范围。虽然许多显示和控制的行为指示原型差异不大，但也有例外。明显的例子是垂直排列的肘节开关“ON”与“OFF”的位置。色彩编码的含义在国与国间也有不同的惯例。

不同文化团体的色彩倾向也构成了显著区别。如比较美国人、印度人和尼日利亚人间的色彩偏好：美国人喜欢高饱和度色彩，而印度人和尼日利亚人更喜欢高明度的颜色。

其他有趣的文化差异是表达时间、日期和小数的方式。例如 1986 年 2 月 7 日可分别表达为：

7 February 1986	1986-Feb-7	
7-Feb-1986	86.2.7	7.2.86
2/7/86	86，2.7	7，2，86

获得其他国家文化有价值的设计信息相当困难。目前还没有相关的权威书籍。而获取其他国家文化信息的最佳方式，是同产品未来销售区域的当地人一起工作。

用户的文化水平和之前对同类产品的使用经历都会对设计形成约束。婴幼儿不识字，所以玩具上的警示标签无法防止他们受到伤害；没有受过正式教育的人需要简明的、逐步的说明书；初次使用者常常需要更详细的说明书，并尽量避免专门的技术术语，否则会使他们更加迷惑。

职业和职业相关因素可能限制一些商务用品的设计。一般来说，如果使用者的行为意识不明确，缺乏特别技能，或经常变换工作，那么产品的操作和防止误操作的方式就必须简单一些。

4.5.3 环境局限性

极端的环境条件对身体尺寸和人的操作条件都有影响，从而成为设计的约束因素。如黑暗是一个最普遍的环境限制因素，许多产品设计都要考虑这一点，然而，设计者却往往忽视了这个问题。人们可能会注意到许多简单的产品，比如闹钟，在黑暗中就很难加以调节；而一块液晶显示手表，如果不装有附加光源，在黑暗中或在像电影院一样的半黑暗状态中，就会失去作用。

4.6 产品需求文档

在产品开发的策划阶段，最终应至少形成一份正式文档，即产品需求文档，或可称为“功能规格”。产品需求文档提供了产品功能目标的定性化信息，以及定义产品操作的定量化信息。这些信息为工程设计揭示了“做什么”，并且使得开发流程进入设计阶段。文档应包括以下内容：

- 产品概念和战略目标概述；
- 用户概况和用户需求总结；
- 产品的设计目标；
- 市场需求；
- 产品各项功能描述；

• 产品及各项特殊功能的量化操作要求；

• 成本、技术、规则和标准、用户能力和环境的局限性。

产品开发的下一阶段——设计阶段的效率和成本，将同设计前期分析的彻底性密切相关。如果策划阶段不彻底，设计阶段将会迟缓而艰难。

4.7 实例分析与研究：柜式空调器的设计目标

随着人民生活水平的不断提高，人们的生活方式与消费观念发生了根本转变。“花钱买方便，花钱买享受，花钱买健康”逐渐成为消费时尚。

曾一度为企事业单位、公共场所和少数富裕家庭使用的空调器，如今也已进入寻常百姓家，并逐渐成为家居环境中必不可少的家用电器，从而为家用空调器开辟了广阔的市场前景。

在目前的家用空调器市场中，挂壁式空调仍占主导地位，但近年来，随着人们住房条件的改善，尤其是厅房面积的增加，逐渐扩大了柜式空调器的市场需求。

与此同时，同类产品的市场竞争也日趋激烈，不同品牌的柜式空调纷纷问鼎市场，使消费者有了更大的选择余地。在这样的背景下，如何突出自己品牌产品的优越性，突显与其他品牌同类产品间的差异性。以引导消费者认牌选购，加深消费者对本企业及其产品的印象，成为确保产品的品牌地位，巩固和扩大市场占有率的有效手段。

而改进产品的造型形态，正是突出自己品牌产品的优越性，突显“与众不同”的企业特征的一项具体措施。尤其在目前柜式空调器造型雷同，色彩单一的情况下，更易见效。

受上海某家用电器有限公司的委托，笔者对该公司生产的柜式空调器室内机进行了改良性设计。整个设计的目标是寻求能为当前和未来几年市场接受，消费者喜爱的柜式空调器外型形态。

4.7.1 市场调研与分析

在市场经济条件下，企业的产品首先是商品。无论其功能还是形态，必须以满足市场需求为第一位。用户的需求与爱好，在产品的发展过程中必须受到特别的关注。而市场调研正是了解用户需求与爱好的最佳途径。

(1) 消费者调研

目的：了解消费者对柜式空调的整体印象与潜在需求。了解委托方品牌和委托方空调在消费者心目中的印象与位置。

① 问卷调查　上海地区被列为主要调查地区，问卷分发过程中注意了调查对象分布面的代表性。

② 典型抽样专访　为具体了解消费者对柜式空调器的要求和使用情况，在调查中专门选择了几户居民进行专访。

【例一】 受访者：王先生　　性别：男　　年龄：50

职业：国家公务员　　访问时间：2000 年 7 月

厅房面积：24m²

了解内容：

a. 现在使用某品牌柜式空调；

b. 有明显“认牌选购”的倾向。主人家中使用的主要家电产品均为同一品牌；

c. 对目前市场上柜式空调造型形态与色彩的单一表示不满，认为在居室中占有较大空间的柜式空调应有一定的装饰性；

d. 建议能否让柜式空调的面板能随用户的喜好随心换。

【例二】 受访者：宋先生　　性别：男　　年龄：40～50

职业：外企高级职员

访问地点：万科花园　　访问时间：2000 年 7 月 8 日

厅房面积：$40m^2$

了解内容：

a. 现在使用某品牌柜式空调（3 匹）；

b. 主人个性严谨，喜好直线型、硬朗的形态；

c. 希望操作简便，说明书一目了然；

d. 对于壳体材质，若其内部机械结构整齐，不妨可采用透明的。

【例三】 受访者：张先生　　性别：男　　年龄：50～60

职业：国企职工　　访问时间：2000 年 7 月 10 日

厅房面积：$15m^2$

了解内容：

a. 现在使用某品牌柜式空调（2 匹）；

b. 喜欢曲线型、活泼、家庭化的感觉；

c. 对海尔的售后服务印象很好。家中有不少海尔产品；

d. 操作喜欢简单明了，要有中文说明；

e. 喜欢亚光，简单的外形，无需图案，不喜欢透明外壳。

③ 居住小区抽样　选择了两处居住小区进行实地调查。一处为 1998 年开始入住的万科城市花园，一处为 1999 年开始入住的金汇花园。调查结果表明在较晚入住的小区中，选用国内某两家品牌柜式空调的较之较早入住的小区有较大的增幅。究其原因，除了价格便宜，对一般消费者而言，该两家企业在外形上推出了多种新款式也是重要因素。

（2）商家调研

目的：通过收集商场营业员的意见和其他厂家同类产品的信息，了解市场畅销品牌的特点和委托方产品在市场上的位置，以确定增强委托方产品市场竞争的手段与方法。

问卷调查

问卷调查范围仍以上海地区为主。从调查结果分析，消费者选购产品的考虑因素依次为：

①品牌，②价格，③售后服务，④功率，⑤省电，⑥外形，⑦静音，⑧功能，⑨环保，⑩色彩。

对形态喜欢：曲面型的占 51.9%；

曲线型的占 33.3%；
直线型的占 25.9%；
平面型的占 14.8%。

对色彩喜欢：单色的占 81.5%；
不必过于醒目的占 25.9%；
醒目的占 7.4%；
多色的和有图案的同为 3.7%。

对材质和质感：喜欢有光泽和亚光的各占 46.2%；
不透明材料的占 42.3%。

对遥控方式：希望既有遥控器又可直接操作的占 85.7%；
希望可在柜上直接操作的占 53.6%；
希望有操作状况指示灯的占 50%；
希望显示屏大的占 28.6%。

4.7.2 同类产品的分析与比较

在各大家电市场内，注重收集目前市场上其他品牌，尤其是畅销品牌的空调柜机样本资料，并着重对柜机面板上的进、出风口形式、操作、显示形式和整机的线型风格进行取样比较。

进、出风口和操作、现实形式是影响柜机造型的主要因素，从分析比较中可以发现，近年来不少空调柜机生产厂家已逐步重视工业设计，并注意对产品功能的开发和造型形态的改进与提高。

国内家用电器产品的发展变化有以下几点。

(1) 引进新技术

高科技含量的商品比较快速地进入市场。科技含量高的家电产品和著名品牌对消费者有更大的吸引力。"数字化"、"变频技术"、"模糊控制" 等新概念、新技术在家电产品中的应用，带动了不少家电产品的升级换代。

(2) 款式造型追求新颖、美观

彩色冰箱、彩色空调及白色彩电的出现，给家电外观增色不少。同时也带来了设计观念的改变，家电产品已不仅仅是一般的耐用消费品，它更成为文化普及程度和新的生活方式的标志。

(3) 以人为中心的设计理念

消费者需求从商品匮乏时期追求量的满足转为追求质的提高，并转向"情感的满足"。人们对家电产品的要求已从生理需求、安全需求升华到心理需求、感情需求和归属需求。因此家电产品如何贴近生活，与消费者达到尽可能完美的沟通，为消费者提供体贴入微的便利，将成为家用电器生产经营企业的新理念。

(4) 市场竞争手段的多样化

竞争方式已由数量增长转为质量提高。企业由向消费者灌输品牌意识，上升到企业自身对品牌意识的强化上。品牌竞争将主要通过产品的差异表现出来。因此，增强同类产品的差异成为企业追求的目标。此外，品牌竞争还通过服务品牌的差异表现出来。质量本身就包含服务。服务品牌化的竞争成为企业关注的焦点，服务与产品本身的价值将更加紧密地结合在一起，成为体现产品价值的重要组成部分。

(5) 升级换代

家用电器的更新换代主要表现为三种形式：一是原有家电使用年限已到(一般为十年左右)，消费者更换同类同功能产品；二是同类产品的功能档次不断提高，如洗衣机从半自动到全自动；三是功能多的新产品取代或部分取代老产品，如影碟机部分取代录像机。后两种形式往往是消费者原有家用电器使用年限未到，而因提高生活品质的愿望产生了新需求。这种需求的最主要特点是“要买就买最好的”，追求“一步到位”。随着家用电器新产品开发周期的缩短和消费观念的迅速转变，家用电器更新换代的速度会进一步加快。

4.7.3 产品概念和战略目标概述

市场调研结果表明，目前消费者在选购柜式空调器时，并不十分注重产品的外观造型，但这并不表明消费者不重视，而是因为现在市场上的柜式空调器无论从颜色还是外型均大同小异造成的。事实上在市场调研中发现消费者对市场上柜式空调器造型雷同、色彩单一的现象十分不满，他们对柜机的外观形态与色彩、操控方式提出了不少看法与建议。从人们的消费状态来看，对同类产品甚至于同种产品的差异化要求越来越高。产品的小批量、多品种生产将进一步要求设计师在产品的造型、色彩、表面肌理以及满足消费者特殊需求等方面进一步发挥想像力。

应当看到已有部分企业开始重视柜机外观造型的变化与改进，呆板的机器形象正悄悄发生变化。相信在今后的市场竞争中，美观的外形设计与方便的操作方式将成为引导消费者购买的重要因素。这在其他家电产品的市场中已可得到证明。

从国内外同类产品和其他家用电器产品的分析比较中可以发现，在被称为“生命时代”、“绿色世纪”的今天，产品设计为人服务，为生活服务的思想日益深入人心，优先考虑产品物理功能的倾向正被人们精神需求的深思熟虑所替代。当代产品设计在理念上更强调“以人为中心”。无论其形态还是操控方式均考虑如何增强产品与人的亲和性，强调人—机间信息交互的方式与手段。

如采用悦目而且与环境协调的配色，造型形态简洁但不简单，理性而不拘谨，综合市场调研结果，初步确定了柜式空调器产品的设计目标如下。

① 体现“高技术基础上的人性化”，以趋同委托方企业既定的企业特征。

② 既能在商场众多品牌中突显，又能和谐融入家庭居室环境中。具体地表现在：

•整体形态以直线或曲率较小的弧线为主；

•色彩以灰色系列为主，或以明度变化，或以小面积色彩点缀，以求稳中有变；

•表面质感采用亚光，钝化处理，辅以小面积光亮面作对比；

•送风口要显著，以强化其功能特征，进风口应掩饰，并予以美化；

• 显示屏与操作按钮是用户与柜机进行信息交互的重要人—机界面，这将大大改善产品与人的亲和性。在现实形式和空间位置的布置上，应能适应人的形态特征和功能特性，以利于用户方便操作，随时了解空调器的工作状况。

因此：

ⓐ 显示屏区域要大，为提高其显示信息的可辨认性，其显示形式可采用光电管显示或液晶显示。并在需要时，由内置灯光照明。

ⓑ 增加显示内容，如制冷或采暖状态显示，时钟显示等。

• 操作。由于着地放置，用户可直接接近柜机，因此柜机应以直接操作为主，遥控操作为辅。面板上可设置操作区。操作旋钮的形态，空间布局应考虑方便操作。为考虑盲人的需要，控制按钮上建议刻印可传达操作内容的盲文标志（此举还可增加广告效应，改善企业形象）。

【习题四】

4-1 为使产品更好地适应用户的需要，设计者必须了解不同目标用户群体在不同使用场景下对产品的形态与使用方式的不同要求。以订书机设计为例，说明如何体现这一原则（只需说明针对不同群体在设计中应分别注重的要点，不同群体包括小学生、大中学生、教师、秘书和装订工）？

4-2 普通商务用电脑打印机搬到家庭使用，能成为家用电脑打印机吗？为什么？你认为供普通家庭使用的电脑打印机应该具备怎样的功能与特点？如果要开发名副其实的家用电脑打印机你该首先做哪些工作？

4-3 【综合作业（2）】产品开发前期的用户与用户需求研究

一、作业目的：通过具体产品的用户概况与需求分析，掌握“了解用户需求”的研究方法。明确产品中存在的设计缺陷，并据此明确开发和改进目标，制定产品需求文档。

二、作业内容：选择一件产品

(1) 明确用户概况，完成目标用户概况表。所谓用户概况是一个产品目标用户特征的概况，明确用户概况应该是设计新产品的第一步。它必须包含以下信息：年龄、性别、国籍、教育状况、对同类产品的使用经历、母语、母语阅读水平、外语阅读水平、身体缺陷、职业、特殊技能、行为动机水平等，并整理成如表 4-1 的形式。

(2) 针对使用产品进行一次典型用户访谈，收集用户需求信息，完成用户访谈表。

目的：获得和了解使用产品过程中每一个步骤所带有的信息，并对用户陈述进行深度探求，以判断对已有产品的何种特性进行改进，明确产品改进或创新的潜在机会。

访谈从用户如何得到和使用产品开始：它储存在哪里？如何取出，准备工作是什么？用户在做任何一个动作时，询问他们正在做什么？直到他们完成使用和产品的存放。

(3) 将释义的需求整理成一份用户需求列表，并列表表达。

(4) 功能分析与操作要求。根据访谈结果，整理产品功能与操作要求。形式如表 4-3。

(5) 重要性和满意度判别。设计问卷，并将问卷发给多位用户，询问关于目标产品每项特性的重要性及满意度（通常至少 30 个回答才可形成一份用户群体分布表）。然后参照本章“声响闹钟的产品特性和特征”重要性和满意度评价的统计方法，获取关于产品各项特性的重要性和满意度的两组判断权重值。

(6) 汇总并判断产品应改进的目标。仿照图 4-2，建立产品的重要性——满意度坐标。将获取的用户对产品的需求按重要性权重大小由下而上排列在纵坐标左侧，并依各项需求所对应的满意度大小在坐标面内画出对应的点。并据此确定产品应改进的目标。

(7) 明确设计局限性。人机工程学主要关注与用户相关的约束因素（用户能力和实际的使用经历）、受相关规则和标准限制的约束因素（安全规则和人机工程学标准）以及环境约束因素（例如由于不寻常的环境约束因素而对设计以及控制与显示器的排列与安排方式的限制）。

(8) 确立与使用性和用户操作相关的产品设计目标。根据用户需求和与使用性和用户操作相关的产品设计目标（见本章 4.2 节），从细节上定义产品的性质（包括功能需求和操作需求）。仿照表 4-2 具体完成需求列表，以此确定产品设计目标。

(9) 启示。

三、完成研究报告：研究报告必须包括上述所有内容。

第5章 产品的可用性研究与测试

- 产品设计与可用性研究
- 产品可用性研究和测试的相关问题
- 可用性实验室
- 实例分析与研究：钢瓶手推车把手的可用性研究与测试

科技水平的快速发展实现了产品功能的日趋完善，同时，也加深了人们对产品功能的复杂化和使用的简易性需求的矛盾，这种矛盾导致了产品普遍存在的可用性问题，为了改善这一矛盾并以用户为中心的产品可用性研究必然具有重要的应用意义和研究价值。

任何新产品的主要开发程序应该包括可用性研究和测试。产品可用性研究可提供基本的设计数据，并具体应用于解决实际的设计问题。因此，在正式开始设计工作前，应该完成大部分人的因素的研究活动。另一方面，测试也是一种具体评价产品可用性属性的方法。然而，只有当某个具体模型或样板完成时，产品可用性测试才能进行。一般情况下，这种产品可用性属性的评估可以通过比较受测试用户提供的工作数据与在产品资料中要求的产品性能来实现。所设计产品的用户群是支持产品成功开发的可用性研究与测试的关键要素。

把产品可用性研究与测试融入到产品开发的过程中有助于改善产品的可用性品质与质量。这将提高产品成功的概率，并大大减少对生产企业可能的法律诉讼。随着设计界和社会对产品可用性概念的推广和重视，可用性研究正在不断深入，并已经在部分大型企业的产品设计开发中得到应用。

5.1 产品设计与可用性研究

可用性研究最早源于二战时的美国空军，之后可用性概念在工业界迅速普及，其工业应用始于20世纪80年代。而从九十年代开始，可用性工程在IT行业迅速普及，广泛运用于工业产品的设计。

5.1.1 产品的可用性属性

可用性（usability），就是从用户的角度所感受到的产品是否有效、易学、高效、好记、少错和令人舒适满意的质量指标。可用性是产品的一个基本属性，是对产品可用程度的总体评价，具体体现在产品和用户的相互关系中。但凡与人有信息交流的交互式产品/系统：如消费电子和家用电器产品，仪器设备与机电装备（工业、科学、军事、医疗），以及计算机软件，网站（信息类、事务类）和其他产品/系统（产品包装、说明书、日用品、表格、路标等）都存在可用性的问题。

具有同样功能的产品并不等于同样好用，差别在于它们的可用性质量。所以，可用性是决定产品竞争力的关键因素。

对于可用性（Usability）的概念，研究者们提出了多种解释。最初有人认为可用性包含两层含义：有用性（usefulness）和易用性。有用性是指产品能够实现的一系列功能。易用性是指用户与界面的交互效率、易学性以及用户的满意度。但对这一定义的可操作性缺乏进一步的分析。

此后的研究弥补了这一缺陷，1993 年，研究认为可用性包括以下要素：

① 易学性，系统是否容易学习；

② 交互效率，即用户使用具体系统完成交互任务的效率；

③ 易记性，用户搁置使用系统一段时间后是否还记得如何操作；

④ 错误率，操作错误出现频率的高低；

⑤ 用户满意度。

国际标准化组织在 ISO 9241-11（Guide on Usability，1997）中对可用性作了如下定义：

产品在特定的使用环境下为特定用户用于特定用途时所具有的有效性（effectiveness）、效率（efficiency）和用户主观满意度（satisfaction）。

其中：

• 有效性指的是用户完成特定任务和达到特定目标时所具有的正确和完整程度；

• 效率指的是用户完成任务的正确性和完整程度与所使用资源（如时间）之间的比率；

• 满意度指的是用户在使用产品过程中具有的主观满意和接受程度。

对于可用性的完整理解可包括以下五个属性，即：易学性、高效性、可记忆性、容错性、满意性。

① 易学性　产品对用户而言应该易于学习，大多数系统都应当做到容易学习。用户无须借助帮助系统即可快速开始运用某些操作。从某种意义上来说，易学性是最基本的可用性属性，因为大多数人对于新系统的最初体验就是学习使用它。

初始易学习性是可用性属性中最容易度量的。可以直接找一些以前没有用过此系统的用户，然后度量他们达到某种熟练使用程度所用的时间。当然，测试用户应当能代表此系统的目标用户，而且可能需要对没有任何使用经验的纯粹的新手用户和具有一般使用经验的用户分别进行度量。

② 高效性　用户使用产品是高效的。表示用户在使用产品时能迅速达到稳定绩效水平（当然，不一定是最终的绩效水平）的效率。

度量使用效率的典型方法就是，确定关于技能水平的某种定义，寻找一些具有这种技能水平的有代表性的用户样本，然后度量这些用户执行某些典型测试任务所用的时间。

要想度量有经验用户的使用效率，显然需要有经验的用户。所谓经验可以通过用户使用此系统的小时数来定义，这样的定义尤其适合那些没有形成成熟用户群的新系统的试验上：通过召集测试用户，并让他们花费特定的几小时时间来使用系统，然后再度量其效率。

③ 可记忆性　产品的设计应该符合用户的思维和操作习惯，用户再次使用产品的时候不必重新学习，尤其对于非频繁使用的用户。非频繁使用用户是指那些间断使用系统的人，是除了新手用户和熟练用户之外的第三种主要的用户类型，他们不像熟练用户那样比较频繁地使用此系统。如果产品的使用方法具有良好的可记忆性，非频繁使用用户可以不必从头学起，而只需要基于以前的学习来回忆起怎样使用。

在很大程度上，可学习性的改进经常同时也会使得界面容易记忆。但从原理上说，系统对于回头用户的可用性，不同于初次接触系统的用户的可用性。对产品操作界面可记忆性的测试，从原理上说，有两种主要的度量方法：一种方法是对于在特定长的一段时间内没有使用过此系统的用户，来进行标准用户测试，度量这些用户执行某些特定任务所用的时间。

另一种方法是对用户进行记忆测试，在他们结束一个系统的使用过程后，让其解释各种命令的作用，或者说出完成某种功能的命令（或画出对应的图标）。以用户给出的正确答案的个数评价产品的可记忆性。

④ 容错性　产品应该能够阻止用户的错误或者允许用户改正错误，并且绝对避免毁灭性错误的发生。需要充分考虑出现各种出错情况的不同影响因素，不能将错误简单理解为用户不正确的操作，而必须从产品本身找原因。必须由产品本身提供防止或杜绝用户不正确操作或不安全操作的可能性。

⑤ 满意性　最终的可用性属性，即主观满意度，指的是产品的使用令用户感到愉快的程度。对于那些在非工作环境下以随意方式使用的系统（如家用电器、游戏机、音响系统等产品）来说，主观满意度是一个特别重要的可用性属性。用户在使用产品时能获得轻松、愉悦的体验。这里需要注意，作为一项可用性属性的主观满意度，与公众对于该产品的总的态度并不是一回事。

需要指出的是，并不是所有的可用性目标都适用于每件产品，有些目标甚至是相互排斥的。例如，为了提高系统的容错性，确保系统的安全可靠，往往需要在设计中设置一些障碍和限制以避免人为失误的发生。这时，设计就不是以增加使用者的舒适度、娱乐性或方便使用为目标了，而在设计中加入了一些不易使用的细节或限制条件，这样的设计称为限制性设计（restrictive design）。因为，这种安全使用的提醒与警示、系统的容错性目标绝不能指望以产品上的文字说明或标贴来实现，而必须通过产品本身的结构与功能来保证。

例如，为了保障驾驶员的安全，可通过设计联锁装置，防止驾驶员在保险带系好之前发动汽车；为了防止人们在使用洗衣机时，有意或无意地打开上盖，将手伸入正在运转的滚筒中，造成危险，可设计成当洗衣机在运转过程中，一旦上盖被打开，洗衣机会自动停止运转；盛放成年人专用药片的药瓶，为防止儿童误食，其瓶盖通常会故意设计成不易开启的特殊结构形式，如必须先使劲往下压，然后才能打开；其他限制也比比皆是，如计算机能强制执行一系列操作来防止某些严重差错的发生（如避免删除重要的文件）等。

有时，产品的可用性未必必须包括上述全部内容属性。例如，要设计一个既有趣又安全的过程控制系统可能并没有多大必要。要强调的是，到底哪些目标是重要的。这一点取决于使用的具体场景、具体的任务以及针对的用户。对设计师而言，识别具体产品的关键可用性目标至关重要。

5.1.2 产品设计过程与可用性工程

可用性工程（UE，Usability engineering）是一个过程，是在产品整个设计过程中进行的一系列活动。是贯穿于整个产品设计过程，并且在产品设计开始之前，尤其是与用户相关的交互界面设计的早期阶段就要开展的重要工作。

在产品开发的各个阶段选择适当的可用性方法，可以有效提升产品的可用性品质，使可用性工程活动获得成功。同时，将产品可用性属性研究作为整个设计的一部分，无疑将有利于增强用户对产品的认可度。

值得强调的是，在进入设计活动之前，要想使可用性活动左右产品的设计，最省力的办法就是在设计开始之前开展尽可能多的可用性活动，以减少在设计中后期为满足可用性要求而更改设计，从而避免不必要的开发投入，减少成本。

产品的设计过程可分为：产品需求设计阶段、概念设计阶段、详细设计阶段和完善阶段四个阶段。在产品生命周期的不同阶段，从拟订以人为中心设计的计划开始，通过对用户使用状态、使用要求的深入研究，制定出设计解决方案。通过反复进行的可用性评估，并采用不同的可用性工程方法，以实现所开发的产品具有较高的可用性质量。整个过程如图 13-2 所示。

（1）产品需求设计阶段

产品需求设计阶段的主要任务是确定产品设计的目标和需求范围。该阶段通常进行以用户研究为主的需求研究、竞争力分析等可用性研究。

以用户研究为主的需求研究，是进行产品可用性活动的首要步骤。内容主要包括：从用户的角度出发，了解目标用户的行为特点和需求分析，兼顾个体用户的特征，观察用户的使用习惯，分析市场需求；预测用户在学习和使用产品时可能会遇到的困难，改进人机交互界面的可用性程度，考虑可为用户做些什么以及实现的难易程度。通常，来自于实际工作环境中对真实用户的观察和交谈的信息通常能在提高产品的可用性方面提供有效的支持。

同时从可用性角度，分析公司已有的产品和市场上其他企业与其相竞争的同类产品的性能。通过竞争力可用性分析，为产品设置量化的可用性目标。

在此阶段以寻求设计机会为目标，而不是寻求具体的产品功能。

（2）概念设计阶段

此阶段将进行首次实际的产品设计。在此阶段中，有关产品的早期设想将初步成形。其设计原型可以是任何形式，如描述概念或产品的手绘设计草图、计算机数字建模等。通常，原型仿真度越高，对未来真实产品进行可用性评估的准确性就越高。该阶段通常进行情景描述、任务分析、启发式评估与反复可用性测试等可用性研究。

① 情景描述。由于设计方案尚处于初步阶段，可使用情景描述法，通过创建一个有关用户使用产品时的“情景故事”来模拟表现用户使用产品的细节。情景描述方式可以是情节串联图板、简单的流程图或简单的叙述性文本。通过用户情节可获得任务分析时要寻找的具体细节。

② 任务分析。在产品详细设计工作开展之前，要对产品的设计任务进行细致的分析，明确产品的功能目标和人机交互界面的功能分配。通过对任务的逼真度分析或表象观察，了解用户完成一项任务或功能所必须执行的所有操作；了解用户完成所有任务或功能所需执行的所有操作。这时，采用观察有代表性的用户以及与他们的直接交流方式有利于任务分析的有效进行。

③ 启发式评估。启发式评估是一种可以发现用户界面设计中存在的可用性问题的非正式可用性检查技术。它是建立在评估者了解产品，同时又具有可用性专业知识基础上的，普通用户并不参与。具体方法是，采取“角色扮演”的方法，以“启发式原则”为指导，模拟典型用户使用产品的情形。每个参与评估的人员独立完成产品可用性的检查后，进行相互交流，并归纳总结所发现的问题，从中找出潜在的问题。在产品设计的早期阶段，启发式评估可能是发现可用性问题的非常有效的方法。

④ 反复可用性测试。反复可用性测试是一种很有价值的方法。在概念设计阶段，可使用简化的方法进行有效的可用性测试，这些方法通常称为“打折扣的”可用性测试。反复的可用性测试主要包括：用户观察和任务分析；简化的对话式测试，一次安排一个用户完成一组任务，并要求用户发现问题就直接告知测试人员；运用启发式评估方法评价交互界面等。用于在产品周期的早期阶段确定产品使用界面是否易于用户使用。在此阶段如果发现问题，易于更改，成本也更低。

(3) 详细设计阶段

是实现产品具体功能、结构和外观造型的阶段，但不是所有的功能都在该阶段同时完成。在此阶段，设计人员可以进行可用性实验室测试，该测试类似于概念设计阶段的反复可用性测试。此时，由于产品的设计已趋于完善，原型就越接近真实产品，可以测试更多的任务。但是，用接近完成的产品进行测试的问题在于，修改的余地很小，难于对发现的问题做较大的修改。

(4) 完善阶段

当详细设计结束、错误已修正后，就进入了完善阶段。在此阶段中，要完成一个面向市场的产品可用性评估与测试，主要分为可用性实验室测试和小范围用户使用产品信息反馈修正两种方法，其重点是进行不断的测试微调，从现场使用中搜集用户反馈，完善产品设计。

5.2 产品可用性研究和测试的相关问题

下面将逐一讨论与产品可用性研究和测试相关的问题。考虑的主题有：任务的选择，变量的使用，主题的选择和与数据收集相关的问题。并探索其理论及实际的意义。

5.2.1 产品可用性测试的作用

产品的可用性测试可分为对比测试、改进性测试和鉴定测试。这三种测试方法在产品开发的不同阶段进行并采取不同的方式，但共同的主要目的是评估产品的性能。产品的性能主要包括易用性，用户适应性（生产效率和设计缺陷），易操作性和技术的延续性。以及用户的满意程度。

如果测试条件与真实条件不相符合，则测试结果可能无效。因此，模型的建立、测试过程、测试持续的时间和进行的环境条件都应尽量真实。典型的特殊情况也应包含在内。

为了发现产品无法预见的问题并尽可能及时予以纠正，应在设计前期就进行测试。及早发现问题会大大减少更改设计方案所需耗费的时间、精力和资金。此外，前期的测试还会提供用户对产品的印象等资料，给设计的修改赢得充分的时间。

下面一个例子充分说明了进行前期测试并及早查出问题的重要性。该案例是一种为儿童设计的教学设备在测试中发现的问题，按最初的设计要求，使用该设备时要求儿童用光束笔指出屏幕上的东西来回答问题，但是测试中发现，这些孩子却用光束笔去掏耳朵，以至于耳垢堵塞光电管，光束笔因此不能正常工作，导致整个系统也无法正常工作。设计师设计之前怎么也不可能预见到这样的问题。

图 5-1 的例子也说明了设计师通过前期的改进性测试，发现了用户在使用枪式螺钉机时出乎意料的握持方式，从而找到了设计的缺陷。

实例：从使用者的不满发现的设计欠缺

专业使用人员有各种各样的使用方法

■ 没有预想到的握持方法，用户使用时出现操作不适感的打螺钉机

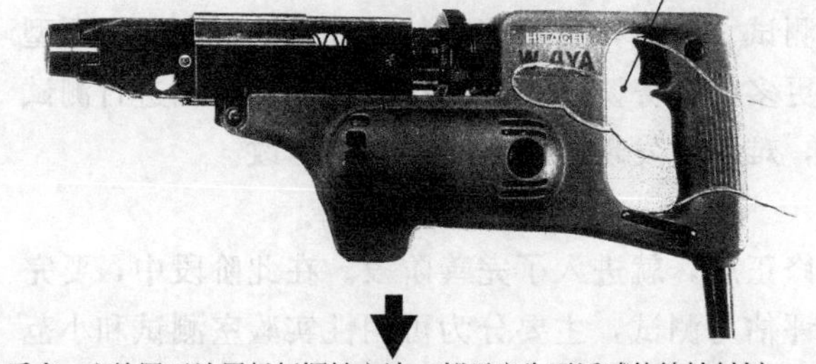

■ 反省：应使用无论用任何握持方法，都不产生不适感的软性材料

图 5-1　枪式螺钉机的改进性测试

5.2.2 研究和测试的资源需求

在一件新产品的开发期间，可用性测试取决于以下因素：

• 相应的人的因素设计资料的可用性；

• 所提供的新产品的特征；

• 用户界面的复杂性；

• 设计者对于相似产品的经验；

• 用户操作错误或使用不当的结果；

• 一件不适当的设计的经济结果（例如，公共广告造成的销售损失，公司名誉的损坏，回收与诉讼的昂贵开支等）；

• 调查研究结果应用于其他产品设计的可能性。

研究的必要性与相应的人的因素设计资料的可用性有关。如果产品是全新的，或具有许多新的特征，那么这样的信息可能会很有限。而另一方面，对测试的需要依赖于用户界面的复杂性和用户错误操作的影响。一个复杂的用户界面（例如，电脑系统或者多用途复印机）将需要多项可用性测试。同样的，对由于错用而可能导致严重伤害的产品必须进行足够的测试（例如，动力割草机和电动工具）。医学产品也必须进行彻底的测试，因为在这类产品中，哪怕细微的错误（例如，不正确的阅读或者一个不恰当的连接）也可能造成灾难性的结果。

5.2.3 客观和主观的尺度

在计划试验或测试时经常被提到的问题是：是否能获得客观的工作数据测试（例如，完成任务的时间和出错率）或主观数据（例如，用户使用率和满意程度）。客观的工作数据通常被用于试验。此外，当那些评估标准较客观时，则测试中需要进行设计评估。令人遗憾的是，客观参数通常很难获得，并且收集客观数据的过程一般也很费时，且昂贵。比较起来主观数据可能比较容易获得，而且迅速、经济。主观的测量技术提供了一个惟一的、直接的方法对用户观点和满意度进行评价。

通常的主观数据和特殊的常规数据尤其需要谨慎解释。当评价主观数据时，应该考虑下列问题。

• 在计划期间，如果试验和试验的项目不适合用户，那么他们的观点和意见可能无法准确反映出这个产品的目标用户，从不适当的测试项目中获得的数据可能是无效的。设计师的意见通常不一定能反映典型消费者的意见，例如：通常当大多数人喜欢在电话上使用小型键盘时，工程师可能更喜欢在电话上设计一个小的键盘。

• 态度测量和自我报告可能被偏见因素例如“光环效应”默许和认识的分歧而曲解。

• 对项目的意见受近期事件的影响。例如，在某项试验或测试中，一个项目可以表明同类设计的受欢迎程度，即它是否是最适宜的。因此，特殊数据的说明需要一些过去此类项目的经验。

在一篇文章里曾提到一个关于过去的经验可以曲解客观数据的明显例子。

在这项研究过程中的一些用户，在他们的工作场所里键盘的高度（地板和键盘之间的垂直距离）是84cm，这一高度比人机工程学标准中提供的最大高度还要高出9cm。然而，项目研究表明大约80%的人认为84cm的键盘高度为最好(也就是说这个高度非常适宜)。

或许最好的方法是在试验或测试期间获得既客观又主观的数据，并且无论何时都可进行测试。收集主观数据将少量增加一项研究的费用，但是却可以获得不能通过客观方法获得的重要数据。此外，如果客观量度法不能判定不同情形中的差异时，主观数据便尤其有用。

5.2.4 统计对于实践的意义

试验中的多种统计方法已经发展到能使科学家们确定在各试验结果之间的细微差异是由处理方法还是偶然因素引起的，这个问题与在嘈杂的环境中弱信号的判断是相似的。

行为科学的各等级课程中着重强调统计值的作用，因为小的处理效应可能具有相当的理论意义。然而，有时只有在统计学试验中才能发现的细微不同可能对产品设计非常重要，也可能毫无意义。因此，尽管统计结果可能在统计学上具有重要意义，但是它也许不会有任何实际用途。

与统计意义不同，实践意义取决于频率和大小。在某些实例中频率比大小更重要。例如，在一个交互计算工作中，一项任务的平均计算时间每增加一秒，对一个电脑系统的可用性和被接受度会有很大影响。然而，在同一产品上多花两分钟来执行一件难得的维护其实可能会毫无察觉。

5.2.5 可靠性和有效性

可靠性与可重复性有关。如果一个试验发现在相同的条件下可以被重复，那么它被认为是可靠的。

可靠性的概念与内部有效性的概念很接近。内部有效性是指在特殊情况下一些显见变量的有效性。而外部有效性是指在那些与试验或测试时不同的、大多数情况下发生的变量之间关系的有效性。换句话说，外部有效性也就是普遍性。

精心设计的试验的内部有效性通常非常高。然而，他们的外部有效性则可能会有从高到很低的差别。试验中的外部有效性依赖于试验环境和实际产品使用环境的吻合程度。另一方面，试验领域的结果很少会是可重复的，因为人们更强调创建理想化的试验环境，而不是只对那些可能对内部有效性产生威胁的因素进行控制。然而，外部有效性，没有一定的保证。举个例子，试想在一辆汽车的CRT显示屏上进行一项关于信息可读性的试验。由于①可读性是与正文和背景之间的对比度有直接的关系；②对比度是受环境光线的影响，测试结果可能在试验期间受天气情况的影响。如果试验是在一个黑暗、多云的天气或是在夜里进行，那么结果可能与在一个明亮，晴朗日子里进行试验的结果完全不同。因此，任何一次试验的外部有效性可能都比较低。

获得可靠性和内部有效性的方法曾在许多关于行为科学试验设计的书中讨论。另一方面，改进外部有效性的方法，通常不作详细讨论，并且在一些著作内被完全忽视。

第一种改进试验外部有效性的技术是假设产品在最坏的环境下使用。例如，如果一位人机工程师想要确定严寒环境对人操作、控制的影响。为了获得有效的结论，他就有必要模拟一个极端的冬天环境。在实验室里可以通过使用弱光，让主角戴上厚的手套来模拟一个寒冷的冬夜。

第二种改进试验或测试外部有效性的方法是在实验室里创造一个与实际产品使用环境没有区别的试验环境。例如，为测试厨房器具而创建的环境可能就需要安装柜台、橱柜、垃圾桶、电源、主要的器具、白炽灯以及适宜的试验空间。

第三种改进外部试验有效性的方法对选择测试结果特别有效。如果测试结果是有效的（即可以在给定的条件下重复），但是却随着情况的变化而改变的，它也许能有效地引导在多变条件下进行的试验，并且根据在实际使用情况中遇到测试时假定情形的可能性来判断每一个测试结果。例如，如果要测试一种汽车蜡的使用性时，则可在不同的环境温度和湿度中进行多次试验。结果显示该产品在较热的环境温度中比在较冷的温度中更好用，因为这个产品很可能更适合在温暖日子里使用。

5.2.6 选择用户将要执行的任务

在任何试验中，被试验者都要执行一个或更多任务，并且调查者会观察和记录他们的行为。在一开始就集中关键的任务和复杂的任务通常是明智的，举个例子，当测试一个盒式录像机（VCR）时，那些关键的任务包括不断地开、关，磁带的插入和取出，以及录制、播放、倒带功能的使用。最复杂的任务是设定计时器，以便以后录制。而另一个比较复杂的任务是当你在观看节目时，却需要从另一个电视频道中录音。

用户在验证试验期间应该执行全部任务，这包括装配、安装、判断、操作、储存和例如清洁和润滑这样的用户维修。一个完整的任务目录可能是从设计阶段时发展的产品的任务分析中获得的。

当测试为适合多种任务而设计的商务产品时，它可能有助于为那些需要在一两个小时内完成的有代表性的任务提供一种方法，并且要求在测试中所有的事情依照这一方法来完成。例如，当测试一种图像管理系统时，这一方法可能包括阅读电子邮件，寻找和挽回已经被储存在磁盘上的资料的图像，并且准备做出一个正式的答复。

不管任务还是方法，所有的事都必须设定程序，并受到相同程度的训练。如果这个产品意图是被用于文献编制，那么文献编制程序就应该被归入测试中。

5.2.7 试验和测试的不定因素

相关变量会受到其他独立变量的影响。例如，印刷文档的可读性（相关变量）受字体，字体大小，笔画粗细，清晰度以及周围灯光（独立变量）等因素的影响。试验及测试中的相关变量可能是定量的，也可能是定性的。

试验通常是为了研究一些被精确定义成定理的独立变量和一个精确定义的

相关变量，例如，人类行为可改变性之间的关系。另一方面，测试中通常存在有更多的变量，这些变量可能只被粗略的定义，特别是在非正式测试时。

独立变量可分为四类：产品变量，任务变量，环境变量以及使用者变量。

① 产品变量和产品特征有关。产品变量的例子有：键盘上按键的排列，控制键的防止；显示特征（大小，亮度，清晰度，颜色等）以及人机对话的形式。

② 任务变量与任务程序相关。例如：组装自行车的步骤可能会不尽相同，它随不同难易程度的组装程序（任务变量）及完成任务的时间而改变。

③ 环境变量与亮度，噪声及温度等因素有关。像雪地汽车、水底摄像装置等用于极端环境下的装置应在这些环境里测试，并对产品性能及可用性进行评估。

④ 使用者变量（通常称为主体变量）包括年龄、知觉、动力、智力、人体特征以及经历。这些变量在试验和测试中通常是不受控制的。然而，如果类似于协变性分析这样的统计学方法，则有时会把主体变量的影响从那些独立变量中分离。

相关变量通常与使用者的行为有关。具体包括：

- 反应速度（反应数/时间）；
- 完成任务的时间；
- 学习与再学习的时间；
- 平均做出一个决定所需的时间；
- 反应时间。

错误的标准与不同的使用者包括：

- 出错率和失败率；
- 特殊错误的发生频率；
- 请求帮助的数量或者其他形式的协助；
- 翻阅文献所需的时间；
- 事故发生率。

某些与用户行为没有直接关系的相关变量也可能很有意义。某些产品的使用频率与产品特征和使用者生理反应有关，例如心率、瞳孔大小、眨眼频率、耗氧量以及 EMG 等。此外，主观的报告经常被用于评估那些决定产品可用性或确定用户喜好的不明显的迹象（例如：不舒适性）。

5.2.8 试验者的选择

在试验或测试中被选择为试验者的人必须与这个产品的实际用户相似。每个候选人都应该与产品的实际用户相比较，并从适合用户特征的人群中挑选具体的个人。不符合实际用户特征的人不能参加试验，因为不适当的候选人会使试验或测试的结果无效。

随机抽样在理论上是可取的，但它并不实际，然而，对随意抽样进行限制有时是可行的，例如，随机选择可能来自一个大的被测群体的抽样。另一个方法就是建立一个层叠的样品。在这个层叠的样品中各方面的试验者的百分比与预期的用户人数百分比相同。例如，如果预计60%的产品用户是在21岁以下的女性，那么在这个样品内的试验者也应该是相同比例的小于21岁的女性。最后，或许最不能令人满意的方法便是个人判断，因为这样的选择会受个人偏见的影响。

每次试验的试验者最少数量依赖于它的设计和它的目标。一次测试的试验者的最少人数取决于测试目标和变化性。只有当收集了足够的数据，可以客观地评价设计的合适性时，才能继续实物模型的测试。在任何试验中都应至少保证4名试验者，然而，如果时间和资源允许，一个非正式测试最好有不少于10名试验者，而正式测试则最好不少于15到20个试验者。当预计试验者的变化较大时，他们的数量也要随之增加。

5.2.9 数据采集

数据采集主要是确定采集数据的数量和采集数据的方法，具体如下。

（1）观测数据的数量

类似于对目标个数的评估，要对影响试验或测试结果的观测因素数目进行估测。经验丰富的调查员可以对需要观测的目标数进行估计，但是当观测对象各种因素之间的关系比较复杂时，就需要考虑其他的相关因素。一般来讲，如果研究的目标仅仅辨认并确定影响产品用户特性和用户喜好的主要因素，那么所需观测的数目就比较少；如果研究的目标包括对参数的精确估算，统计特征的测试，或者对内部个别因素之间相互影响的详细研究，则所需研究的对象数目将会很大。某些情况下，可能要对几百个对象进行观测。同样道理，如果观测过程需要跟踪目标发展和记忆的经过，则需要观测的对象数目将会远远超过仅需确定用户是否能完成某一特定任务所需观测的对象的数目。

（2）试验或测试的周期

试验或测试的周期一般不应超过两小时，除非观测者希望掌握研究对象在持续一段时间内的状态。尽管如此，短时间的测试过程往往更受欢迎。一般来讲，测试的时间应足够长，以保证测试对象熟悉并能应用被测试产品或模型，但是也不宜过长以避免测试对象产生厌烦或疲劳。当然，可以通过允许测试对象间隔一定时间进行休息以减少疲劳和厌烦对测试结果的影响。如果产品有很多特征需要进行测试或者调查员希望评估产品长期放置不用后的使用性能，那么测试过程可能会持续几天甚至几个星期。另一种适用于具有较多特征的产品测试方法是将测试过程搬出实验室而放置在不可控制的环境中进行，并持续较长的时间。这样或许会更有利于对产品特性的彻底了解。观测活动可由测试者自己完成，也可以由别人来完成。

（3）观测和记录技术

研究评估的方法可以分为直接观测和间接观测两种。选择适当的观测方法是试验过程的一个重要步骤，在下面将予以具体分析和研究。

观测员所要获取的信息类型和数量都会直接影响观测的方式。观测人员根据试验的实际需要和现有设备的情况，可以选用人工记录、录像（包括录音）、自动采集数据或者介入跟踪式的观测方法。值得注意的是，试验之前应确保观测活动尽量谨慎，以减少对观测对象的影响。否则观测活动本身可能就会改变用户的行为从而导致试验或观测的结果产生偏差。

测试过程中可能要对用户行为的诸多方面进行检测，如每个动作的出现频率及持续的时间，完成每项工作花费的时间，完成每项工作的顺序，各种特征的使用情况，故障的类型及其发生的频率，以及故障的恢复情况等。尽管记录的数据繁多，但是最后还要按一定的形式进行编排，所以，数据记录和分析过程中的具体步骤都应提前进行安排。

(4) 人工分析

人工记录分析的方法是最简单的观测方法。观测人员记录下观测对象完成某项指定动作或运用给定的材料进行一系列活动时的重要事项。尽管与以前相比如今已经很少采用人工分析的方法，但是这种方法确实具有一些明显的优点。

- 不需要记录设备（纸笔除外）；
- 在某些情况下无法用录像设备或常用的摄像设备，但可用人工记录的方法进行；
- 数据处理迅速（如果数据的采集按照快速分析的形式进行记录的话），节省了从录像设备提取数据花费的时间。

然而人工记录分析确实存在一些缺陷。第一，观测者的个人观点可能会对观测结果产生影响；第二，在某种程度上可获取的信息量很有限。

通过采取一定的手段使记录程序更具有客观性，可以使观测员的主观因素对结果的影响变小。其中的一种方法是每个观测者只记录对象在某些特定时刻的行为特征，如果观测对象的工作时间不确定，但具有明确的起始点和终止点，那么最好采取间隔一定的时间观测一次的方法。如果观测主要侧重于研究工作过程中各项活动的分布情况，则最好采用随机抽样调查的方法。

当然，同样可以采取一些措施增大人工记录分析方法所能采集信息的数量。如果对记录人员进行培训，使其在记录时运用一些特定的符号来代替指定的动作或事件，则其在每个项目上所花费的时间将大大减少。在记录过程中使用这些符号来代替文字描述，这样就可能获取更多的详细情况，所得到的信息也就更全面。另一种扩大信息量的方法就是同时利用多个观测人员进行观测。

(5) 录像记录

录像（包括录音）的记录方式类似于人工记录，只是这里录像设备代替了纸笔进行记录工作。录像记录由于其成本低、可回放、易操作等优点成了直接观测常用的记录方法。这种方法具有以下显著特点：

- 记录内容可以长久保存；
- 一般不会影响观测对象的活动，如果采用远距离的镜头，摄像机可以被安置在离目标很远的地方；
- 可以同时安放多个摄像机对目标进行多角度的拍摄；
- 数据分析可以更精确。如果出现问题，可以回放进行检查；
- 数据分析更为透彻，例如，如果在现场放置计时钟表则事件发生的时间就可以很准确地被记录下来，同样如果采用分屏显示和定位技术，则可以同时对同一时间的多个记录进行分析检测；

- 可以请多个观测人员观看记录以避免观测人员主观偏见对结果的影响；
- 可以对重要事件的记录复制存档，以便以后使用。

这些信息将会比文字和数据更明确，更有说服力。"眼见为实，耳听为虚"这句谚语说的就是这个道理。

录像记录的方法同样会在采用方案分析法时使用。这种方法要求参与测试的对象详细描述出他们在完成给定任务的过程中的思维过程。所有的对话过程都通过录音记录下来。通过对这些对话记录的分析，往往会发现一些关于产品工作情况的概念性模型，同时也可能会发现一些设计师没有预见到的严重缺陷。

在以上讨论的各种形式的分析方式中，测试对象都是成对地同时工作，一个人看使用手册，另一个人完成操作。这种方法比只有单个对象的分析方法在某种程度上更为自然，在测试过程中，测试对象两人之间进行交流而不是仅对着一个录音设备。

（6）自动采集数据

数据自动采集系统运用各种传感器和计算机来进行数据的收集和分析。这种方法可以对事件进行连续的记录，并且在一般情况下不会对观测对象产生影响，此外，计算机还具有以下功能：

- 对测试对象进行指导；
- 控制可变因素；
- 控制物理环境（如光线、温度、湿度等）；
- 记录事件的发生时间；
- 迅速显示结果；
- 对数据进行整理和分析；
- 对数据进行分析研究以证明其符合某些标准。

这种方法所能完成的任务仅受方法的设计和计算机软件水平的限制。计算机最典型的特征就是具有一个系统日志，记录输入信息（如键盘或鼠标的操作）及其发生的时间。整个工作过程完成以后，这些记录可以在任何时间被调出查看。通过这些数据的分析可以获得有关生产效率、故障信息、排除故障的方法以及某些特殊功能和特征的应用方面的信息。

（7）复合系统

复合系统曾经被用于从计数器到大型计算机的系统评估，该系统采用自动记录数据（键盘监控等），录像和人工分析（研究员记录）共同进行的方法。观测人员在另外一个房间通过闭路电视对现场进行监测。有关某些重要事项的注释可以随时通过远程键盘进行输入。通过对观测员的记录和自动记录的信息以及测试过程的录像进行对比分析可能会获得解决某些问题的方法。例如，测试对象在某处发生了一个选择上的错误，由此就可能判定操作者当时是否查看了使用手册上相关的正确的内容。

(8) 介入测试

介入测试主要可分为两种类型：感觉基本神经和肌肉活动；显示能量消耗的情况。脑电波的活动情况可以通过脑电图记录器（EEG）进行评价，同样可以运用肌动电流图（EMG）对肌肉活动情况进行评价。这两种方法都需要在观测对象身体上安放传感器。对整个身体能量消耗的全面测量包括对心律和氧气消耗的测量，可以通过在身体外部的某些位置安放传感器来测量心律，使用呼吸计量器来测量人体的氧气消耗情况。

介入测试法在普通消费品或商业用品的设计开发过程中并不常用。因为大多数这种产品并不会给使用者造成多大身体上的压力，尽管如此，还是应该注意一些特别的情况，例如体育设施、较重的手提式产品、键盘以及一些动力设备等。另外一个原因就是采用这种方法花费太高，测试设备一般都比较昂贵，并且需要资深的专家才能进行操作。

(9) 问卷调查

问卷调查可以完成多种不同的任务。问卷获取的信息可以改变设计人员以往经验上的错误偏见，还可以获取像疲劳程度这样的观察不到的信息，并可了解用户对设计改变的意见。此外，问卷获得的信息还经常用以评价用户对产品是否欢迎的情况。

(10) 问卷类型

问卷的问题可以是开放式的也可以是封闭式的。开放式的问卷不设计答案，让调查对象自由回答。一般来讲，问卷答案的分析处理比较困难，并且有很多人干脆对问题不做回答。另一方面，封闭式的问卷事先组织好答案选项，调查对象只需要根据选项按序选择即可。封闭式问卷通常采用多选题的形式。Likert 法是一种比较特殊的封闭问卷调查方法，它采用多选题的形式来反映人们对于给定的描述的同意或反对的程度。其他的一些封闭问卷方法有两分法(问题只有正反两个答案选项)、划分等级法、区分法以及排序法等。

人们通常喜欢封闭式的问卷方法，因为它更容易对结果进行处理。但是，这种方法也有一个很大缺点，就是答案被限制在一系列确定的选项中，尤其某些时候有些可能的答案未被考虑在内。为弥补这种缺陷，可以选用多项选择的形式，并且另外再设置一个选项，此外，还可提供足够的空间用以写下简短的表述。同样，每个等级划分后面可以给一个自由回答的选项，从而为检验考核的合理性提供机会，特别是当这种考核是负面考核的时候。

(11) 术语系列

问卷调查中经常会用到一系列描述性的专用语句，来表达满意度、有效性、可接受程度、实用性及其重要性等。如果每个问题中相邻的表示符号之间的间隔都基本相同的话，则对问卷的信息进行评价和解释都将得到简化。运用平行措辞（例如，很有效的、有效的、一般的、无效的、完全无效的）同样也是很有效的方法。

(12) 文字描述方法和数字计量器的对比

关于文字描述和数字计量方法对比问题的研究发现，用言语计量的方法使得调查员无法复制那些通过同样方法完成的测试的结果，并且无法在给定的试验内容中获取一致的结果。但是当他们转而采用数字式计量方法时，情况就会得到改观（例如可以得知“25%的时间，50%的时间，75%的时间”等），由此可以得出结论，数字计量比文字计量方式要实用的多。

（13）指导方针

下面将给出一些组织制定问卷时的指导方针。在有的书中给出了一些关于问卷排版和制作的建议以及有关问卷基本原则方面的其他信息。

问卷调查指南

① 简洁：

• 问卷应尽量简短、明确、无歧义；

• 尽量使用调查对象容易理解的词汇和表达；

• 尽可能使用简单句；

• 解释要简洁准确。在容易产生误解之前应作具体的阐明或举例说明；

• 数量化表述（如 75%的时间）比用词汇表达（如“通常”、“经常”、“偶尔”等）要精确得多。

② 逻辑顺序：

• 问题可以划分为几组（如一组问题针对产品的一个特征）；

• 在每组问题中，问题应按照逻辑顺序进行排列，通常由简单到复杂；

• 每个问题的选项应按合理的顺序编排（如按升序，降序，年代顺序等），如果各选项之间没有明确逻辑顺序则采用随机排序；

• 诸如“以上都不符合”及“以上都正确”等选项应置于最后。

③ 内容：

• 多选题的选项应包含所有期望的答案，各选项之间应相互独立又涵盖全部，如有疑问，则应附加注入“全不符合”或“以上都不合理”；

• 如果每个选项代表整体范围的一个等级（如每级的步长），那么各等级之间的差距应该相等。

④ 检查：

• 问卷应进行严格的审查讨论，在投入使用之前，进行必要的修正。

（14）集中采访

集中采访可以单独组织进行也可以成组进行，它与其他有组织的采访活动在方法上是不相同的。在集中采访过程中，采访者或者主持人可以随时偏离原来的议程而去探索一些更详细的内容或者去研究一些比较有吸引力的新领域。同样如果采访者认为一些话题比较有价值，他也可以改变谈话或讨论的范围。

成组的集中采访有时称为成组集中。产品开发过程中，这样的组通常由 6 到 12 个潜在的产品用户或消费者组成。讨论的内容包括筹划中或已有产品的功能、易用性及其外观。主持人的作用是介绍讨论话题、集中讨论中心、使讨论连续地继续下去，防止个别人从讨论主体中分离，使其融入到大家的讨论中来。通过小组成员的讨论可以产生讨论话题中更注重于人的感受的信息。这种方法的最大优点是节省时间和经费。通过小组成员之间的交流，往往会产生一些单独采访无法获得的信息。

5.2.10 道德规范和安全规则

当组织进行有关人机工程学试验或测试时，调查人员必须遵守科学研究中相关的法律法规和指导方法。此外，还应对有人参加的试验制定严格的道德规范。美国心理学协会概括的方法就很值得学习研究。当计划组织进行一个试验或测试时，调查人员应负责确定参与人员可能的风险，如果确定有风险，就应该准备一个正式的议案并进行论证。调查过程中的人机危害有紧张压力、身体上的不适、精神上的不适以及潜在的身体危害等。因此应对具有任何危险因素的程序进行仔细的考察并进行修改，以使危害降到最低。

对于参与这类试验或测试的人员，应该告知其一些有关试验研究目标方面的信息，应明确告知其风险（不管任何风险）和回报（如果合适的话）。如果事前有必要对参与人员进行隐瞒，则应尽快就试验的真实目的给予满意的解释，以避免可能由此引起的误解。

对于每一个参与人员，一般都会签订书面的承诺，说明已被明确告知真相并自愿参加。承诺书指明调查者和参与人员双方的义务和责任，参与人员一般都可以中途退出试验而不会受到处罚。此外，协议一般都会规定参与对象应对研究内容的相关信息保密，这对于保护研发的产品的专利来讲是非常必要的，同时也保证后来参与测试的人员进入实验室之前不了解研究的详细情况。

参与研究过程的人员必须对试验或测试过程中的信息保密，除非事先已达成某种协定。如果需要对现场进行拍照或录像，则应得到对方的书面许可保证。调查人员应告知对方这些照片或录像的用途。

为确保保密，包含专利设计或技术的试验或测试必须在秘密的条件下进行，接触实验室和数据的规定都应十分严格，只有某些有关的人员才被允许。

5.3 可用性实验室

为测试产品的可用性（安装的简便性，使用的便利性，技术的可行性，以及安全性等）而设计的实验室通常称为可用性实验室。大型制造商的测试实验室中测试的内容可能既包括目前流行的产品，同时也包括当前最具有竞争力的产品，新产品的模型以及在将来可能会开发的筹划中的产品。在对这些产品研究的基础上可以推断出以后的发展方向。

曾利用这种实验室测试的产品包括计算机和软件、用户指南手册、动力设备、玩具、流行器具、家居环境、体育设备、园艺设备、交通工具等。试验的手段很多，其中包括一些解决具体问题的非常规方法，如运用产品模型进行新概念产品的测试，对用户组装产品进行观察，以及对使用指南、技术手册、标签、用户帮助的评估。

现代化的可用性实验室造价昂贵。一个现代化的可用性实验室应具有以下装备：

- 对环境条件的测量设备（光度计、亮度计、测声仪、温度计、测振仪等）；

• 激励发生器（模拟器，显示器，视觉记忆测试镜，随机存取的幻灯片放映仪，可读写磁盘，视频/音频记录和处理设备）；

• 用于测量及记录用户反应的设备（多角度遥控摄像机，双向对话设备，屏幕视频转换器，眼动追踪仪，计时器，线性测量仪等等）；

• 度量用户及产品特征的设备（人体测量仪，录音设备，电子测重仪，测力计等等）；

• 数据分析设备（数据统计器，用于数据分析的微型计算机，录像后期处理器）。

当然，一个可用性实验室并不一定需要所有这些设备。比如说，如果采用人工分析的方法可能就只需要纸笔即可。这样的实验室最好具有一个至少3m×3m（大约10ft×10ft）的合理配置的可控空间环境。

在分析过程的最后阶段，产品的可用性改进有助于提高生产率，减少故障，缩短培训时间，降低熟悉产品说明书的时间，改善安全性，节约成本，提高用户满意度。这些都将使制造商获得更大的销量和利润。

5.4 实例分析与研究：钢瓶手推车把手的可用性研究与测试

在下面的例子中将介绍一个通过试验确定钢瓶手推车把手与人相关的最佳设计参数的过程。

通过预先设定把手的三种角度（35°、50°、70°）和三种长度（1.0m、1.2m、1.2m）的九种组合进行初始起推状态和稳定推移状态下的试验，并设定承载钢瓶的重量为两种（19kg和37kg）。在上述各种手推车的尺寸下，测量受试验人员包括手腕角度、肘的弯曲状态、脚部力量和各人的速度、不适和稳定性的多种参数，同时考虑了手臂和关节的生物力学负荷。

在开始阶段，发现肘上的压力非常高，手腕有相当大的偏转。上述手推车的把手和角度的设计参数对向前推动手推车的负载时肘所受的力有很大影响。在初始起推阶段，可以证实把手的最佳角度是35°，最佳长度是1m。

5.4.1 研究目标

为了减轻作业者运输重物时的作业强度和防止运输时受到伤害，在工业生产中大量应用了各种类型的手推车。

在使用手推车时需要的手的推力可能相当大。而且，手所受到的力还不是惟一的影响因素。由于手的力量来自身体，因此另一个影响因素是工人所采取的作业姿势。这两个因素间是有联系的，在有代表性的推拉活动中发现推拉力的提高取决于身体所采取的姿势。当人过度地维持一种固定姿势，或者经常不断地改变其自然姿势时，就会对肌肉骨骼生长产生影响。例如，研究发现在造船厂工作超过5年的焊接工，由于固定的作业姿势影响，肩膀和脖子经常承受很大的力，普遍存在着肌肉骨骼病变的危险。此外，研究发现127个车辆维修工人的前臂和手由于经常受到较大的力，也存在这种危险。

迄今为止，研究用于推拉的把手装置已经涉及高架提升装置、铰接臂系统和四轮手推车。然而，那些被普遍用来搬运气体钢瓶、袋子和箱子的两轮手推车和手推货车的研究却很少。而作为常用的手动装置，两轮手推车的使用性研究是非常重要的。在工业生产中，钢瓶手推车和袋子手推车的使用者发现当他们推车的时候，手推车不能够充分承受所载的重量，并且移动很困难或者需要很大的手劲才能启动。有人研究了 116 名用三种不同方式工作的荷兰垃圾清理工，特别是使用两轮小集装箱的清理工的工作情况。他们发现使用两轮小集装箱的工人工作很费力，在推车时，有时他们身体的倾斜度超过了 45°，甚至向后倾斜（虽然程度很小）。同时当他们推着两轮小集装箱的时候还会出现手推车在原地打转和横向倾斜的状况。

资料表明影响手推车工作的主要因素是手推车的重量，轮子的型号、尺寸和把手的设计。调查证实不好的设计不仅使用费力，而且容易导致背部受伤或产生其他伤害事故。而其中用于推拉的把手设计尤其重要，这是因为：

① 把手是与人直接接触的交互作用界面；

② 把手决定了使用者的姿势。

研究的目标是把手设计对使用者物理作用力的影响，特别是在移动钢瓶手推车时把手的长度和角度的影响。弄清楚为什么这些设计参数会影响姿势和作用力的大小，平稳性以及使用者对不同设计的手推车的看法。

5.4.2 研究方法

图 5-2 列举了目前市场上可提供的钢瓶手推车的主要尺寸。推移钢瓶的整个过程可以分解为使钢瓶倾斜形成向前移动的启动力的初始阶段和保持钢瓶向前平稳移动的阶段（实际上，还包括如推动手推车绕过障碍物和停止等阶段，这里暂将这些情况排除在外）。这两个阶段将分别通过两个试验进行研究。

第一个试验研究手推车的起动过程。目的是了解在不同状态下的受力大小和生物作用力的变化。测量包括工作时手握持把手时手腕的弯曲角度，脚部受力和个人的受力限度和不适度。同时也考虑了手臂的脊骨和关节的受力。

第二个试验是研究推动手推车平稳向前移动的过程。目的是证实影响手推车平稳性、受力方向的因素。测量包括以上提及的手推车的角度，肘的弯曲度和个人的受力限度和平稳性感觉。

(1) 试验设计

首先确定可检测的假设，在手推车起动过程的试验中，如图 5-2。确定三种长度：1.0m，1.1m，1.2m（即手推车垂直放置地面上时从地面到把手顶部的垂直测量高度）和把手的三种角度；35°，50°，70°（手推车的背侧面与把手间的夹角），基本包括了目前市场上所有钢瓶手推车的结构。采用九种手推车结构，手推车载重是 37kg，试验者完成所有的九种试验组合。

在平稳向前推动的试验中测试了 12 种结构组合，其中包括三种与上面相同的三种长度（1.0m，1.1m，1.2m），两种角度（50°，70°）。同时包括两种载重：19kg 和 37kg（两种经常用到的小尺寸和大尺寸的气体钢瓶）。试验者完成所有的 12 种试验组合。

（2）试验者的选择

八名男性试验者参加了起动过程的试验，七名男性和三名女性试验者参加了平稳推动过程的试验。在每一次试验中，试验者的身高都代表着一定范围内身高的人群。试验者的人体测量数据细节如表 5-1 所示。大多数的试验者没有使用过试验用的这类手推车，但都有使用其他类型手推车干过各种工作的经验。所有的试验者身体状况良好，且都没有背部受伤的历史。

（3）设备

试验用的手推车上装载 37kg 重的空氧气钢瓶或者 19kg 重的具有相同高度和直径的试验用的模型，如图 5-2、图 5-3 所示。这些都是考虑最具有代表性的常规工作情况，虽然，有时移动的重物可能重达 60kg 或者轻到 10kg。试验用的手推车上设置了可用以收集数据的仪器和可以方便改变把手高度的框架。应用了三种不同的把手，每种都有两个分开的手把，安装在手推车的上端，并与手推车背面轴线形成一定角度，与市场上可提供的手推车类似。为了排除因结构造成的试验手推车重心位置的差异，所有把手的重量都相同。并且两个分开手把之间的距离（300mm）和把手端部与手推车背面的距离（120mm）也相同。表 5-1 所示的是两类特殊状况下的试验情形，手推车自重各为 18.7kg 和 18.6kg。

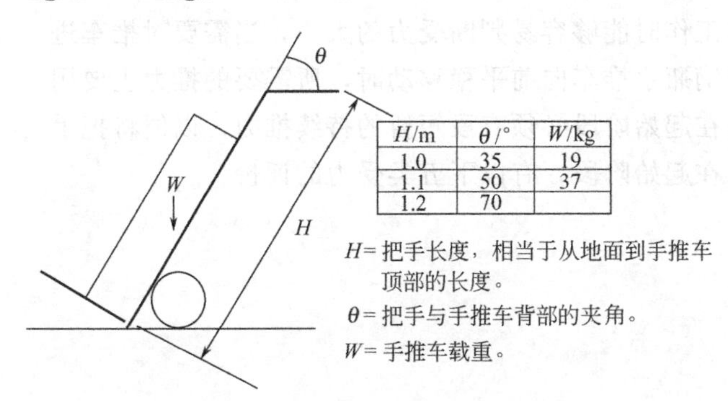

H/m	θ/°	W/kg
1.0	35	19
1.1	50	37
1.2	70	

图 5-2　研究用的手推车外形和试验条件

图 5-3　试验范围

表 5-1 试验者数据

性别变化	开始阶段		移动阶段		
	八位女性		七位男性		三位女性
	平均(SD)	范围	范围	平均(SD)	范围
年龄/年	26.3(3.62)	22～32	22～32	24.0(1.00)	23～25
身高/cm	178.3(5.72)	167～183.5	167～183.5	171.0(1.00)	170～172
体重/kg	74.4(8.60)	58.4～87.9	58.4～87.9	71.8(8.98)	65～82

通过测力盘记录纵向力（F_y）和垂直力（F_z）获得脚部受力大小。在静止状态下，这些力分别为手的推力和体重。在起始过程中由于移动重物时相对较缓慢，因此内力对结果的影响不可能很大。在第一个试验中手腕的角度由测角器控制，第二个试验中肘的自由弯曲、手推车的倾斜角（手推车背部轴线与水平线的夹角）和试验者采用的姿势直接由录像记录测得。下背部的压力和关节的运动通过记录的姿势和力的数据输入三维生物力学模型来获得。测量到的关节位置涉及解剖学上的中心位置。

手腕姿势（零度偏差和零度位伸长），试验者被要求自然站立，手掌面向大腿，手指伸直，中指和前臂成一直线。

肘的姿势（零度弯曲），试验者被要求保持自然站立，肘部完全伸展。

试验者被要求评述当他们推着手推车工作时的受力感觉和可能感受的不舒服及手推车的稳感。人们在工作时能够容易判断受力的大小，当需要对推车进行短时间的持续拉力时，当钢瓶手推车向前平稳移动时，所需要的推力主要用来克服地面的摩擦阻力；而在起始阶段必须有段短暂的持续推力，以便将把手倾斜和驱动手推车的轮子。在起始阶段，有以下五类受力的评价：

□ ——非常重；
□ ——重；
□ ——正好合适；
□ ——轻；
□ ——很轻。

在平稳推动阶段，类似的数值范围如下所示，由试验者填写。

非常轻　　　　　　　　非常重

在起始阶段身体各部分（背，肩，胳膊和手腕）的不适也通过下列数值范围的方式由试验者填写。

没有不适　　　　　　　　极端不适

在平稳推动过程中手推车的平稳性的数值范围如下所示，由试验者填写。

很不平稳　　　　　　　　非常平稳

（4）试验程序

在起始过程的试验中，首先将手推车放置在测力盘前。试验者看到信号后垂直站在测力盘上，双手放在两侧维持 5s 以称取体重。然后试验者推着手推车前进，并用力使手推车倾斜，再从测力盘上移开。试验者是在非常自然的状态下经过指导完成这些任务的。

在平稳推行过程的试验中，手推车被放在移动起始线之后。试验者站在手推车的后面，肘部完全伸展，提供肘部弯曲角度的参考记录。看到信号后，身体放松，沿着指定的5m长的笔直通道推动手推车。在通道的尽头，停下手推车并将手推车还原成原来的垂直状态。然后，在被询问对推车时的受力情况和平稳性的感觉之前，试验者的肘部完全伸展5s（为了验证最初的参考角）。肘部的弯曲情况从开始到结束都有不间断记录。

表5-2～表5-5给出了起始过程试验的结果，表5-6给出了平稳推移过程的试验结果。

表5-2 手推车开始阶段——脚部最大受力/N

类别	把手角度	把手长度1.0m	把手长度1.1m	把手长度1.2m
垂直用力 F_z 标准偏差(SD)	35°把手	225.6(41.78)	197.5(27.93)	223.1(34.71)
	50°把手	248.9(30.06)	244.1(46.13)	236.4(63.56)
	70°把手	288.6(114.13)	250.4(69.53)	236.1(35.34)
水平用力 F_y 标准偏差(SD)	35°把手	53.5(39.50)	65.3(31.02)	81.8(54.09)
	50°把手	69.5(33.31)	49.6(35.61)	64.0(34.65)
	70°把手	58.3(28.41)	71.0(34.92)	72.9(29.83)

表5-3 手推车开始阶段——包括脊骨的生物力学负荷

类别	把手角度	把手长度1m	把手长度1.1m	把手长度1.2m
背下部弯曲力矩/N·m 标准偏差(SD)	35°把手	38.4(31.83)	44.4(25.23)	41.9(27.50)
	50°把手	53.6(27.97)	63.1(29.69)	42.0(39.62)
	70°把手	57.0(36.89)	70.7(54.86)	45.4(32.16)
在L3/L4disc的脊骨受的压力/N 标准偏差(SD)	35°把手	447.7(343.49)	602.5(322.15)	504.5(328.11)
	50°把手	771.5(268.30)	735.6(326.17)	502.2(414.17)
	70°把手	683.4(371.4)	817.9(601.28)	546.7(401.76)
在L3/L4disc的脊骨受的剪力/N 标准偏差(SD)	35°把手	108.1(63.27)	121.7(53.94)	145.1(79.18)
	50°把手	151.7(46.70)	196.6(71.40)	122.6(60.77)
	70°把手	121.2(38.98)	135.1(64.30)	141.0(58.30)
肘部伸缩力矩/N·m 标准偏差(SD)	35°把手	38.6(22.60)	50.6(20.90)	73.2(21.57)
	50°把手	59.5(10.85)	73.4(20.97)	73.2(21.57)
	70°把手	52.0(29.00)	74.7(30.12)	75.7(19.54)
肘部内收力矩/N·m 标准偏差(SD)	35°把手	17.1(9.00)	18.6(10.89)	26.4(10.73)
	50°把手	15.0(5.71)	22.5(8.47)	33.5(17.99)
	70°把手	16.6(6.93)	20.2(8.65)	27.9(10.36)
肩部伸缩力矩/N·m 标准偏差(SD)	35°把手	40.9(26.93)	45.0(23.96)	52.5(26.13)
	50°把手	57.0(21.74)	55.6(21.86)	49.9(00.00)
	70°把手	56.5(24.20)	65.6(38.24)	51.6(26.08)
肩部内收力矩/N·m 标准偏差(SD)	35°把手	14.9(9.46)	14.7(7.34)	17.4(10.85)
	50°把手	13.4(5.95)	18.0(5.13)	22.9(12.79)
	70°把手	10.1(8.32)	16.6(5.73)	19.6(9.07)

表 5-4 手推车开始阶段——首先抓紧把手时的手腕角度/°

类 别	把手角度	把手长度 1.0m	把手长度 1.1m	把手长度 1.2m
手腕弯曲 标准偏差(SD)	35°把手	8.0(10.84)	4.4(4.17)	3.2(4.03)
	50°把手	2.7(3.69)	7.9(9.64)	1.5(2.51)
	70°把手	2.3(4.68)	2.4(2.56)	2.9(3.46)
手腕伸展 标准偏差(SD)	35°把手	17.1(12.16)	23.0(10.31)	20.7(7.96)
	50°把手	27.4(15.53)	19.9(11.96)	32.3(11.29)
	70°把手	32.5(13.63)	26.9(9.73)	29.1(12.49)
手腕尺骨偏离 标准偏差(SD)	35°把手	26.9(5.96)	23.5(8.88)	21.5(8.88)
	50°把手	23.4(6.57)	27.3(7.87)	24.5(11.76)
	70°把手	19.4(6.74)	16.3(8.53)	14.2(9.92)
手腕半径偏离 标准偏差(SD)	35°把手	4.0(5.10)	6.6(5.83)	5.7(5.97)
	50°把手	8.3(4.95)	8.4(4.44)	8.4(5.50)
	70°把手	9.8(5.68)	9.6(9.04)	12.1(8.37)

表 5-5 手推车起始阶段——试验者对力和舒适度的评价

类 别	把手角度	把手长度 1.0m	把手长度 1.1m	把手长度 1.2m
力的评价 1(非常轻)～5(非常重)	35°把手	4	3	4
	50°把手	4	3	3
	70°把手	3	4	4
手腕不适评价，0(没有不适)～10(非常不适)	35°把手	6.0(1.04)	6.5(2.12)	6.8(3.89)
	50°把手	7.5(0.61)	5.4(1.40)	5.4(3.74)
	70°把手	6.8(1.65)	6.4(0.98)	4.6(2.90)
肩部不适评价，0(没有不适)～10(非常不适)	35°把手	5.3(0.58)	5.8(0.71)	4.5(0.38)
	50°把手	5.6(0.83)	4.7(0.46)	5.3(0.35)
	70°把手	6.3(1.15)	6.4(1.19)	6.1(2.91)
背部不适评价，0(没有不适)～10(非常不适)	35°把手	5.7(0.67)	5.8(0.71)	5.7(1.30)
	50°把手	5.0(0.00)	4.6(0.57)	5.0(0.00)
	70°把手	3.8(1.63)	5.0(0.00)	5.5(0.87)
胳膊不适评价，0(没有不适)～10(非常不适)	35°把手	6.0(0.70)	2.3(0.00)	4.7(2.61)
	50°把手	5.0(0.00)	5.3(1.86)	4.9(1.45)
	70°把手	5.9(0.57)	6.9(0.21)	5.9(1.01)

表 5-6 手推车平稳推行阶段——倾斜角，肘部的力和稳定性评价

类 别	把手角度	把手长度 1.0m	把手长度 1.1m	把手长度 1.2m
肘部弯曲角/° 标准偏差(SD)	35°把手/37kg 负载	1.35(15.00)	26.1(21.70)	37.7(20.70)
	70°把手/37kg 负载	17.0(14.19)	31.2(18.27)	45.2(16.80)
	35°把手/19kg 负载	22.0(17.38)	24.1(17.05)	32.8(22.93)
	70°把手/19kg 负载	16.5(13.54)	33.3(18.71)	42.7(18.26)
手推车倾斜角/° 标准偏差(SD)	35°把手/37kg 负载	65.5(3.95)	64.7(6.83)	61.4(5.10)
	70°把手/37kg 负载	70.4(4.79)	65.6(5.82)	62.7(7.70)
	35°把手/19kg 负载	65.5(5.28)	61.5(5.42)	58.7(7.59)
	70°把手/19kg 负载	67.8(4.76)	63.7(5.08)	61.0(6.48)
力的评价 0(非常轻)～10(非常重) 标准偏差(SD)	35°把手/37kg 负载	7.6(2.32)	7.6(2.32)	7.4(2.05)
	70°把手/37kg 负载	7.3(2.27)	6.1(2.80)	6.5(2.00)
	35°把手/19kg 负载	2.2(1.82)	3.8(1.77)	4.6(1.40)
	70°把手/19kg 负载	5.0(2.17)	4.6(3.00)	5.5(3.33)
手推车平稳性评价 0(非常轻)～10(非常重) 标准偏差(SD)	35°把手/37kg 负载	3.1(2.41)	4.2(2.32)	4.8(2.29)
	70°把手/37kg 负载	3.4(2.41)	5.8(1.49)	5.1(2.23)
	35°把手/19kg 负载	4.9(2.32)	6.0(3.41)	6.1(2.86)
	70°把手/19kg 负载	5.0(3.27)	7.7(1.87)	6.0(2.64)

5.4.3 试验分析

起始过程试验的结果由表 5-1～表 5-5 给出，平稳推移过程的试验结果由表 5-6 给出。

(1) 开始阶段的试验

如图 5-4 所示为起始过程中获得的有代表性的脚部受力记录。当试验者开始向前推动手推车时水平方向的受力相对很小。为了倾斜重载手推车以使其车轮可以自由运动，在垂直方向需要施以比较大的力。由于记录所反映的是脚部受力状况，因此手部的受力实际上可以看作为脚部受力的分力。手把的结构不同所受到的力也不同，如表 5-2 所示，垂直方向的受力范围为 197.5N（手把角度 35°，长度为 1.1m）至 288.6N（手把角度 70°，长度为 1.0m）。对于手把角度为 70°的任何手推车所施加的垂直方向的起动力都在 290N（所有试验者施力的平均值）范围附近，个别试验者施的力可高达 550N。水平方向的平均受力为 72.9N。这些力的最高峰通常出现在试验者向前推移手推车瞬间的过渡阶段。如图 5-4。

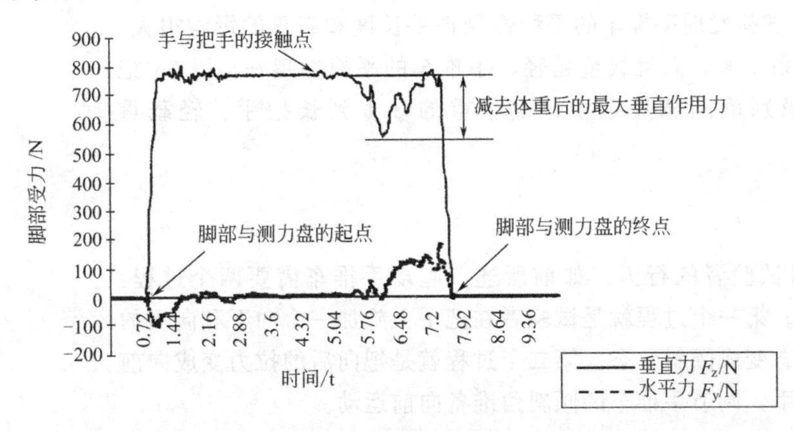

图 5-4 起动阶段脚部典型受力时间记录

尽管不同试验者之间受力变化很大，表 5-3 反映出脊骨所受的力并不很大。脊骨上的最大压力是 817.9N，这个压力还远远低于标准许可的极限压力 3400N。但是，肘关节上在伸展时的平均力矩为 75.7 N·m，在内收时的平均力矩为 33.5N·m。肩关节在伸展时的平均力矩为 65.6N·m，内收时的平均力矩为 22.9N·m。

试验中没有计算手腕的受力，但是在所有试验者的试验过程中都出现了相当大的手腕弯曲（最大平均角 32.5°）和尺骨偏离（最大平均角 27.3°），如表 5-4 所示。使用角度 50°，长度 1.2m 的把手时，平均手腕弯曲角度最小 (1.5°)，使用角度 35°长度 1.0m 的把手时平均手腕弯曲角度最大（8.0°）。使用角度 35°长度 1.0m 的把手时平均手腕伸展度最小（17.1°），使用角度 50°长度 1.2m 的把手时平均手腕伸展度最大（32.3°）。使用角度 70°长度 1.2m 的把手时平均手腕尺骨偏离最小（14.2°），使用角度 50°，长度 1.1m 的把手时平均手腕尺骨偏离最大（27.3°）。使用角度 35°长度 1.0m 的把手时平均半径偏离最小（4.0°），使用角度 70°长度 1.2m 的把手时平均径向偏离最大（12.1°）。

表5-5的试验者评判表明试验者普遍认为起动时需要的力很大，同时身体各部分的关节有不适现象。没有试验者表示感觉有强烈不适，也没有试验者表示感觉没有不适。身体上最大的不适出现在手腕上，最小的不适在背部。

(2) 平稳推行试验

第二个试验的试验队伍中包括了男士和女士，当他们推动重物时可以发现有显著的性别差别。女性试验者从支架台上推移载重37kg的手推车时有困难，她们在推车时都先向后退了一步，而男性试验者没有出现这种情况。虽然女性试验者的体形与男性试验者的体形相差不大，但其中也有两人的体重重于男性。

如表5-6的测量数据所示。这些数据是在平稳推移手推车的中间过程中获得的。手推车的倾斜范围在55°～70°之间。

由表5-6可知试验者肘部弯曲角的变化相当大。但是，在通常情况下，使用长度小于1.2m的把手时手臂的伸展姿势要舒适一些。

试验者对受力的感知级别是：载重37kg时范围为6.1～7.6，19kg载重时范围是2.2～5.5。试验发现手推车的平稳性受把手长度和载重的影响很大，但是与把手的角度关系不大。而且载重越轻，手推车的平稳性越好。以35°把手手推车为例，其级别范围从短把手、重载重的3.1到长把手、轻载重的6.1。

5.4.4 讨论

(1) 开始阶段

① 起动手推车时试验者的行为。如前所述，起动手推车需要两个过程：起始过程和过渡过程。第一个过程就是试验者在把手上施加一个向下和向后的力将手推车从垂直状态变成倾斜状态。第二个过程就是把向后的拉力变成向前的推力，并且稳定把手，调节手推车的倾斜角准备向前运动。

在平稳推移试验中发现女性试验者在起动手推车时不得不向后退一步。这是由于她们的体重较轻或力量普遍比男性小的缘故，虽然在试验中没有测量试验者的用力大小。这种解释表明女性试验者需要采取一种方式来产生倾斜负载较重(37kg)手推车的力，这种方式就是在工作中调节她们的姿势，退后一步时，也会产生一些向前的倾斜，这样可通过身体的重量获得杠杆力，然后通过手产生向前的旋转力。

录像记录表明试验者通常都会首先抓紧手把，因此，他们的手臂都会抬高和伸展。使用35°的把手时手腕上的抓紧力使尺骨产生了偏转。这种现象在另外两种手把——手把与手推车背部轴线之间的夹角较大(也就是手把更偏向试验者)中显得并不明显。使用长一些把手(这表明相对于肘的高度手把也高)，试验者对手把的抓紧力显得要小些。这种现象在35°的手把中也相同。他们在最初阶段的用力都会出现弯曲身体，抬高肩膀，伸展和收缩肘部的现象。当手把受力下降的时候身体的弯曲增加，同时在过渡阶段手的动作会明显地从向后拉变为朝前推。当朝前的推力增加时，背部就会伸直，肩部下降，肘部向身体靠近。

但是，在起始过程中，使用更长的把手会增大肘部弯曲，肩部更向外伸展。所以当大多数试验者认为手腕、肘和肩膀最不舒服时就不足为奇了。有一两个身材矮小的试验者试图在底部抓紧把手起动手推车，他们特地使用了长把手，这样做的结果在最初阶段看来是避免了过度抬高肩膀和手臂，但是在向前推动的时候将不得不改变他们的抓紧力。这些试验者实际上施加的纯粹是拉力（最大施力的水平分力），同时他们的肩膀也可能在过渡阶段提供了帮助，因为在此过程中可发现他们的胸部都向前挺，而且试验开始时，试验者的抓紧力会使手腕在一定范围内产生反掌，手腕尺骨产生偏离。当把手的角度增加时，这种方法就很少使用了。

确定的手腕姿势对尽情用力会产生不好的影响。当手腕受束缚，特别是手掌弯曲和尺骨偏离，手腕就会出现一些问题，如腕腱和神经会伸长或压缩。目前的试验结果表明在试验初期手腕出现过度伸长和尺骨偏离现象，与标准人体测量数据比较，尺骨的偏离角度接近极值也就是男性的第 50 百分位。而伸长角在中等数值范围内。综合这样的事实，即起动时手部需要使出很大的力，因而手腕特别容易受到伤害，对于经常使用这类钢瓶手推车的使用者来说更是如此。

② 使用力和生物力负载。从研究结果可知，在使用手推车的起动过程中明显需要施加相对较大的力（有代表性的是垂直方向的力高达 250N），同时手腕、肘和肩膀还承受了压力，如图 5-5 所示。脊骨虽然产生了很大的剪切力，但是压力并不大。虽然试验者在起动的时候使用了各种不同的方式，但他们肘的变化都相似。使用角度更小的把手（也就是更直一些的把手）时，肘的弯曲就会增大。

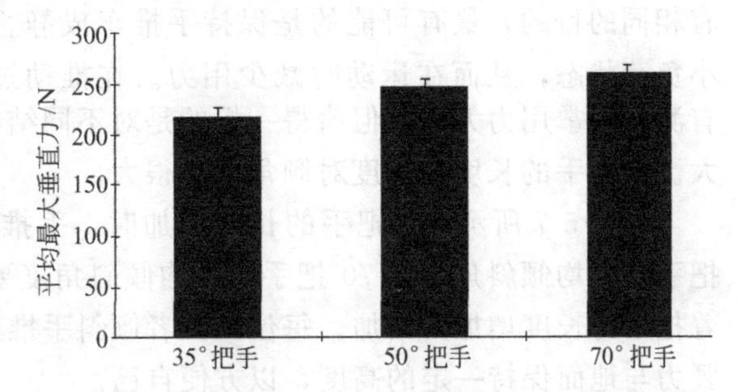

图 5-5　开始阶段，每种把手平均最大垂直受力图

生物力负载的变化相当大，这可能是试验者的人体测量数据差异和身体姿势的影响。在其他研究中已经证实了在体力作业中人体测量特性和使力大小之间的关系。例如身体强壮的试验者如采取不好的姿势也可能使出很大的手掌力，同时使重物以很高的速度移动；当试验者体重增加时，试验者脊骨所受压力也会增加。试验反映，身材矮小的试验者体重也较轻，在起动时能使肩膀的抬高和躯干的弯曲达到最小；而体重较大的试验者通常使出的水平力也较大。这也许是体重较轻、个子矮小的试验者认为自己力量较小，工作时更谨慎，因此受到的压力和关节的压力也较低。

使用的力和随之的生物力负荷受手推车外形的影响很大。对这些变化（表 5-6 中已给出）的分析表明，把手的角度对垂直方向的力的影响很大，这些力用于保持肘的伸展和手腕的角度。把手的角度和高度对手腕的伸展有很大的相互影响（$p<0.005$）。以所有的结果为依据，角度是 35°，长度 1.0m 的把手是起动时钢瓶手推车的最好设计。

使用角度是35°的把手时需要的垂直方向的最小力和手的总力如图5-5所示。当肩膀伸展时，肘的伸展最小。把手长度最重要的影响是肘的伸展和收缩运动，在使用1.0m长把手时影响最小。但是主观判断不能说明仅这一个结构能使用力达到最低，因此必须考虑手推车的其他方面设计——可能那些部分会影响使用者的身体姿势。

(2) 平稳推动阶段

① 平稳推动试验中试验者的行为。使用两轮手推车的特点是在推行中，如能够保持负载手推车车轮的平衡那么所用的力会最小。但是，当手推车上的负载很重，且负载的重心高于两轮之间的旋转中心时，保持手推车的平衡不是很容易的（如气体钢瓶）。图5-6说明了没有保持平衡时的结果。在理论上可以给出最小静态负荷时手推车最合适的倾斜角度，而这一角度与负载的重量无关。当手推车的倾斜角小于或大于确定的合适倾斜角时，使用者必须多施力保持平衡。手推车倾斜角的影响可以从推行试验中试验者的动作看出。在试验中所有的试验者不论使用的手推车重量是多少其手推车与水平线的夹角都差不多（55°～78°之间）。这表明他们把手推车保持在这样一个位置都有相同的目的，最有可能的是保持手推车成静止时的最小负荷状态，从而在运动时减少用力。在推动过程中没有测量手掌用力大小，但值得一提的是对不同结构的手推车其受力评价变化不大。而把手的长度和角度对倾角影响很大。

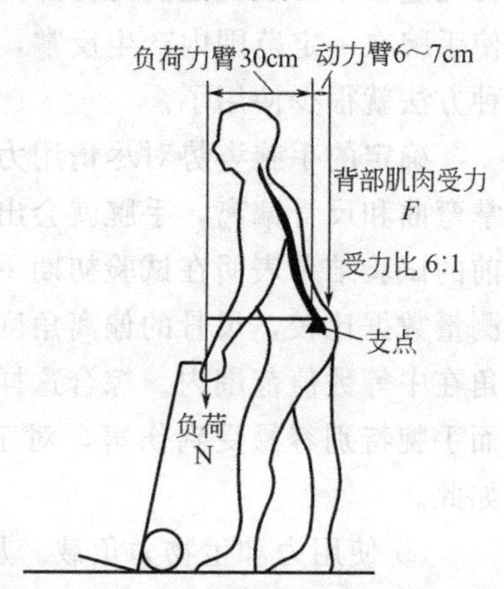

图5-6 开始推动——受力不平衡时的静态力图

如图5-7所示，当把手的长度增加时，手推车的平均倾斜角度减少。35°把手的平均倾斜角度比70°把手的平均倾斜角度要小。但是肘部的弯曲角度随着把手的长度增加而增加。每位试验者倾斜手推车是为了能够利用把手上的抓紧力与地面保持一定的高度，以方便自己。

② 平稳性和力的主观判断。在推动手推车时，载重和把手长度都对平稳性和使用力有很大影响，这可以从图5-8和图5-9中看出。但是，把手的长度对使用力的影响实际上可以看成手推车载重和把手长度之间的相互作用，比如

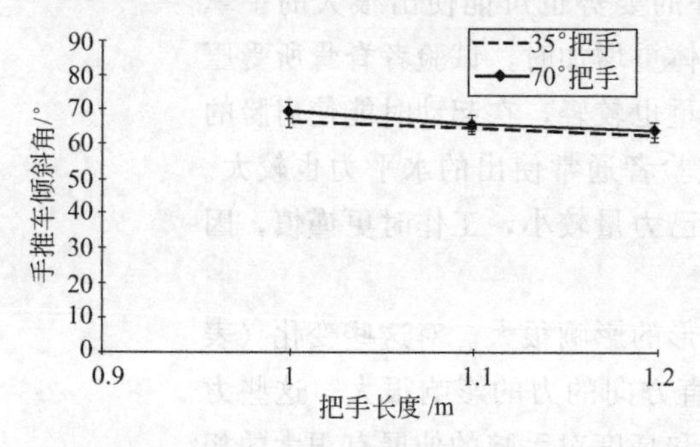

图5-7 平稳推行阶段——手推车倾斜角

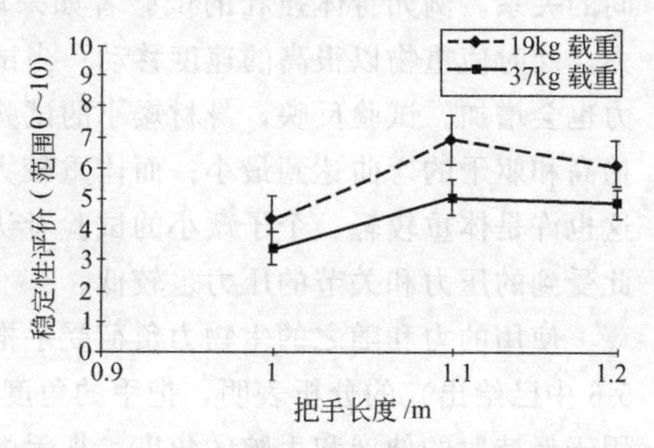

图5-8 平稳推行阶段——试验者对稳定性的评价

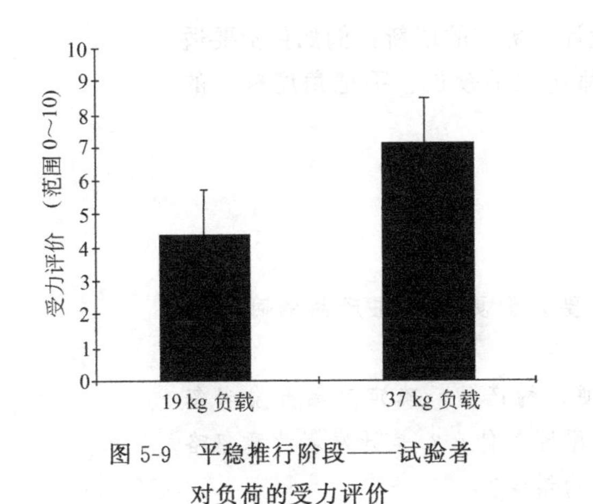

图 5-9 平稳推行阶段——试验者对负荷的受力评价

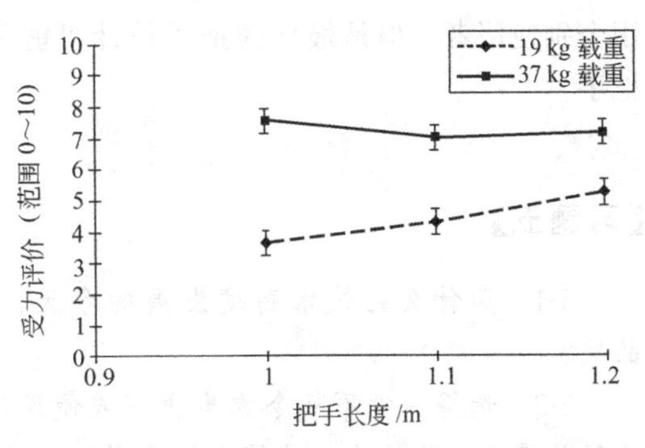

图 5-10 平稳推行阶段——试验者对把手长度受力评价

重量轻的手推车上装着长把手也会需要较大的力（如图 5-10）。因此在设计上就会产生冲突。使用 1m 长的把手需要的力较小，但是会降低手推车的稳定性。较重的 37kg 的钢瓶需要的力较大但是比 19kg 的钢瓶平稳。

在对手推车的平稳性评估中，试验者似乎考虑的是对负载的感觉——负载感觉越重，手推车就越平稳。特别是 37kg 重的载重更是如此。还不清楚在试验中是否这种观察在手推车的使用上是一种特殊现象。但是钢瓶的重心与手推车的中心或旋转中心的相对高度也许是个主要因素。观察表明手推车在推动装载长的物体，如气体钢瓶，试验者保持手推车的倾斜角比较困难。

力的评价不仅受到所载的物体重量影响，而且还受把手长度和所载重物之间的相互作用影响。这并非与手腕的确定姿势没有联系，实际上试验者试图将把手的手握位置与地面保持一定的高度。感觉到的力也许增加到手腕的负载上。考虑到受力和平稳性之间的矛盾，很难说哪种把手的设计在钢瓶手推车的推移中是最好的。但是，尽管存在受力方面的缺陷，更长一些的把手设计也许更好，因为录像记录表明移动时试验者的躯干姿势会更直，把手上受力更大、手腕的姿势会更理想。

5.4.5 结论

试验结果表明与其他现存的设备把手相比，钢瓶手推车需要的起动力很大。并且当前钢瓶手推车的一些结构也不尽如人意。试验结果还表明注重把手的设计可以减少起动的时候和平稳推行时的作用力。把手的长度和角度可以改变起动的效率。把手的长度和角度增加时，垂直方向的用力也会增大。在起动过程中，随着手腕的偏离，手腕的压力会更高。在推行的时候，把手的角度对手推车的使用方式（即倾斜角）也有重要影响，同时影响使用这种方法用的力。

特别地，它会影响手腕的姿势，从而进一步影响使用者手臂关节的受力状况。

已经证明起动时最好的把手设计是：把手的 x 轴与手推车的背部轴线夹角为 35°，与地面的距离是 1.0m。但是，在移动时存在着减少受力和增加手推车平稳性的矛盾，这些情况表明需要对把手设计作更多的革新，例如包括要适用个别使用者。但是最好的把手设计可能是那些把手较长、手把角度较大的把手。

【习题五】

5-1　为什么在技术高度发展的今天，需要人们更加关注产品的可用性品质？

5-2　选择一件不断令你生厌（或使用不便）的产品，确定产品开发者忽略了的需求。你认为这些需求没有得到满足的原因是什么？是开发者故意忽略了这些需求吗？应如何在设计过程中避免这样的错误？

5-3　请分别确定下列产品的关键可用性目标：

①餐具；②手工具（DIY）；③手工具（专业）；④玩具；⑤残疾人专用具。

5-4　收集几种不同类型的钥匙，亲身体验将不同类型的钥匙分别插入相应锁孔并开启门锁时的操作过程。请从可用性角度分析其间动作细节的差异和相关的使用体验，判断它们设计的优劣，并说明理由。

5-5　自选一件用品，从用户角度分析它的人机工程学特点，并确定该产品中影响产品可用性的主要特征参数，设计一项以获取或验证该特征参数的产品可用性测试实验。具体包括：

① 测试目标及准备验证的参数内容；

② 实验人员的选择；

③ 实验人员（用户）将要执行的实验任务；

④ 主要实验道具与相关设备的描述；

⑤ 主观与客观评价的方法（包括可能采集的数据等内容的说明）。

第6章 设计活动

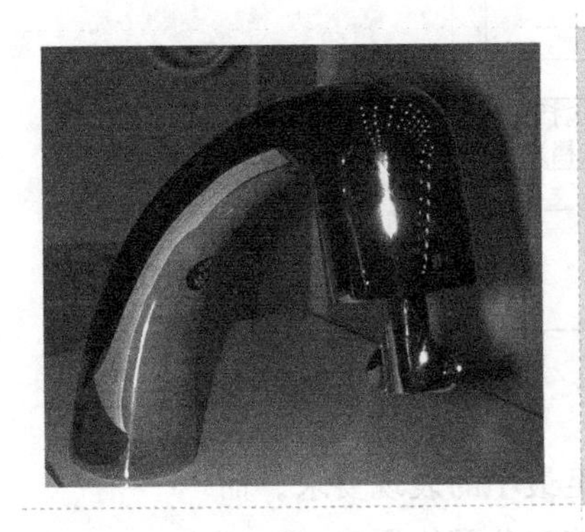

- 设计分析和说明
- 人机工程学数据和设计原则在设计问题中的运用
- 测试与设计提炼
- 实例分析与研究：移液器的人机工程设计和可用性评估

设计涉及到技术的细节，这些细节包括怎样实现在计划阶段想象的产品，怎样描述产品的需求等。设计活动存在于产品开发，测试与确认阶段。在设计、测试和确认阶段，人的因素所起的作用集中体现在以下三个方面：

- 设计分析和说明；
- 应用人的因素资料和设计思想来影响产品配置；
- 通过用户评价和产品表现来进行产品综合测试。

在设计阶段，与人的因素相关的活动包括功能和任务的分配，任务的分析、用户需求确定（包括文档需求和培训需求）、技术说明的发展、初步设计和详细设计（包括可维护性和考虑如何采集）及限定用户的实体模型测试。在测试及验证阶段与人的因素相关的基本活动有原型的性能测试和对设计的确认。在设计、测试及验证阶段的活动会影响用户的使用手册的制定。

6.1 设计分析和说明

设计阶段的设计分析为产品的技术说明提供了基础，如图6-1所示，在该阶段与人的因素相关的两个活动是功能和任务的分配及任务的分析。描述分析和正式的技术说明将在下面进行介绍。

6.1.1 功能和任务分配

在产品需求文档完成后，在功能分析期间所确认的各个功能、任务（第3.3节）就被分配给产品或用户。这个过程通常就是功能和任务分配。以35mm的照相机为例，在它和用户之间进行功能和任务分配的可能性，可以通过重新考虑先前已经识别区分的任务来阐明。由于现今技术的发展，胶片速度的选择、胶片前进转动、快门速度和透镜孔的选择，焦距对中，胶片回放等任务都可实现自动化（例如分配给照相机）或者手动调节（例分配给使用者）。

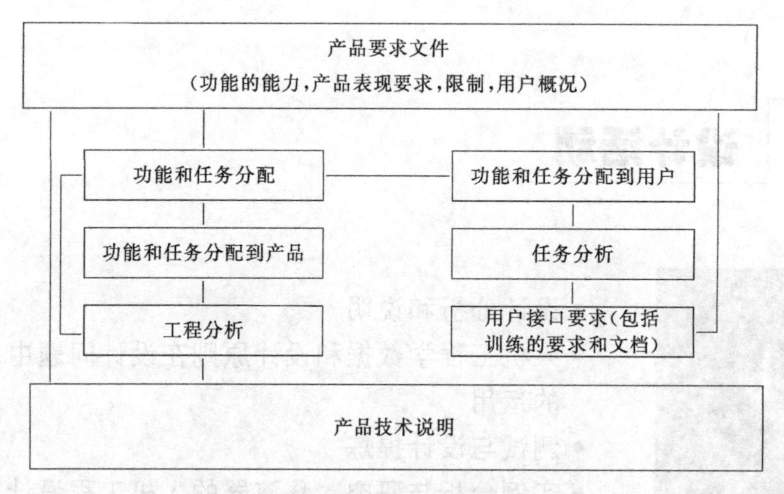

图 6-1　技术说明的发展过程

对于每个任务，仅有的限制就是，照相机或用户必须满足最小的表现要求。而剩下的需要主观判断的任务将很难自动化，这些任务应该被分配给用户。

6.1.2　功能和任务分配的策略

对于功能和任务的分配有多种策略方法。这些策略包括：在用户和产品的相对能力基础上的分配，在相对费用基础上的分配，以及在人的需求基础上的分配。也可以用第四种方法—灵活的分配方法—允许由使用者做决定。每种方法各有利弊。

传统的方法是考虑每种功能，依次逐个进行，在使用者和产品的相对能力的基础上分配。如果使用者更有能力，功能就分派给使用者；如果产品更有效率，功能就分派给产品。多种对人和机器的行为表现进行比较的资料表明：

① 人是灵活能动的，但是不善于完成持续、固定不变的工作；

② 机器可以持续按照一个预定的模式工作，但它们的灵活应变能力却有限。

因此，需要机动应变的功能（例如：制定归纳性决定）应该被分配给使用者，而需要持续反复的功能（例如：复杂的计算或细节信息的记忆）则应该由产品来完成。这种分配无法利用制定标准功能配置表进行功能分配，因为用户和产品的能力可以因为技术改变而相应改变。

在通常情况下，那些人类完成不好的功能和任务一般就设置为自动，而那些无法由产品自动完成的任务和功能一般就分配给人来完成。人和产品自身都完成不好的功能和任务就既不安排给人也不安排给产品——而通过修改设计来消除对那个功能的需求；那些人和产品都能合理完成的功能任务——被认为更具弹性和可变性，可成为安排所有其他功能和任务的基础。而与人和机器能力均无关的要求（例如成本）可以转化为功能分配的基础。

人和机器的功能配置如下。

① 由人能更好完成的功能：

- 对环境需求采取适合的决定；
- 辨别不同寻常或不可预料的事件；
- 归纳推理；
- 在暂时过载状态下的操作；
- 持续感觉；
- 对于在嘈杂环境下弱信号的察觉。

② 由机器更好完成的功能：

- 察觉人的感觉能力限制以外的刺激；
- 快速编码及精确的存储和检索；
- 大范围的短期记忆；
- 复杂的数学计算；
- 推论演绎；
- 长时间持续工作；
- 同时进行多重任务；
- 计算、测量或记录自然科学事件；
- 最小限度的迟缓反应；
- 长久持续的警戒；
- 重复的工作；
- 需要大力量的工作。

6.1.3 任务分析和用户界面要求

被分配给用户的每项任务必须仔细考虑用户使用界面的需求（例如，显示，控制，反馈），还要考虑用户是否满意产品的性能，这个过程通常称作任务分析。对用户来说过于复杂困难的操作必须简化或由产品来实现。

任务可以被分成顺序，分支，或过程。顺序的任务是子任务或任务单元必须按照事先预定的顺序来施行。在产品分析中大部分是顺序性质的任务。最明显的例子是设置一块数字手表、用计算器计算若干个数字的和以及开汽车等。分支的任务是在任务每个阶段的开端都有一个可供选择的有限集合。在一定程度上，当前的集合依赖于前一步选择的结果。如在文字处理程序中，遵循几个不同的动作顺序均可以得到相同的结果，就是分支任务的例子。另一方面，过程控制任务包含持续的监控、使用者最初控制活动对变化的反应以及反馈。在转角处驾驶操控汽车以及在录像游戏节目中追逐外星人都是过程控制任务的例子。

任务分析方法并没有标准化。对同一件产品可采用不同的分析方法来达到不同的任务目的。

表 6-1 显示了一个顺序任务的简单分析：把电池放在电子闪光设备里，任务分析确定了重要的元素或其他元素。由这个信息可以推断出潜在的人机工程学问题，最后的结果显示了在这个任务中，人所犯的最可能的错误是误解图形标志，结果同时也暴露出电池盒盖的视觉辨认，以及打开电池盒盖等潜在问题。因此，这样的任务分析表明应更重视图标设计和电池舱门的标志设计。

表 6-1　关于照相机中安装电池的任务分析

次级任务	关键元素	潜在的人机工程问题
确定电池盒门位置	感性的—电池盒盖视觉辨认	视觉辨认不清
打开/移开电池盒盖	视认—图形标志或其他的符号显示打开电池仓门的方法 动作—移动仓门	用户无法理解的标志，无意义的暗示符号 可被移动的区域不够；开门需要的力量太大
插入电池(正确方向)	辨认—图形标志或其他显示正确的电池放入方向的符号 动作—手工放入电池	用户无法理解的标志，无意义的暗示符号 电池放置方向不正确
关闭电池盒盖	感觉识别—确证盒盖已关闭	没有预期的问题出现

表 6-2 是对一更复杂任务的分析——使用图片复印机。对一个文件进行多份复制，在这项分析里列出了每个任务的需求信息、显示和控制。

表 6-2　对用办公室复印机进行信件多份拷贝任务的分析

子任务	显示	控制	反馈		潜在的问题
			正确的操作	错误	
打开平盖板		盖板把手	盖板可见	盖板不可见	提起盖子的过程不显著
将文件反面压在盖板下方	盖板旁的图形符号为正确放置文件提供指示	没有	纸页的顶部和底部与标记齐平	纸页的顶部和底部未与标记齐平	用户错解图形示意 文件待复印面朝上放置
选择适当的纸张来源		选择开关	开关位置的视觉指示	开关位置的视觉指示	用户或许忘记这一步骤 用户也许不知道怎样在各个模块中确定纸的尺寸
盖上盖板	没有	盖板把手	盖板不再可见	盖板可见	没有预期的问题出现
选择需复印的数量	数字显示	数字表达在数码显示器上显示所要复印的数量	在显示屏上显示需要复印的数量	不正确的数字显示或没有数字在显示屏上显示	输入错误 显示因眩光而降低对比度
开始复印	控制开关的标志	按动启动开关	开始复印，复印件出现在出件处	出错信息显示机器尚未准备就绪，但提示帮助信息以指示问题	数字信息可能不正确

分支任务分析及过程控制任务分析更为复杂。对于分支任务而言，分析通常从构造一个可操作的序列顺序表开始。如果时间允许，还要单独完成每个分支任务的分析。至于过程任务分析更为复杂并且仍处于发展阶段。

6.1.4　技术说明的开发

在任务分析中包含产品需求文档，工程分析以及用户界面需求。技术说明是列在产品需求后面的。技术说明给有关产品的功能能力实现以特定的细节说明。技术说明是不断发展并且在设计阶段不断更新的。在一些案例的技术分析中，如在产品设计中它们被不断完善。

下面是关于35mm“傻瓜相机”技术说明的细节，各项内容由它们所支持的功能分组。

(1) 胶片安放

• 打开照相机胶片装入和取出口的机械装置；

• 装胶卷的帮助。

(2) 胶片速度的选择

• 自动胶片速度标记装置；

• 表明胶片速度的显示。

(3) 进胶片

• 机动进胶机械装置；

• 进胶片机械的动力源；

• 当前胶片框序号显示。

(4) 镜头选择及改变

• 镜头预定和放映机械装置。

(5) 快门速度选择

• 自动快门速度选择和手动自调；

• 手动快门速度选择控件和显示。

(6) 镜头光卷的选择

• 自动光卷选择和手动自调；

• 手动镜头光卷选择控件和显示。

(7) 光线曝光表

• 曝光装置及其相关显示与控件；

• 曝光装置动力源。

(8) 聚焦

• 自动聚焦系统和手动自调；

• 手动聚焦装置（控件和显示）；

• 胶片平面指示显示。

(9) 相片构图

• 对镜构图；

• 视图区域深度尺寸控制和显示。

(10) 胶片曝光

• 快门的尺寸/形状；

• 快门力度/移动特征；

• 表明曝光完成的反馈；

• 两次曝光预防装置类型；

• 快门按钮等待（自定时间）和控制类型；

• 闪光连接装置和同时闪光配合。

(11) 胶片回卷

• 自动和手动倒卷装置；

• 表明倒卷完成的反馈。

(12) 胶片拿取

• 打开相机胶片盒口的机械装置;

• 取胶片的图形标识和手动帮助。

(13) 其他

• 重量;

• 显示(形状、颜色、名牌、标记等);

• 标签(形式种类、尺寸种类、对比);

• 使用者保养维护;

• 手动指示说明;

• 携带装置。

6.1.5 技术说明与人机工程学

人机工程学专家应该回顾早期所有技术说明的草稿,以此来评估对人操作的潜在影响。在适当的时候,他们也应该为可用性提供建议,提出与可用性相关的典型项目。包括最小的显示对比,显示的字符长度,颜色代码,键盘布局,以及控制标记。在某些情况下,可能要求人机工程学专家为软件准备一份固定样式的用户界面说明。

有关技术说明的一个主要的人机工程学要求就是连贯性设计,因为连贯性影响了使用性。每个产品应该按照一个连贯并预设的模式进行运作。同一公司生产的具有类似功能的产品中,应维持连贯性。例如,所有由同家公司制造的计算机交互界面应该有相似的键盘布置。常用的按键(例如,F1-F10,转换字符,标签,回退,中高音,键盘控制键,复位,移动等)。在所有的键盘中都应该出现在同样的位置上,这样,用户在使用同类产品时,可以很方便地用同样的技能来对待。

公司应确保在公司现在和将来的产品中均具备通用的用户界面,确保它近期和将来产品具有连贯性的一般的用户界面说明。说明中细节的程度取决于相关产品的种类,可以涵盖在内的项目包括显示和控制、显示器上信息的呈现格式、图形符号、标识、颜色模式、计算机中生成的文字字体以及错误信息。

6.2 人机工程学数据和设计原则在设计问题中的运用

人机工程学数据是由人的行为,人体测量及生物力学数据,人机工程学标准与指南,和调研所得的清单构成。与产品设计相关的设计原则和数据的使用有时是直接的,然而,在不少场合它很难被直接运用而需要仔细的分析和判断。

运用人机工程学数据改进初始设计的质量,减少设计过程的重复测试,这是达到最终完善设计的必由之路。当设计过程能快速收敛到一个具体方案时,产品开发时间和费用都可大大减少。

6.2.1 研究调查结果

研究数据主要来源于科学刊物，科研会议的论文集，由公司、大学、政府机构等提供资助的技术研究报告，以及研究生研究课题；其次来源于技术书籍、手册、教科书评论、注解的书目、摘要以及人机工程学的实时通报。

用于解决常规设计问题的研究通常来源于第二类资料，如设计手册。在试图对一个不太熟悉的人机工程学设计问题寻找解决方案时，有时必须翻阅初始调研报告。这时通常首先是进行文献资料搜索，并对每份相关报告进行仔细检验以决定资料，调研者对数据资料的解释以及结论是否正确有效。如果研究表明是有效的，下一步就应决定调查结果是否对当前的设计问题有实际意义，这个推测是否能安全运用到产品使用环境。在采取任何行动以前，必须仔细考虑任何一个不正确判断的风险和后果。

6.2.2 人体测量的数据和生物力学数据

由于大多数设计涉及到人，必须掌握一些人体三维尺寸。有关人体尺寸的数据是指人体测量的数据，人体测量数据通常被用来确立许多产品尺寸。例如：工作表面的高度，入口的最小尺寸，在控制件之间的间距，显示屏的角度，用户和控制件之间的距离等。通常恰当的数据能满足产品使用人数的90%～95%，有些例子中必须提供一种方法来调节产品以适应用户（例如汽车上的座位和后视镜调节装置）。参照13.3节讨论有关产品的人体测量的数据在产品设计中的运用。

另一方面，生物力学数据，主要是和人肌肉力量和举重能力有关。这些数据在建立那些需要提和拎的产品的三维尺寸和重量时必须考虑。在13.2节和13.4节及14章可以找到例子。

6.2.3 人的因素清单

人的因素清单提供了一个可以确保可能影响使用者的重要设计细节不会被忽略的系统方法。清单既可以作为设计工具也可以作为评估工具。

使用清单来评估一件已有产品。一种方法是将列表上的项目与产品相关属性进行简单比较。例如，如果产品是键盘并且清单项目指定个人按钮应该是13cm×13cm，评估者可以简单地测量按键的尺寸来决定尺寸是否合适。

清单很容易根据标准和说明列出，每个项目应该是不模糊的并且描述设计的一些可客观测量的方面。在清单中不可存在主观判断，两个不同的人使用同样的清单去评估同一个设计，其结果应该是一致的。

6.2.4 标准和指导

标准通常不用解释和修改就可采用。一些标准是强制规定的而应用不当就可能会导致重大的经济损失（例如用户诉讼带来的损失）。因此创建包含所有强制性规定项目的设计清单也许是确定复杂状态的最合适方法。

而人机工程学指导是基于试验数据的设计原则。如经济资料、用户期望、人的行为模式、从已知事实推理获得的结论、专家意见等。它们集中了设计者对用户的关注并且在各方面为初始设计，例如：在控制件和显示的选择、组成物的排列、标识、色彩代码和信息设计等方面提供了设计依据。指导通常比标准更具体，而且在具体应用每个内容时需要设计师的主观判断。有时两个或更多的指导可能会出现矛盾或者由于某些设计限制而不能同时应用。

6.2.5 维护性设计

维护保养性是指完成维护任务的方便程度。维护保养就是保持产品在良好操作条件下的活动。包括防护和修理，也包含察看和检查、例行常规服务、修护调整、修理和替换。

以下是增强可维护性的一般原则。

• 在设计产品之前确定维护者的生理能力。建立设计限制表以确保完成维护任务所需要的手工技巧和力量不会超过他们的能力。

• 根据维护者的认知能力准备服务手册。

• 设计服务手册时，尽可能用图解代替文字。检查所有手册、修正必要的程序以确保在维护者可以接受的水平上完成每项维护任务。

• 通过提供具体标签、图解、测试装备和其他错误识别帮助简化修理步骤。对于复杂产品可以提供一个类似于专家系统的“聪明建议者”软件。

• 为所有必须被阶段性维护或替换的组件提供方便的通道。

• 标明或者辨明所有与维护任务相联系的服务点和测试点。

• 使用模块化设计减少和简化可能的错误分离和修理。

• 维护所需要的最低限度的工具和特殊工具的设计。

• 在重新装配中使用关键的联结件来防止错误连接。

• 提供警告标签，警示产品用户停止操作他们不能完成的维护任务。

方便维护，如同方便使用一样，具备很多优点。因为维护方便，降低了消费者的维护费用，而容易维护的产品可以卖得更好。另外，如果产品能让用户独立施行维护操作，就可以避免为了维护而必须将产品交由专业人员修理，而导致的不方便，从而减少了额外费用，同时也能迅速、高效地完成维护工作。

简单的消费用品应该被设计成便于用户自己维护的产品。为此在设计期间，必须仔细考虑用户能力及先前的使用经历。在产品的用户测试期间，就应该既包含正常的产品使用测试也包括维护测试。产品在外形上的设计修改必须考虑可维护性的要求。

对于更复杂的产品可以采用其他不同的方法。首先，确定产品的一般维护需求，同时确定特定的维护需求。这样便决定了不同任务所需要的不同技术水平。其中简单的任务可以由用户完成，而超出用户能力的复杂任务则由专门的技术人员完成。

6.2.6 为装配设计

产品的装配方法通常是影响生产费用和劳动要求的最重要因素。最经济的组装取决于组装件的数量和计划生产产品的体积等因素。然而，组装的过程可以因减少分离的组装件数（特别是小件如纽扣）或剩余组件容易安装而变得更加容易。与预期的相反，设计的简化可以使采用人工组装比自动组装或机械手组装更为经济。

从保证产品能容易并且高效地装配的角度，对部件，模块进行设计，是工程师和工业设计师的责任。一旦初步设计确认，就必须进行仔细的工程和经济分析，以便确定最佳解决方案，然而，人机工程学可以对改进装配效果设计作出有价值的贡献。如果选择手动装配，例如，人机工程学支持可能包括交替组装装配技术的生物力学分析，预定装配次数模式发展，交替装配方式的试验评估，以及为提高生产率和方便装配而设计专用手工工具。

6.3 测试与设计提炼

产品测试开始于产品设计开发阶段，通过运用实物模型和工程模型的评估来进行，并且决定于先前样机在各领域场所的验证测试，它为评定用户和产品开发进程提供了客观的方法。测试对产品成功开发至关重要，测试和设计提炼是一个反复的过程，它通常持续到实现了所有主要的产品操作目标之后。设计进程结束的时刻，便是产品生产阶段的开始。

下面对在产品发展中进行评估和测试的类型提供一个简短概述。

6.3.1 实物模型评估和模拟

在产品开发过程中会采用许多不同的实物模型。例如，纸模，柔软的三维模型，实物模型，风格模型，轻便模型和可接近的实物模型。模型的细节程度取决于静态评估及计划模拟的类型。

实物模型被用来测试特定设计概念的可行性。评估通常由专家评定（静态评估）或由使用模拟技术来评定（动态评估），这些评价的目标是在花钱建造一个工作样机之前分辨出明显的或可预见的问题，从而节约费用。

清单可以帮助模型的静态评估。模拟或动态的评估由用户将施行的每项任务的过程组成，这些动态的评估能经常揭示出静态评估所不能发现的问题。在一些情况中，让一些具有代表性的用户（与产品的潜在用户具有相同特质的人群）参与评价是合适的，参与评估以便尽早获得使用性反馈。

如果有两个或更多的设计方案，则需要进行比较测试。比较测试在产品开发的设计阶段施行（如图 6-1）并且通常是第一个涉及潜在产品使用者的正式测试。通过测试，可以观察最初用户对不同设计方案的反应，并且找出潜在的可行性问题。通常，测试目的之一是选择最好的外形，测试目标中的一个就是最有希望被选择的结构。在某些方面，比较测试与试验相似。

6.3.2 模型的反复测试（开发测试）

开发测试包括产品用户测试工作模型测试。开发测试在测试和产品开发证实阶段（如图 6-1）进行，而且通常在实验室或其他可控制环境内进行（如表 6-2）。

涉及用户及工作样机的正式开发测试通常由以下 4 个步骤组成：

- 建造一个样机或修改一个现存样机；
- 若干项任务的选择；
- 选择与产品意向用户有相同特征的试验对象；

• 试验对象对已选择任务操作的观察和测试。

用户参与的任务应该包括打开包装与产品组装。如果适用，用户手册及其他相关产品的文档初步方案应该一起用于测试。

在整个测试中，试验者应该被全方位封闭观察。调查者应该持续不断地监察用户行为并且收集尽可能完整的操作行为资料，关于使用性的主观资料和喜好也应该从试验对象那里获得。这些资料通常可以通过使用问卷调查或任务完成后的集中面谈收集。在一些案例中，主观资料比操作资料更敏感并且可能是对产品成功的更好的预见。

真实的测试环境是非常必要的。应该阐明典型和环境的限度。例如：测试野营装备，有些测试就该在模拟或真实的冬天气候条件下进行。试验者应该穿着合适，如他们应该戴着厚厚的手套，穿着笨重的冬季外套。

一旦测试完成，操作资料和主观资料可以用来决定样机设计是否合适或需要进一步精练。如果样机的预想操作没能实现，它就必须被修改并由不同的试验对象重新测试。重新设计、再测试、再评价的反复过程要持续到产品操作令人满意为止。反复的次数随产品种类而变化。不同产品反复的次数不同。比如，对于软件产品而言，重复的次数通常是 3～6 次。

6.3.3 测试验证

测试验证是使用性测试。它利用先前的样机在一个真实的环境而非实验室中进行测试，测试的首要目标是验证所有的产品操作目标在产品现实使用条件下是能够实现的。对商业产品而言，实验室内的验证测试（首次测试）及在顾客场所的消费场点的评价（二次测试）都应进行。例一和例二（如图 6-2～图 6-5）表达了在产品现实使用条件下进行使用性测试的例子。

【例一】 开发洗衣机过程中的使用性测试，如图 6-2、图 6-3 所示。

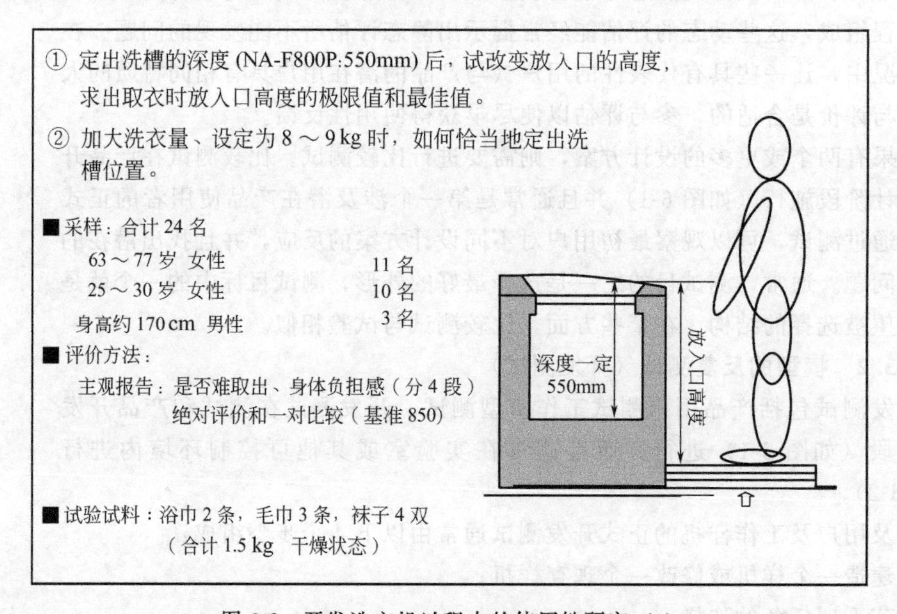

图 6-2 开发洗衣机过程中的使用性研究（1）

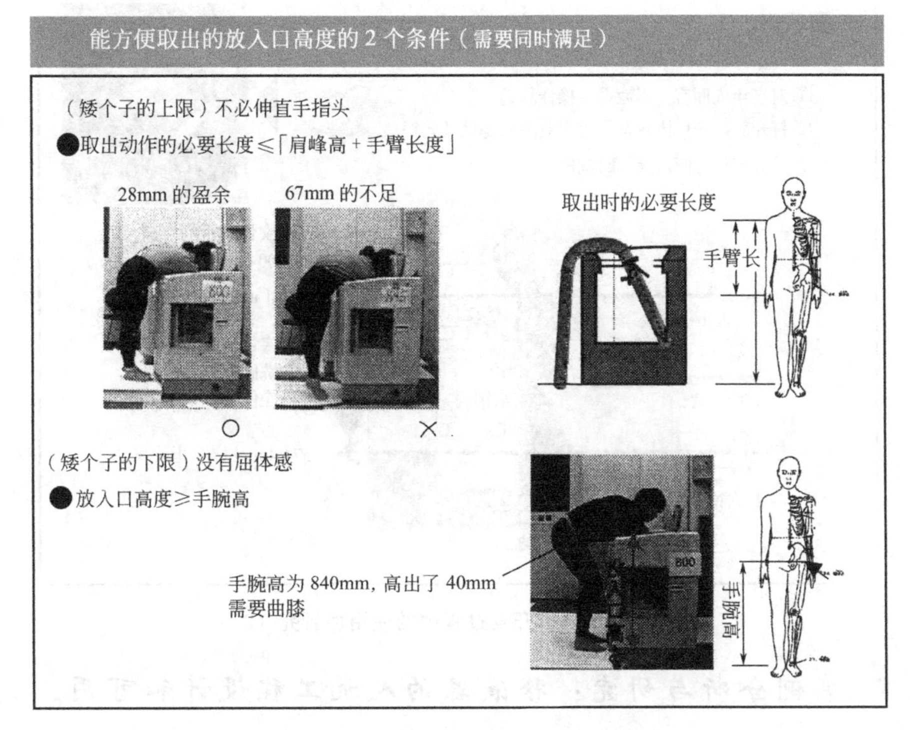

图 6-3　开发洗衣机过程中的使用性研究（2）

【例二】 洗碗机开发过程中的使用性测试，如图 6-4、图 6-5 所示。

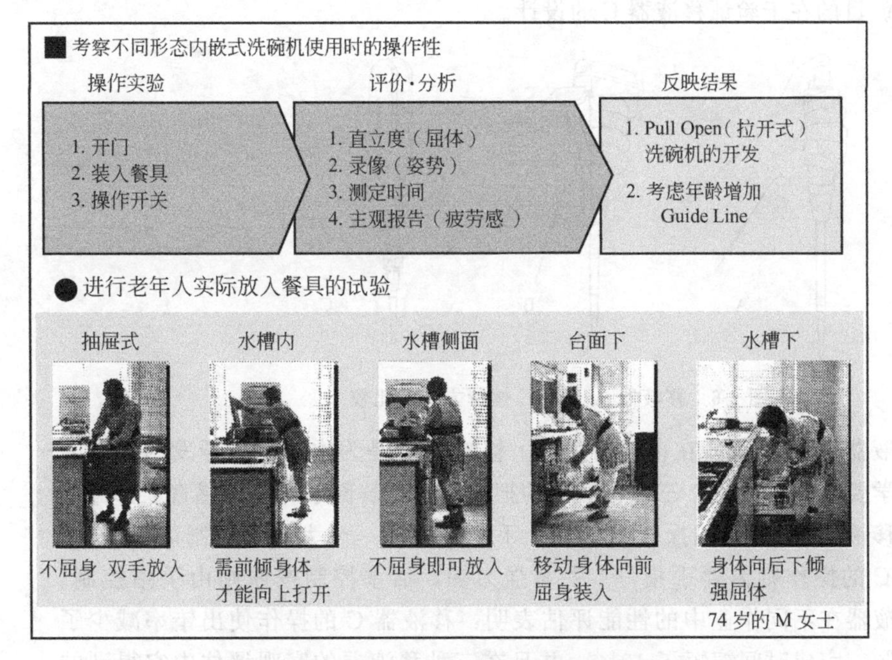

图 6-4　洗碗机开发过程中的使用性研究（1）

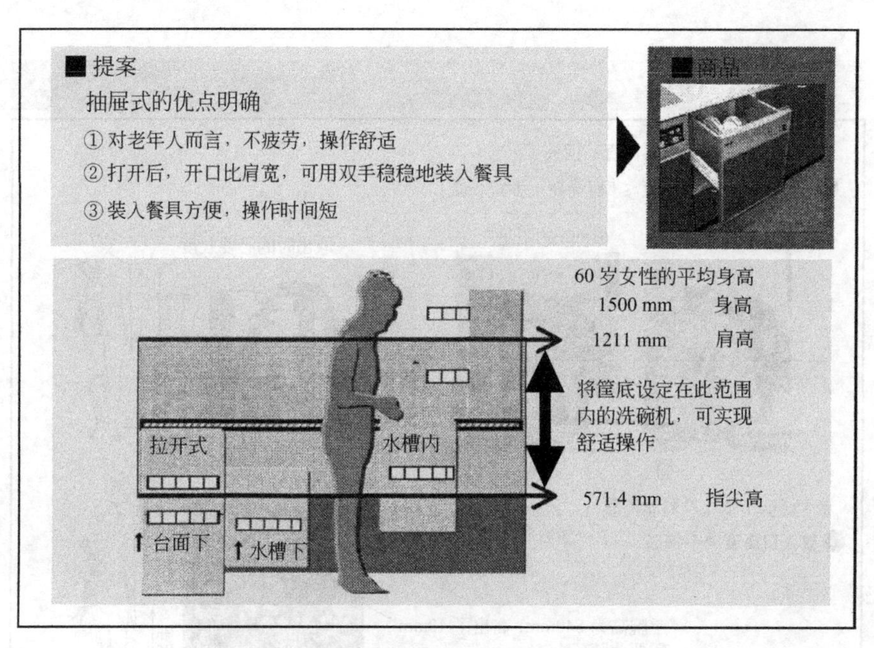

图 6-5 洗碗机开发过程中的使用性研究（2）

6.4 实例分析与研究：移液器的人机工程设计和可用性评估

本案例如图 6-6 所示，介绍关于三种不同设计的移液器（移液器 A、B、C）在性能、握持姿势、手—臂—肩上舒张力和客观评估等方面差异的性能评估试验。目的在于验证移液器 C 的设计。

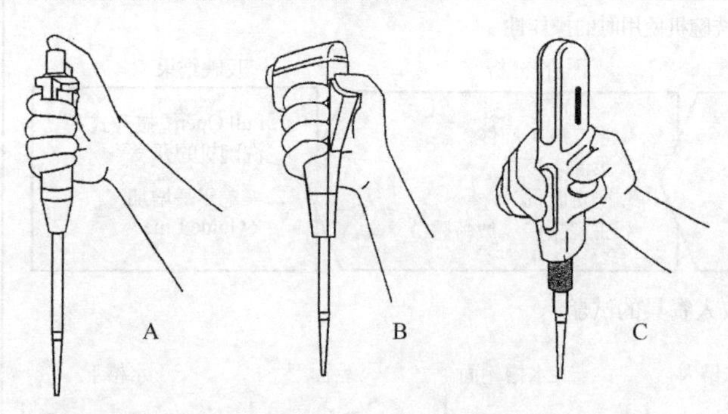

图 6-6 移液器 A、B、C 握持方式的比较

移液器 A 和 B 都能在市场购买到。移液器 C 是为本研究而开发的针对人机工程学要求的移液器。三种移液器的把握姿势在解剖学和功能感官上都截然不同。移液器 A 和 B 的操作需要四个手指把握和一个大拇指控制活塞按钮。移液器 C 的操作则需要手指——手掌强力握，活塞控制按钮则由手指控制。各种移液器在不同作业中的性能评估表明：移液器 C 的操作使出错率减少了 2%～3%，完成时间缩短了 10%，并且在三种移液器的客观评估中它得到的评价最好。把握姿势的分析结果表明：当使用移液器 C 时，肩膀的外展量最

少，手腕桡骨方向上伸展量最少。移液器C能为操作者提供响应皮肤感受器活动而做出精确姿势调节的好机会，还能减轻操作者上身肌肉组织的舒张力，所有这些都证明了移液器的人机工程学设计是合理的。

6.4.1 移液器的设计特性

移液是一种通过使用移液器将一定量的液体从一个容器转移到另一个容器中的操作。移液的操作时间很短，并且是一个重复性操作；移液时操作者的注意力要高度集中，动作须十分准确和精确。实验室的技师们可能全年工作日中大部分时间都在进行移液的重复性操作。当每年的移液操作时间超过300h，手和肩膀的疼痛将会增加。有报道称：在配药行业的那些移液操作员中，与颈、肩膀和手臂相关的疾病发生几率很高，而试验者操作时惯用的那只手的疾病发生率更高。这表明，实验室里的具体行为的确是手患病的根源所在。

在一些文献中，向人们推荐了不同的保护措施来削弱或减少移液所引起的肌肉紧张刺激的措施有：①用自动的活塞操作取代手动的活塞操作；②让实验室的技师们轮流作业；③中途进行短暂的休息；④仅用必不可少的力操作移液器；⑤操作时让手臂靠近身体；⑥在没有长时间支撑的情况下不要抬举手臂。这些推荐措施都是从操作方面提出的。然而要根本消除这种伤害，必须考虑用人机工程学的原理重新设计移液器。

移液器的关键设计特性是：高精确性和准确性；小柱塞力；轻重量和较好的平衡感。但是除了这些纯粹的功能特征以及特殊的或与作业相关的要求外，作为一件被人们使用的仪器，移液器还必须满足人的因素。这种功能需求和人的因素需求的组合就是在设计移液器时一起要考虑的重要的人机工程学指标。

为了获得符合最佳人机工程学要求的移液器设计，台湾某大学工业管理系与台湾某学院工业设计系选择了三种不同握持方式的移液器，在实际使用的状况下进行了一次评估试验。

在使用移液器的过程中，手、手腕、手臂和肩膀的姿势十分重要。比较三种移液器的握持方式，移液器A的作业就需要强力握。把牢移液器时，移液器A垂直于前臂的末端轴，并且此时手掌正对着它。当在眼高的位置用移液器A吸入液体时，人们的拇指需在桡骨方向上向外伸展，手腕需弯曲，上臂需向上抬升。这个姿势很容易造成拇指、整个肩膀和手臂的较大静态肌肉施力。当用移液器B进行移液时，其所需要的把握方式和移液器A类似。但是，移液器B很容易卡在食指的第三个指骨上，此时只要弯曲拇指的掌骨-指骨关节（MCP关节）就能激活它。制造商声称：移液器B是一个轻巧且手感较好的仪器。

在设计移液器C时，就考虑了用强力握的方式握持。重新设计移液器的把握方式，能有效地减少手、肩膀和手臂上的紧张感。握紧移液器C时移液器紧贴手的末端——掌腹部中轴上，且手掌朝下，如图6-6所示。弯曲食指或中指或两者同时压下按钮。当用三种移液器进行操作时手的解剖特征都表达了一种基本的强力握；但是手—肩膀—手臂肌肉组织的人机工程学压力明显不同，在这个研究中将会检验握紧力。

研究的目的是：调查使用移液器A、B、C移液的性能，操作姿势和手—

肩膀—手臂肌肉组织压力等方面的差异。为此，需要记录两次使用三种移液器时操作的时间和发生错误的几率。除此之外，为了便于比较，也需记录操作姿势、相应的静态肌电图（EMG）活动和自我评估报告。

6.4.2 验证方法

(1) 试验对象

从大学的生物工程实验室选择了14名（6男8女）有移液操作经验的志愿者。所有的试验者都惯用右手操作，且有平均2.5（标准偏差1.6）年的操作经历。试验者都无手损伤的病历。在搜集试验资料之前，所有的试验对象都很熟悉试验程序。

适应一段时间后就进行人体测量特征的度量。试验者平均年龄25.8岁（标准偏差1.6），平均身高165.1cm（标准偏差为9.5），平均体重56.6kg（标准偏差10.8），平均手长17.5cm（标准偏差0.6）和平均手宽7.6cm（标准偏差0.6）。为了提供比较基准，使用了Oh和Radwin的手持式工具研究。在Oh和Radwin的研究中试验者的平均手长18.5cm（标准偏差1.7），几乎与这个研究中的手长相同。但是，它们的标准偏差比这个研究中的要大很多。

(2) 试验仪器

在这个研究中要检验三种移液器。移液器A有50～200mL的容量，1mL的增量和123g的重量。移液器B有25～250mL的容量，1mL的增量和85g的重量。移液器C的结构和移液器A几乎相同，但移液器C提供的手与移液器的接触界面设计不同。三种移液器都有相同的容量。在转移液体的过程中，将移液器A的活塞压到第一个位置需要4.2N的力。

(3) 试验操作

试验者需要使用末端插入式的移液器完成两次移液。在操作期间试验者坐在试验桌旁。

作业一：从一个用左手把握，且位于眼高位置的容器中吸入100mL的样品，然后将样品注入至试验桌上一个搁置在支架上的容器中。由于每个容器中有300mL的沙子，在转移样品时就需十分小心。如果沙子和样品一起被转移了，就应算一个错误。这个过程重复15次。因此，作业一中有15次吸入样品和15次注入样品。

作业二：从一个用左手把握且位于眼高位置的容器中吸入100mL的红色样品，接着把样品注入至一个内装白色样品的容器中，这个容器搁置在支架上，然后连续压下5次按钮混合两种颜色的样品，最后吸入混合样品并将其注入至100mL容量的凝胶体容器中，凝胶体容器放置在试验桌上。这个过程重复18次。因此，作业二有36次吸入样品，36次注入样品和90次混合操作。

6.4.3 测定

(1) 操作指数

操作时间（PT）和错误率（FR）都记录成操作指数。PT是以秒为单位测量完成作业的总时间。FR以计次的方式测量试验者在第一次尝试中未能将末端插入到容器中，插入时末端和容器没有接触，吸入了夹杂了沙子的样品或注入样品至凝胶体容器时发生泄漏等情况的次数。鼓励试验者以均匀的移液速度进行作业。

(2) 姿势记录

在每名试验者的手腕、肘和肩膀的旋转关节点中心做上记号，作为参考点。需测量的关节角度有：颈的弯曲角度；肩膀的外展角度；肘的弯曲角度；手腕的伸展角度；手腕桡骨的伸展角度。为了测量姿势角度，操作测量完成后即要求试验者进行模拟液体吸入、注入、混合和凝胶体注入等操作。其中液体的吸入和混合操作需要将容器用左手握住并将其置于与眼睛齐平的高度；注入液体需要将支架置于与实际作业相同的位置上。要求试验者保持他们的作业姿势，然后用角度计测量出静态的关节角度。

测量姿势角度的同时，还能获得吸入和注入等模拟操作的 EMG 数据。肌肉群的 EMG 活动状态能通过双极向的计量仪记录下来。找到标准部位的皮肤后，将配对的 Ag/AgCl 表面电极（表面积为 10mm×10mm，两电极的中心距离为 45mm）压在肌肉上。需要研究的肌肉是：上斜方肌、中三角肌、伸肌等。关于手—臂系统的预期运动行为模式，需选择上述肌肉进行研究。为了比较一个特定试验者每次试验的 EMG 数据，需执行一个标准化的程序。对每名试验者来说，EMG 值都需标准化。

(3) 客观评估

在每次试验后期要求试验者通过评估颈、上臂和手腕的费力程度，评估把握和进行精确作业的舒适程度，以及所有的偏爱，最终给每个移液器提供一个客观的评估。在评估过程中，使用一个 5 分制的等级量表，其中 1 分表示十分舒适，5 分表示很不舒适。

(4) 试验过程

要求试验者调节坐高，移液器末端和试管的位置。在正式试验之前先进行一些练习，直到他们感觉到操作舒适、顺手才开始进行试验。完成作业一后，要求试验者模拟液体吸入和注入的姿势；完成作业二后，要求试验者模拟混合和凝胶体注入的姿势。将试验者随机分组分批。每名试验者进行 6 项测试：3 种移液器×2 次作业。每名试验者在两小时内完成所有的试验作业。为避免局部肌肉疲劳的累积效应，每两项测试之间应该安排 10min 的休息。

6.4.4 统计分析

所有测量数值的平均值和标准偏差应该用标准方法计算。主体间的变异性、移液器重量、移液器差异和作业要求对 PT、FR、姿势和 EMG 的影响应该运用方差分析法研究。复叠标测试用于推理形式的比较。由于技术上存在困难，无法减轻移液器 C 的重量（240g），它的重量约为移液器 A 的两倍（123g），约为移液器 B 的 3 倍（85g）。在分析中，应该把移液器的重量作为共变量进行研究。客观的评估数据应该进行测试。并选择 0.05 的优等作业水平作为重要度的最低标准。

(1) 操作时间

表 6-3 列举了在不计其他变量的情况下每个独立变量的操作测量值的平均

值和标准偏差。在不计作业影响的情况下，对移液的平均时间进行统计分析显示：与移液器 A 和移液器 B 比较，移液器 C 的时间特别短（分别是 195s、222s 和 209s）。

表 6-3　不计作业变量时平均错误率和平均操作时间

变量		编号	错误率/%	操作时间/s
移液器	A	28	4.4(2.5)	222(139)
	B	28	3.8(2.9)	209(139)
	C	28	0.7(1.2)[a]	195(125)[a]
作业	作业一	42	3.6(3.1)	85(17)[a]
	作业二	42	2.4(2.3)	332(56)

注：括号内的数据是标准偏差。

[a]是 $p=0.05$ 时的较低水平。

作业一：15 次吸入样品和 15 次注入样品。

作业二：36 次吸入样品，36 次注入和 90 次混合。

(2) 错误率

FR 的变异性分析显示了试验者、移液器重量、移液器类型和 0.05 水平的作业要求等因素对错误率影响的差异。在研究 FR 时，进行了复叠标测试，其结果表明：与移液器 A 和移液器 B 相比，移液器 C 的错误率特别低（三者分别为 A：4.4%，B：3.8%，C：0.7%）。移液器 A 和移液器 B 之间没有什么显著的差别。在不计移液器重量的情况下，作业一的平均错误率要比作业二高，但相差并不很明显（一：3.6%，二：2.4%）。

(3) 姿势数据

表 6-4 列举了用不同的移液器进行吸入、注入、混合和凝胶体注入等操作

表 6-4　平均作业姿势数据（N=14）

变量	移液器	作业			
		吸入	注入	混合	凝胶体注入
颈弯曲	A	7.5(8.3)	8.6(6.0)	7.5(7.8)	12.5(7.5)
	B	5.7(6.8)	7.9(7.5)	8.6(10.1)	11.1(8.6)
	C	4.3(7.0)	5.7(5.1)[a]	7.1(8.0)	7.1(7.3)[a]
手臂外展	A	97.9(10.3)	70.9(8.6)	94.7(9.8)	71.1(7.3)
	B	96.1(8.3)	71.0(8.5)	91.4(8.1)	69.6(7.5)
	C	80.6(12.9)[a]	57.6(8.3)[a]	74.4(7.8)[a]	57.5(10.4)[a]
肘弯曲	A	94.4(10.4)	78.8(8.5)	93.3(8.6)	71.4(8.9)
	B	90.6(6.3)	78.4(8.2)	88.0(7.0)	71.4(9.3)
	C	84.1(4.5)[a]	76.5(10.3)	78.6(5.6)	66.5(9.1)[a]
手腕弯曲	A	42.5(6.4)	42.0(6.7)	45.0(8.1)	41.8(7.4)
	B	41.6(7.3)	35.5(6.6)	42.0(11.4)	40.5(10.4)
	C	26.4(7.6)[a]	23.2(6.2)[a]	29.8(4.1)[a]	28.0(4.6)[a]
手腕桡骨偏转	A	30.2(5.5)	23.6(5.7)	31.1(5.3)	27.5(7.7)
	B	25.5(6.1)	20.0(6.8)	25.0(9.3)	23.6(7.8)
	C	13.8(3.4)[a]	8.6(5.4)[a]	13.0(5.1)[a]	9.5(4.5)[a]

注：括号内的数据是标准偏差。

[a]是 $p=0.05$ 时的较低水平。

时颈的弯曲角度，肩膀的外展角度，肘的弯曲角度，手腕的伸展角度和手腕桡骨的伸展角度。每个单元的数据为 14 名试验者的位置角度平均值。方差分析的结果表明试验者，移液器重量和移液器类型等因素的重要影响（$p<0.05$）。当用移液器 C 吸入液体时，肩膀的外展量最小（关节角度平均值［标准偏差］分别为：A-94.4［10.4］，B-90.6［6.3］，C-84.1［4.5］）；肘的伸展量最小（分别为：A-94.4［10.4］，B-90.6［6.3］，C-84.1［4.5］）；手腕的伸展量最小（分别为：42.5［6.4］，B-41.6［7.3］，C-13.8［3.4］）；手腕桡骨方向上的伸展量也最小（分别为：A-30.2［5.5］，B-25.5［6.1］，C-13.8［3.4］）。

当用移液器 C 注入液体时，肩膀的外展量最小，手腕的伸展量最小，手腕桡骨方向上的伸展量最小。由于试验者能通过移动躯干补偿颈部的运动，因此无法识别颈部角度对移液器的重要影响。另外，由于允许试验者将他们的肘倚靠在桌子上，移液器对液体注入时肘的角度就没有任何影响。从混合和凝胶体注入操作中可以发现类似的趋势，并且观察到：移液器 C 引起的姿势角度比移液器 A 和 B 更令人满意。

（4）EMG 反应

表 6-5 描述了四块检测肌肉的活动水平（%MVC)。个体的差异会严重影响活动水平，但移液器的类型对其无任何影响。当在眼高位置吸入液体和在桌高位置注入液体时，可以识别中间三角肌和伸肌上不同的 EMG。在整个模拟作业中，用移液器 C 操作时伸肌的 EMG 平均值特别高（分别为 23.6［6.1］%MVC，24.5［5.6］%MVC）。结果表明操作移液器 C 所需的手力最大。

表 6-5　以最大的自发收缩量百分比为度量标准的肌肉活动状态

模型	编号	上斜方肌	中三角肌	伸肌 pollicis brevis	伸肌 digitorum
A	28	31.0(6.4)[a]	20.0(5.8)	22.8(5.9)	21.5(6.4)
B	28	31.2(7.6)	19.9(5.6)	22.6(4.7)	19.1(7.3)
C	28	29.4(7.1)	17.5(5.2)	23.6(6.1)	24.5(5.6)

注：括号内的数据是标准偏差。

[a]数据为 14 名试验者进行模拟液体吸入和注入操作的平均标准 EMG 数据。

（5）客观评估

表 6-6 列举了客观评估。以 5 分等级量表为度量标准，三种移液器的握持舒适程度的平均（标准偏差）评估按升序排列为：移液器 C-2.5（1.3）；移液器 B-3.9（1.5）；移液器 A-4.9（1.4）。维持精确性的难易程度的平均评估按升序排列为：移液器 C-2.1（0.8）；移液器 A-3.4（1.6）；移液器 B-3.6（1.8）。所有偏爱的平均评估为：移液器 C-2.3（0.9）；移液器 B-3.6（1.8）；移液器 A-4.8（1.5）。用移液器 C 作业时颈、手臂、肩膀和手腕的费力程度的评估值非常小。另外，用移液器 C 作业时把握、维持精确的能力和所有的偏爱评估均获得了好评。

表 6-6 以一个 5 分制为度量标准的客观评估

元 素	移液器 A	移液器 B	移液器 C
颈的舒适度评估	4.3(1.9)	3.8(1.6)	2.5(1.3)[a]
上臂的舒适度评估	4.8(1.5)	4.6(1.4)	3.3(1.4)[a]
手腕的舒适度评估	4.9(1.4)	4.0(1.2)	2.6(1.2)[a]
把握的轻松度	4.9(1.4)	3.9(1.5)	2.5(1.3)[a]
保持精确性的轻松度	3.4(1.6)	3.6(1.8)	2.1(0.8)[a]
所有的偏爱	4.8(1.5)	3.7(1.8)	2.3(0.9)[a]

注：括号内的数据是标准偏差。

[a]为 $p=0.05$ 时的较低水平。

6.4.5 讨论

移液操作的关键是：试验者要紧握移液器并尽可能精确地将末端对准容器。用移液器 A 和 B 作业都需四指把握。这四指末端的屈肌表面就形成了钳夹的状态。移液器和手之间接触面的大小取决于手和移液器的尺寸。相反，移液器 C 需要手指——手掌强力握。它被夹紧在弯曲的手指（主要是无名指和小指）和整个手掌表面之间，如此，在操作移液器 C 时就有机会为响应皮肤感受器的活动做出精确的姿势调节。另外，拇指的掌骨关节会增强把握，在这种把握中，拇指、食指和中指形成一个能把握的三脚架，这个三角架主要用于精确的操作行为。这就是使用这种移液器操作时只有 2%～3%的低错误率的原因。这种移液器也在握持方式的客观评估中获得了好评。

在不计作业和试验者的情况下移液器 C 的 PT 要比移液器 A 和移液器 B 少很多（A：222s±139s；B：209s±133s；C：195s±125s）。瞄准时移液器的轴线和上身的姿势能解释这一点。用移液器 A 和 B 操作时，移液器垂直于前臂的末端——接近轴线，并且此时手掌面向移液器。瞄准行为可以通过整个肩膀的运动来完成。然而，移液器 C 在手的末端——腹部轴线握紧，且手掌朝下。瞄准行为是通过手腕关节的简单弯曲来完成。试验者声称，根据这条轴线做出瞄准行为的精确调节要容易很多，并能确保移液器不会偏离直线。最后，用移液器 C 进行操作的总时间要比用移液器 A 和 B 快 10%。

前臂和手臂肌肉舒张力之所以呈现高水平状态是因为不恰当的把握姿势。移液器 A 和 B 的作业姿势使试验者的手臂外展 90°并需要频繁移动关节点。这种手臂的外展运动能导致脊椎腱炎。姿势分析的结果表明：当用移液器 C 时，手臂的外展量最小，手腕的伸展量最小，手腕桡骨方向上的伸展量最小。有研究表明：不恰当的姿势可能引起手臂、肘和手腕的不适。然而用移液器 C 就能避免这些不恰当的姿势，也并因此减轻了上肢的不适。移液器 C 也因此在手臂、肩膀和手腕的费力程度方面的评估中得到了最高评价。移液时，上肢作为一个整体活动使手处于适当位置并做直线运动，然后控制手腕运动的肌肉在它的机能位置对手进行巧妙调节，一旦位置确定，肌肉就能让手腕保持稳定并为瞄准动作提供稳定的工作条件。在这个研究中发现，用移液器 A 和移液器 B 操作时上斜方肌和中三角肌的舒张力差别很小（31.0 对应于 31.2%MVC 和 20.0 对应于 19.9%MVC），然而，用移液器 C 操作时上肢的活动特别少

(29.4 对应于 17.5%MVC)，有此类现象发生是因为：用移液器 C 操作时颈的伸展量和手臂的外展量最小，此时，就无法识别伸肌舒张力减少的量。这一点可以用这种移液器的重量进行解释，它大约是移液器 A 重量的两倍，是移液器 B 重量的三倍。也可以这样解释：由于移液器 B 的重量最轻，伸肌的活动就特别少。

当用移液器 A 和 B 操作时，拇指朝桡骨方向外展并在拇指腕掌关节(CMC) 处向内旋转。只要弯曲掌骨-指骨关节（MCP）就可以向下压按钮。而通过拇指的长度和按钮的高度就可以伸展掌骨-指骨关节（MCP）。在移液器 B 的把柄上有一个很低的按钮位置，这样就能减少拇指掌骨-指骨关节(MCP) 的伸展量。然而，试验者声称：压下按钮时合成的切向力增加了瞄准的难度。因此总的来说，拇指是移液操作中使用最广泛的手指，但它却对移液操作影响很小。

移液器 C 有个很大的按钮，要想激活它就得弯曲食指或中指或两指都弯曲。使用大按钮的好处在于：当重复地和强有力地进行作业时，为有效地松开扳机可轮流使用食指和中指。

试验者可自由地决定移液的操作姿势，这一点可由姿势数据中较大的变异性来说明。据记录，试验者的姿势受制于以下因素：身体的限制（把握方式和体段长度），使用移液器时不得不保持稳定和一些习惯性的动作方式。

当然，要广泛地运用这个研究结果，还有必要进一步分析每个作业条件下更多操作者的反应。除了操作姿势外，性能的检查也应该受制于其他因素，如操作者的经验、个人的习惯和工作台的设计。使用手动的活塞和自动的活塞这样两种情况下的姿势压力比较也是一个很有趣的课题。

研究表明改良后的移液器有许多好处，用人机工程学方法设计的移液器的性能很好，能减少肌肉压力，能得到操作者更好的评价。

【习题六】

6-1　在产品设计阶段进行功能和任务分配的目的是什么？功能和任务分配的依据与策略又是什么？试从功能和任务分配的角度分析“模糊控制洗衣机”的设计概念。

6-2　选择一件家用电器，如榨汁机、洗衣机、吸尘器，在实际使用后，请对使用过程按顺序进行任务分析（建议将使用过程逐一用相机拍下）。请特别关注潜在的人机工程学问题，并将分析结果仿照表 6-2 的内容与形式列表表示。

6-3　何谓“维护性设计”？试从用户角度判断，对于家用榨汁机和厨房油烟脱排机，最重要的维护性设计要求分别是什么？为什么？

第7章 适合人体姿势的设计

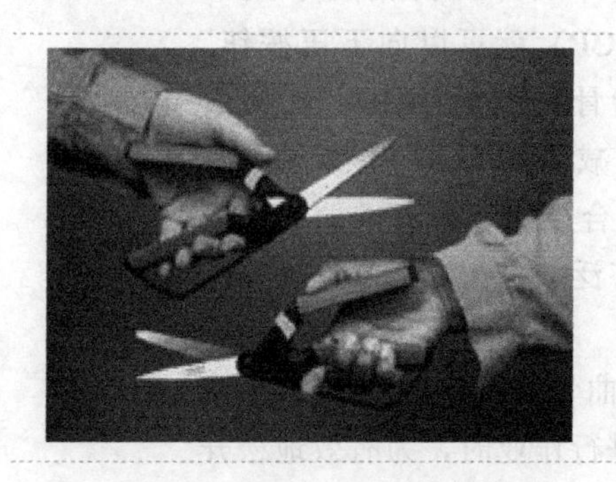

- 作业区域的基本要求
- 作业姿势的记录与评估
- 为手的设计
- 实例分析与研究：计算机显示屏高度对人颈部姿势的影响

站和坐是人们最常见的作业姿势，当然也有例外。比如在维修作业中，有时需要躺下，甚至在有限的空间跪坐在地面上作业。

正确的坐姿可以很好地执行控制行动。当作业人员必须完全掌控一个相对较小的空间时，坐姿如何就非常重要。因此，作业空间和作业对象必须得到合适的设计，应用人机工程学设计作业空间可以减少对作业人员的限制。

手的作业空间依赖身体姿势和作业要求。因此，会有各种不同的合适作业空间。同时，合适的作业空间也取决于作业中的视觉要求。

通常由手或脚来完成控制操作。脚操作比较有力但同时也比较慢，而且只能采取坐姿操作。手的操作速度快，动作多变化，但力量相对较弱。

随身携带的工具和仪器应该被设计得更合适手的操作。为了减少手腕部分受力，不仅需要一个尺寸合适的把手，同时还要注重把手位置的设计，以避免手腕或手臂处于紧张状态。

不合适的姿势和重复、费力的操作，可能造成“过度使用失调症”。这常与手工具的反复使用有关，特别是当产生振动时。另一类常见的“过度使用失调症”是由频繁操作键盘引起的。

根据人机工程学的要求，合适的作业空间应符合人的形态特性，操作得心应手。

7.1 作业区域的基本要求

根据国际标准 ISO 6385，作业区域的基本要求如下。

① 作业区域需适应操作人员：

- 作业表面的高度要适应身体尺寸和适合作业运行；
- 座位可按个人具体情况调整；
- 给身体提供充分的活动空间；

• 控制界面必须在可及的区域；

• 把手、手柄必须适合手的操作。

② 作业需适应操作员：

• 应该避免不必要的紧张；

• 严格的要求应该在可取的范围之内；

• 身体运动应该依照自然规律；

• 姿势，力量和动作应该可以协调一致。

③ 特别注意的应该指出：

• 交替坐和站的姿势；

• 在许多情况下，尽量以坐姿取代站姿；

• 需连续施力的时间要短，动作要简单；

• 允许合适的身体姿势，提供适当的支持；

• 如果对力量有过度要求，应提供辅助力量；

• 应允许变换姿势，避免静止不动的限制。

通常人有三个主要的身体位置：躺、坐和站。当然还有许多其他的姿势，不仅仅只是短暂地出现在变换的姿势之间，而是独立地——比如单膝或双膝下跪，下蹲，弯下，这些姿势经常在被限制的作业环境空间中出现，例如把货物装入飞机内，从事农业活动，以及在许多日常活动中更是屡见不鲜。而伸展，弯曲，以及身体部位的扭转等通常都是短期的活动。

在现代文明社会，很少让人以上仰或俯伏的状态作业。但是它确实也会发生，例如，在修理作业中，或在地下采矿时。有时，俯伏或上仰的姿势在高空表演时可以更好地适应在空中的加速力量。在 20 世纪 80 年代的一些战斗机和战车中，飞行员或驾驶员都采用半躺的姿势。

坐与站同躯干的垂直姿势和站立时腿的垂直姿势有关，当小腿基本保持垂直，同时大腿呈水平状并与躯干垂直时的坐姿作业被认为是“合适的”作业姿势。这个合适还因为它与人体测量学中主要以 0°、90°、180°为身体标准关节的模型相吻合，但是“0°～90°～180°姿势”不是普遍使用的、主观首选的、健康的姿势。

7.1.1 评估作业中的“合适”位置

根据“试验设计”的规则，身体姿势可以认为是“独立变量”。如果所有其他情况和变量都被控制（例如通常需要实验室设定的作业任务，环境等），则“应变量”可以被观察，测量，评估，以确定身体姿势的效果。通过各种不同的试验方法，记录下不同的应变量，例如

• 生理学：氧的消耗，心率，血压，肌动电流图，尿液收集等；

• 药学：急性或慢性的失调，敏锐或混乱的含三价的铬，包括累积的外伤；

• 解剖学、生物力学：X 光照片，造影扫描图，改变身材，腰椎间盘和内腹部的压力，以及模型推定；

• 工程学：观察和记录姿势，座位，靠背，或地面的推力及压力，身体位置的变化，生产率；

• 在精神物理学中：通过试验课题或试验者访问（有组织或无组织的）获悉主观的受欢迎程度。

这些技术已经变成了标准程序，但是它们的适用性和对于它们形成结果的解释仍然存在一定疑问。

观察身体的运动（有意识的和无意识的），坐姿不会是静态的。很多动作很可能是因为坐着不舒服，或者是因为椅子的变化而引起的；坐姿很可能受到一把经过设计以及被人指出它很舒适的椅子的影响。

表 7-1 列出了观察和记录的人体姿势以及包含它们的状态和主观评估，它显示了在许多情况下初步评价的结果。将合适的从不合适的情况中分离出来，看是否是未知的或不易了解的。然而，解释这一包含了多方面技术的结果是非常困难的。

其实最有用的技术是通过对坐的人的主观评估。他们的结论可以包含生理学、生物力学和工程测量中所有的现象，而且它们似乎更容易测量和解释。

表 7-1　人体姿势评估方法

观察/技术		测量过程	评估标准	初步评价	相关性
耗氧量		E	E	V	可能
心率		E	E	V	是
血压		E	E	V	是
血流		E-D	E-D	V	是
神经支配		D-V	D-V	U	是
腿/脚体积		E	V	U	也许
体温，皮肤或内脏		E-D	U	?	是
肌肉张力		E-D	V	U	是
肌肉神经电探器		D	D	V	是
关节疾病		E-D	D	V	是
肌肉-骨骼杂乱		D	D	V	是
累积的外伤困扰		D	D	V	可能
脊椎骨现象	—压力	E-V	D	V	是
	—混乱	D-V	D	V	是
	—收缩	D	D	U	是
	—正面混乱	D-V	V	U	是
	—脊椎对准	D-V	V	U	是
	—脊柱曲率	D-V	V	U	是
	—压力，包括模型计算	D-V	V-U	V	是
	腹部压力	E-D	V	U	也许
表面（皮肤）压力	—臀部	E-D	V	U	是
	—背部	E-D	V	U	是
	—大腿	E-D	V	U	是
	上身的极限姿势	E-D	V	U	是
身体姿势	—头/脖子，身体，腿	E-D	V	?	是
	—姿势的变换	E	?	?	是
	—身高的变换	E	E	V	也许
感觉（标值）	—疾病	E-D	V	D	是
	—疼痛	E-D	V	D	是
	—不舒适	E-D	V	D	是
	—舒适，愉悦	E-D	D	D	是

注：E 表示已建立的；
D 表示待发展的；
V，U 表示变数或未知的；
? 表示可疑的。

许多研究使用主观的等级（借着主题或试验者）去评价一个现存的就坐情况的舒适度。调查表的研究可以增加人们对一些问题的注意程度；不同的研究方法可能造成不同的结果。一个经常被使用的、标准化的工具是“北欧人调查表”（Dickinson，Campion，Foster，et al.，1992；Kuorinka，Jonsson。Kilbom，et al.，1987）。它具有良好的结构和明确的要求，有单项或多项选择的答案。调查表由两部分组成：一部分询问普通信息，另一部分使用人体简略图，简略图将人体的背部区分为九个区域，主要集中在人体背部下方，脖子和肩部。它要求被访者明确回答在身体的哪个区域是肌肉骨骼症状的普遍存在处，例如：脖子和背部下方的范围。问题主要针对症状的性质，它们的持续时间以及它们的普遍性。

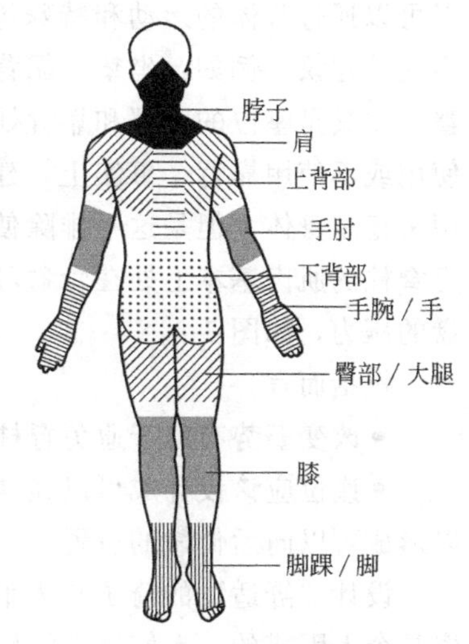

图 7-1　身体背面区域简略图

图 7-1 表示身体背面区域简略图。如果需要，可以使用更详细的身体简略图来表示身体的两侧、前视图或给予更详细的资料。

7.1.2　作业中的身体姿势

从体能的角度，如氧消耗或心率的测定而言，平躺是最少消耗的姿势。但是平躺不适合需要运用手臂的实际作业，因为对于大多数行动，必须依靠手臂自身的伸展才能举起。

直立要求更多的精力消耗，但是它允许自由地使用手臂。如果人走动，能覆盖较大的空间。此外，它促进手臂和躯干的动态使用，因而适合需要较大精力和爆发力的作业，例如：用斧头砍木材。

相比平躺和直立，坐姿是最常见的作业姿势。由于部分的身体重量由座位支撑，精力消耗和过度疲劳的程度比平躺时大但比直立时要小。手臂能自由地运动，但是它们的作业空间受限于一个人所坐位置的空间。能量的发挥度小于直立状态，座位能使躯干保持较好的稳定性，并且通过使用手臂可以更好地控制手指，更简便地完成作业。踏板的操作或者控制双脚对于坐姿是容易办到的，因为双脚非常需要稳定的姿势，支持身体的重量以便进行自如的移动。

在任何情况下，最简单的姿势是使躯干和颈部保持不变，从前视图方向看脊柱保持挺直，而从侧视图看脊柱呈自然的 S 曲线，也即从胸部开始向前弯。但是维持那种躯干姿势时间过长，会很不舒服，因为需要肌肉保持紧张。同样，站着不动时腿和脚都无法移动也非常不利，由于体内循环积聚的结果，脚和小腿会感到肿胀。尤其容易发生在女性身上。因而，无论站着不动还是坐着不动都不符合生理规律，应该允许时常改变身体姿势。对于直立姿势的操作者和坐着作业的人来说，应该保持间歇性的步行或者至少能偶尔进行头部，躯干，手臂和腿的活动。

作业姿势和运动情况会对脊柱和脊椎盘造成影响。不少人感到脊柱不适，特别是背部下方和颈部区域的疼痛和失调。原因就是人的身体长久坐着或直立不动，或缺少锻炼，脊柱与身体出现了“不适合”的情况，尤其是脊椎盘，后者可以通过身体的运动和特殊练习治疗。对于改变坐姿，也提出了各种不同的建议，例如：坐垫，靠背搏动装置或对于椅子配置的经常性再调整，尤其是座位的底部和靠背处。多数建议调整座位底部及靠背的角度，使用或不使用靠背。事实上，建议不提供靠背，这样，躯干肌肉必须被用来稳定身体，但是这不排除使用适当的靠背帮助脊柱来稳定身体，稳定脊柱的肌肉基本上处在骨盆和肩膀范围。它们的过分使用会增加脊椎盘的压力，如图 7-2。

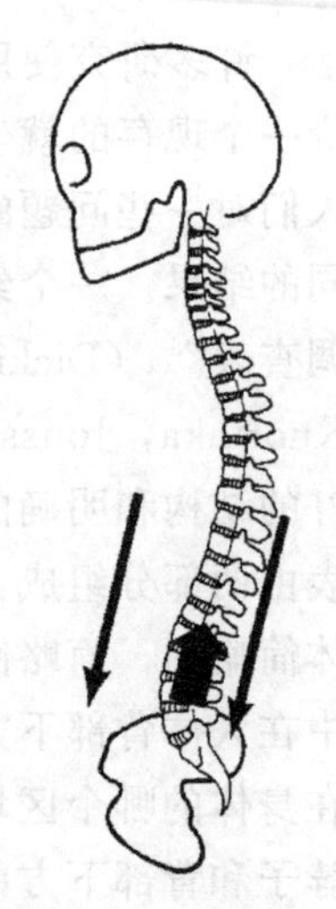

图 7-2　脊椎受到的压力

概括而言：

• 改变姿势有助于避免脊柱的持续性压力和肌肉的疲劳；

• 座位应该设计成可以经常性地改变坐姿，包括放置一个高的靠背，以形成可以向后倚靠的位置。

设计“舒适”的椅子是人们的愿望。然而“舒适”的观念联系到坐姿是令人困惑的。人们通常能轻而易举地描述将导致不舒适感觉的设计特性（例如：椅子尺寸的错误，太高或太低，表面或四周太硬），但是避免这些错误不一定能制造出一把坐得舒适的椅子，如彩图 7-1。

确切的舒适指的是在一个特定的条件，一段特定的时间，完全依赖于个人，习惯和作业的不同而定。通常与温暖、柔和、安全、满足、放松、悠闲等感觉相联系。

7.2　作业姿势的记录与评估

有两种方法用来记录姿势。一种是假设给定的姿势并观察它们实际上间隔多久发生。例如：定义所谓的前期，中期，和后期的坐姿（观察对象的任何前倾，居中就坐或是倾斜向后）。但是这些“纯”姿势在作业中是几乎看不见的。另一种是对于身体部位确切位置的细节描述并进行记录，这个过程非常便利。可由一人集中专注于独特、重要的身体部分并记录它们的位置，用标准化术语描述。

其他的技术，如提供一组观察者选择的最具代表，符合实际情况的预先成型的身体—体段位置，记录在作业场可能观察的结果，记录可以通过电影或录像方式进行。这些方法和技术在运用中已经取得了一些成功，虽然可靠性，重复性和所用时间在程度上各不相同。但是要获得完全令人满意的技术仍然需要集可靠性，精确性，重复性和可用性于一体的不断发展和完善。

通过对作业姿势的有效观察与记录，可以发现不合理的作业姿势，从而找到设计上的合理解决办法。

例如，有人描述了驾驶开渠机挖沟作业的驾驶员的作业姿势，对其设计从人机工程学角度提出了质疑。当机器向前运动时，驾驶员坐在一个能看清前进方向的位置上，但是开沟渠工具却在机器的后部，如图 7-3(a)。

要观察开沟渠操作，驾驶员躯干和颈部必须向后旋转几乎 180°，如图 7-3(c)。然而被用来控制机车移动的常规控制器，与其他机车一样，全部布置在驾驶员正前面：两侧安装着操作开挖沟渠附件的操作系统，如图 7-3(b)。

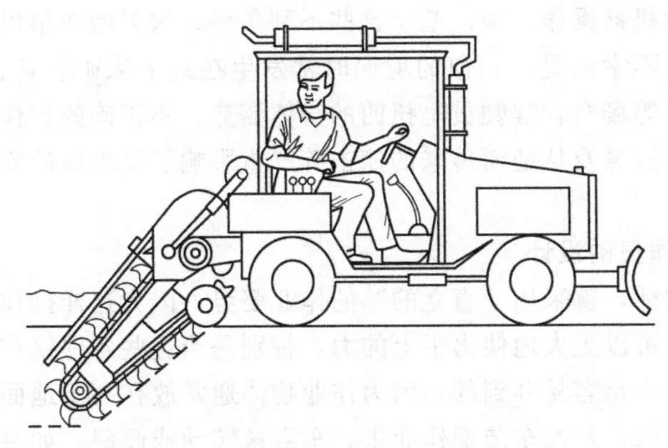

(a) 挖沟作业

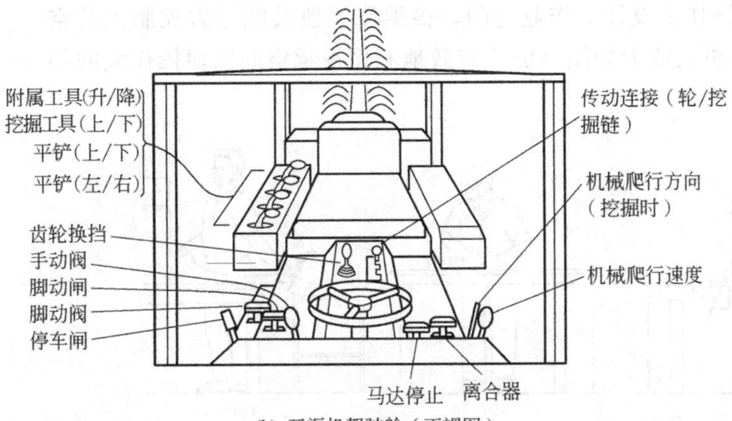

(b) 开渠机驾驶舱（正视图）

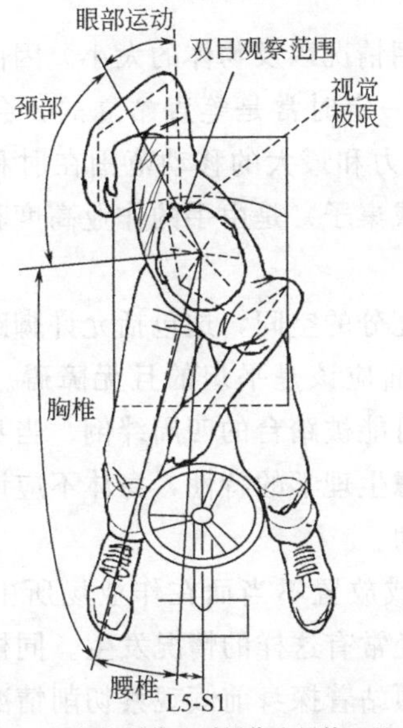

(c) 开挖沟渠作业时操作人员的姿势

图 7-3　开渠机挖沟作业示意图

这种排列存在着不合理的缺陷：它要求驾驶员在操作沟渠作业时呈大幅度扭曲的姿势，并有可能导致机器操作失误。基于这些不利条件，沟渠操作很可能在不正确的方式中进行。不幸的是，相似的境遇时常发生在地下采矿装备、掘地机器和机动化升降卡车等场合：驾驶员呈扭曲的身体姿势、不正确的操作安排、视力障碍、喧闹声、摇晃及从地面传来的撞击等严重影响了驾驶员的安全与舒适。

7.2.1 为直立作业操作员的设计

如果坐着作业不合适的话，就采用“直立的”的作业姿势，因为这样操作员可以兼顾更大的作业区也可以更大地使出手上的力，特别是当这些条件仅在一定限期内存在。要求人直立是容易办到的，因为作业物体通常放在高于地面处且很少可被充分调整。例如：在汽车装配作业中，车身被转动或倾斜，如果将零件重新设计，工人就不必为了拿作业物体而一会儿直立一会儿弯腰了。图7-4是为直立作业的操作员设计的作业空间，根据需要使其能尽力控制大的空间如图（a），手可使更大的力如图（b），有效地利用视觉空间以便操作大的部件如图（c）。

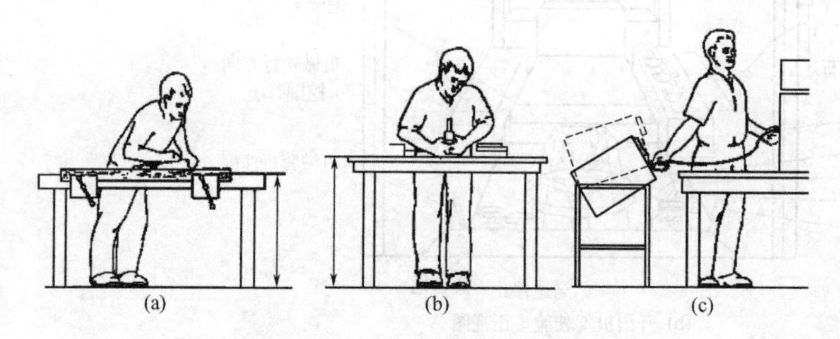

图7-4 为直立作业设计的作业空间

作业空间的高度主要依赖手的运用情况以及物体的大小。因而，主要参考点是工人的肘高度（然而，操作者不一定时常是笔直站立的，会有倾斜或伸展）。正如普通规则，手能使出的最大力和最大的移动范围在肘和臀的高度范围内，因而，支撑表面（例如：长椅或桌子）是由手的作业高度和操作者操作的物体大小决定的。

此外，还必须为操作者的脚提供充分的空间，这包括允许脚趾和膝盖空间可以移动到接近于作业表面。当然地面应该是平坦的且无障碍。如果可能的话，应该避免使用踏台，因为操作者可能被踏台的四周绊倒。当身体运动与直立作业联系在一起时，基本上需要考虑生理学的特性，身体不应该过度弯曲和伸展，特别不应该包括躯干的扭曲运动。

人不应该因为装备初始设计错误或放置不当而在作业场所中被迫站着不动，例如：使用钻床连续作业的情况经常有这样的情况发生。同样的，许多其他机床，例如：车床设计成操作员必须站着探身前倾观察切削情况，并同时伸展手臂控制机器。合理的直立岗位应允许操作员在作业的中途改变姿势，介于坐和直立之间。如图7-5就列举了这类情况。偶尔，高凳（相当不舒适）被使用于可以坐着也可直立作业的场景。图 7-6 就说明了上述情况。然而，这些凳子通常没有靠背，出于稳定性这些凳子很难支撑双脚。

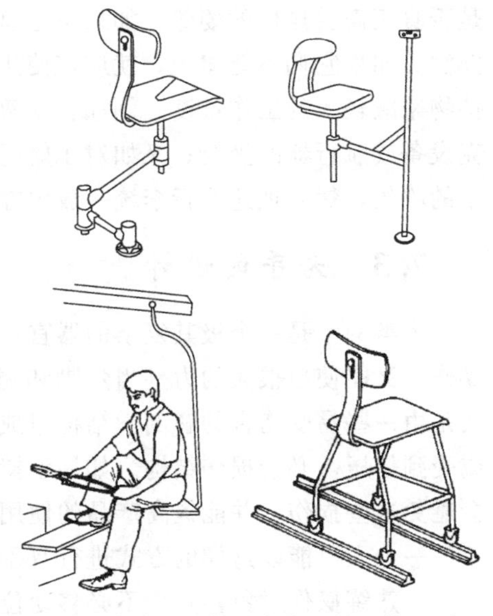
图 7-5 可供站姿作业的坐椅

7.2.2 为坐着作业的人设计

坐着作业比直立时能量消耗少。它要求能较好地控制手的运动，但是覆盖的作业区域和手能使出的最大的力都比直立时小。坐着的操作者可以通过控制脚来进行操作，如果座位合适就可以使出更多的力。当为就座的操作员设计作业空间时，必须特别考虑双腿的自由空间。如果提供的这部分空间有限，就会导致不自然、不舒适和易于疲劳的作业姿势，如图 7-7 所示，由于桌下没提供合适空间，导致下肢不自然的姿势。

手的作业范围的高度也同样主要取决于肘。关于肘的高度，上臂首选的作业范围是在身体的前方，这样有利于手指的处理。许多坐姿作业要求操作员靠近仔细观察，这取决于作业范围的适当高度，依赖于操作员的较好的视觉距离和视觉方向。

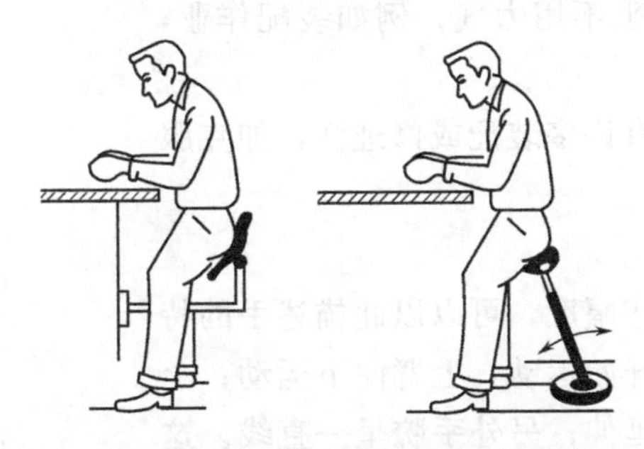
图 7-6 供站立作业者暂坐的专用凳

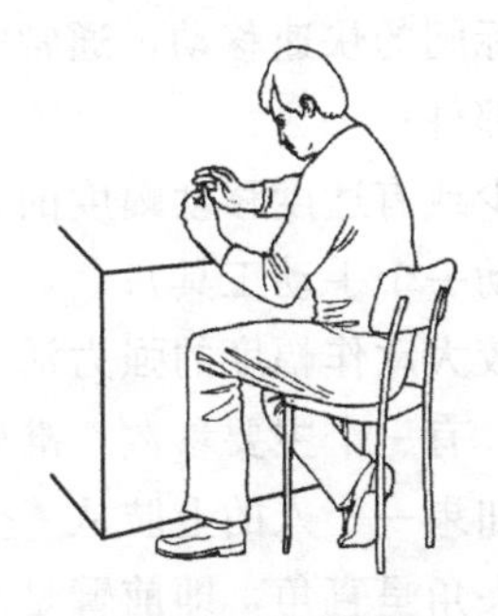
图 7-7 坐姿作业者腿部没有活动空间

在现代，给操作者提供适合高度的座位应该成为惯例，座位高度在 35～50cm 之间。

7.2.3 为坐姿和站姿之外的其他作业姿势而设计

半坐是除了坐和站之外的一种作业姿势。在许多情况下，其他的姿势必须是在作业中表现的，尽管时常发生但却是暂时的。例如：伸手去取随手可得的物体或在一个狭窄的空隙内过度疲劳的作业。除了设备不符合操作者的需要之外，这些不寻常和笨拙的姿势中的极少数能够被系统地设计成符合身体规律的作业姿势。

一些作业，需要习惯性的弯腰，倾侧和扭曲着作业，例如：在人检处和航空货物寄放处装载和卸载乘客的行李；修理，维护和清洁作业时常也需要呈现笨拙的身体姿势；采矿作业更是典型的例子，它需要矿工侧倾，弯腰，跪下，甚至爬行和平躺着进行作业；在建筑业中，也时常发生不寻常的身体姿势。

这些例子表明作业姿势需要人机工程学系统的设计探索。首先，必须明确是否真正需要这样的姿势。如果不是这样，能否发现替代这些姿势的更好解决办法。如果它们不能避免，就应该使用装备和辅助机械，如设计特殊的身体支持物来减轻人的工作难度。例如：既符合军事标准和规格又和身体相适应的坦克设备或航行器的坐椅；又如对于航行器中行李的处理；寄放处应首先便于行李的收集，然后把这些行李统一放置在适当的位置，而不是一件件的存放。

7.3 为手的设计

人类的手是一个极其复杂的器官，能够进行多种活动。它既能做出精确的操作，又能使出很大的力（当然脚和腿能比手施出更大的作用力）。然而，手又是由一些易受伤害的解剖学结构组成。如果产品设计不合理，让手负担过重或受到挤压，必会损伤结构。如果手持式产品与手交互的界面设计得合理，将会避免这些损伤，并能提高产品的使用性能，如彩图 7-2、彩图 7-3 所示。

一个人可能以这样的方式进行双手的作业：

• 熟练操作对象，几乎不必移动位置和只施很小的力，如用手写字，装配小的部件，以及控制的调整；

• 迅速移动的目标对象，需要在准确到达目标的同时使用恰当的力量，如控制开关的开闭；

• 目标间的快速移动，通常需要准确性但几乎不用力气，例如装配作业，安装一个部件；

• 很少或有适度移动幅度的强力活动（比如有许多装配或修理活，如克服阻力，转动一个手动工具）；

• 有较大动作幅度的强力活动（例如，锤打）。

因此，有三个主要参数：准确性，力量，动作幅度，可以以此描述手的特征动作。如果一个人的上肢从一个“参考姿势”开始运动：上臂向下运动；上臂与前臂夹角呈直角，即前臂是水平的，并向前延伸；另外手腕呈一直线。这样，手和前臂基本位于与脐部同一高度的水平面。

小距离，大目标，能够实现准确而且快速的运动。因为这样，手指能够进行最快速而且最正确的动作。小距离，指仅仅只有前臂运动，即除了上臂，都是固定的。如图 7-8(a) 前臂以肩关节至上臂的一段为基准作水平转动；或图 7-8(b) 手肘的弯曲与伸直。最不正确且最耗时的动作是上臂在垂直位置的旋转。如果手一定要做从参考位置开始的短距离移动，纯粹的前臂运动比较好，这样上臂也可以一起移动。这就形成了“更好的操作空间”。在图 7-8 中描绘了它的位置。

7.3.1 握持姿势和力量

手的握持姿势通常分为完全握持和不完全握持。如果手完全抓住物体（或至少部分完全抓住），手的握持姿势就被认为是完全握持，如彩图 7-4、彩图 7-5。以此推之，其他的握持（用手来推或抬）都被认为是不完全握持。

手的力量控制是一个比较复杂的问题。拇指最强壮而小指最弱。整个手抓的力量比较大。手与物的不同连结形成准确性、力量、动作幅度效果各异的不同握持方式，如图 7-9 所示。

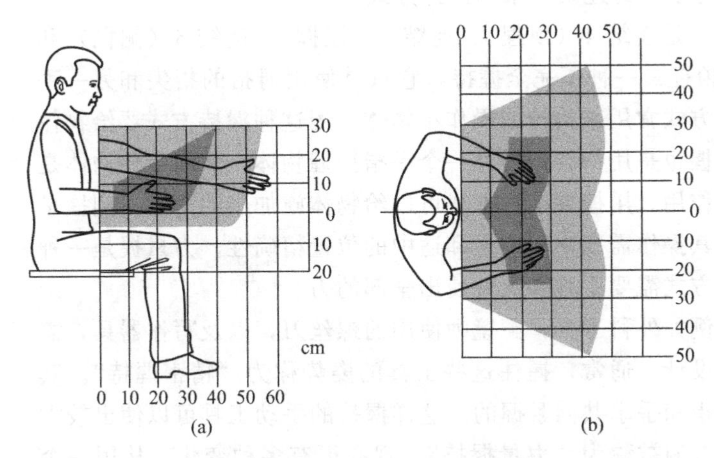

图 7-8　坐姿时手的作业区域（阴影区域）

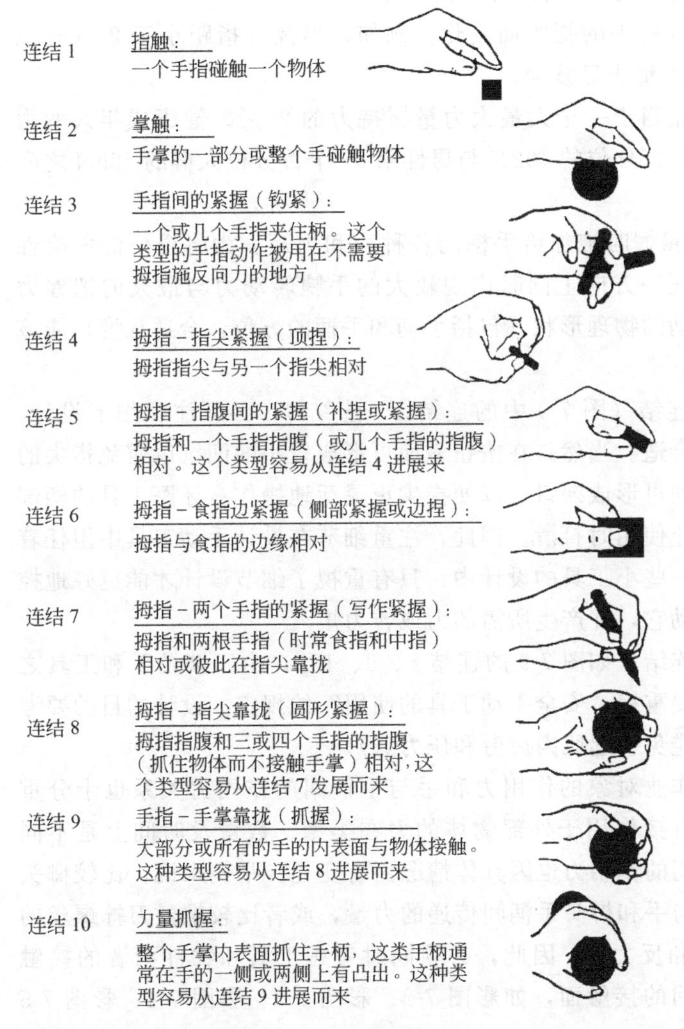

图 7-9　手与手柄的连结

图 7-9 表达了手与手柄的连结关系和握持方式。

最普遍的握持姿势是连结 4（顶捏）、连结 5（捏握）、连结 6（侧握）和连结 10（力量握）。顶捏是一种不完全握持，它只是使用拇指的指尖和另一手指的指尖。这种握持方式常用来拾捡或操作小物体，用这种握持方式要给物体施加力矩有难度。捏握也是用拇指和另外一个手指把握物体。然而抓住物体是靠手指和拇指的夹紧作用。用捏握这种方式可以给物体施加小的力矩。侧握是一种过渡握持方式，其操作需要中间力量和适中的位置精确性。力量握是一种完全握持，这种握持方式需要手腕和上臂使出全部的力。

一些手动工具，例如外科工具，配镜师使用的螺丝刀，以及写作器具，需要非常精确的处理和设计。通常，握住这些工具的姿势称为“精密握持”。其他工具是由手指，拇指和手掌共同紧握的。这样握持的手动工具可以使出较大的力气和转矩，因此普遍被称为“力量握持”。现在更有多种变化，从用一个手指碰触一个物体（例如控制一个按钮）到像把手一样拉/拔一个钩子；从指尖之间握住小物体到将大的力量从手传到手柄。

握持的力量随着握持手的指距而变化。例如，当握持指距小于 2.5cm 或大于 7.5cm 时捏握的力量明显减少。

最大的捏握力量相当于一个人最大力量握持力的 25%。健康成年人的力量握持力在女性第 5 个百分位的 192N 与男性第 95 个百分位人群的 729N 之间变化。

图 7-10 显示了力量握时施加给手柄的各种力和力矩。为将损伤的危险性降到最低，就应避免任一方向上同时出现较大的手腕转动力与最大的把握力量。这就要求产品手柄的物理形状（包括手柄和手柄的方位，合适程度）应该引导用户正确地握持。

对于接触类型的连结（图 7-9 中的连结 1～连结 6）必须注意细节设计，手和手柄的接触面要合适。当然，在按钮表面可形成较小的凹坑以避免指尖的滑移；解剖刀柄的中间可形成缺口，以便指尖更灵活地操作；牙医工具的柄部制成粗糙的表面，防止使用时打滑。因此，注重细节在设计手动工具中担任着重要的角色，尤其在一些小工具的设计中，只有重视了细节设计才能更好地控制工具，更准确地移动它，并产生所需的力或转力矩。

对于用力类型的连结（如图 7-9 的连结 8、9、10），由于涉及手和工具之间大的力量的传递，要重视“安全手动工具的使用”的规定。设计的目的要考虑安全地支撑手柄（避免引起肌肉疲劳和压力点）。

此外，识别对于作业对象的作用力和手与手柄间的作用力关系也十分重要。在许多情况下，直接作用于外部物体的力在类型、数量及时间上是不同的。同样，手与手柄间的作用力也因具体情况而有变化。举例来说，比较榔头传递给物件的冲击力与手和榔头手柄间传递的力量，或者比较螺丝刀拧螺丝的转力矩和手产生的力和反力矩。因此，必须同时考虑工具和物件两者的接触面，以及工具和手之间的接触面，如彩图 7-2、彩图 7-3、彩图 7-4、彩图 7-5 所示。

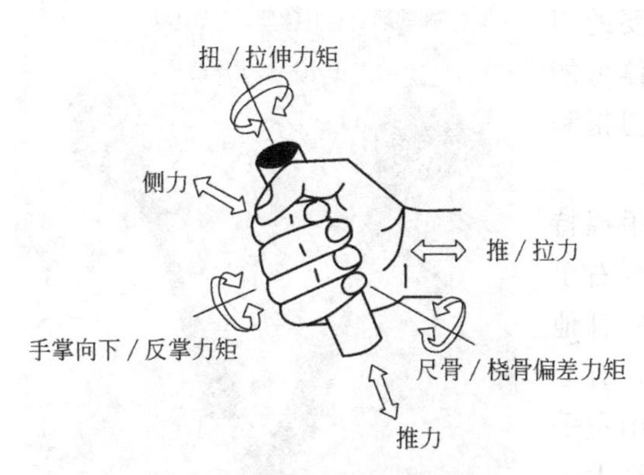

图 7-10 力量握持时施加给手柄的各种力和力矩

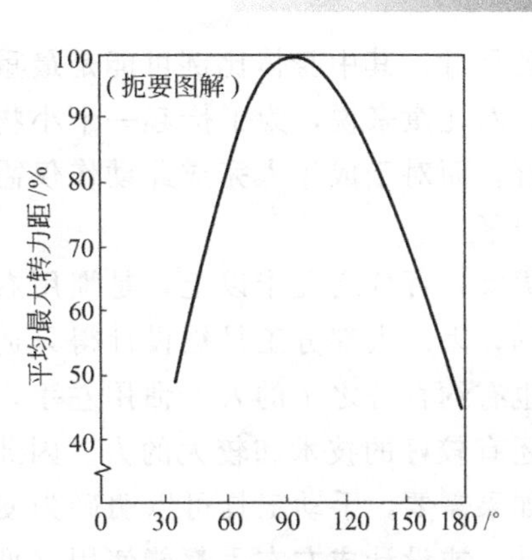

图 7-11 上、前臂夹角与转力矩

前臂能产生较大的力矩，大的力量和转力矩矢量应尽量和肘部垂直。假如身体能够被坚固的结构支撑，朝着或远离肩部的最大拉/推动力能够通过伸展的手臂发挥出来。

在图 7-11 中描绘了上臂与前臂夹角的变化与转力矩的关系。图中可见当上臂与前臂夹角（横坐标）为 90°时，可使出的力矩最大。事实上，手臂和肩部肌肉力量的运用很大程度是由身体姿势及身体支撑决定的，如图 7-12 所示。另外，手指力量也与手指-指关节的角度有关。

被用来控制或操作产品的握持力依赖于下列因素：把握的实际意图，力量

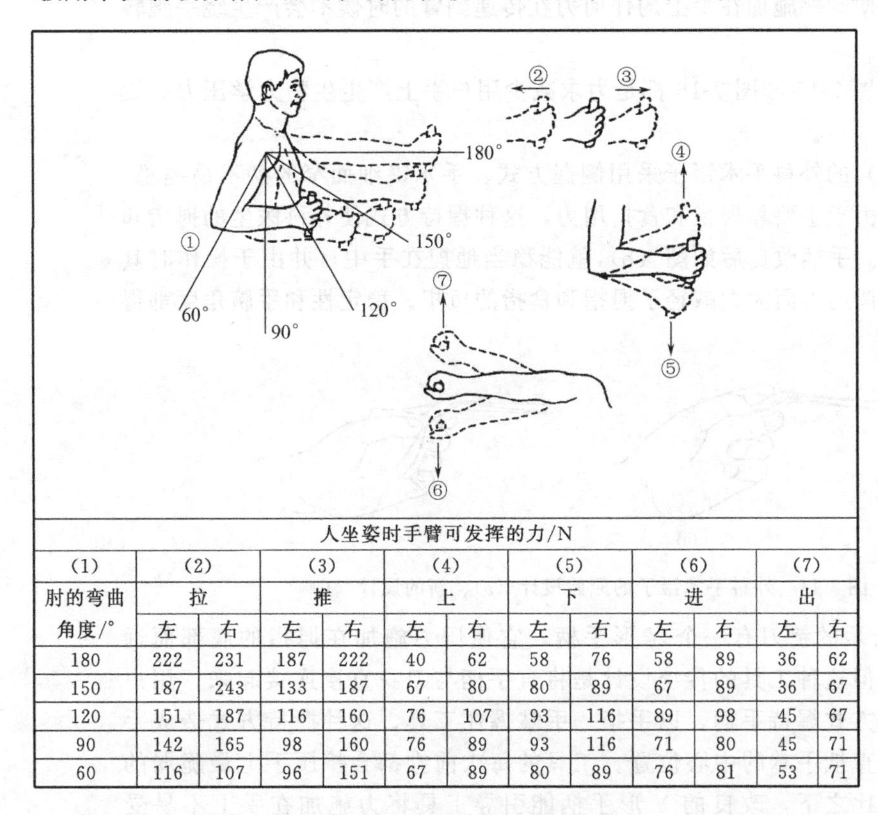

人坐姿时手臂可发挥的力/N

(1)	(2)		(3)		(4)		(5)		(6)		(7)	
肘的弯曲	拉		推		上		下		进		出	
角度/°	左	右	左	右	左	右	左	右	左	右	左	右
180	222	231	187	222	40	62	58	76	58	89	36	62
150	187	243	133	187	67	80	80	89	67	89	36	67
120	151	187	116	160	76	107	93	116	89	98	45	67
90	142	165	98	160	76	89	93	116	71	80	45	71
60	116	107	96	151	67	89	80	89	76	81	53	71

图 7-12 人坐姿时手臂可发挥的力

和用户手的尺寸。其中身体比例可能是最重要的因素。例如，对儿童来说，为了拾起一个小物体可能需要强力握，而对于成年人完成此动作仅需拇指和食指就可以了。

不论男女，百分之九十以上，是惯用右手握持工具作业的，因而大部分工具被设计得只适合右手使用。但也有约百分之十的人习惯用左手，并且他们的左手还有较好的技术和较大的力。因此，有必要提出，如果需要，手动工具可以明确为使用左手者进行设计。或设计成左右手都能使用（见第十一章：共用性设计）。如图 7-13 的甜点勺，同时各为惯用右手和惯用左手的使用者设计。

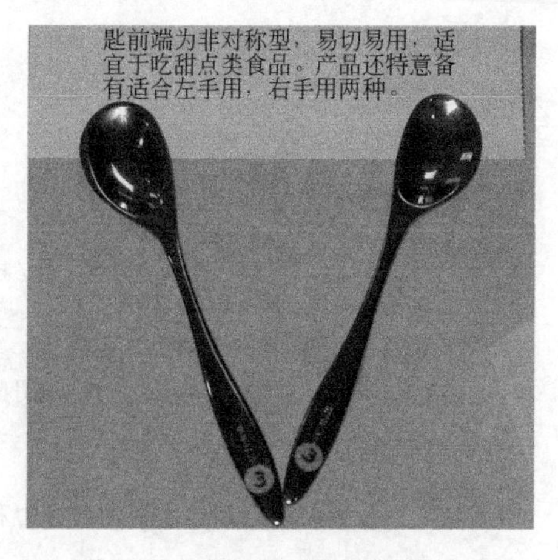

图 7-13　甜点勺（特意为右手和左手方便使用而设计）

7.3.2　减少生物力学压力

为安全和避免损伤，产品的使用应确保作用力施加在手的不易受伤害的部位上。这些部位包括像手指节、拇指下以及第 5 个手指以下厚实肌肉的柔软区域。但如果将力施加在手掌心这样的区域上，势必会压迫那些控制手指运动的韧带和腱，手就容易受到伤害。

手在握持中，手腕应尽可能保持伸直状态，也即让手保持在它弯曲范围的中间位置。以便确保施加在手上的任何力在传递到臂的时候不会产生绕手腕转动的较大力矩。

图 7-14、图 7-15 和图 7-16 都是力求减少用户手上产生生物力学压力的设计实例。

图 7-14(a) 的外科手术镊子采用侧握方式。手术镊细而窄的柄不易捏稳，而且，操作时由于主要靠拇指和食指用力，这种握持方式使外科医生的拇指和食指容易疲劳。手柄改良后如图 (b)，就能稳当地捏在手中，并由于操作时其余各指也能协调用力而大大减轻了拇指和食指的负担。稳定性和手腕角度都得到了改善。

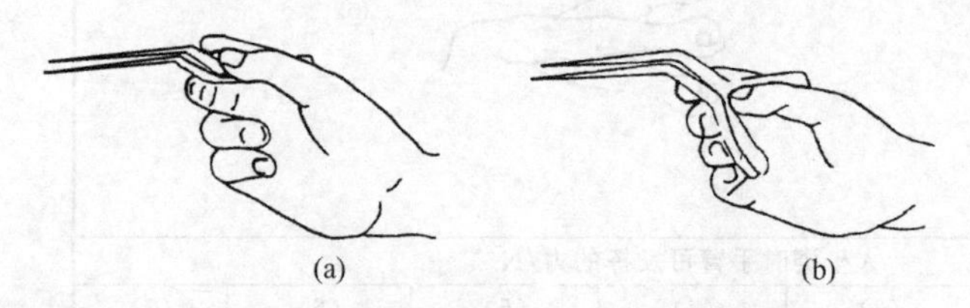

(a)　(b)

图 7-14　外科手术镊子的原始设计 (a)、新的设计 (b)

图 7-15 所示的铲刀有一个 Y 形手柄，它使压力施加在拇指的底部而远离手掌部位。但这种工具的传统设计是将直手柄与刀身直接连接起来。用户会以强力握持方式握持手柄，以手指—手掌握住工具。这种握持方式造成手柄粗大的一端直抵手掌的中心位置。工具的每次前推都会挤压手上最脆弱的掌心部位。相比之下，改良的 Y 形手柄能引导工具将力施加在手上不易受损的部位。

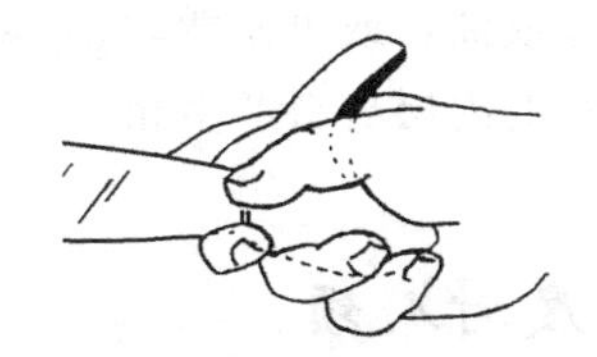

图 7-15 为防止手掌损伤而设计成Y形手柄的铲刀

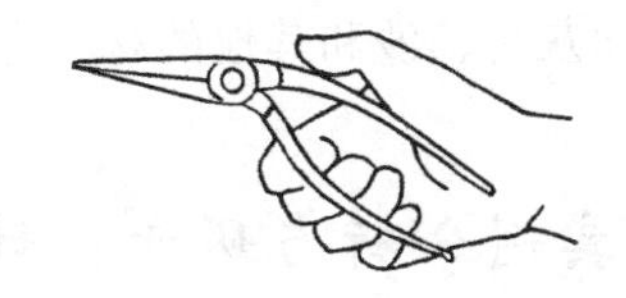

图 7-16 为防止手腕损伤而设计成弯曲手柄的尖嘴钳

图 7-16 和图 7-17 表示了能够减少手腕压力的另两款产品的设计。图 7-16 是一把有弯曲手柄的尖嘴钳。这种设计允许在胳膊伸展，使用该钳的时候手腕能够保持伸直状态。在不必弯曲腕关节的情况下同样能使出最大的握力。图 7-17 显示了一件厨房电动切割刀手柄的两种不同设计。图（b）的手柄设计不合理，因为这时要想握紧手柄，手腕就不得不弯曲。当手腕处于这样的姿势还要将力施加给手柄，只会增加手腕损伤的几率。而图（a）的设计使手柄朝着用户一侧向下倾斜，就能避免手腕的损伤。这时，手/手腕的结合主要用来将上臂的力传递到刀具上，而不会产生多余的力。

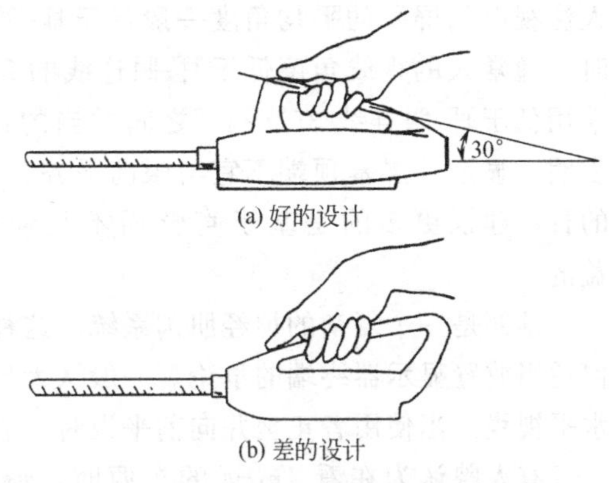

图 7-17 两种形状的电动切割刀手柄

7.3.3 手套的效用

研究表明：手套会影响手的敏感度，而使手的感觉迟钝。虽然大部分研究涉及产业作业，但研究的结果都可直接应用于消费产品。

手套的设计和材料能影响力量的发挥，通过试验可以获得手套影响手的灵活性的数据。比较四种不同材料类型的手套：氯丁（二烯）橡胶，厚绒布，皮革和聚氯乙烯。测试者戴着手套完成几项既有简单的任务（如往钥匙圈上套钥匙)，又有较复杂的任务（如操作一支钎焊枪)。后来发现：除了氯丁（二烯）橡胶外，其他类型的手套均降低了手的灵活性。但氯丁（二烯）橡胶手套的保暖性很差。在低温状况下，不能用氯丁（二烯）橡胶手套来御寒。

一般地，戴上手套后手的最大握力将下降约 20%。最近的研究还显示：握力下降的具体数值大小还与手套的材料有关。例如，石棉手套下降 38%、橡胶手套下降 19%和棉纱手套下降 26%。

然而，在一些具体事例中手套实际上可以提高使用性能。例如，测试者戴上手套后能给光滑的手柄施加很大的力。通常，手套因为温度的高低，或因为机械的磨损，或因传输振动而破损。

穿戴合适的手套可以增加手与手柄间的摩擦力。所使的推力 T 可以在手柄与手（或手套）间产生摩擦力，“握力” G 与 T 垂直：$T=\mu G$。

因此，握力 G 和摩擦系数 μ 越大，就有越大的推力 T。握力依赖的是人的“手力”(是它本身与手柄间比率的大小)。而摩擦力与手柄的结构和形状有关，也与在手套表面或内层的材料，或可以增加滑动力的汗或油，或可使滑动变得困难的如灰尘、沙和其他的材料有关。另外手会与手套的内层材料产生相对滑动。

7.4 实例分析与研究：计算机显示屏高度对人颈部姿势的影响

本案例描述了在显示屏高度与水平视线等高以及低于水平视线的两种情况下对人在进行文字处理作业时颈部姿势的影响。当显示屏屏幕顶端与眼睛连线低于水平视线18°，而头部相对于颈部弯曲增加5°（$p=0.024$）时对人颈部相对于躯干的弯曲毫无影响。在显示屏高度与水平视线等高的情况下，人注视电脑屏幕的平均角度一般低于耳-眼连线的17°，而在显示屏高度较低时，通常人的视线角度低于耳-眼连线的25°。因此，较低的显示屏高度一般采用低于耳-眼连线35°～44°之间适当的角度。对颈部生物力学的测试结果表明，显示屏屏幕顶端不宜与眼高平齐。当前对应采用的计算机显示屏高度的种种建议更多的是基于直觉而不是经验。较低的显示屏位置也许是有益的。

颈部是一个复杂的神经肌肉系统。这种复杂性与视觉系统的组合引起了如何适当放置显示器终端的争论。一般认为显示屏应平于水平视线或略低于人的水平视线。当使用者正坐并向前平视时，应能看到显示屏的顶端。

有人曾认为在看1m远的东西时，最佳的视物角度应低于耳-眼连线的35°，而看0.5m远的东西时则应为44°。依据这样的观点，合理的结论应该是按常规放置的电视机等的屏幕位置后，由使用者或者调整自己的视线角度，或者采用一个或多个颈部姿势，或者采用颈部弯曲幅度较大的姿势。但颈部弯曲时间较长会导致疲劳，而相应地放低显示屏位置则增加了可选择的较为舒适的颈部姿势范围，同时，视线角度也更加舒适。

而对一般采取与眼球等高的显示屏顶端高度和颈部疲劳关系研究结果仍存在两方面问题，需要进一步的研究。

第一，采用显示屏高度较低事实上是依据所采用的颈部姿势来决定的。对用户群来说，显示屏高度越低，颈部的倾斜角度越大。

第二，需要进一步验证的更为困难的问题是，采用这些不舒适并对身体具有潜在伤害的姿势（假定不舒适感和对身体具有潜在伤害之间存在相互关系）的后果有多大。在评估生物力学，肌电图和不同的颈部弯曲度对不适度的影响等方面有很大的工作量，除了一些极限姿势时肌电描记法所必须做的工作，而包括头部或颈部的弯曲能力范围却几乎没有受到关注。在可能导致不舒适的原因中也几乎不考虑放置试验装置的机械方面因素，或者说，实际上某种特定的姿势很可能导致不适，而不适原因目前尚不可能明确指出。试验将充分考虑各方面的因素并进行分析。

试验目标是研究在显示屏高度与水平视线等高以及低于水平视线的两种情况下对人在进行文字处理作业时颈部姿势的不同影响。

7.4.1 试验方法

(1) 试验主体

从某大学选出二十个年龄在21～30岁自愿参加试验的教员和学生。所有参加试验者需熟悉键盘/显示屏以及具有文字处理的操作经验。

(2) 试验过程

提供给每个试验者一把椅子，一张桌子，文件架，键盘和显示屏。椅子，文件架和显示屏高度和倾斜度是可调的，而桌子仅能调节高度。每个试验者仅在显示屏两种不同高度的条件下进行试验。在显示屏屏幕垂直放置，屏幕顶端与人的水平视线等高的情况下，人正坐，屏幕顶端与眼的水平距离为0.58m。在另一种情况下，显示屏低于视平线放置。同时，显示屏向后倾斜30°，眼睛和屏幕顶端的距离增加到0.7m，且与水平视线成18°夹角，如图7-18，其他尺寸由每个试验者自己选择确定。另外，试验者必须采用自然的姿势，屏幕与眼睛的距离变化以及在试验中视角相对于水平方向变化较小。不同情况展现的顺序是随机和有条不紊的。

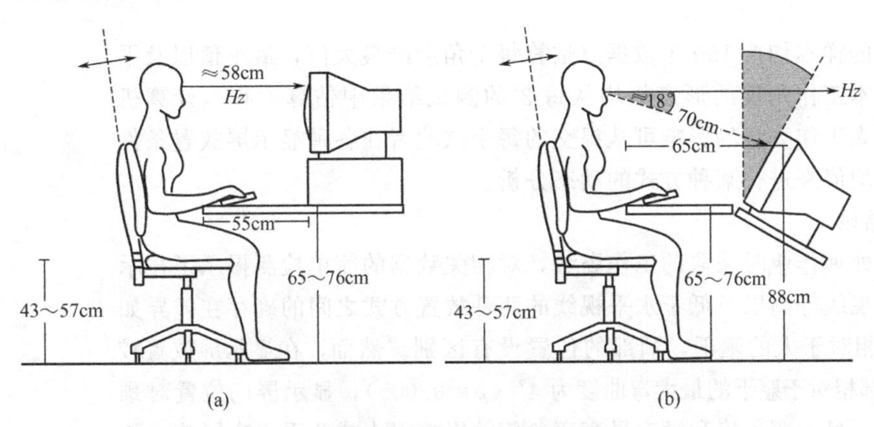

图7-18 视线平视（a）；视线低视（b）

试验前，以10min简要说明试验设备的调节方法。球状的反映标识器分别在外眼角、耳廓及第七根颈椎骨处。这些标识器用来标记颈部的各角度，如图7-19，并在制作颈部姿势模型时依据它们三个严格规定的关节点位置，通过估算耳眼连线与水平方向夹角的大小说明头部姿势与外部环境的关系，如图7-19。

通过这些标识器数字全自动的拍摄，先后获得了两个关节连接的角度值。记录带通过可分辨像素的影像处理协调了在有光和无光区域之间的转化，同时把这些坐标传输给电脑。通过计算每个标识器的矩心得出各标识器上的两个尺寸。

每个试验者有5min的时间将工作姿势调整为最舒适的状态，包括座椅高度，靠背倾斜度，键盘位置，文件架位置与倾斜度以及工作桌高度。同时，记录下试验者在这种工作姿势下的相关尺寸和持续工作的时间。

调整好工作姿势之后，试验者将在计算机显示屏上完成长达30min的文件改错工作。从每30min测试中获取6个50s完成的样本。这些样本是从4～5min，9～10min，14～15min，19～20min，24～25min和29～30min之间抽取出来的。从各点估算出耳-眼连线与水平方向的夹角关系和头、颈角度的大小。

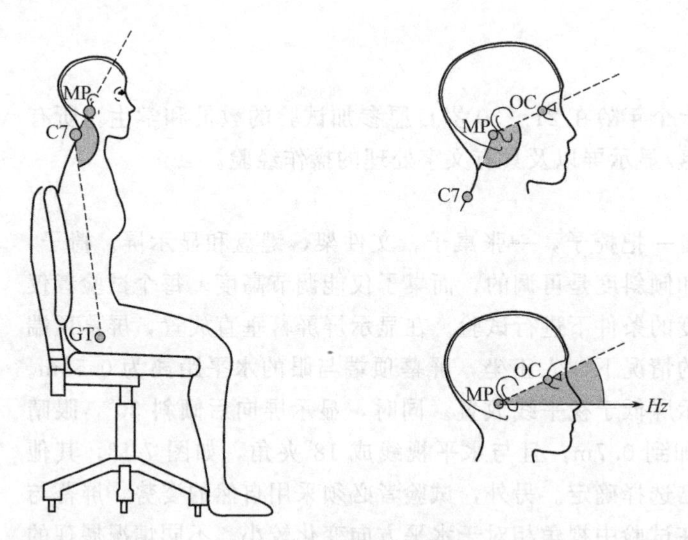

图 7-19　颈部偏转角度

（3）分析

各个阶段的样本均按 150 个数据点估算每个角度的最大值，最小值以及平均值。每个样本工作角度的形态值均从每 2°的测试结果中估算而得。计算机显示屏位置对人工作姿势的影响可从提交的每个试验者在各种显示屏放置条件下的各参数平均值来进行某种方式的动态分析。

7.4.2　结论

根据文字处理作业时采取的工作姿势，对相关数据的简单检测揭示了显示屏高度与水平视线等高以及低于水平视线的两种放置方式之间的确存在差异如表 7-2 所示。相对于人的躯干，颈部的位置没有区别。然而，在显示屏放置较低时，一般颈部相对于躯干的最大弯曲度为 4°（$p=0.005$），显示屏的位置对颈部平均弯角值、最大弯角值和频率最高弯角值的影响很小或几乎没有影响。相对于颈部（介于头部最大和最小的活动角度之间）显示屏位置上的变化对头部的极限位置影响也不大。

表 7-2　描述由显示屏位置不同引起的姿势变化的相关数值统计

测量项目		视平条件的平均值(标准偏差)	低视条件的平均值(标准偏差)	F	p
颈部	颈部平均弯角值	120.5(7.0)	118.7(5.1)	4.59	=0.058
	颈部最大弯角值	129.8(7.7)	126.2(5.3)	12.7	=0.005
	颈部最小弯角值	111.8(7.6)	109.5(6.1)	1.02	=0.336
	颈部最频弯角值	121.8(7.6)	119.3(5.8)	2.339	=0.157
头部	头部平均弯角值	147.8(8.2)	142.8(9.2)	7.04	=0.024
	头部最大弯角值	159.5(8.8)	155.8(11.1)	1.75	=0.215
	头部最小弯角值	132.5(8.8)	131.0(9.1)	0.88	=0.370
	头部最频弯角值	148.8(8.8)	140.2(10.4)	12.5	=0.005
耳-眼部	耳-眼连线最大倾斜度	6.9(7.4)	−0.8(7.0)	27.1	<0.001
	耳-眼连线最大倾斜度	18.5(6.7)	7.9(8.8)	41.5	<0.001
	耳-眼连线最大倾斜度	−7.5(9.7)	−10.9(7.5)	2.29	=0.160
	耳-眼连线最频倾斜度	9.0(8.2)	−0.8(7.3)	31.94	<0.001

显示屏放置较低时相对于躯干，颈部、头部的平均弯曲度增加了5°（$p=0.024$），即通常的弯曲度增加到9°（$p=0.005$）。关节连接角度的变化反映了头部姿势与外部环境有关，如表7-2。在显示屏放置较低时，通常最大视角减少至10°，平均视角为8°。在各种情形下，耳眼连线的水平倾斜度与眼睛和显示屏屏幕中心连线的水平夹角构成了人的视角范围，如图7-20。

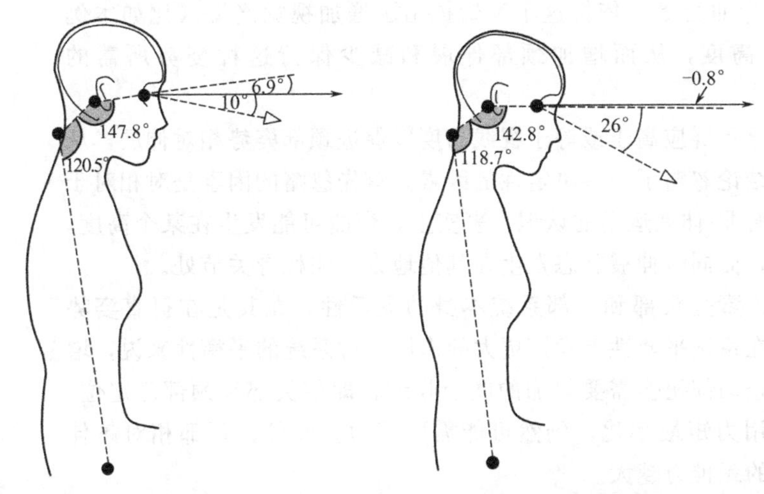

图7-20　等于视平高度与低于视平高度的观察姿势

在显示屏屏幕顶端和眼睛等高的情形下，视角通常在耳-眼连线与眼睛和显示屏屏幕中心连线之间，大小为17°（10°+6.9°）。通常视野范围从高于耳-眼连线的2.5°到低于耳-眼连线的28.5°。而在显示屏放置较低的情况下，视角低于耳-眼连线的25°（26°−0.8°），通常视野范围低于耳-眼连线的15°～32°。将以前调查结果所认为的最佳视角和这些数据相比，不难看出，在这两种情况下，试验者倾向于采用他们喜欢的视角，但是在显示屏放置较低的情形下，视角更接近于最佳值，约为平均值8°。

7.4.3　讨论

显示屏放置较低不会导致颈部相对于上半身的位置变化，但是头部相对于颈部，其弯曲度就会增加。虽然显示屏放置较低时视角更接近于早先研究认为的最佳视角，但是试验者在自由状态下并不会采取试验要求的两种姿势中的任一种。

当人操作电脑时，姿势变化所带来的影响目前尚不明确。颈部倾斜角度的加大不可避免地增加了屈肌力矩，因此伸肌的肌肉力量也将增加。然而，1994年发现显示屏放置越低，颈部的倾斜度和屈肌力矩越大，斜方肌肌电图的振幅和人体的不适度减少。要进一步理解这个发现和工作姿势变化带来的影响需要对颈部生物力学进行更多的研究。

由于头部重心位于颈部之前，因此，上半身正直状态时需要伸肌力保持身体平衡。在枕骨和颈部关节处一些不同尺寸、功能和连接方式的肌肉群实现了较大的颈部转动范围。枕骨肌肉等仅在枕骨关节处提供伸肌转矩，而有的肌肉仅在颈椎骨处提供伸肌转矩。枕骨关节处弯曲度的加大增加了人体轴线与头部重心的水平距离。同样，在人上半身正直状态下，颈部弯曲度的加大增加了头部重心相对于脊柱的水平距离（其他情况下同），因此，枕骨弯曲和颈部弯曲增加了维持身体平衡所需的伸肌力。

视线低于视平线超过30°后，颈部弯曲度增大，力矩的增加使人在相同的工作时间内更易疲劳。根据这个模型，小于30°时的颈部弯曲，减少了克服重力作用所需的弯曲力矩。依据这个逻辑提出了增加视觉终端（比如本例的计算机显示屏）高度，从而增加颈部伸展和减少保持这种姿势所需的肌力。

然而，计算机显示屏应高于或等于视线高度以促进颈部姿势相对伸展，从而减少肌肉紧张的结论忽略了一些决定性的因素。首先忽略的因素是对相对于不同高度转动轴的弯曲-伸展运动的认识。事实上，弯曲可能发生在某个高度，如较低的颈椎高度，而同时伸展状态发生在其他地方，如枕骨关节处。

第二个忽略的因素是头部和颈部系统本身的灵活性，尤其是在挺直姿势时。颈部肌肉必须在系统平衡性上发挥更大的作用。对系统的平衡性来说，增加颈椎的力度和防止局部扭伤需要附加的联合收缩，即使头部和颈部已定位，为使重力加速度可用力矩最小化，仍然可能需要肌力。此外，颈部相对越伸展，所需保持平衡的颈椎力越大。

第三和第四个因素是在枕骨和颈部连接处臂力矩和一般肌肉纤维长度上对工作姿势变化的影响和提供所需伸展力矩和力度的肌力知识。很明显，产生伸展力矩的肌肉纤维在一定程度上通过增加颈部的伸展度而缩短。根据这个论断可推出在这点上肌肉纤维的长度和张力方向。

以上讨论了颈部关节弯曲和枕骨伸展的工作姿势会导致不适和对身体健康有隐患的各种相关因素。头部前伸的姿势提高了头部重心、颈部连接中心和各自的转动中心，因此，在枕骨和颈部连接处需要一定的伸肌力矩。这种姿势减少了枕骨关节处伸肌的平均肌肉纤维长度，和在这种工作姿势下保持颈部稳定性的收缩肌束的平均肌肉纤维长度。个别的肌束长度/张力的特性未知，但减少这些肌肉的张力是可能的。颈部的柔韧性减少了枕骨伸肌力矩，这些肌肉纤维相对较短，甚至枕骨关节伸展产生的肌肉纤维长度的微小变化都可能产生显著的体力消耗。然而，正是这些肌肉在人颈椎垂直方向上的转动发生了主要作用。

根据这个分析，当显示屏放置较低时颈部相对于躯干姿势变化不大，而对枕骨和颈椎上部的伸肌力减少的理论将产生新的影响。研究的工作姿势中，将在由视角过高导致的视物不适与保持某工作姿势时颈椎下部的弯曲和颈椎上部与枕骨处伸展的肌肉酸痛之间调整，从而达到较为舒适的工作姿势。

在结合视觉系统特征和流行的资料时需考虑到以上的数据和观点，从而对显示屏屏幕顶端应与眼高平齐的观点产生质疑。实际上，本案显示屏放置较低有利于使用者采用一系列颈椎上部和枕骨关节并不相对伸展的工作姿势来达到最佳视角。

【习题七】

7-1　如图7-21表达了工人反复从手推车上的箱内取出仪表产品，并放置在金属架四层不同高度的搁板上的作业情景。请分析其作业姿势的缺陷和可能造成的伤害，并提出一种解决方案。

7-2　决定鼠标形态的主要因素是什么？请根据你在操作鼠标时的握持体验，通过改变现有鼠标的握持和交互方式，设计一款新的鼠标。画出设计草图，并说明新方案的使用特点。

图7-21　往搁板放置重物的作业

第8章 显示与显示器

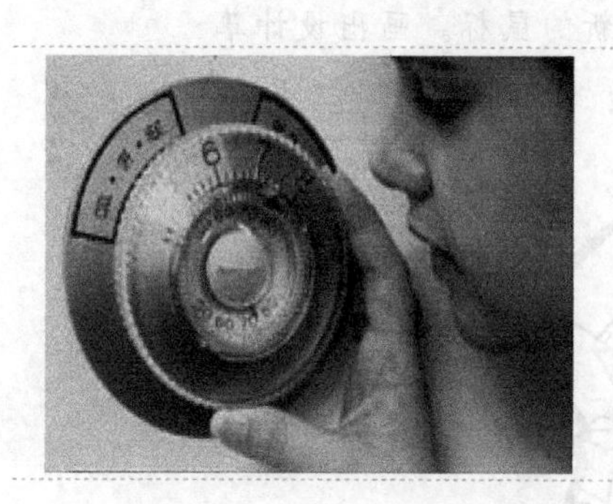

- 人/机相互作用的信息分析
- 信息显示设计
- 视觉显示
- 听觉显示
- 实例分析与研究：LCD的反射和偏光对视距的影响

显示被用来传递不能直接被察觉或容易被推断的信息。它们也被用来吸引人们的注意力。良好的显示能快速和准确地分析、解释传递的信息。

本章为选择适当的视觉和听觉显示以满足特定的需要提供帮助。它也涵盖有关视觉显示使用的感性问题。

8.1 人/机相互作用的信息分析

在人/机交互作用中，存在着两类关键的信息流：一类是从机器到人的信息流；另一类则是从人到机器的信息流。

这些信息流能以不同方式进行分类。例如，可分为正常与非正常的信息流。

非正常的信息流不是由任何专用的机器部件传送的，或者只是用于作业辅助手段的信息流。例如磨床的操作者，可能被馈入由机器产生的杂音，就是一种非正常的信息。

正常的信息是依靠专门设计来传播信息的通讯工具传递的。例如，设置在汽车上的速度仪向驾驶员提供的精确的速度信息。

类似地，可以把信息流按直接与间接来分类。凡是能由感觉器官在直接感受过程中接受的信息就是直接信息；凡是必须以复制或代码（符号）的形式传播的信息就是被间接察觉的信息。

这两种不同的分类形式，即正式与非正式、直接与间接的分类形式，是互为补充的，从而提供了一种综合分析信息流的方法。

除了这两类人/机间的主要信息之外，还存在多种其他类别的信息。例如在大的生产工厂，存在着散布在各车间场地区域内的交互面所需要的在相互作用的机器间建立联系的某些信息。又如，作为操作者个体要求相互间具备的直接信号联系，或间接的语言通讯联系（如电话）。对这些信息流也都必须与主要信息流一起进行分析与确定。对这些信息流的分析，其目标是希望确立能够令人满意地完成所分配的功能需要何种信息更好，以及如何传递这种信息。

对各个相互作用面上的每种功能都应该作依次检查，并同时进行信息的分析。如果不这样做，操作者就会发现他可能缺少了某种信息，或者偶然地会有太多的信息。不管怎样，都会给执行操作与安全造成损害。

信息分析不仅与操作功能有关，也与维修功能相关。但后者往往不被当做设计过程中不可缺少的部分而被忽视了。

对于每一项信息都必须确立以下重要内容。

① 必须精确地表明哪一项信息应该流动或传播。这里强调“精确”是因为这是最基本的。例如在温度信息的传递过程中，仅仅将物体的温度传递给操作者是不够的，还必须弄清他是否需要精确的温度。如果需要，所要求的精度范围是多少？是 ±5℃，±0.1℃，还是仅在某个规定范围之内，比如40～60℃。

② 必须明确何者是信息的发送者或接受者。例如，信息是从机器到操作者，还是从机器到维修、装配工。通常，对于人/机或机/人这两种主要信息流是容易明确的，但对于许多次要的信息流，如果没有明显确定其人/机相互作用中的关系，往往就难以确定。

③ 必须确定是正常的信息还是非正常的信息。如果涉及的信息接受者是人，那么还应明确它是直接感受的信息还是间接感受的信息。例如，能否仅依靠通过听声音或观察机器的某个部位就能有效获得某种信息，还是必须设置一台仪器，以测量出机器某个动作信息并提供一种显示手段才能将信息传递给操作者等。

④ 必须明确什么时候需要信息。信息通常在需要它的时候才产生，但是，当信息是在它产生之后的某个时间内才需要时就必须先将信息储存起来，然后，在某一适当时刻再调用，并表现出来。在某些事例中，对将来状态或变化不定的情况的预示，对于改进操作及早期危险报警等方面具有重大意义。因此，需要信息出现的基点必须适当给予确定。

⑤ 必须明确信息将发挥什么作用。是作为报警、检查、跟踪、识别，还是作为一项指令，这一问题在保证不同项的已知相关信息间的所有恰当关系方面是很重要的。

8.2 信息显示设计

在人机系统中，产品的信息是通过人的感觉器官传递的，人根据接受的信息作出反应。因此，信息的传递必须极其准确，极为迅速。

从人机工程学的观点出发，确定显示形式应该包括以下三个步骤：第一，确定用以传递信息的感觉器官；第二，选择最合适的产品装置，以便传播信息；第三，提供设计这种产品装置的人机工程学的依据。

为了更好地传递信息，常常要在感觉器官之间进行选择。这种选择经常是在视觉与听觉之间进行的。在某些情况下，由于客观需要或某一感觉器官明显优于另一感觉器官时，这种选择是容易确定的。而在一般情况下则必须进行比较。

视觉信号由于能传递的信息范围最大、形式多样而得到最普遍的应用。听觉信号则容易吸引人的注意力，因而特别适用于报警装置，或需要向经常走动、不断变换视觉注意力的人员传递信息的场合，并适合传递相对来说较简单、较短的信号。

为便于选择，可将听觉与视觉刺激的各自特点作如下比较。

① 听觉刺激具有时间性，其信息是通过时间延续的；视觉刺激则具有空间性，它们具有空间位置。

② 听觉刺激可以随着时间延续而连续传递不同的信息；视觉刺激则能连续地或同时并存地表现不同信息。

③ 听觉刺激是相继呈现的，所以，除非为听者所察觉，否则无法持续保持。像这类无法在显示中储存的信息特点称为“弱相关性”。

④ 听觉刺激与视觉刺激相比，所提供的信息编码的维数较少。

⑤ 言语作为一种特殊形式的听觉刺激能通过表达方式的改变及感情、语调的细微变化而比视觉刺激表现出更大的灵活性。

⑥ 言语具有时间上的优越性，恰当的信息能及时为听者所接受；而在视觉刺激中，操作者必须以一定时间进行搜寻才能找到所需的信息。

⑦ 言语传播速度有一定的限制，即必须符合人的正常说话速度；而视觉表现却快得多。

⑧ 听觉刺激在必要时能有效吸引听者的注意，它们是“全方位”的；而视觉刺激则要求操作者在一定范围内直接观察。

⑨ 与听觉相比，人的视觉更容易感到疲劳。

触觉则是另一种能用以传播信息的感觉，最普遍为人所知的是盲文。盲文能由盲人用手触摸进行“阅读”，产品与电气信号也能由触觉来表现。研究表明，触觉虽然不能像视觉、听觉那样精确分辨出强度或性质上的微小差别，但能够有效传递有限的不连续的刺激，例如用于发出报警的信号。在视觉和听觉的传播途径被占满或负担过重时，触觉系统可以很好地部分分担它们的工作。

产品设计者可以结合具体产品选择合适的显示方式如表 8-1 所示。然而，在一种特定的显示方式被采用以前，必须了解用户将会进行的工作，完成这些任务所需的信息，这些产品将在那些环境下被使用。例如，必须回答以下的问题：

- 用户是否需要精确的数量数据、质量数据或者状态指示是否充分？
- 信息或消息是简单的还是复杂的？它是否需要立刻响应？
- 用户在原地或是在产品附近移动吗？
- 环境的照明和听觉的特性是什么？

表 8-1 显示的典型应用

使用	例子
显示状态	电子灯亮，显示“准备好了”
	打印机上显示“出纸”信息
	定时器指示周期工作时的嗡嗡声
	复印机上的控制标志符号
确认功能	投币电话机上的图表
指示	用户手册上的插图
	为五速度汽车传动的齿轮移动标志符号
	汽车上的警报灯
发出警告	割草机上的警报标志符号
显示质信息	在汽车上的温度计量器（热，冷，正常）
	压力计量器
显示量信息	车速表
	计数器

这些内容是从一项能够回答以上大部分问题的任务分析中归纳整理出来的。

视觉或听觉显示的恰当与否取决于信息或消息的特征，取决于产品相关用户的相对位置以及环境，如表 8-2 所示。例如，如果环境很嘈杂，将被显示的信息又过于复杂（例如，大量精确的信息或趋势），通常将要求采用视觉的显示；然而，如果信息需要迫切，或者如果用户不断与产品发生关系，听觉的显示通常比较受欢迎。

表 8-2 选择恰当表现形式的准则（视觉对听觉）

信息或消息	比较喜欢的形式	
	视觉	听觉
短的或是简单的		X
长的或复杂的	X	
日后将被提交	X	
及时处理事件		X
处理一个空间位置	X	
需要立刻注意		X
环境是暗的		X
环境是很吵闹的	X	
用户持续不断地与产品发生接触		X

8.3 视觉显示

利用视觉信号传递信息的方法称为视觉显示。视觉显示包括仪表、指示灯、标志符号等。视觉的显示比其他的显示方式更经常被使用。它包括以下内容：

- 数字显示（电脑显示和计算器）；
- 质量的分析显示（不同范畴的移动指针）；
- 状态指示器（例如，指示灯）；
- 标志符号；
- 具有指示性质的材料。

图 8-1 列出了各种不同类型视觉显示的例子。显示数量信息，质量信息，状态指示和警告中比较受欢迎的类型都在表 8-3 中列出。该表也指出了每个显示类型的一些重要特性并且举出应用的例子，其中包括消费者产品和商业的产品。标志符号和指示性材料在本章中将作详细的讨论。

从人机工程学的角度出发，在设计时应从以下方面进行考虑。

① 必须首先确定要传递的信息是什么。它的用途或功能怎样，以及谁或什么是发送者和接受者。

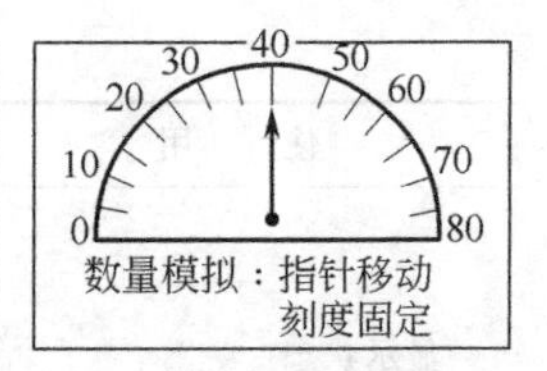

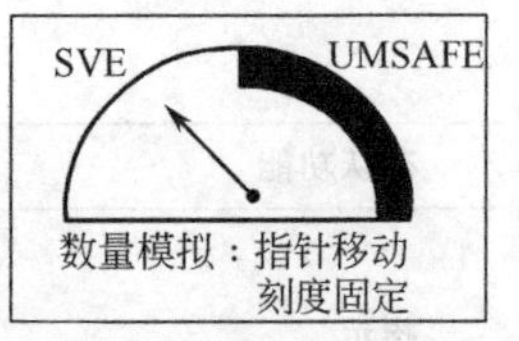

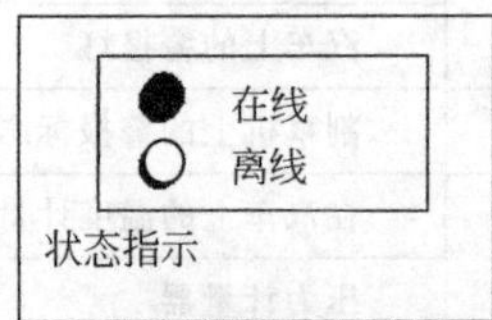

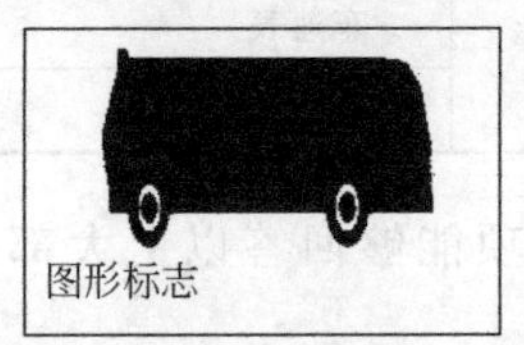

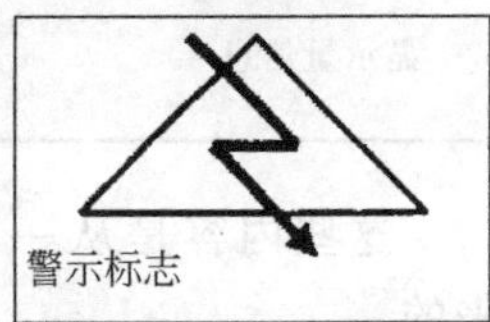

图 8-1　各种不同类型的视觉显示

表 8-3　用于数据信息、品质信息、状态表述以及警示信息的合适显示界面

信息类型	合适的显示界面	注　释	应　用
数值①	数字式②	• 数据读取准确（即错误率低）； • 数据读取迅速； • 显示面板较小，所需空间很小； • 不宜用在读取时数据值变化很快的情况； • 不宜用于信息变化幅度的显示	手表，时钟，计时器，里程表，计数器，录音设备，点钞机，计算器，温度计，秤，摄像机，加油机
	指针指示	• 读取一般不如数字式显示器快速准确； • 通常比数字式显示器体积大； • 适用于读数时数值变化较快的情况； • 操作员可以推测出数据变化的范围	手表，高度计，音像设备，流速计，测速仪，温度计，收音机，称重计，压力计
品质③	指针指示	• 适用于显示明确的信息（如工作正常，温度高，温度低等）； • 可以用不同的颜色来表示各种类别（例如绿色表示安全）； • 适用于显示与期望值的差异（如读数检验）	量尺（多种规格），流速计，飞行器
状态	指示灯	• 所有的指示灯必须标明其显示的内容； • 可以用色彩作为标记； • 可以结合控制器来显示控制情况	录音设备，录像机，复印机，开关板，光驱，调制解调器
	信号灯	• 采用多种颜色来表示不同的状态	打印机，电脑
	报警器	• 可以用多种颜色来表示不同的情况	汽车，飞机
	图标	• 要进行测试确保其能传达期望的信息	汽车，摄像机

续表

信息类型	合适的显示界面	注　释	应　用
警告[④]	警示灯	•闪烁的灯光效果最佳	汽车，摄像机
	图标	•必须进行测试确保其能传达期望的信息	动力机械
	主体设计	•必须能引起人的注意(大尺寸，粗犷的外表，独特的边界设计等)	扫雪机，草坪割草机

① 包括数据输入的应用。

② 指针固定而使刻度盘可移动，通过一个小读数窗口进行读数，在某些时候可以替代数字式读数方法。

③ 包含读数检验。

④ 包含某些状态显示。

② 应确定采用何种显示方式。所选定的显示形式应能最恰当地显示并传递所涉及的信息。例如，在某种需要显示温度精确值的地方采用普通数字式显示器可能很恰当。但在另一种场合，当温度变化频繁、变化幅度较大时，采用这类显示器就未必合适，因为这时最后的一位或两位数字在经常变化，所以实际上是无法辨读的。而采用图 8-2 所示的混合式显示器就能很好兼顾。在这种显示器中，上部以数字式显示器提供温度的高位值（是相对稳定的数值），而其低位值，即经常变动的部分则由下部圆形刻度上的旋转指针来直观表示。

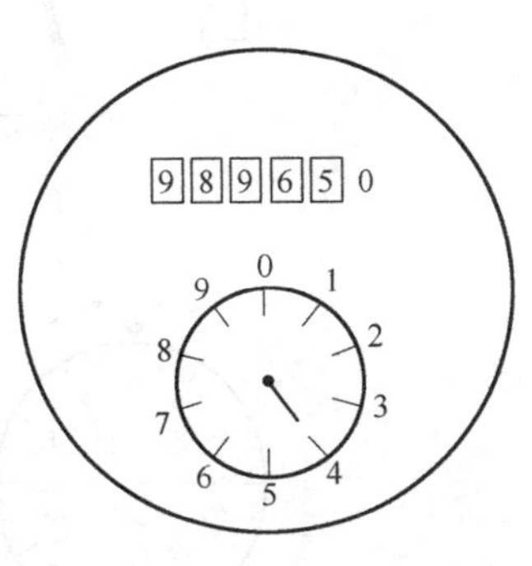

图 8-2　混合式显示器

③ 要考虑信息传递的视觉环境的性质。这里，显示器所在环境的照明强度、朝向、照明光源的强度与方向以及工作场所中各种表面（包括天花板、墙、地板、控制台的桌面）对光的反射状况都是重要的影响因素。例如，在距显示器最近的环境中，光线很暗时就应该在显示器上附加照明。这可以采用在显示器外增设照明装置的方法，也可以采取在显示器内部设置照明的形式。显然，前者较经济，且易于安装与维修。但要注意当照明设置在外部时应避免在显示器表面产生镜面反射而造成炫光，影响认读。与此相反，如果显示器附近光线过于强烈，也会影响辨读显示器的内容，这时就有必要适当遮盖显示器，以便有效减弱环境中直射其表面的光照强度，使其达到能为人所接受的光照强度，以免影响辨读显示器的内容。

④ 要考虑所选择的显示器类型的细节设计。下面提供了一些值得重视的人机工程学资料，以供参考。

当信息的接受者要求数字化的信息时，应采用定量显示器。这种显示器有两种形式：直接数字显示和指针模拟显示。图 8-3 表示了各种指针式显示器的形式。指向刻度的指针位置即模拟了某个特定值。

8.3.1　数字显示与模拟显示

数字显示和模拟显示都是广泛应用的视觉显示形式。适当的选择取决于很多因素，例如，阅读速度和精确性的要求以及传送二次信息的必要性，例如，变化率或特定值的变化。在表 8-4 中为数量信息给出了选择最合适的显示方式的建议。

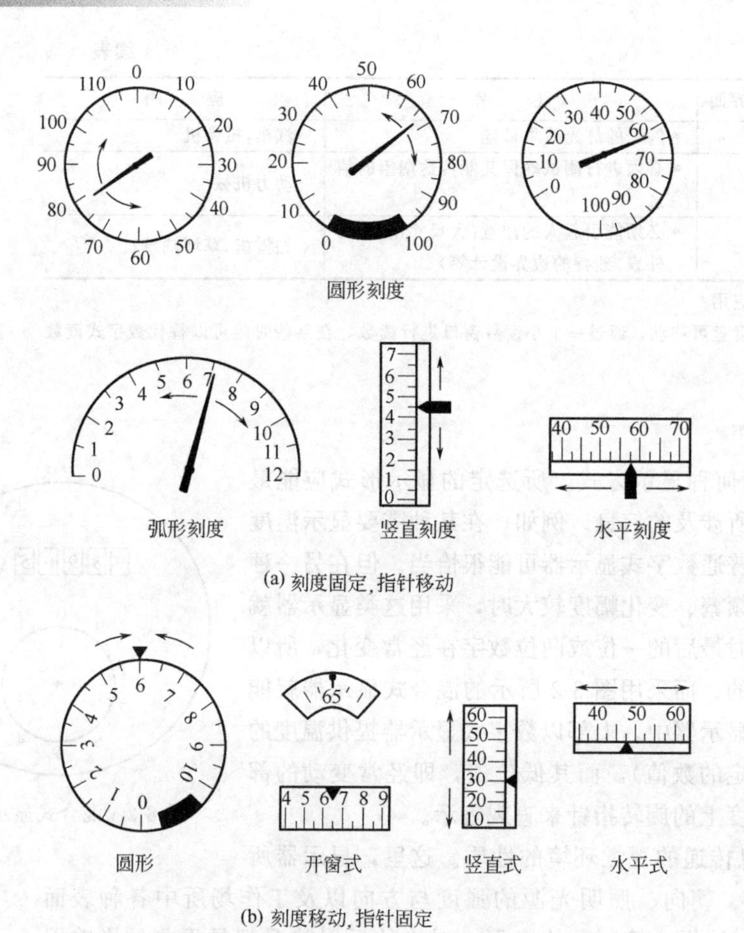

图 8-3 用于表示定量信息的显示器

表 8-4 为数量信息选择最合适的显示方式（数字与模拟）

状况	比较受欢迎的显示(*)		
	模拟		数字
	活动的指示,固定刻度	固定的指示,移动刻度	
读取精确性是重要的			*
读取速度是重要的		*	*
数值改变得很快或是很频繁	*		
用户需要变化率的信息	*		
用户需要相对于固定数值改变了的信息	*		
能显示的最小的空间		*	*
用户要求设置数值	*		*

数字显示对显示不必经常连续或迅速变动的单个数值十分有效。如电子秤就是用数字显示的方式直接显示被称物体的稳定重量值的。这时用指针显示就不方便了。当确定的数值必须被迅速而且精确地读出时，通常数字显示比较受欢迎，其中包括汽车里程表，一些数字钟，以及收款机。电子数字显示有众多的种类包括计算器，手表和钟，定时器，声音和影像合成的科学仪器，以及照相机。

指针式模拟显示器则适合于需要不断检测读数和表现其变化速度与方向的场合。模拟的显示通常由比例尺和指示器组成，如图 8-3 所示。可分为刻度固定、指针移动式和指针固定、刻度移动式两种类型。在这两种类型中，刻度固定、指针移动的形式又比指针固定、刻度移动的形式更可取，因为，这时移动的指针相对于固定刻度的位置可以增添一种感情上的暗示，从而加快了认读速度。在数值频繁而迅速改变的场合人们乐意采用有着移动指针和固定刻度的显示方式。用户可以随时从所给的数值推断变化、趋势或偏差的比率。

近年来，指针模拟显示已经逐渐被数字显示和二极管以及其他的发光显示形式所代替。这些相对于用户而言并不都是有益的。就电子手表和电子计数器来说，虽然与模拟显示的同类产品相比较更加准确和容易读数，但是人们还是更加倾向于选择后者。其中的原因之一是模拟显示提供了关于变化情况的信息。一块传统的指针式模拟显示的手表能够告诉用户从现在到某一特定的时间还剩多久。当人们举起手腕认读时间时，只要看一下指针的大致位置即可判断出具体时间。同样，一个模拟显示的速度计也能向司机显示汽车速度的不同以及它是否超出限速。

然而，读取变化的数量模拟显示将比读取固定的数值显示所花的时间要多得多。模拟显示的读取精确性也较低。典型的应用包括手表和时钟，计量器（速度计，转速计，温度计，电流计等），还有其他各种类型的度量工具。

在需要定性方式表示的场合，例如，要求既提供即时数值又要反映出与规定值的偏离值时，采用固定刻度、移动指针的设计也是最恰当的。

在大多数的人机工程学的手册和教科书里都有关于指针类型量的模拟显示设计的方法介绍。这里将刻度和模拟显示指针的设计要点总结如下。

• 对于模拟显示的刻度，每个要被读取的数值上都刻有标志。例如，在以 km/h 为单位的速度计上每两个 km/h 之间都必须有标记。

• 主要，中等，次要的标记高度（即垂直刻度，也称做“杆高”）分别应不低于 0.56cm，0.40cm 和 0.22cm。

• 所有主要标记都必须注明数值。在主要标记之间必须有 1、5 或者 10 个单位增量（其中单位通常是 01，10，100 或者是 10 的倍数）。

• 标记的最小值由可视距离决定。字母和数字高度的最远视角应当不小于 0.20°（通常取视角约 0.25°～0.30°）。

• 所有的标记必须是水平方向的。

• 刻度上的数字（例如，刻度上的标记）应安排在不会被指针遮挡的位置上。

• 两个标记的大刻度之间通常不少于九个小刻度。

• 标记应该使用加粗的字体。

• 数字应该顺时针方向沿曲线递增，刻度也必须排成一个圆形。线性的刻度数字必须从下到上、从左到右递增。

• 除非必须表示变化是从零开始的，否则零通常被置于环形刻度的底部。

• 刻度必须简单易懂。

• 指针的顶端必须是尖的。尾部应当小于总长的三分之一。

在不仅要求传递信息而且要求对信息作比较的场合中，也可采用固定刻度、移动指针的形式。这时固定的刻度可以水平设置，也可以竖直设置，如图8-3所示。在同时控制并比较几台相关的机器运转状况时则可采用如图8-4所示的形式。图中将分别显示4台机器状况的4个仪表置于同一水平位置上，并在确定的目标值上画一条统一的水平刻度线，这样不仅可以清楚地反映并比较各台机器各自的运行情况，也可同时表现并比较与目标值的偏离情况。

关于刻度与指针，还应注意以下一些细节。

(1) 刻度间隔

基本刻度间隔是表示最小数值单位刻度间的宽度。该宽度大小必须易于辨读。在美国被普遍接受的标准规定：当观察距离为71cm时，在适当照明情况下，刻度最小间隔为1.3mm；在较低照明条件下为1.8mm；当观察距离大于或小于71cm时，应作适当调整，以便保持正常的辨认水平。图8-5表明了在确保同样视角及最小刻度间隔的情况下，定量圆形刻度的直径随观察距离的改变而应作的调整。

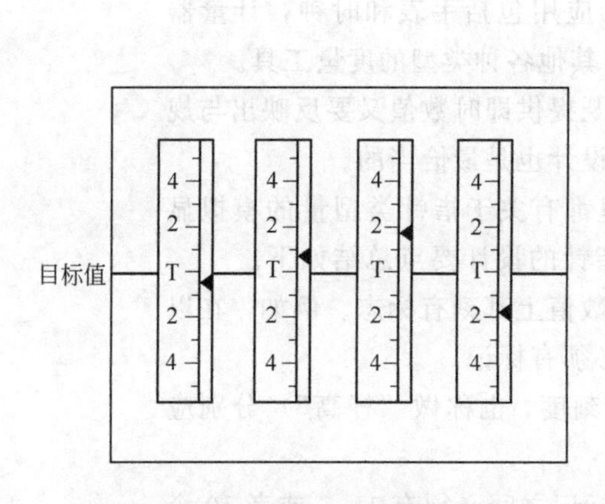

图 8-4 显示四台相关机器的显示器

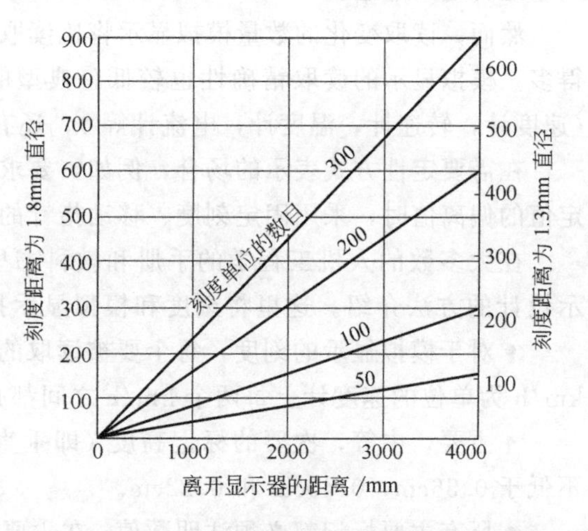

图 8-5 定量圆形刻度直径的变化

(2) 刻度标识

当要求指示精度较高时，每个刻度单位必须具有刻度标识。

如果刻度过于稠密，可以每5个或10个刻度单位设一个标识。标识本身的规格尺寸不要多于3种。

(3) 刻度级数

刻度标线间不加区分的间隔数目（或称做“信息间隔”）以1倍或5倍或2倍累进。一般以4、2.5、3、6、7或9累进时易令人生厌而不被采用，为了获得所要求的读数精度，同一仪表上各刻度所代表的量值应当一致。在确定间隔内允许内插的读数，可以是2或5的倍数。在刻度中采用大的数值时，如果所有的值与因数10、100、1000等相乘时，其相对的易读性也应完全一致。小数点往往容易引起混乱，如果必须使用带有小数点的刻度，应省略小数点前边的零。

（4）指针

指针宽度不得超过最细的刻度线宽度，且不能将刻度线完全遮盖。对于圆形刻度，其指针长度应为刻度半径的 0.8 倍。指针尾部颜色应与刻度盘面颜色一致，整个指针应尽量贴近盘面。

当信息接受者不得不在不同条件的小数值之间辨认识别时也可采用定性的显示形式。图 8-6 仪表上的刻度盘显示了仪表指针的弧形摆动。为了表现出相当的精确度，对刻度作了细致划分，如图 8-6(a)，这样的定量表示，一般需在一定距离内方能有效辨认。当数值的表示不必十分精确时，可采用第二种形式，如图 8-6(b)，由于取消了其中的细小分格，观察者可在原来距离的 3～4 倍处辨认（仍能估读出±1℃的值）。当只需表现某一容许范围而不必估算其具体数值时，可采用图8-6(c)的定性显示方式。这时的刻度没有细分，而仅以极限值为界，以不同颜色的区域表示了小于极限值与大于极限值的含义。用这种方式表示时，观察者可在原来距离的 10～20 倍处也能辨认。当然这只限于在允许以这样方式来传递信息的场合。

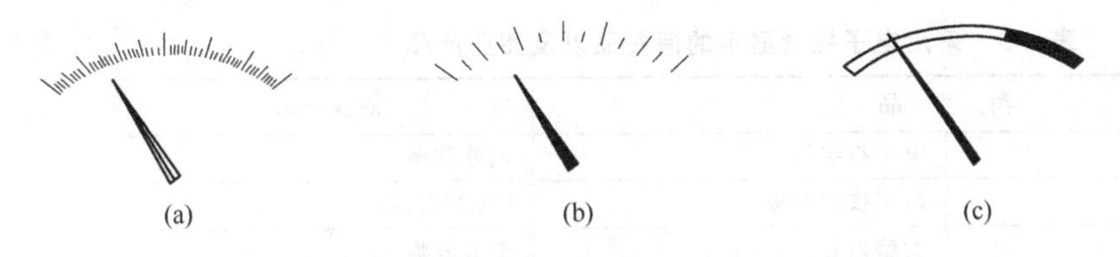

图 8-6　定量与定性的显示

在视觉显示器的设计中，人机工程学最重要的要求是不论在何种条件下都要保证所传递的信息指示明确、醒目。这可以运用多种方式，如位置、色彩、形状与尺寸的不同来加以区别。

8.3.2　电子视觉显示和应用的类型

电子视觉显示根据显示信息的能力可分为：

- 仅能显示一些数字字符或字母符号，有些显示使用分割线段的格式，另外一些则使用点阵的形式，如图 8-7 和图 8-8；
- 点阵方式显示具有显示几千个字符的能力，其中一些还具有显示图形的能力；
- 具备完整图像的载体与高分辨率显示；
- 高分辨率及其载体使灰度显示成为可能，有些还具备了显示真色彩的能力，这些显示适用于图形应用，例如电视机。

电子视觉显示也可分为光发射体和光调制器。光发射体包括阴极射线管(CRTs)、发光二极管（LEDs)、等离子显示、场致发光（EL）显示和荧光灯的真空显示（VFDs)。光调制器需要内部或外部的光源来显示，它们包含液晶显示(LCDs)、电铬显示（ECDs）和电能发散显示（EPDs)。

电子视觉显示应用广泛，同时还以相当快的速度普及如表 8-5 所示。图 8-7为一款 35mm 相机液晶显示屏的用户界面。采用了一套图形标志以显示各

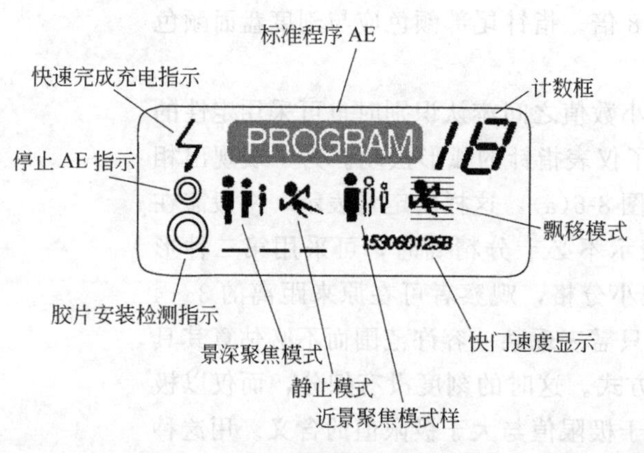

图 8-7 35mm 相机液晶显示屏体

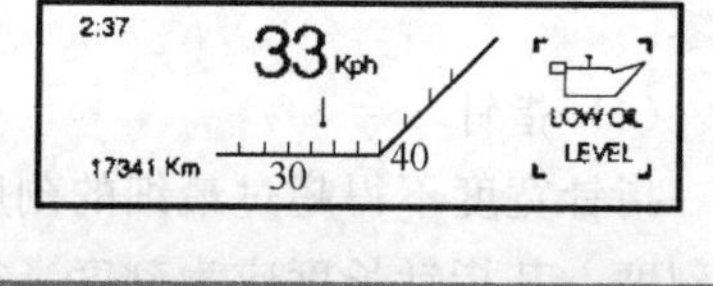

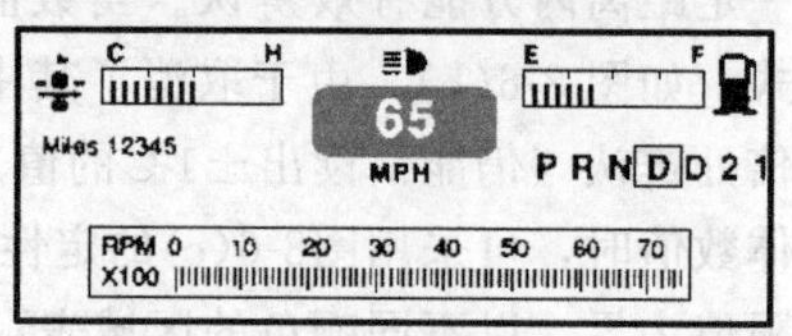

图 8-8 汽车控制面板上面向司机的三个操作界面

表 8-5 采用电子视觉显示的消费品以及商业产品

消费品		商业产品
电子表	电子打字机	词处理器
手持计算器	汽车仪表面板	CAD/CAM
电视机	大型器具	个人电脑
立体声音响	相机	图像显示终端
收音机	电子游戏	复印机
影视放映机	天平	收款机
个人电脑	恒温器	打印机
家庭安全系统		

种操作信息。例如，微调焦（聚焦主体物，背景不在焦距范围内）、长焦（主体，前景，背景都在焦距内）、运动场景锁定（运动的物体背景不模糊）。动态画面（运动的物体及其场景都是模糊的）等。附加的图形显示照相机是否加载了图片，闪光灯是否被启用，是否对准了拍摄物。

图 8-8 是汽车控制面板上面向司机的三个操作界面。日本、欧洲、美国的汽车已经采用了全彩液 晶显示屏。除了通常的指示（速度、引擎、燃料、温度、时间、收音机频率等）外。这些显示屏上还提供了行车路线、航行信息和车内数据终端的服务。

8.3.3 电子视觉显示的知觉特征

复杂产品，例如相机、电脑或是汽车的用户必须从显示（操作面板）上获得足够的信息。操作面板的细节尺寸，发光度、对比度，图像质量、颜色、视觉距离和视觉角度决定着视觉感受。

（1）显示的尺寸大小

能接受的最小显示尺寸，首先取决于显示对象的具体大小和在同一时间内将被传递的信息数量以及观察的距离。如果显示的是数字字符，它们必须足够大，使得在最大的阅读范围内都能被很清楚地辨认。信息排布的密度是另一个值得考虑的问题。如果信息排布的密度过高，那么用户将很难找到自己需要的信息。

对于显示字符的设计，设计者必须在确定的观察距离内，决定字符高度的最小观察视角、字符的长宽比例、字符的水平距离以及字符的行距。

(2) 发光度、对比度和灰度

① 光源和反光体表面的发光度是指对应于它本身发光体的发光度。发光度测量单位是光亮度每平方米（cd/m^2）测量时使用光度计。显示屏发光区域的最低发光度是由环境情况所决定的。通常在办公室环境，发光度至少为 $30cd/m^2$。

发光度和亮度之间的区别并不是呈线性的。在低发光度区域仅需要一些很小的变化就能产生明显的亮度变化。在高发光度的区域则不成比例地需要很大的发光度的改变来产生同样显著的亮度变化。

为了在各种显示方式下都能正确辨认信息（例如，数字字符和图形），必须使它的发亮程度或颜色能与背景相区别。

② 明暗对比度（也被称为光亮度对比度）通常被定义为物体的光亮度（L_0）与背景光亮度（L_b）的比率。

显示中能让人们接受的最小对比度通常为 3∶1。大多数的指南手册和规范都提议使用高对比度，然而，通常情况下电子视觉显示的要求是 6∶1 和 15∶1 。如果文字或者图形很小，就需要更高的对比度。

对比度有时高达 30∶1 或者更多，但随着使用的发展并不提倡这么做。因为过高的对比度不利于眼睛的精确聚焦，特别是在暗背景上观察亮的物体。通常最小的背景光亮度必须能够避免视觉系统在许多不恰当的观察距离上产生盲点。

此外，对比度还广泛应用以下两个公式：

$$(L_o - L_b)/L_o \tag{8-1}$$

和

$$(L_{max} - L_{min})/(L_{max} + L_{min}) \tag{8-2}$$

在式(8-2) 中 L_{max} 和 L_{min} 分别表示最大和最小的光亮度，不考虑物体和背景是否够亮。在调节对比度时这项公式常用来定义周期性的光亮度对比，例如光栅。

其他关于反射性显示的公式基本与以上几则相同。当然必须把外界光源的所有反射光线都计算在内。由于反射了环境光和本身的光亮，L_o 和 L_b 同样都有所增加，因此在总体上减弱了显示的对比度。

为对比度所建立的这些效应、计算和说明并不十分准确，因为这些数据是在理想的、固定不变的环境下测得的。因此，显示的对比度是否充足，应该在真实的环境中进行测评，其中还应该包括最恶劣的使用环境。

③ 自身显示区域的亮度对比。阴极射线管显示屏上特定区域的对比度是

由在那个区域划分出的被激发的和不被激发的像素决定的。在这种情况下，对比度由被激发的像素和它们的背景，即未激发状态像素之间的对比决定的。如果已激发像素之间非常密集，那么发射出来的光线把各个像素之间的空隙照亮（例如，被未激发像素覆盖的区域）。这样，背景的光亮度增加，大大降低了显示区域自身的对比度。

在阴极射线管显示屏上带边框的数字字符通常比不带边的显示的对比度低。然而，它确是字符可见度高，视觉表现力强，深受用户喜爱的一种表达方式。另一个有趣的发现是自身显示的对比度在中等光亮度的情况下达到最大值，然后随着亮度的增强，对比度反而降低。

④ 强反差滤光镜。正如以上所知，对外界光源的反光散射和遮盖将大大降低反射显示的对比度。在某一个距离上，放置一个强反差滤光镜能适当增加对比度。周期性偏光器，中性滤光镜，窄频带以及 U 形镜通常都被用来放大对比度。滤镜对任何一种刺眼的光源的减弱作相比显示自身发光的作用要强得多，同时也增加了对比度。此外，滤镜前表面的反光也成为一个需要考虑的因素。因此，建议采用前部有层透膜的滤镜。

然而，并不是在任何情况下都能使用对比度放大器的。使用滤镜常常会使显示器发光表面的明度降低，另外如果使用质量不好的过滤器还会降低显示图像的质量，这些副作用不利于用户的正常使用。例如，在黑暗的环境中，如果光亮度降低到 30cd/m^2（8.8 ftL）以下那么任何显示都看不见了。

⑤ 色彩对比。显示区域信息（例如，文字、数字、图形）的可视度在色彩信息（色相，饱和度）和光亮度（亮度）改变时会有所增加。然而，明暗对比度的比率通常维持在 3∶1 以上，原因有以下两点。首先，色弱的人在对比度大于 3∶1 时能根据明度的不同区分色块。其次，如果去除了彩色图像里的明暗对比，会使人们在主观上产生色块边界的混淆，这种现象被称做利布蒙作用。在某段时间里，也许色彩的对比能产生明暗对比所产生的作用。

• 单色界面。很多种颜色都可适用于单一颜色的人机界面，但是相对于刺激性颜色（蓝色和红色），中性颜色（绿色，黄色，琥珀色）更受欢迎。研究发现大多数汽车司机喜欢蓝绿色和黄色的人机界面，而不喜欢红色的界面。同样，在比较了白色、绿色、黄色和橙色人机界面后，发现黄色是继绿色和白色（非彩色）之后最受欢迎的颜色。此外还有一些证据表明，绿色和黄色的界面更不容易使人产生疲劳；研究还发现，相对其他颜色，黄色和绿色更不易使人产生视觉疲劳。另外，研究结果也表明绿色是 CRT 显示器最适宜的颜色，因为绿色所需要的调整最少。

尽管如此，由界面颜色因素引起的人的行为差别还是很微小的。研究人员列举了很多人行为方面的数据，但都未能证明某种颜色有明显的优点或缺点。在易辨认性方面，研究发现各种颜色之间的差别也很小。类似的研究结果称红色、绿色、黄色、橙色和蓝绿色的汽车人机界面在使用性能上没有差别。

综上所述，一般认为白色（非彩色）、绿色、黄色、琥珀色更容易被大多数人所接受。但是，还是应该提供可选择的颜色以满足某些人的个人爱好需求。

• 彩色界面。这一部分内容由几个方面组成：关于色彩选择问题的人机工程学方面的讨论，有关色彩运用的潜意识的问题，与色彩相关的人的行为活动以及色彩应用的一般原则。

当选择使用彩色人机界面时，颜色的选择非常重要，所选颜色应当容易区分，在使用有彩色按钮时尤为重要。有人对 CRT 管显示器的色彩进行了研究，在射线角度大于45′视角时观测者可以分辨出 6 种颜色，而在小于 20′时只能准确分辨出 4 种色彩。注意到所有的色彩都是位于垂直角度附近来表示其色彩显示区域的。

在色彩选择时，分散点的色彩系列设计不必保证各点之间颜色明显的区分，因为在同其他周围颜色发生对比或者环境的亮度和光线的饱和度发生变化时就很容易被分辨开来。表 8-6 列举了可能会影响对色彩信息的理解的一些现象及其相关说明。降低颜色的饱和度可能会减少色彩的适应性、同化效应、色光效应以及对比效应，但阿布尼效应则会得到增强。类似地，如果改变高饱和度的红色和蓝色的亮度，使其与绿色和白色的亮度相当，则其色彩将会随之发生变化（即拜儒德-布鲁克效应）。

表 8-6　影响对色彩信息理解的现象

现　　象	描　　述
适应性	持续较长时间注视一种颜色，会使人的注意力下降，结果是其他环境事物颜色好像发生了变化一样
阿布尼效应	降低一种色光的饱和度（通过增加白色光）就会使色彩发生变化
同化效应	背景颜色与其上面结构的颜色会发生混合（例如文字数字式字符），这种效应同对比效应正好相反
拜儒德-布鲁克效应	伴随着色光的亮度的改变，感觉到的色彩也将改变
色光效应	高度饱和的红色和蓝色会使人产生与其实际位置不同的距离的感觉（也就是位于实际平面前面或后面），往往易使人产生视觉疲劳、眩晕或迷惑
色彩对比	物体（例如一个显示符号）的颜色朝着环境颜色的相反方向转变。这种效应和同化作用相反
列布曼效应	去除彩色图像所有的对比光源会使图像产生模糊的边界

另一个复杂的因素是人的视网膜各区域对色彩视觉信息的接受情况不是均匀分布的。中心部分对红色和绿色最敏感，而对蓝色最不敏感。但观察者往往希望颜色的可分辨性更加详细具体，能使更多人群舒适地使用，例如患蓝盲的人等（蓝盲是很少见的色盲，对蓝色有视觉障碍）。相反，眼睛视野外围的区域对蓝色和黄色的敏感程度相对红色和绿色要高的多。因此，红色和绿色最好应用在视觉集中的较小的对象，蓝色和黄色适用于较大的区域以及视觉外围的对象。此外在使用彩色界面时建议特征和标志的角度应不小于 15′视角，并且特征的尺寸应根据颜色种类的增加也随之增大。

当然，并非每个人对颜色的视觉都是正常的，大约 8%～9%的人（几乎全为男性）都普遍有遗传性的类似色盲的视觉障碍问题，尽管这样，进行显示面板的色彩设计时把这部分人考虑在内并不会对设计造成多大的困难。为了使有视觉障碍的人也能更好地使用，在设计时可以增加一些附带的标记，例如亮度或形状等，这样他们就可以根据这些提示来清楚地分辨出各种要素。但是也应注意，各要素之间的亮度差别不应过大，否则就可能产生视错觉。视频显示颜色应用的具体准则如下。

• 如果使用者是非专业用户或是不常使用显示器的用户，显示器上的颜色限制在 1～4 种，最多不超过 7 种。

• 为了尽可能提高分辨能力，可以选择一些特殊的颜色来扩大两种颜色的波长间隔，但不要采用仅与某种主色的深浅程度有所差别的颜色（如：不同的橙色等）。

• 避免同时显示高饱和度的极端颜色。

推荐的颜色组合：① 绿、黄、橙、红、白；
② 蓝、青、绿、黄、白；
③ 青、绿、黄、橙、白。

避免的颜色组合：① 红和蓝；
② 红和青；
③ 洋红和蓝。

• 在大显示器边缘区域的小符号和小形状不应采用红和绿色。

• 背景和大的形状最好采用蓝色（最好是非饱和色），但蓝色不要用于文字、细线或小形状。

• 在相互靠近或有物体/背景关系的场合采用反差的颜色有时有好处，而有时则相反，无一定的准则。

• 字母符号的颜色必须与背景颜色形成对比。

• 在使用颜色的时候，可以利用形状或亮度作为一种辅助提示（如所有的黄色符号用三角形，所有的绿色符号用圆形，所有的红色符号用正方形等）。采用这种代号的形式可以使显示器（件）更容易为那些缺乏颜色感的用户所接受。

• 颜色种类数增加，则标注颜色物体的尺寸也应增大。

当任务很复杂和项目要经常改变任务的时候，就会有很大的改进。颜色会减轻人们对简单任务的厌倦感。

(3) 分辨率、点距和图像质量

① 显示器的分辨率和点距是两个与图像质量有关的重要参数。分辨率是指视频显示器可以显示的最小细节；它实际上受每个可视像素直径大小的限制；而点距则是像素密度的计量方法，它以两相邻像素中心的距离来表示。

② 图像质量。可觉察出的图像质量取决于显示器的参数（例如：分辨率和点距）、观察者（例如：他或她的视觉敏感度）、观察条件（例如：观察距离）和图像所反映的场所。一般来说，平板式显示器对图像质量的相应要求要比 CRT 显示器严格，这是由于平板式显示器的像素点具有方形的发光面和不重叠性。

③ 闪烁。CRT 显示器和某些平板式显示器都会通过激发磷而产生发光的

图像。这些显示器必须周期性地刷新，以防止由于磷在激发之后仅发出时间很短的光（也就是说这种光的输出很快就会衰减）。磷衰减得越快，刷新率就必须越高。维持时间长的磷材料有助于减少闪烁，但也有缺点，即所显示的图像在上下滚动时就会显得像被“擦”模糊了似的。对于观察者来说，临界融合频率（也称临界闪烁频率或 CFF）就是足以防止闪烁而所需的最小刷新率。随着亮度和显示器尺寸的增加，CFF 也增加。可是，正像显示器的刷新率必须比负像显示器的刷新率高，同时，大尺寸的显示器的刷新率必须比小尺寸显示器的刷新率高。CFF 也受其他变量影响（如：对比度、显示信息的密度、周围环境的亮度、视角范围内激发物的位置、观察者的年龄、疲劳程度以及健康状况等）。

8.3.4 显示器技术的选择

下面简单介绍电子视频显示的主要技术以及各种技术的功能、优点和缺点。这些资料可供读者根据特定的用途选择合适显示技术的参考。

除了信息显示的需求之外，选择显示技术还有许多因素需要考虑。其中包括产品的设计目的、市场的需要、功能的需求和设计的局限性。

（1）阴极射线管（CRT）

由于 CRT 的适应性、良好的性能和低成本，其依然是电子信息显示技术的首选。另外还加上色彩和灰度的可调、高分辨率、高亮度和高可视尺寸等因素，有些个别情况还包括具备存储功能。CRT 技术的主要缺点是显示器的体积大、重量大和用电量大。

随着计算机图形的迅速发展，CRT 显示器的用途也大大增加，它们已被应用在许多产品中，例如：电视机、视频游戏机、飞行器、汽车、多媒体设备、照相排版设备和办公室复印机等。

CRT 可以产生 4000 多种颜色和 16 种以上的灰度。分辨率超过 125 行/厘米。典型 CRT 的最大发光量约为 140cd/m^2（坎德拉/平方米），但是有些光栅扫描式 CRT 可以达到 350cd/m^2。Stroke writing CRT 甚至可以产生发光量高达 1000cd/m^2（292ftL）的高亮度图像。在需要的时候，还可以通过低通滤波器来增加对比度。

CRT 的图像必须周期性地刷新。对于 50～60Hz 的电视机来说，其典型刷新率为 25～30Hz，对于视频显示终端（VDTs）来说还要高些。克服闪烁的最低刷新频率与很多因素有关。

（2）平板式显示器

平板式显示器包括发光二极管显示器（LED）、等离子显示器（气体放电显示器）、液晶显示器（LCD）、电致发光显示器（EL）、真空荧光显示器（VFD）、electrochromic 显示器（ECD）和电泳显示器（EPD）。这些显示技术可以减小体积、提高显示能力、克服几何变形、规范亮度和提高对比度。对于有些形式的显示器来说，小点距、低功耗、宽视角和无闪烁也是它们的特征。价格范围可以从很低（例如：LCD）到很高（例如：等离子显示器）。

① 发光二极管显示器（件）（LED）。发光二极管显示器（件）已经成功

地应用在小型单体的灯具和需要字母显示的产品上，例如：手表、计算器、复印机控制屏、音响响度显示器、汽车上的转速表和仪表仪器（如：计量器具）等。这些器件之所以如此普遍，是基于其高亮度、低价格、低功耗和高可靠性之上。

LED 阵列可以按照媒体尺寸大小进行布局以使其具备字母和图像显示功能（例如：30cm×40cm），这些器件阵列的布局密度可达 100 个/cm。

LED 显示器的亮度可以适用于室外。LED 的最大亮度可以超过 6000 cd/m^2（1750ftL），其功率和电压通常需要也很低，以便使 LED 显示器能适用于电池。

虽然单个 LED 只能发一种颜色的光（红、橙、黄、绿或蓝），但是多种颜色也是可能的。例如，要显示红和蓝色，可以在显示器的上半部采用一个红色 LED 阵列，而在下半部采用一个蓝色 LED 阵列组成。另外，每个像素可以用两个或三个单体 LED 为一组构成 。例如有一种由两个 LED（红和绿）为一个像素的显示器。当某个像素被激活时，它就显现出红、绿或黄色（红和绿 LED 同时点亮时）。

② 等离子显示器。等离子显示器（又称气体放电显示器）既可使用交流电又可使用直流电，它们包括用点阵或段字符构成单个字母和多行字母的显示器和用大点阵屏幕构成的图像显示器。等离子显示器已经被应用于信息布告、收银机显示屏、科学仪器、计算机终端、打字机、彩色电视机、自动银行机器和汽车上。

大屏板显示的应用是等离子显示的一项主导应用技术。大型等离子显示器的尺寸（对角线尺寸）可达 1m 或更大。图形显示器典型的像素分辨率在 25～50 个像素/cm（65～130 个像素/cm）之间。通常的阵列为 256×512、512×512 和 1024×1024，以适用于计算机显示器。

大部分等离子显示器发橙色光。可是，采用合适的过滤器也可以在绿色背景下构成看似黄色的显示器。也有可以产生其他色光的样机样品，但在大部分应用场合，其颜色不够饱满，亮度也太低。

等离子显示器的亮度在 35～1700cd/m^2。可是，部分这种显示器不能用于室外。这种显示器试验品的点亮度最高可达 34000cd/m^2。

显示器的灰度阴影可以通过几种方法产生。其中的一种方法（又称 ordered dither 法）可用于标准高分辨率的交流等离子显示器上，这种方法与印刷业中采用的 half-tone 过程类似。

等离子显示器可以工作在温度为－15～＋55℃的环境，可视角度的范围也很大，即可从通常位置到 80°范围。除此之外，有些等离子显示器还能够采用存储方式工作，这样可以减少一次刷新扫描。

等离子显示器也有一个缺点，即需要相当高的驱动电压（100V 范围之内），另一个缺点就是大屏幕的价格昂贵。

③ 液晶显示器（LCD）。液晶显示器是一种光调制器而不是光发生器。为了能显示，必须有一个外部光源或背景光。

液晶显示一直是最成功的一种平板显示技术。已经开发出了几种不同类型的LCD。其中最重要的类型有孪晶相列型（twisted nematic)、超孪晶相列型(supertwisted nematic)、近晶状晶体型（smectic)、活性阵列状晶体型（active matrix)。在要求便携性、电池供电、低价格和能用于高亮度环境时，LCD往往是首选的平板显示技术。其典型的应用包括有手表、计算器、便携式计算机、照相机、电池供电的视频游戏机和汽车。

LCD可以是从只能读取非常小的单个字符或多个字符的小型尺寸到能读取2000个字符并具有图形功能的中型尺寸显示器（80行×25列)。同时，许多大型尺寸的试验机型也已开发，并可用于电视机和其他图像应用场合。例如，“晶体颜色”还具有灰度层次和全色效能。

LCD的一个特点是它的对比度会随着亮度的增加而增加。其典型的对比度范围在3∶1到10∶1，但是，也可达到更高的对比度（例如：25∶1)。

小型LCD显示器的功耗非常低（典型值为$1\mu W/cm^2$)，这就使它在需要延长电池工作时间的使用场合非常理想。

小型LCD元件价格很低，但大型LCD显示器就比较昂贵了。

用于室外的LCD，其工作的环境温度可以从－30～＋80℃（－22～＋176 ℉)。除此之外，LCD还有更具竞争力的光调制技术（如：ECD）有更长的使用寿命。

有些LCD存在一个可视角有限的问题，一般从通常位置到不超过45°。对比度也会随视角变化而变化，可是，当观察者的眼光与显示屏垂直时，其亮度通常很高。

反射是LCD又一个常见的问题。光线从前部表面的反射可能使看屏幕非常困难。在另外一些时候，可能需要使显示屏略微向前或向后倾斜一些以减少不希望有的镜面反射，而这种反射会使那些有趣的信息变得模糊不清。在无法倾斜显示屏的时候，观察者就必须挪动观察位置。可是，如果使用者（如：使用微型计算机者）和产品的位置是固定的时候，对任何带有LCD的产品进行倾斜调节都是必需的。

④ 电致发光显示器（EL)。交流和直流电致发光显示器也是新开发的显示器。电致发光显示器特别适用于需要携带方便、图像质量好和室外观察的情况。装有电致发光显示器的产品包括：汽车、便携式计算机、复印机和医疗与过程控制仪表。因为电致发光显示器价格很贵，因此很少用于消费产品。

电致发光显示器有从小型（几厘米长）到巨大型（几米长）的许多尺寸。最大的组合式EL显示器适用于机场与火车站显示到达和出发时间信息。其典型的阵列尺寸为256×512、320×240和640×200。

大部分的EL显示器发的光是黄-橙色。并逐步开发了蓝色、蓝-绿色、绿色、黄色、黄-绿色和红色EL显示器。

大部分EL显示器的亮度在$85\sim1000cd/m^2$。现在这种显示器的试验品已经可以达到$3400\ cd/m^2$或更高的亮度。

根据介绍，EL显示器的分辨率为中等到很高［大于100像素/cm（250像素/in)］。对比度很高，图像质量也很理想。至少一个模块有一个灰度，这就意味着其能满足图像的要求。全色和视频是其未来可能的应用领域。

EL 显示器的可视范围很大（从通常的位置到 70°），显示器的工作环境温度为 0～55℃。虽然需要的电压相当高，但其电流很小，因而有时使用电池也可以工作。

⑤ 真空荧光显示器（VFD）。真空荧光显示技术组合了阴极射线管（CRT）和三极管元件。这种显示器件可以用在小型到中型显示屏上以显示字母符号和图像。其典型的应用包括收银机、科学仪器、电子打字机、复印机和汽车。

VFD 的分辨率为中等（高到 70 像素/cm），其典型的阵列为 128×128、320×240 和 256×256。与 CRT 相同，VFD 的颜色取决于发光磷的选择。至少有 9 种颜色可用。但是，其他许多颜色可以用滤色器产生。有些模式还具有灰度层次功能，因而适用于图像应用场合。如果采用三种磷材料，就可做成全色和彩色电视机。

VFD 的某些模式，其亮度可以高达 2800 cd/m²（815ftL），其供电的需求为从低等到中等。因此，有时使用电池也可以工作。VFD 的工作环境温度可以从－10～＋50℃（14～122 ℉）。

（3）各种技术的比较

表 8-7 汇总了上述讨论过的各种显示技术的功能。“显示技术”项（CRT、LED、等离子显示等）的×号表示采用该技术的显示器满足该项要求。例如：CRT 除了电池供电外，满足其他所有的要求。然而，所示的特定技术的某种组合则可能是不可行的。例如，特大 EL 显示器和高分辨率显示器都是可行的，但是高分辨率的特大 EL 却是不存在的。

表 8-7　显示技术的比较

要求		显示技术					
		CRT	LED	等离子	LCD	EL	VFD
显示形式	字母	×	×	×	×	×	×
	图像	×	×	×	×	×	×
	图像/灰度层次	×		P	P	P	×
分辨率/点距	中	×	×	×	×	×	×
	高	×	×	×		×	
显示器尺寸	小	×	×	×	×	×	×
	中	×	×	×	×	×	×
	大	×		×	×	×	
	特大	×		×	P	×	
颜色	单色	×	×	×	×	×	×
	有限色	×	×	P	P	P	×
	全色	×	P	P	P	P	P
环境	高亮度	×	×	×	×	×	×
	低亮度	×	×	×	×*	×	×
	宽视角	×	×	×	M	×	×
	电池供电		×	M	×	M	M

注：×表示该性能有效，能满足要求。

M 表示介于两者之间。

P 表示可能，但由于技术困难、性能差或成本价格等因素而无商业可行性。

* 表示如配备内部光源，则可适用于低亮度环境。

表 8-7 可用于按行查阅，辨别那些不适合某种应用要求的技术。例如：LED 和 VFD 都不能满足特大显示器的要求，因此就会排除其进一步考虑的可能性。

① 信息类型：

灰度层次——单个像素的亮度可能变化或产生灰度阴影。

② 分辨率/点距：

中——至少 25 个像素/cm；

高——至少 50 个像素/cm。

③ 显示器尺寸：

小——适合于手表、微型电视机、收银机、收音机、家具、录像机和照相机；

中——适合于微型计算机用 2000 字符显示器（80 列×25 行）、汽车仪表屏和小型信息显示布告板；

大——适合于微型计算机和录像机的全页显示器、电视机和小型信息显示布告板；

特大——适合于 CAD/CAM 显示器、达到和出发时间信息板、电视机、大型绿色电视机和广告信号。

④ 颜色：

有限颜色——不用滤色器时，可有 2 种或 2 种以上的颜色。

⑤ 环境：

高亮度——适合于室外使用；

低亮度——适合于昏暗和黑暗的环境（如：烛光）；

宽视角——离通常位置至少 45°。

8.4 听觉显示

利用听觉信号传递信息的方式称为听觉显示。通常使用的听觉显示器有铃、喇叭、蜂鸣器等。在设计听觉显示时，人机工程学应主要考虑以下因素。

① 应明确希望传递什么信息，以及它的用途或功能。此外，还应了解它与其他显示形式相比较的相对优点、不同听觉显示形式的性能等。这样才能确信自己选择了正确的显示类型。

② 要搞清听觉显示所处环境的噪声强度与波谱构成。为保证听觉信号的可察觉性，其强度与频率必须与周围的噪声有明显区别。

③ 人的因素。必须保证由显示器发出的听觉频率在人的听觉范围内。任何给定听觉显示的有效性受制于它所处的总的环境。信号的大小和它们的编码应该尽量利用与使用者之间的自然关系。理想的听觉信号能“解释”所要求的反应，以便扩大其兼容性。当显示复杂的信息而又不宜选用语言信号时，可考虑采用分段发出信号的方式。首先应该发出能吸引人的注意力并能大致让人区分其类别的信号，紧接着再发出指定的特征信号。该信号能使人辨别先发出的信号所指定的大体分类中的明确意义。听觉信号应易于与同时

发出的其他声音（如机器运转的声音、嘈杂的背景声等）相区别。除非必要，在一种信号中不要同时提供较多的信息。当给予收听对象的信号较多时应避免让他听见部分信号。此外，同样的听觉信号无论何时都应该表达或传递相同的信息。

报警信号则应该形成自己独特的格调，以与其他信号相区别，并综合运用下列原则。

① 使用高强度的特发音响以及可变频率的声音要比稳定不变的声音更易引起警觉。

② 声音不应分散收听对象的注意力或惊吓收听对象。

③ 引起警觉的时间不到 1s，因此，声音应尽快地转换成明确的信息。任何后续信号也必须转换为其他信息，并在 2s 后才表现出来。

④ 如果使用了不同的警报信号，那么，相互间必须能够明显区分。

⑤ 警报信号既不应遮掩其他重要信号，也不能为其他信号所遮蔽。

⑥ 要避免能引起痛觉或造成损伤的强度，当不得不使用高强度的音响时，应避免使信号频率范围过于集中。要使用低频，不使用高频，并使信号保持短促。

表 8-8 提供了部分听觉显示器信号的强度范围和主要频率。

表 8-8 听觉显示器信号的强度范围与主要频率

大范围:高强度作用区域			
装 置	平均强度水平/dB		主要可听频率/Hz
	在 3m 处	在 1m 处	
100mm 铃	65～77	75～83	1000
150mm 铃	74～83	84～94	600
255mm 铃	85～90	95～100	300
扬声器	90～100	100～110	5000
汽笛	100～110	110～121	7000
小范围:低强度作业区域			
装 置	平均强度水平/dB		主要可听频率/Hz
	在 3m 处	在 1m 处	
重型蜂鸣器	50～60	70	200
轻型蜂鸣器	60～70	70～80	400～1000
25mm 铃	60	70	1100
50mm 铃	62	72	1000
75mm 铃	63	73	650
谐音钟	69	78	500～1000

当传送信息的目的是为了吸引产品使用者的注意力时，音频警示器常常要比视觉显示器更好，因此，音频警示器被广泛用作报警装置。当信息比较简短时，音频警示器也是最好的选择，如表 8-9。

表 8-9　消费和商业产品上音频警示器的典型用途

产　　品	典型信号	产　　品	典型信号
汽车	•开门	电话	•线路忙
	•座位上的保险带未绑好		•语音信息
	•雷达超速测定	电话答话机	•语音信息
	•语音信息	倒计时器	•计时到
计算机	•条件错误	办公复印机	•卡纸
	•语音信息		•语音信息
打印机	•纸张用完	倒计时器	•计时到
数字手表	•新计时开始	办公复印机	•卡纸
即拍即取照相机	•语音信息		•语音信息

音频警示器用在各种消费和商业产品中，如表 8-10。声音信号可以用简单的音调、复杂的音调和语言信息构成。音调可以是连续的、周期性的和非周期性的。复杂的音调可以由一种以上频率的声音成分组成。复杂音调的例子包括铃声、喇叭声、汽笛声、钟声、蜂鸣器声、哨声和能发出由声音脉冲构成的爆裂声装置。

表 8-10 可以用来判定某种音调信号和语音信息是否最适合某一特定用途。注意讲话可以被用作所有各种信息信号，而音调信号只能建议用来反映某种状态、传达警报和显示某种质量信息。

表 8-10　针对各种用途所建议的典型音频警示器

用　　途	音频警示器的类型		用　　途	音频警示器的类型	
	音调信号	言语		音调信号	言语
表示状态	×	×	传达报警	×	×
功能识别		×	显示质量信息	×	×
命令		×	显示数量信息		×

音调信号可用于以下任何一种情景：

- 听者需要立刻作出反应时；
- 听者必须改变随之而来的语音信息时；
- 噪声条件不适合语言信号时；
- 语言信号会干扰其他人或屏蔽其他信息时。

另外，语音信息还经常被建议用于以下一些情况：

- 对信息的灵活性要求高的场合（例如：可能的信息语句相当长）；
- 一个简单的代号可能难以充分表达信息详细含义的场合；
- 收听者未曾培训的场合。

8.4.1　音调信号和声音报警

音调信号经常被用来传达警报。这些信号必须足够响以便能测听到，但是也不能太响。

通常建议所有的报警信号至少比预期的环境噪声大 10～15dB。对于大多数的应用场合，这些声音必须在 0.5s 之内引起听者的注意，并且要在听者作出适当的响应之后才会消除。

声音报警的频率一般在250～2500Hz之间。在这个范围之内，连续和间断的音调信号频率都必须限制在400～1500Hz之间。对于发颤和忽大忽小的音调信号，其频率可以更小些（在100～500Hz之间）。除了通常推荐的声音报警器以外的两个报警器是蜂鸣器和喇叭，蜂鸣器的频率可以低到150Hz，而喇叭的频率可以高到4000Hz。

音调信号的不同效果可以通过各种方式提高。最明显的方法是提高它的强度，另一种方法是调节固定周期的嘟嘟声的大小和定期地改变信号的频率以使音调的上升和下降按每秒1～3次的频率变化。

最新的一些研究已经注意到了复杂发声方法的某些特性能够使其满足声音报警的要求（例如：与对紧急事态的感觉器相联系）。试验的发声方法包括利用计算机产生脉冲和爆发声音。这些研究有如下结果。

- 紧急事态用高频率和一定程度不和谐的信号会表现得更有效。
- 如果脉冲周期小于10ms，则调制幅度大小和采用其他形式的包络形状，其效果都很小。
- 发声过程中的脉冲间隔时间越短，报警的紧急感越强。
- 不规则的短促的脉冲形式产生的报警效果比规则的脉冲形式好。
- 上升型产生的紧急感要比下降型强。

8.4.2 语言信息

为产生语言信息，已开发出三种不同方法：预先录音、语音数字化和合成语音。这三种方法都各有其优点和缺点。

用磁带录制人的语音是最熟悉的预先录音的例子。例如，电话答录机就是采用这种技术。所有这些预先录音装置所录制和保存的讲话语句、短语或较长的讲话段落都可在以后回放。这种预先录制语音方法的主要优点是它的语音质量高，缺点是缺乏灵活性（不重新录音就完全不能产生新的信息）和不能及时得到所希望的信息。而后者的缺点已经可以部分地通过某种新的技术给以迅速解决，这种技术就是通过大量存储和将那些经过合理规范的短语与句子串接起来的方法实现的。

第二种方法——语音数字化，也需有一个录制阶段。一系列口述单词经过数字化的编码和压缩，再存储在非挥发性的存储器中（例如：只读存储器ROM），然后，通过一个合成的设备从存储器件中选择出单词，构成短语和句子。同样，这种方法也缺乏灵活性，如果某个单词原先没有录音和存储，那么，在某个信息中就不能使用。这种数字化语音方法的优点是有较好的语音质量和较低的成本。许多可以“讲话”的产品（汽车、照相机、微波炉、复印机等）都是采用这种方法。

第三种方法——合成语音是一种最复杂和最灵活的方法，因为其可创建的讲话单词数量几乎是无限制的，它不需要人口头输入。语音信息可以采用按照模拟人的讲话规则将各种音素串接起来的方法构成。可惜的是用这种方法产生的语音听起来不够自然，因为它缺乏真人讲话应有的音调、语气和重音，在有些句子中，合成发声也可能会难懂。采用语音合成产品的例子就是按照打印的英语单词产生声音的“字符-发音”系统。

对在语音警示器中产生语音信息的三种方法的比较列于表 8-11 中。表中的输入是以对不同收听要求所做试验的结果为基础的，预先录音和语音数字化的质量对听者来说是可接受的，因此，如果某种消费产品或商业产品有语音要求时，就可以考虑这两种方法。那些对可懂性和声音自然要求很高的产品不推荐采用音素连接的语音合成方法。但是，随着更好的模拟真人发声方法被开发出来，语音合成的质量有望得到改进。

表 8-11　比较产生语音信息的几种方法

方　法	属　性			
	可懂性	可理解性	自然性	可接受性
预先录音	高	高	高	高
语音数字化	中	中	中	高
语音合成	低	中	低	中

虽然，与语音输出器件有关的技术问题正获得迅速解决，消费者仍对某些新技术提出了一些保留意见。从调查情况来看，人们逐渐对机器语音持肯定的看法，但是他们还是希望能对诸如机器的发音语调、声音的大小、信息的持续时间和机器可能讲的内容等因素作更显著地改进。一般说来，对否定的反应最好用短的语句，而对肯定的反应最好用长的语句。对否定的回答最好用“再试一次”，对不喜欢的用“不”和“你错了”。另外，还发现对男人最好用女性声音，而对女人最好用男性声音。

调查的反馈意见还要求建议在消费产品中采用语音技术，提议最多的是厨房用具。另外的反馈意见还包括商业产品，其中如用于存书和提供书目清单的产品、警报系统、要求提醒用户需做什么事情的产品以及识别汽车内出现机器故障原因的系统。

在商业和消费类产品中，潜在的语音输出需求非常巨大，但是大部分至今还没有被人们很好地接受，尤其在消费类产品中，语音输出还属于超前，因为目前使用它们还比较昂贵，而且还显得华而不实，但是，这些也给消费者留下了印象，例如：“会说话的微波炉”的销售就很差，以致生产厂商已经停止了生产。同样，当一台小型会说话的台式复印机安放在办公室附近时，它也不受欢迎，这种复印机有个令人讨厌的习惯，即每当它复印一次后的几秒钟内，就会不断“唠叨”提醒使用者“取走原稿”文件。没有几天，用户就只得用一盘磁带盖在扬声器上，以减小发出的声音，过后没多久，这种声音就变得非常讨厌，以致有人就不再让它重复发声了。

因此，信息的传递应该非常清晰，发音技术除非应用合理，否则就会成为负面因素。产品在开发期间，对产品的定型和反复试验都必须建立在确信能为用户所接受的基础上。

8.5　实例分析与研究：LCD 的反射和偏光对视距的影响

在 LCD 的应用中，反射和偏光是影响可视效果的主要因素。本案例介绍了关于反射和偏光对视距以及人在LCD上阅读时产生的主观视觉疲劳影响的研究试验。通过40位试验者获得对视距及主观视觉疲劳的测量，结果显示：LCD的平均视距为42.3cm；屏幕的反射现象将导致较短的视距和较大的视距可变性；受试验者称在有屏幕反射的情况下会更易感觉视觉疲劳；视距与视觉疲劳有着显著的关联，受试验者表示保持较大的视距，可减少视觉疲劳。

8.5.1 液晶显示器（LCD）的人机工程学研究

信息时代的一个结果就是人们越来越依赖电脑去做许多日常工作，比如处理数据，写报告，发邮件。视觉显示终端（VDT）成为人和计算机信息交互的基础界面，大多数流行的视觉显示终端是阴极射线管CRT。但是，作为便携式的装备，CRT的大体积和其他的缺点限制了它的应用，平板式显示器（FPD）的发展克服了CRT的缺点，其结果是，笔记本电脑和字处理器在许多无法使用CRT的工作环境得到了应用。然而，作为一种最流行、最成熟的视觉显示终端（FPD）——液晶显示器（LCD）技术，对其人机工程学的研究评价却很少。

大多数获得视觉显示终端影响的方法可以分成三个类别，每一个类别都有其特殊的问题和限制。第一类方法可以通过测量不同的眼球运动机能和视觉灵敏度系统中的变化来获得视觉显示终端的影响。比如：适当调节、聚集、临界融合频率。但这些方法容易受干扰，并要对受试验者施加不同的约束。第二类方法采用更为一般的，但具有先天缺陷的视觉操作作业的方法，例如，即使用户在注视的用心程度上有差异，仍可能维持相同的性能级别，从而难以判断视觉显示终端的影响因素。此外，随着时间的增加，视觉性能下降反映出的因素，如厌倦或低觉醒与视觉显示终端的设计是无关的。第三类方法则采用针对测试对象进行问卷、采访或非正式讨论等方法，这些方法运用起来相对简单和经济，但容易受流行偏见的影响而使结果带有偏差。而要获得真正有效的结果必须确保测量是客观的，不受干扰的，易测的，过程相关而非结果相关和难以伪造的。综合对视觉显示终端工作者行为特征的研究结果，如辅助行为，垂直视角和眨眼率，表现了克服上述方法的许多限制和潜在的约束。

另外一个可以证明对评估视觉显示终端设计有用的行为测量是视距测量。眼睛的较短成像距离需要睫状肌产生较大的力来适应视觉刺激。合并视网膜上的两个映像所必需的眼外肌肉力是和眼睛的角度成比例的。通常认为较短的视距增加了睫状肌和眼外肌的张力，同时能产生较大的视觉疲劳，因此，视觉显示终端的视距与视觉疲劳相关，与50cm视距相比，100cm的视距较不易产生视觉疲劳。屏幕颜色的组合会显著影响视距，红色的文字在绿色的背景上较其他的颜色组合视距要短并会产生较大的视距标准偏差。视距可以反映视觉显示终端设计各方面的适应度。

LCD的两个主要问题是亮度对比度的限制和视角的限制。通常，用户在观看LCD的屏幕内容时往往会离屏幕很近。这样会造成短的视距，引起严重的视觉问题。

屏幕反射是LCD在使用中普遍存在的问题。对头顶上方光的反射是闪烁的主要原因。反射是发散的，能够降低屏幕与背景之间的对比。当屏幕上出现反射时，为了看清屏幕上的内容用户不得不向屏幕移动得更近。

CRT 显示器是研究这种反射的主要类型，而对 LCD 的反射影响研究较少。与 CRT 相比，LCD 的屏幕更扁平，更小，而且其表面还作了防反射处理。在本项研究中需要调查 LCD 的特性是如何影响视距和视觉疲劳的。

偏光在视觉显示终端的设计中是重要的考虑因素，但其研究成果较混乱。有些研究称偏光没有影响，另一些称黑色的字体在有偏光的背景中，可视性能可以得到改善。大多数偏光研究用的是 CRT，因此仍需测定偏光和 LCD 显示器的特性之间是如何相互作用的。另外，白色背景可以减少反射光的能见度，这对有闪烁和反射现象时的情况是有利的。视距可作为评价反射和偏光间相互作用的指标。

8.5.2 方法

(1) 试验设计

研究的目的是为了评价反射和偏光对 LCD 用户的视距及视觉疲劳的影响。反射和偏光是两个独立的可变因素。屏幕的类型是 TFT 型的 LCD 显示器。试验设置了两种相反的显示状态：白色的文字在黑色的背景上或黑色的文字在白色的背景上，并且在屏幕上存在反射或没有反射。当屏幕上有反射时，反射的区域及亮度和其他相关的数据显示在图 8-9 中。因为屏幕表面的前方被覆盖，以减少镜面反射，只有散射的反射能够在屏幕上看见。这些反射是头顶上两盏灯的映像，每一盏灯由两个 40W 的荧光灯组成，这两盏灯被固定在高于地面 2.6m，离屏幕 2.7m 和 4.5m 的地方。如图 8-9 所示，较近灯的映像出现在屏幕上方，其面积约 4cm×19cm，亮度是 90cd/m^2；较远灯的映像出现在屏幕下方，面积为 3cm×16cm，亮度 70cd/m^2。在无灯的映像区域亮度少于 70cd/m^2。由经验决定一个大体舒适的显示状态。在试验开始前，十个受试验者被指定对同一状态在没有反射和两种偏光的情况下可以任意地调整亮度和对比度直到他们获得他们感觉舒适的屏幕外观，从文字和背景的显示中心测定光度计

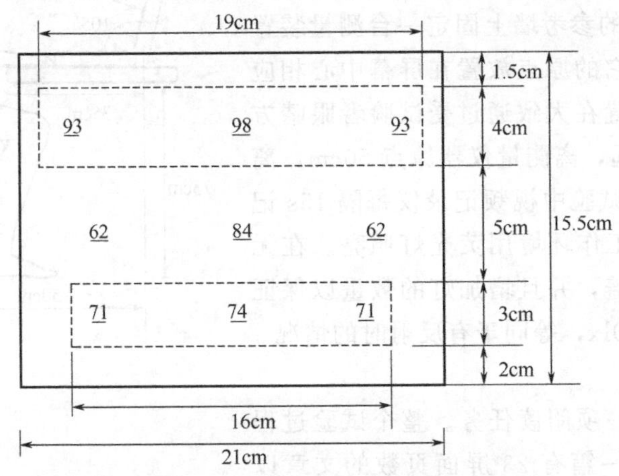

图 8-9 LCD 屏面的反射区域与亮度（屏幕面积 21cm×15.5cm）

虚线区域是反射区，屏面内的数据为在这些点上测得的亮度

的读数。

(2) 受试验者

接受试验的人为8名女性和32名男性学生。他们都习惯用右手，年龄在20～36岁之间（$M=22.7$，$SD=1.6$）。所有的人都有0.9或更高的裸眼视力，有正常的色觉。十个受试者被随机地分配到每一个试验。

(3) 仪器

一台屏幕镜SS-3用来测量受试验者的视力，一本标准的等色图表用来测量受试验者的色觉。用一台微颜色分析器CS-100测量相关红外能量色度坐标颜色。一台带有10.4in TFT型LCD显示器的奔腾90笔记本电脑用来完成试验的显示任务。屏幕的分辨率是640像素×480像素，刷新频率是60Hz，屏幕被遮掩，通过光散射以减少镜面反射。受试验者的视距通过一台自动聚焦视频记录仪记录。

表8-12中L为亮度，白与黑的明度对比为0.85。明度对比可由下式确定：

$$(L_{\max}-L_{\min})/L_{\max}$$

表8-12 LCD屏的白—黑色度坐标（X，Y）

坐标	LCD屏幕	
	白色	黑色
X	0.260	0.326
Y	0.301	0.243
$L/(\mathrm{cd/m^2})$	22.6	3.3

(4) 工作环境

图8-10展示了试验任务的布局。笔记本电脑放在高73cm的桌子上，桌子的前缘与屏幕中心的距离是35cm，屏幕与水平轴之间的倾角是105°，调整由任务确立的参数。在试验开始前，受试验者调整他们座位的位置以使他们感到尽可能地舒适，在试验中，他们可以自由调整视距。

在LCD右边45cm远的参考墙上固定一台测量装置来测量受试验者的视距。它的原点放置在屏幕中心相应的地方。视频记录仪被放置在大致通过受试验者眼睛方向，正对着参考墙6.5m远，离测量仪器原点50cm，离地面110cm高的地方。在试验中视频记录仪每隔15s记录一次，测得的是视距。工作环境用荧光灯照亮。在无反射的条件下，用灯罩遮盖，并且增加灯的数量以保证周围环境的亮度大概为350lx，等同于有反射时的情况。

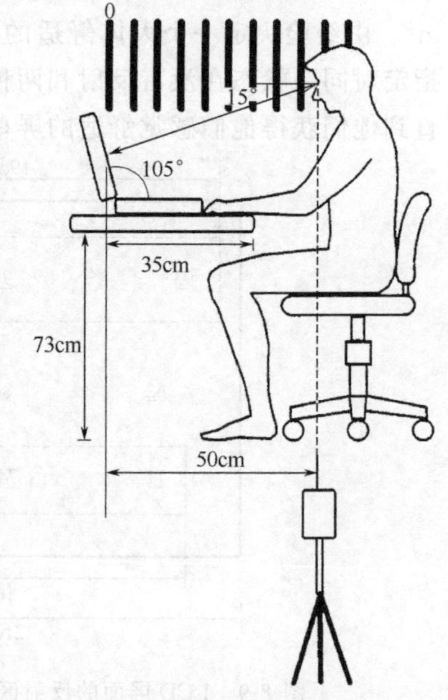

图8-10 试验作业工作站的布局

(5) 任务和程序

受试验者被指定完成一项阅读任务。整个试验过程由以下顺序的事项构成。一篇有23屏面页数的文章以2min一页的速度显示，要求受试验者阅读这篇文章，并且要求在试验结束前的4min内完成8项阅读测试。文章都以中文显示，字体以15×16的字型显示，字的高度和宽度分别为4.5mm和5mm，每屏幕的文章被安排为23行，每行33个字。字间距是0.5mm，行间距是1mm。用于显示字的区域是13cm高和17.5cm宽。

（6）相关的测量和数据分析

分析三个相关的测量值：视距，视距的标准偏差和客观的视觉疲劳如表8-13。

表8-13 视距和客观的视觉疲劳

独立变量	n	视距	视距的标准偏差	客观的视觉疲劳
反射				
有	20	39.4	7.1	28.8
无	20	45.1	4.2	21.4
偏光				
白字黑背景	29	43.6	6.1	24.9
黑字白背景	20	40.9	5.2	25.3
总平均	40	42.3	5.7	25.1

视距被定义为受试验者眼睛到屏幕的距离。受试验者眼睛到屏幕的水平距离由记录带读得，通常视线低于水平线15°，试验中共收集到120个视距的数值。排列这120个数值，算出标准偏差。客观视觉疲劳的测量是基于对试验者的问卷调查。问卷调查由以下六项构成：

① 在阅览屏幕时有困难；

② 眼睛周围有异样的感觉；

③ 眼睛感觉疲劳；

④ 感到麻木；

⑤ 在阅览屏幕时感觉晕眩；

⑥ 感到头疼。

受试验者在满分为10分的范围内回答问卷，“1”表达“一点也不”和“10”表达“是，非常”。关于这些项的回答的总和被视做是一种自然状态的得分。在试验结束前进行这一问卷调查。

在相关的测量中进行差异分析。皮尔森乘积瞬时相关性被用来检查客观视觉疲劳与视距之间的关系。所有的计算都是由统计分析系统来完成。

8.5.3 结果

平均视距、标准视距偏差和客观视觉疲劳在不同变量级别时的变化如表8-14所示。每一个相关测量差异分析的结果分别如表中所示。

表8-14 平均视距和客观视觉疲劳在不同变量级别时的变化

类别	独立变量	n	视距/cm	标准视距偏差/cm	客观视觉疲劳
反射性	是	20	39.4	7.1	28.8
	否	20	45.1	4.2	21.4
偏光性	白字黑底	20	43.6	6.1	24.9
	黑字白底	20	40.9	5.2	25.3
	平均等级	40	42.3	5.7	25.1

8.5.4 视距

由表 8-14，视距变化的平均值为 42.3cm。反射性的主要影响是显著的，当有反射时，视距（39.4cm）明显小于无反射时的视距（45.1cm）。偏光对视距没有显著的影响。白字黑背景和黑字白背景的视距分别是 43.6cm 和 40.9cm。反射性和偏光显著的交互作用结果揭示了在有屏幕反射时，白字黑背景和黑字白背景的视距差别是不明显的。但是没有反射时，白字黑背景的视距（43.6cm）明显比黑字白背景的视距（40.9cm）远。图 8-11 揭示了反射性和偏光的交互作用。

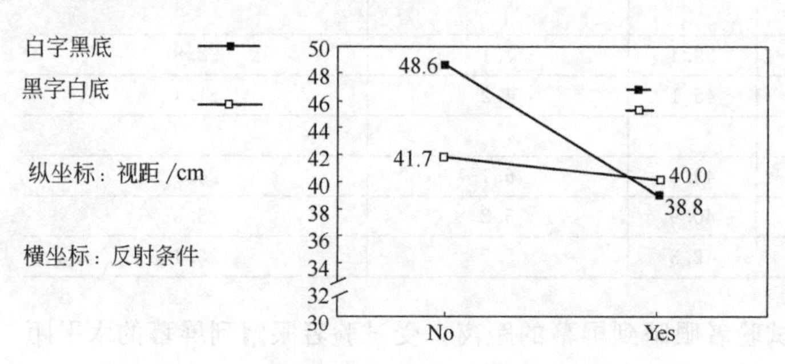

图 8-11 反射性和偏光对视距的交替作用

标准视距的偏差显示了存在较大的个体差异，变动范围为 5.2～7.1cm，平均值是 5.7cm（表 8-13）。差异分析的结果显示反射性的主要影响是显著的，屏幕有反射性时的标准偏差（7.1cm）明显比屏幕上没有反射性时的标准偏差（4.2cm）大，而偏光的主要影响不显著。反射性和偏光的交互作用在统计上也不明显。

独立参数的每一级别的客观视觉疲劳如表 8-14 所示。差异分析的结果显示反射性的影响是显著的。受试验者称屏幕上有反射现象时的视觉疲劳（疲劳值为 28.8）比屏幕上没有反射现象时的视觉疲劳大。其他影响不明显。皮尔森乘积瞬时相关性系数揭示了视距与视觉疲劳的关系是逆向的。然而，视距的标准偏差与视觉疲劳的相互作用在统计上不明显。

8.5.5 讨论

(1) 视距

研究的主要目的是调查反射性和偏光对 LCD 视距的影响。结果显示 LCD 屏幕用户的视距为 42.3cm。虽然这个视距比可接受的最小值 30cm 大，但这比从许多 CRT 屏幕的试验得到的值要小。这种结果的两种可能的解释为：首先，由于 LCD 的低亮度对比度，较小的视角和低的分辨率使受试验者为了看清楚文字必须离屏幕近些；另外，由于 LCD 的屏幕较小，所以 LCD 上的字较小，受试验者为了看清楚 LCD 上的图像，必须缩短视距，由于视距减小，LCD 用户较普通的 CRT 用户更易感觉视觉疲劳。随着 LCD 技术的发展，LCD 缺点的减弱，视距可以得到增加。

偏光对视距和视觉疲劳的影响是有限的。在没有反射性时，文章以黑字白背景的形式显示，视距为 41.7cm。反射和对比灵敏度的降低可能会影响这些结果。反射引起黑色背景上出现白色向比邻黑色区域扩展的情形，因此白色背景上的黑字会看起来比较细和难以阅读，这将导致较短的视距。此外，背景亮度的增加会使对比灵敏度降低。在有反射性时，黑字白背景形式显示的视距为40cm，这与没有反射性时是近似的。亮的背景往往有利（亮的背景可以减少闪烁和屏幕反射性的可视度）的假设是可疑的，有待于进一步的研究。

在文章以白字黑背景的形式显示并当屏幕出现反射性时，视距将明显缩短，因此，反射性是影响视距和客观疲劳度的重要因素。反射性会降低字与背景之间的对比度，使阅读变得更加困难。当屏幕上没有反射性时，目标与背景之间的亮度对比度大约是（22.6～3.3)/22.6＝0.85；而有反射性时，亮度对比度会降低，因为虽然（$L_{max}-L_{min}$）不变，但L_{max}增加了，对于同一个可视目标，目标的视角必须增加。换言之，受试验者必须离屏幕近些来阅读文章。当屏幕上有反射性时，标准视觉偏差变大。在有反射性的条件下，受试验者似乎必须频繁改变他们的工作姿势，他们会向屏幕移动，以便看清由于反射所产生的模糊光亮造成的部分“褪色”的文章。当他们看的文章没有被反射性的光遮蔽时，他们会向后倾斜，可能是为了避免过度的视觉紧张。这种频繁的前后移动可以解释为何在屏幕上有反射性时，会产生较大的标准视距偏差。由于较短的视距和较大的视距可变性，受试验者会经历更多的视觉紧张，因而在有反射性情形时，会更易感觉视觉疲劳。

（2）客观视觉疲劳

受试验者在屏幕有反射的情形下，会更易感觉视觉疲劳，而且，客观视觉疲劳与视距有显著联系。对一个较远的视距，受试验者较少经受客观视觉疲劳，对评价视觉显示终端上目标的可视度，视距是一个有效的指标。

（3）结论

总之，在本研究中对所用的TFT型的LCD，视距大致为40～50cm。屏幕的反射性可以导致短的视距和较大的视觉疲劳，因为反射性可以降低目标与背景之间的对比度，因而导致较大的视觉疲劳。视觉显示终端的设计者和工作环境亮度的设计者应力争创造一个无反射的视觉显示终端工作环境。

视距是评价视觉显示终端上目标可视度的有效指标。尽管这些发现和结论对其他情况是否有效仍然需要进一步的研究。试验的任务是由认知决定的阅读任务，并且材料是中文，这可以解释为什么试验中得到的视距较小，将来的研究可以显示不同的任务和阅读材料。随着LCD技术的发展，LCD屏幕的缺点将会消失。

【习题八】

8-1　请比较听觉刺激与视觉刺激各自的特点，并说明为何在学校内传递上下课的信息提示以铃声传递更合适。如果在公共交通车辆上向乘客传递车辆到站信息，又以何种方式为好呢？请依据本章的相关内容予以分析说明。

8-2　在进行显示面板的色彩设计或控制单元、显示单元的色彩设计时，应如何考虑类似色盲的视觉障碍者的正确使用？

第9章 可视信息设计

- 文字标记
- 电子显示器的字母与数字
- 显示式样
- 图形符号
- 用户手册
- 编码
- 实例分析与研究：提示正确提举姿势的图形符号

与产品间进行信息交流的人/机交互界面的设计应当是技术与艺术的良好结合。产品的技术要求，显示装置的人机工程学因素，以及显示装置与产品其他视觉因素间的关系都是相互作用的。产品的显示器提供了产品成本即时状态的信息，以便操作者恰当控制；控制元件则使操作者能够影响产品成本的动作；而产品上的标志则应能够可靠标明和区分这些控制和显示元件，并提供其他形式的辅助信息。此外，产品上的其他图形形式，如镶边、嵌线和色彩对比区域也被用以强化人/机交互界面。使更易于识别特定的控制和显示功能，更有利于操作的进行。

产品的信息显示一般区分为静态与动态。静态显示用以标明或提供指示内容，或表现固定的数字信息；动态显示则提供离散状态的指示量或稳定状态的指示值、动态量、空间关系及模拟指示量。标志显然属于静态显示形式。

在这些不同显示形式间进行选择是一项重要的人机工程学决策，并为人机工程学的研究所左右。这种研究提供了影响显示形式和整个操作过程的速度，准确性的客观数据。但显示形式的最终确定仍依赖于指定的实际目标和适合于给定产品的显示器的形式。

产品向用户显示信息有多种方式：数字显示和类似的可视化显示、听觉显示、单词、图表、图片和编码。第8章讨论了视觉和听觉显示以及显示技术。而本章将讨论与设计结果有关的文字标记、电子显示的数字特性、显示格式、文本形象的数字化与图形符号。

由于图形符号能以一种简明易懂的和不受地域国度影响的方式传递信息，表示概念或实物，提供动作信息和有关条件。因此，近年来在各种机械产品上得到了广泛应用。

9.1 文字标记

在产品的设计文本中，印刷字符主要用于文字标记和为用户提供的文件中（指示表、用户手册、参考手册等）。文字标记包含了一个或更多的印刷字符，它们被用来鉴别功能（如特殊控制的功能）、传递简短的信息（如警告）。另外，连续的文本提供了关于产品操作和维修的详细信息。

为了容易理解，具有单词和连续文本的文字标记必须清晰和易读，字迹清楚指识别各个字母与独特字符的简易，它强烈地受到风格类型的影响。另外，易读性指阅读的简易，假定独特的字符是清晰的，除了信息的内容，易读性还受到使用大写字母或小写字母、行宽、字符间空格、单词、行、章节的影响。

排版指式样（独特字符的特征），排列和样式的显示，它影响了印刷材料的易读性。具体内容参见表 9-1 。表 9-2 提供了有关文字标记的用途、内容、位置和尺寸的指导。图 9-1 展示了文字标记的设计实例。在画面信息比口头表达效果更好，或口头表达不合时宜的情况下更应该考虑采用图形符号和图像。

表 9-1 版式设计原则

	视　距	最小高度①	推荐高度
各种视距相应的界面尺寸(文字的高度)	cm	cm	cm
	35	0.15	0.22
	70	0.33	0.50
	105	0.48	0.72
	140	0.66	0.99
字体	•最通用的字体应在文字大小、对比度、明亮程度和阅读时间都适当的情况下容易辨认笔画宽度和高度的比例		
		最大值	最小值
	•深色文字浅色背景②	1∶6	1∶8
	•深色文字深色背景③	1∶8	1∶10
字母宽度和高度的比例	•最常用的比例为 3∶5		
	•特殊情况：　1∶5　用于 I,1 4∶5　用于 M,W,4		
提高易读性的措施	•综合使用大小写字母表述连贯的内容 •主要标题用大写(所有第一个字母大写) •字母之间保持一定的间隙,各单词之间应保持一个字母的间隔 •新段落起始,应至少缩进一个空格 •着重强调部分采用黑体字 •每行长度 35～70 字母		

① 最小高度仅适用于可视性良好且亮度不低于 200lx 的情况下。

② 亮度大于 10lx 时，一般都采用黑色字体白色背景。

③ 黑色背景白色字体一般在光线很暗的情况下使用；典型的应用如铲雪车上的标志以及汽车和飞机上的仪表盘等。

表 9-2　文字标记的设计原则

<table>
<tr><td rowspan="6">用途</td><td colspan="5">用于识别控制面板、控制按钮、组件等</td></tr>
<tr><td>控制面板</td><td colspan="4">例如汽车环境控制系统控制面板的文字标记</td></tr>
<tr><td>控制单元</td><td colspan="4">例如空调控制的文字标记</td></tr>
<tr><td>组件</td><td colspan="4">例如空调控制中的温度控制文字标记</td></tr>
<tr><td colspan="5">标明各组件的功能，除非其功能非常明显</td></tr>
<tr><td colspan="5">传达简明的信息(例如警示标志)</td></tr>
<tr><td rowspan="6">内容</td><td colspan="5">显示面板或控制面板的文字标记不仅要标明设备的名称，更重要的是表现设备的功能</td></tr>
<tr><td>设　　备</td><td>推荐文字标记</td><td>设　　备</td><td colspan="2">推荐文字标记</td></tr>
<tr><td>转速计(汽车)</td><td>RPM</td><td>声音控制(音响)</td><td colspan="2">音量</td></tr>
<tr><td>速度计(汽车)</td><td>km/h</td><td>恒温器(家庭用)</td><td colspan="2">温度</td></tr>
<tr><td>调节旋钮(电视)</td><td>频道</td><td>调速器(割草机)</td><td colspan="2">慢……快</td></tr>
<tr><td colspan="5">文字标记应简洁明晰，尽量运用使用者容易理解的语句。除非意思非常明显或者空间上受约束，否则尽量不要使用缩写</td></tr>
<tr><td rowspan="5">位置</td><td colspan="5">对于垂直方向上的控制面板，如果其位置低于眼高，则文字标记应在其相对应的控制元件的上方</td></tr>
<tr><td colspan="5">文字标记应尽量标在水平方向</td></tr>
<tr><td rowspan="3">各种文字标记文字的推荐高度/cm</td><td>控制板名称</td><td>0.47</td><td>组件图形符号</td><td>0.32</td></tr>
<tr><td>控制单元</td><td>0.40</td><td>组件小标题</td><td>0.24</td></tr>
<tr><td>副标题</td><td>0.32</td><td></td><td></td></tr>
</table>

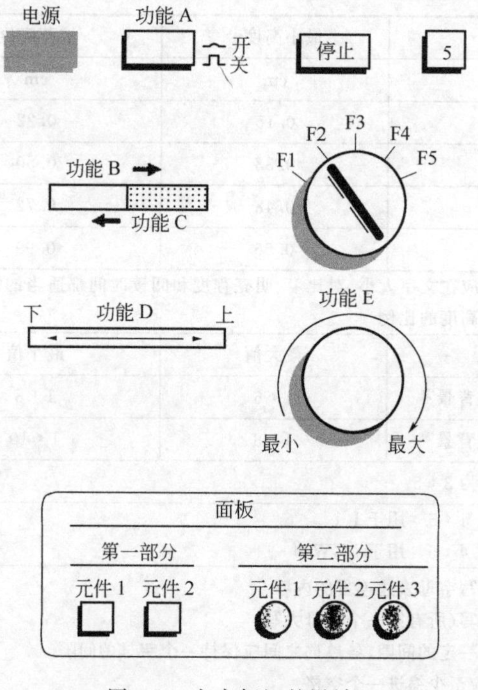

图 9-1　文字标记的设计

9.2　电子显示器的字母与数字

电子显示器的字母、数字，通常不如用普通印刷方法得到的字母数字清晰和美观。因为它们是由线段组成的，即扫描线段或点阵。然而，经过较好设计的电子显示器能够显示非常清晰的字母、数字和具有良好易读性的连续文本。

本节讨论了在显示简短信息和连续文本的显示器设计中，人的因素的数据应用。

9.2.1 分线段的字母数字与点阵的字母数字

电子显示器的字母数字，由被选择而启动的分割线段或小点记号（如个别的像素）构成。

分割线段的字母数字，可以通过启动从 7、14 或 16 个片段的固定式样中二个或较多的元素形成（图 9-2），或者通过在 $m \times n$ 点阵中选择的点来排列。如图 9-3，点阵显示和光栅扫描显示通过启动个别的像素或微小的分割线段来显示字母数字。7 段固定模式用以显示数字。14 和 16 段固定模式显示大写字母。另外，分割线段组成字母数字的模式可以是随机的，可以根据应用需要具有较好的易读性和美学性。

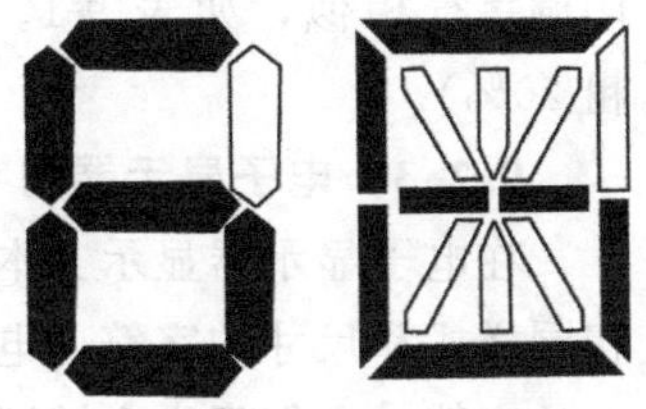
图 9-2 分割线段的字母数字

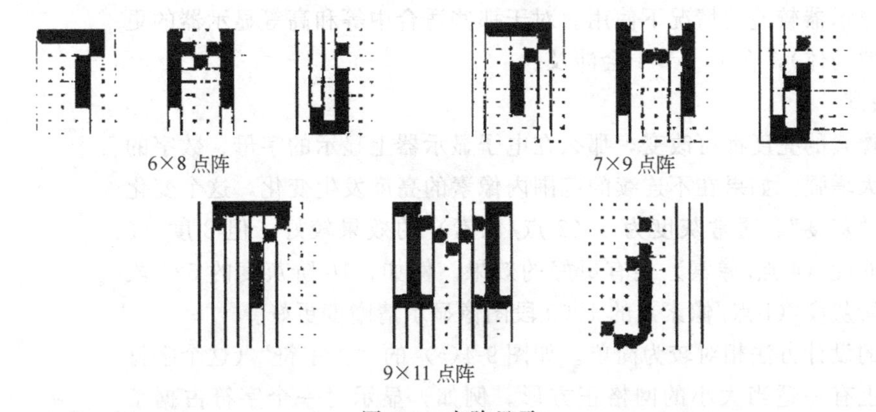

图 9-3 点阵显示

5×7 的点阵通常是能清楚显示大写拉丁字母的最小点阵。

如果要同时显示大写字母和带有“尾巴”的小写字母，最小的点阵为 7×9（“尾巴”指小写字母中在格式线下面的那一部分。带有“尾巴”的小写字母有 g，j，p，q，y）。另外，9 ×11 或更大的字母数字点阵对于显示多样的字型是完全必要的。

日语、中文和阿拉伯语的字母显示需考虑更多的问题。为了有较逼真的显示效果，建议选用 24 × 24 的点阵排列。

9.2.2 像素字符、所占空间与笔画宽度

电子显示器上显示的字母数字，其清晰度受到很多因素的影响。其中最重要的是图像元素（类似像素和点）的大小、形状和元素之间的空间。

研究表明，如果像素是正方形的，它们在各种组合下的显示效果要好于圆形或长方形的像素组合。圆点要好于椭圆。元素之间的空间需保证一个最小值，但不能超过元素宽度的 50%。通常，像素之间的空间越小，单个字符的清晰度就越好。

如果像素较小，字符点阵的格子数就可以多一些。就如上面所提到的，可

以提高单个字母和数字的清晰度和显示效果。小像素的另一个优势是柔性大：无论小的还是大的字符都可以构成。而大的像素对于字符的最小尺寸以及一次所能显示的信息量有较大约束。普遍的方针是，小字符适合于阅读，大字符适合于识别以及字符的辨认十分重要的场合。

电子显示器上显示的字母数字，其笔画的宽度与字符高度之比的推荐值与印刷字符相似，如表 9-1。但是，黑色的文字笔画要比浅色的粗一些（约粗 20%）。

9.2.3 电子显示器的字体

在电子显示器显示文本中的字体指字母与数字的设计。字型组指那些具有相同样式和尺寸的字符。电子显示器字体的设计应遵循两个策略：一是设计惟一的字符，它们很少会被混淆，由此通过美学的运用在最大程度上提高清晰度以满足易读性要求；二是设计的字符与流行的印刷字体相似。

点阵文本相对较易制作高清晰度的无衬线的字体字样。建议在字符的清晰度要求较高而显示器较差的情况下使用。对于那些适合中等和高等显示器的更复杂字体（如罗马体），在下一节中会涉及。

9.2.4 灰度

如果每个像素的亮度都可改变，那么在电子显示器上显示的字母、数字的清晰度就可大大增强。如果在不连续的范围内像素的亮度发生变化，这个变化的程度被称为“灰度”。通常灰度为 4（2 点/像素）的效果较好，但 8 度（3 点/像素）和 16 度（4 点/像素）会有更好的效果。例如，16 阶灰度的 525 段图像显示比 2 阶灰度（1 点/像素）的 1000 段图像显示清晰度更好。

单个字符的设计方法相对较为简单。如图 9-4(a) 的“主字符”（这个字符被放大描述）上有一适当大小的网格正方形。例如，显示时一个字符占据了 13 像素×13 像素的区域，网格有 169 个正方形。网格中每个正方形都对应了一个像素。每个像素的灰度由填着主字符和背景网格正方形的相应比例决定。图 9-4(b) 为 1 点/像素的字母 N，图（c）为 2 点/像素的字母 N。许多流行的印刷字体就是用这个方法制作的。它们广泛用于电子显示上。

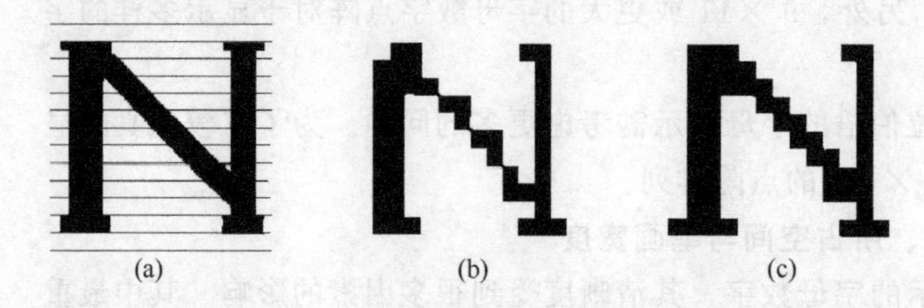

图 9-4 印刷字体的网格电子显示

灰影的应用可以提高显示的质量，因为它改善了显示器的显示效果。它的效果等同于将像素碎片填补边界的残缺边界。在对角线和圆角边经常出现的锯齿状图形消失了。

9.2.5 字符、单词、行之间的空间

字符、单词、行之间空间的推荐值变化很大。例如，字符间空间的推荐值范围从一个像素到大约字符宽度的一半，这由显示器的应用和质量来决定。单词间距的最适度取决于字符的间距。如果字符间的空间只有一个像素，那么单词间距只有一个字符的宽度。行之间的空间最少为一个像素。根据使用者的主观感受，4 个像素是最合适的行距。

9.2.6 色彩的应用

在设计形式式样时，为达到最好的显示效果，字母数字选择合适的色彩和背景是很关键的。如果选择了一个不合适的字符、背景色彩组合，字符的辨认时间可能增加，如果辨认时间延迟超过 50%，用户产生差错的可能就会增加 350%。研究人员强调了要仔细考虑色彩的组合。通过在很多色彩中辨认字母数字的研究，建议最好不要选择蓝色作为字母、数字的颜色，除非将它作为背景色。绿色、黄色、红色和深红色是字母、数字的合适选择，它们的调整可达到适当的亮度和饱和度。

9.2.7 一般指南

表 9-3 提供了关于电子显示器字母数字设计的推荐值。然而，这只是一般原则，在实际应用中还必须考虑被选择显示的字符特征。

表 9-3 电子显示屏的数字文字设计的一般原则

			最小		最大
字符大小（小视角情况下）	普通或较重要参数的显示		16′		35′
	重要参数的显示		10′		35′
	需要读取的任务		14′		22′
分层字符	对数字来讲，可以采用 7、14 或 16 层的格式				
	14 层和 16 层格式都可以用来显示大写字母，但易读性相差不大				
	一般不使用小写字母				
点阵字符①	显示数字和大写字母的最小点阵为 5×7。点阵数越多效果越好				
	显示大小写字母混合的最小点阵为 7×9。点阵数越多效果越好				
字符的像素	最好采用正方形元素，圆形效果稍差，但比起矩形和椭圆形元素还是有很大的优越性				
	各像素之间的间隔尽量减小，以使人感觉图像连续				
笔画宽度和字母高度的比例②	最大值	1∶1	注释：为获得同样的可读性，较暗的字符（如黑色字体）应当比较亮的字符（如白色字符）的笔画宽度宽 20%		
	最小值	1∶8			
点阵的宽高比例	最大值		1∶1	最小值	3∶5
	字符间水平间隔：字符宽度的 10%～50%				
行间距	行间距（上一行中小写字母的最低处与相邻下一行大写字母最高处之间的距离）最小值为一个像素的高度；如果文字内容中包含特殊符号，可以根据情况采用特殊的行间距				

① 如果是非拉丁文则点阵可能要更大；如日本汉字的最小点阵数为 16×16，但 24×24 效果更佳。

② 使用表 9-1 推荐的高度尺寸。

9.3 显示式样

设计者对现有信息选择的显示式样，对使用者的操作和满意度有着很大影响。字母数字数据可以用记叙或构造的式样来显示，类似地，图形符号可以在细节和色彩方面相区别。其他因素还包括信息的密度、元素的组合、版式的复杂性等。

通过比较四种不同显示形式——记叙文本，构造文本，黑白图形符号，彩色图形符号，完全由用户从显示形式传递的信息中自我理解而学会操作的反应差异，可以用以下的方法完成文本的构造：

- 将主要信息置于突出位置；
- 将有逻辑关系的内容放在一起，并和其他资料分开；
- 使用固定的完整的表格形式，以便与用户空间判断的预期结果一致；
- 列举的信息尽可能简明。

式样能影响阅读速度，但并不影响准确度。对初始辨认，有色或无色的图形符号是最快的。但是，随着练习，它和构造文本的阅读速度一样。对于用户的反应，有色和无色的图形符号间没有明显区别。发现表明，对给人们偶尔使用的产品而言，图形符号是最好的，而其他形式需要一定的训练。此外，它们表明，色彩的应用不一定有效果。

对字母、数字显示式样的研究还涉及字符的整体密度、字符的局部密度、组合、版式复杂性的影响。整体密度指字符所填空间的百分比。局部密度与局部区域中信息的集中程度和这些区域的尺寸有关。这些概念在图 9-5 中作了说明。信息密度和人的反应之间有一定关系。最初，随着信息密度的增加，人的反应会改善，直到一个最大值，超过了最大值，信息密度的继续增加会妨碍人的反应。一个关于组合效果的调查表明，显示的组或块的数量及其平均尺寸影响了搜索时间和主观判断。随着组的数量或平均尺寸的增加，搜索的次数增加，主观判断就变差；版式越复杂，主观判断越差。

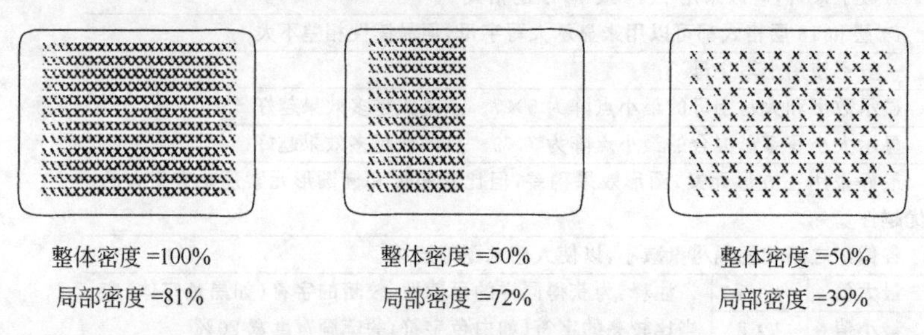

整体密度 =100%　局部密度 =81%

整体密度 =50%　局部密度 =72%

整体密度 =50%　局部密度 =39%

图 9-5　显示字母数字的整体密度和局部密度

9.4　图形符号

图形可以作为语言与文字交流的替代物。众所周知，商用的航空器紧急逃生路线图解是以国际道路符号和图像来图解的。在产品设计领域，图形给设计师提供了一种不用语言的方法来标注显示和控制装备，传达警示以及规定操作指令的方法。

9.4.1　符号和图像

图形符号通常表现为一个抽象的或者没有特定含义的任意符号。在磁带播放机和录像机中用来表示播放，快进，倒带，停止和暂停功能的符号是人们都很熟悉的一个例子，如图 9-6。图形符号的含义并不都很明显，因此必须理解它们。如果产品是给新手或偶然使用者的话，更值得推荐的是采用口语化的说明。

图 9-6　图形符号

图形符号和图像应该通过人们熟悉的形象来描述产品的功能和操作动作。图 9-7 表示的是用简单的象形的符号作为汽车控制和显示标签的例子。在计算机屏幕上表示文件，或当产品的潜在用户不是使用同一种语言，以及使用多种语言的说明或每种语言都有不同的说明是不能实现的时候，图形符号的使用就很有必要了。

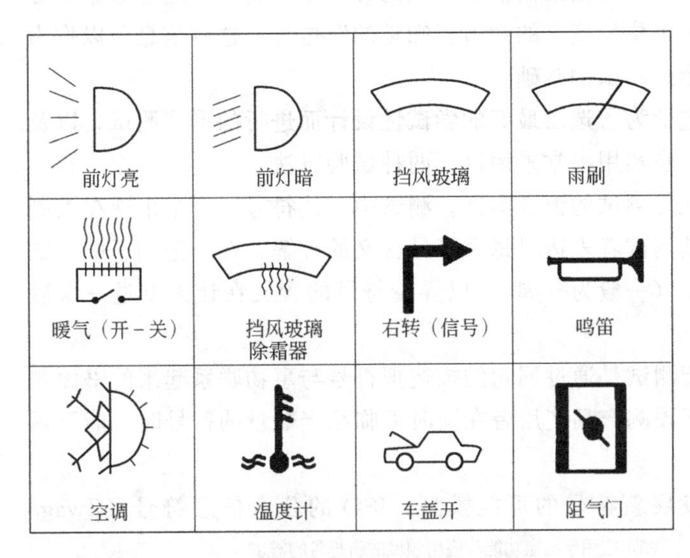

图 9-7　汽车工具手册上确定控制和显示的图形符号

这些对于临时用户或其他仅经过最低限度的训练去操作复杂产品时的用户同样适用（例如电脑）。图形符号和图像在画面信息比口头表达有更好的效果或口头表达是不合时宜的情况下更应该被考虑。

9.4.2　选择或设计符号与图像

如果必须采用图形符号表达，选择或设计一套适当的符号体系就很有必要。为了有效，这些符号应该符合表 9-4 列出的标准。在设计新符号之前，必须先参阅国际和国家的标准，以决定符号是否能满足已被开发的产品。如果没有适合产品和用户的现成符号，应遵循以下步骤开发新的符号：

表 9-4　有效图形符号的设计准则

准则	图例
符号和其信息应该可以简单地相联系	
每个符号应该可以容易地与其他符号相区分	
符号应该是合意的，没有争议并能适合不同的文化背景和环境的要求	
新发展的符号不能和已经有的国际或国家标准相抵触	MAL

• 为每个信息开发几个符号；

• 选出最有效的符号；

• 检查最有效的符号对既定目标是否妥当（例如，符合可实现的最小标准）。

试验阶段的设计可以由设计师，潜在的产品用户共同确定。每个参加者都被要求画出能明确表达含义的符号，目的是为了让每个概念获得好的设计，即设计应该是容易认识和解释的，从中可以看出用户参与的重要性。

如果根据给定的概念得到太多的尝试性设计方案，可以通过潜在的产品消费者的地位、等级或者某种可把他们恰当分类的方法来筛选。从这些数据中可以得到每个设计方案中单位尺度上的“适当知觉的”位置。这些信息可以作为选择最有潜力的设计形式测试的基础。

符号发展进程还包括为了选出最好的尝试性设计而进行的形式测试，以及检查其是否令人满意。在实用中常采用以下两种试验方法。

• 包括或不包括记忆测试的识别测试。测试中，让符号一个个出现在被测试者面前，并且要求被测试者表达对每个符号含义的理解。在一些例子中，试验会在晚些时候被重复（一般为一周），以弄清符号的含义在让人见过一次后是否容易记得住。

• 匹配测试。匹配测试是通过词句的描述把符号与事物联系起来的书面测试。这个试验目的在于预测产品使用者在同时面临相当数量的符号时，能否顺利识别。

图 9-8 显示的是发展新符号的可能模型。ISO 的公众信息符号（Zwaga

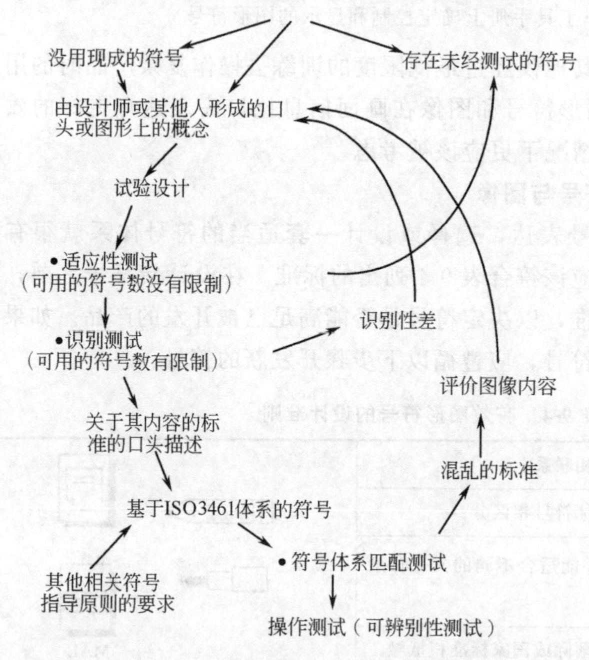

图 9-8 ISO 公众信息符号的发展步骤

and Easterby，1982，Zwaga and Easterby，1984）就是基于这一模型的基础开发的。不过，另外几个变化将提供令人满意的结果，例如，额定值过程或种类换算过程能用来代替适当的排序试验。同样地，产品模型上符号的识别试验也可以代替匹配测试而先期进行。

9.4.3 人/机交互界面的功能与图形符号

产品的图形符号的选择与设计必须从整个人/机交互界面的上下关系中进行考虑，既包括显示也包括控制。操作者在控制产品的过程中会产生不少心理问题，对此，设计者必须有清醒的认识，因为这些因素在很大程度上决定了控制和显示的有效程度。

人/机交互界面的功能及其对图形符号的要求主要包括以下几个方面。

① 查找：确定交互界面单元的存在；控制和显示单元必须制成适合于查找。

② 识别：确定不同交互界面单元间的差异；标志、符号的形状和色彩都有助于这一识别过程。

③ 确认：认定交互界面单元的名称和功能；控制和显示单元必须具备明显特征，以便操作者能够正确，可靠地区分它们。

④ 分类：将具有类似用途或相关功能的操作单元归并成组；空间的组合，并置，形状与代码都有助于分类组合。

⑤ 认知：明确表示显示或控制单元能够具体做些什么；必须对显示单元的形状进行选择，以使其表现的功能特征不会与其实际的真实功能相抵触。

⑥ 次序/顺序：确定使用控制和显示单元的相对先后顺序和优先权；单元或单元组合的空间排列和相对位置应有助于确定其操作顺序的过程。

因此，交互界面的空间形式构成了产品显示部分的重要方面。而由单元空间定位所提供的总体形式则创造了一个能使操作者响应的视觉顺序。如果不能在形状，色彩上加以识别，千篇一律的布局就会对有效地查找、识别、确认、分类和认知产生影响。其结果将造成识别上的模棱两可，从而延长操作时间并造成操作差错，甚至给产品或操作者本人造成伤害。

为此，设计者必须了解操作者在操作时是如何察觉他的产品与交互界面的。因为这将最终确定编组交互面中显示单元（包括图形符号）的最佳方式。

在交互界面的设计中，不妨将其看作为表达操作顺序的示意图。这种示意图辅以文字和图形给出了何时该干什么或如何干得更好的指示。

9.4.4 图形符号设计的心理学原则

在独立的图形符号设计中，必须重视一系列产生于心理学理论的重要原则。这些原则提供了用于标明产品功能的图形符号必须具备的理想特征。

① 图形与背景。图形与背景必须形成清晰，稳定的搭配。

② 图形边界。采用与字体符号的色彩呈对比色的边界优于单线描绘的边界。当构成符号的图形单元为多个时，不同单元间应有区别。通常，其中的主要图形应具备涂满的实心内部空间，以与单线描绘的相邻单元相区别。一般规定：

动态符号——实心图形；

移动或主动部分——空心轮廓；

固定或非主动部分——实心图形。

这样的规定可以避免在复合图形中可能出现的图形叠盖现象，如图 9-9(d)。

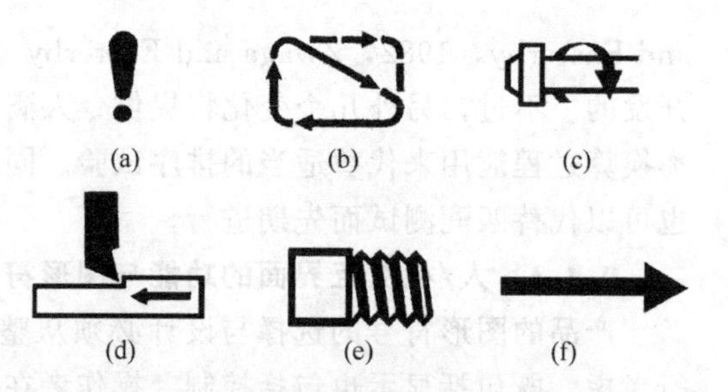

图 9-9 标志符号设计的心理学原则

③ 几何形状。在简单的几何形状的场合下，采用实心图形比勾勒轮廓的图形更可取。为取得较佳的辨认性，符号可分别采用下面的图形：三角形和椭圆——表示区域增至最大；矩形和钻石形——表示在某个方向增至最大；星形和十字形——表示周围增至最大。

④ 闭合图形。单线勾勒轮廓的图形总能形成一个闭合图形，除非符号含义必须用不封闭的轮廓表示。但此时，其不封闭的特征必须是明确的，以免引起意义上的误解，如图 9-9(b)。

⑤ 图形的连续性。同一图形单元应完整连续，除非必须中断。但此时，其断续图形表达的形象仍必须是完整的，明确的。如图 9-9(c) 表示主轴转向的箭头虽然中断，但其整体形象（弯曲的箭头）的完整性显然一目了然。

⑥ 简明。符号必须尽量简单，过于细致的描绘无助于明确，快速的解释和辨认。

⑦ 对称。符号尽量采用对称形式，除非不对称能增加新的含义。

⑧ 一致。首先，表示同样含义和事物的符号应尽量一致。这可以通过反复使用同样大小，比例的图符来实现。其次，当实心图形与线框勾勒的图形同时并存时，将实心图形置于线框勾勒的图形内也有利于视觉上的一致性，如图 9-9(d) 中水平箭头置于表示工件的轮廓内。

⑨ 方向。符号中占优势的轮廓应尽可能沿着水平或竖直方向，如图 9-9 (a)、(c)。

9.4.5 图形符号与显示/控制单元的视觉一体化

如果确定了在视觉质量上完全合理的一系列图形符号之后，如何将其与相关的控制和显示单元组合在一起发挥作用，仍需要进行精心设计。在视觉表达强度上，表现力较弱的二维图形形式相对于与之相关的表现力较强的三维元件（控制和显示单元），必须通过巧妙的空间布局和采用各种图形手段给予补偿，以便能够形象地将有关符号标志和相应的元件明确联系在一起，如彩图 9-1。

为实现符号标志与显示/控制单元的视觉一体化，可采用如下几种视觉表达上的综合方法。

① 通过叠加或并列的方式以获得组合的图形，以便形象表达限定的综合含义，如图 9-10。

② 将与同一控制事件相关联的各种控制指示归纳在一起，并在首要位置上标出其主要控制功能的符号标志，而将从属控制符号并列布置在主要图形符号的下面，如图 9-11。

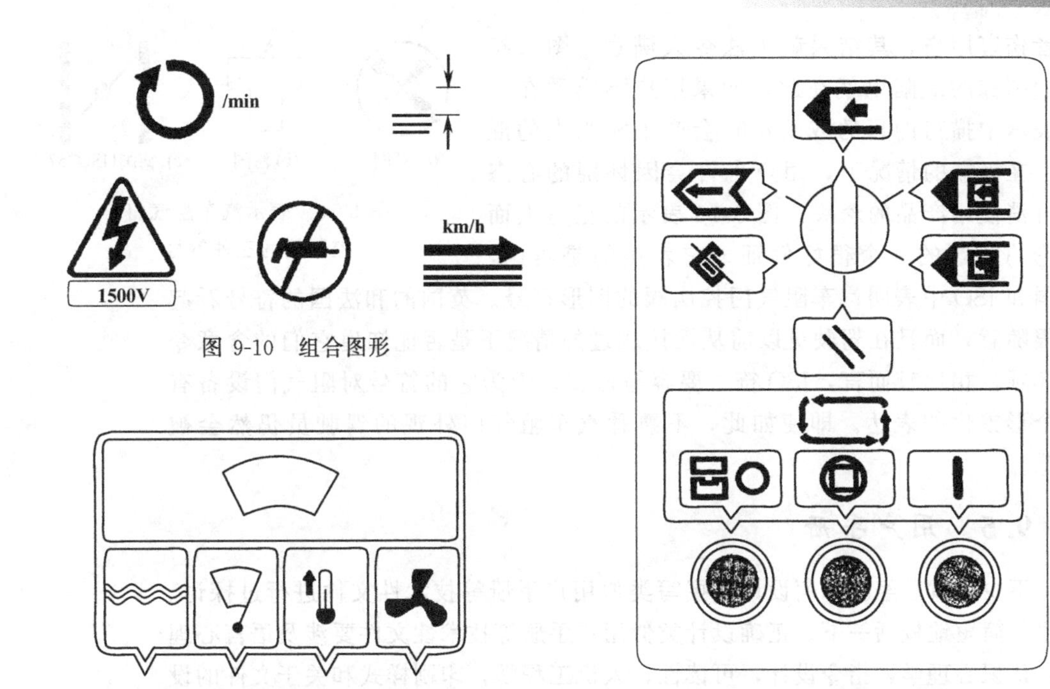

图 9-10 组合图形

图 9-11 符号的分级

图 9-12 符号与相关元件的组合

③ 用符号与相关的控制和显示器一起构成视觉综合系统，以表达同一控制器在不同工作位置所对应的不同功能。在符号周围还可以框上带有指向符号的线框，以表示线框内的图符间的相关性，如图 9-12。

必须注意，符号标志的最佳位置应在相关的机械/电气元件的上方。各视觉单元间的空白间隔和适当的符号外框都有助于避免不同视觉单元间意义上的混淆和产生两种以上解释的可能。

9.4.6 图形符号的色彩代码

产品图形符号的色彩有助于强化某些重要特征的显示，并增强图形符号的吸引力。色彩还能通过采用灯光显示得到加强，或作为指示器表面色彩，或作为图形符号的一部分。它可以是文字，符号或其他图形形式。

图形符号采用的色彩必须重视观察者的视觉特征，要考虑指示不同功能的符号间有较大的色彩差异，并对特定的功能赋予一致的，有意义的色彩。

采用图形符号来识别产品功能，近十年来得到了很大发展。现在，几乎所有的产品系统都或多或少地采用了某种形式的图形符号。由于这种图形符号应用上的特殊作用，其设计就不仅仅是美学艺术上的考虑，更多地，应是人机工程学的考虑。因此应当重视这类图形符号的设计，使其在产品上发挥更大作用。

9.4.7 符号和图像的缺陷

图形符号通常是抽象的或者是任意的，因此图形符号需要用户能理解其传递的信息，而这并不是所有的用户都能做到的。这样，图形符号就可能限制了无经验的用户，部分用户必须通过反复试验摸索才能发现每个符号的意思，显然，如果在熟悉过程中对产品有不正确的操作就可能给产品造成破坏或者伤害用户，其结果就无法令人满意。图形符号和图像的缺陷也就在此。如果用户不熟悉在图形表示中描写的目的或动作时会产生相当大的混乱。在极端的情况下，用户也许会因怀疑的心态而打消使用产品的念头。图 9-13 表示的正是上面讨论的问题的一个很好例证。它表达的是英国，法国和 ISO 中表明汽车阻气门控制阀的图形符号。英国的和法国的符号看起来很随意，而且在驾驶员以前从没接触过的情况下是否能知道它们的含意令人怀疑。相比较而言，ISO 符号要容易得多，因为它的符号对阻气门设备有一个形象化的表达。即使如此，不熟悉汽车阻气门外观的驾驶员仍然会被迷惑。

(a) 英国

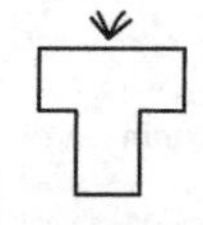

(b) 法国

(c) 德国(ISO2575)

图 9-13　表示汽车阻气门控制阀的三种符号

9.5　用户手册

不少文章已经就如何设计，撰写类似用户手册等技术性文件进行过探讨。这里仅简短地概括一下。正确设计类似用户手册等技术性文件要涉及语言心理学，认识心理学，指令设计，可读性，人机工程学，印刷样式和关于文件的设计图形学。

9.5.1　用户需要

用户手册是产品与用户信息沟通的重要媒介。不适当的用户手册会产生严重的问题，其后果是，会有很多的用户尽量避免阅读这样的用户手册。例如，有些产品的大多数用户完全忽略产品提供的任何手册或说明。调查表明 5%的售后服务投诉电话是由于对产品操作指令的误解产生的。

造成不适当的用户手册的原因之一是产品开发者不理解用户的需求。这些需求取决于使用者的特征和产品的复杂性，但基本包括以下几点：

- 对产品操作的一般概括说明；
- 关于产品的操作和维护的详细叙述；
- 当使用中发生问题时迅速查找特殊信息的目录或其他方法；
- 在产品使用前能快捷参考操作过程的简明摘要；
- 当使用产品时，应该遵守的安全事项清单；
- 如果产品需要组装，应备有详细的组装示意图；
- 类似于替换的零件数等技术性的数据；
- 在必要情况下客户如何从产品制造商获得支持的信息；
- 技术术语汇编与解释。

另外，用户希望获得易读、简明、能理解，而且准确的资料。而那些文理不通、撰写或翻译差劲、冗长、不准确、不完整或采用专用技术术语写成的资料是不能被用户充分利用的。

9.5.2　用户手册的设计过程

有效的用户手册的设计过程和那些产品开发周期的发展过程非常相似。整个过程分为计划、设计、发展和评价四个部分，或由分析、设计、汇编、编辑和维护构成的5步结构。其本质是用户的认识、信息需求的分析、专业的编辑和用户的测试，并要充分考虑人们在使用文件时表现的多种多样的认识能力。

如同在第2章中描述的那样，关于产品的用户手册的工作应该尽早开始以保证先期样本可用于第一个试验用户。不过，对于类似计算机软件之类的复杂产品，越早开始用户使用资料越妥当。有人主张在产品开发处理的计划阶段就开始，更有人赞同产品的用户手册应该在设计刚开始进入正题的时候就撰写。这样在一开始，计划中的设计就可以有的放矢了。例如，当用户手册的编写者发现描述怎样完成一项操作的过程可能太复杂。就可能修改产品的设计，修订用户手册直到开发出令人满意的设计结果。因此，准备用户手册的过程可以用来改进设计。

9.5.3 准备用户手册的准则

在计划和设计用户手册的过程中，编写者应考虑三点：表达的种类（硬拷贝和软拷贝）；指令的方法（文字、图形、表格和照片等的使用）和格式（组织结构、页面格式、印刷样式、重点部分和印模）。每点以下都将作详细讨论。

一般技术性写作的准则应遵循如下撰写原则：

- 把材料以与读者相一致的逻辑来组织；
- 提供适当的结构（即主标题、副标题采取不同的字体和大小，用空间区分，页边的描述，标记重点部分）；
- 只提供读者需要的信息；
- 使用读者能理解的文字；
- 使用简单句和习惯用语；
- 列出连续的指示和步骤，用小圆点图形符号分段或以图表形式表达而不是以段落的形式；
- 使用图形使信息更明晰；
- 将图片和相应的说明放在同一页或相邻的页面上；
- 测试、修改、再测试，直到一般的用户能无障碍顺利完成所有的任务。

(1) 硬拷贝和软拷贝

大部分产品的用户手册是纸制的小册子。令人喜爱的页面尺寸取决于用户手册中包含的信息数量以及用户手册将被保存在何处。使用较大的页面尺寸可以减少页数，使阅读手册显得不那么可怕，而另一方面，小的页面尺寸，可使手册方便保存或携带。例如，给汽车用户的手册其尺寸大小应适合放在汽车内存储箱的格层中，以便需要时可以很方便地拿到。同样，35mm照相机的用户手册尺寸应适于放在照相机手提包中便于携带。这些限制确定了用户手册页面尺寸的大小。

产品的使用说明不仅包括一份纸制的手册（硬拷贝）还应包括说明的数字化文件（软拷贝）。用户一般宁愿选择纸制的手册因为它们更容易浏览、理解和集中注意力。除非必须包括很大的信息量。

(2) 文字、图形、表格和照片的使用

在改进用户手册的计划和设计阶段时需要决定如何使用文字、图形（工笔画、图片、图标、卡通等)、表格和图片等重要内容。一般地说文字对于抽象概念的表示是不可缺少的，而图片在表达有关具体目标的信息时则更好，因此，在描述使用产品（具体目标）的方法时用插图作补充介绍十分恰当。最后，表格的形式适于显示大量的技术数据和类似于设计说明等内容。

为了完全表达信息的引申含义，设计者必须仔细推敲文字的应用，当撰写用户手册的时候，避免使用用户可能不理解的术语尤为重要。另外，简明扼要也是很重要的。例如一种单向个人信息接收设备在重新设计撰写后，说明的条目由大概 3500 条减少到了 75 条。结果，使新手犯错误的数量减少了大约 90%。

另外，语句结构和段落结构对交流的有效性也十分重要。简单句和习惯用语会更好，复杂句难理解，长句会使用户难记忆。段落必须是在同一主体下的独立单元，最好的方法是，文章的第一句对整个段落有个概括，而最后一句则对下一段有一个承上启下的过渡。在某些情况下，段落的格式不一定和其他口头格式一样有效，打个比方，以目录或摘要的方式写成的步骤化的指示会更有效。同样地，为了比单纯在文章中口语化的描述更方便理解，文字可以和流程图相结合。

产品用户（尤其初次使用者）更倾向于选择有插图的说明书，在大多数情况下，至少提供一些有适当细节描绘的指导会更好。然而，在对说明中应该包括的细节数量多少的考虑上，用户有时会有很大不同。一些接受试验者反对那些有不需要细节的图片并抱怨说：多余的信息使操作更困难。然而，另一些欢迎附加信息的人认为，图片元素的提供增强了他们的信心。

(3) 组织与结构

用户手册的组织与结构取决于目录和外观的合乎逻辑的安排。素材应该以与用户期望相一致的形式来组织，舒适的外观是重要的促进因素。正如所需要的那样，结构应该使学习变得容易，并帮助用户确定在哪里能找到特定的信息。总的来说，结构由一个目录表、涉及不同主题的独立的章节、附录和一个索引组成。从章和页的层面上来讲，它由印刷样式的技巧性使用、图形、空间、印刷模板和颜色组成。

对一页上不同的内容部分使用不同的字体（字的大小、式样），可以有效地建立起文章的结构。例如重要条目的字体应该是醒目的，不同于子条目的字体；粗体样式常被用于需要强调的地方（例如警告）；斜体被用于区别（例如将补充信息和过程信息分开）。

除了模块和颜色，空格也常被用来创造结构，这个技术在建立表格时特别有用。

9.6 编码

编码通常是指使用颜色、尺寸、形状、亮度或其他刺激度来代表无刺激的属性。例如产品状态和控制功能。举例来说，录音带和 VCR 通常使用红色指示灯来表示录音，绿色灯表示播放，黄色灯表示暂停。用户可以通过观察指示灯的颜色来获知产品的状态。速度计和油表也用类似的颜色处理方法来表示安全、正常和危险的状态。飞行器的控制中常使用形状编码，如图 9-14，这样可以避免紧急飞行过程中发生偶然的错误控制。图形处理也常用于农业设备的机车控制中。

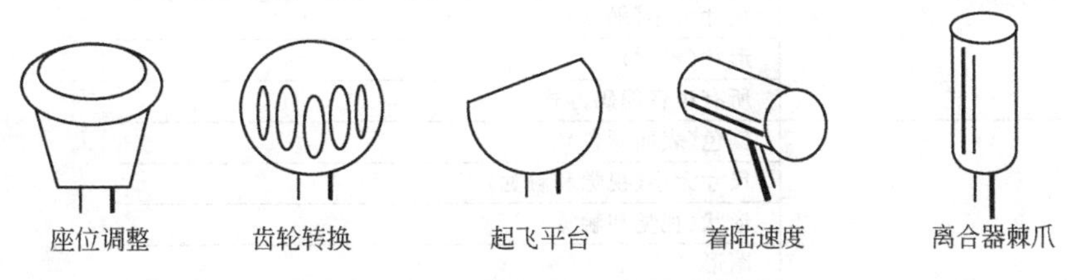

图 9-14 飞行器控制杆的形状编码

9.6.1 编码问题与建议

如果编码处理有效，产品用户就能够正确地识别每个处理过的信息。通常所需要的判断类型被称为绝对判断，因为这种识别是在没有其他可作比较的情况下得到的，人们作出绝对判断的能力是十分有限的。表 9-5 最大数目的数据显示了在最好的情况下，受过高度训练的观察者在一个绝对的基础上所能区别的刺激度的数目。

表 9-5 不同处理类型的最大刺激度数目

处理类型		最大数目	建议
视觉处理	颜色(表面)	24	9
	颜色(灯光)	10	3
	闪烁频率(灯)	4	2
	尺寸	6	3
	几何形状	15	5
	图形符号	30	10
	字母数字	许多	
声音处理	频率	5	4
	大小	5	4
	频率和大小	9	6
	持续时间	3	2

建议栏的数据用于未受训练的观察者和产品设计。因此，在较好的情况下，最多有 9 种表面颜色可以用来表示颜色信号，最多有 10 种几何形状可以用来作为图形信号。然而，如果条件差（例如照明不好），那么只有少数信息可以区分，可以用来处理的信息数目也要减少。

为一个给定的产品进行信号处理往往受限于环境、任务和产品特性，如表 9-6 所示。例如

① 如果产品将在光线昏暗的地方使用，其表面原先的颜色处理就失去了意义，因为这时候很难区分颜色。然而，这时可触摸式的图形处理和不同形式的声音处理却不会受光线条件的影响。产品举例：暗室设备。

② 用灯光来进行亮度处理和颜色处理对在高度明亮的地方使用的产品也是不可行的，除非处理使用的灯光非常明亮。产品举例：飞行器和汽车上的显示屏。

表 9-6　各种环境、任务和与产品相关的限制条件的正确处理方法

限　　制	可考虑的编码类型
朦胧光亮环境{无足够光线}	亮度(光)
	颜色(光)
	闪烁速度(光)
	尺寸大小(触觉)
	形状(触觉)
	所有声音编码方式
足够明亮的环境	颜色(表面颜色)
	尺寸大小(视觉和触觉)
	形状(视觉和触觉)
	图形
	字母数字
	所有声音编码方式
嘈杂环境	所有视觉处理方式
高速和精确的任务	颜色(表面和光照)
	图形
	数字字母代码
	某些声音编码方式
大量项目、功能、状态等要求编码	颜色(表面)
	形状(视觉、触觉)
	图形
	字母数字
识别要求特别高的工作	颜色(表面色彩和光)
	图形
编码刺激必须吸引注意力	闪烁速率(光)
	听觉编码方式
有限空间	所有除尺寸之外的编码方式
低分辨率的显示	除视觉、图片和字母数字外的所有方式

③ 声音处理不能在嘈杂的环境中使用，除非产品用户戴了耳机。产品举例：直升机。

④ 如果显示的分辨率很低，标记处理和几何图形处理就不行了。产品举例：汽车上的低分辨率显示器。

9.6.2　颜色处理

颜色处理在产品设计中非常有效。颜色所代表的含义应与用户的联想一致。表 9-7 列出了在产品设计中广泛使用的关于红、黄、绿的联系。而其他颜色的表示联系就较弱。这在某种程度上缘于工业上颜色处理习惯和国家标准间的冲突。所以，颜色处理必须非常谨慎。

颜色处理通常很有效，然而在有些情况下也会产生反作用。如颜色处理不当或其使用与先前的认识不一致，用户就会感到困惑。颜色处理也会失效，如产品在一个彩色光源的环境里使用（例如一个带状光源或激光）。在这种情况下，某些颜色将难以区分。另外，颜色不能用来处理数量的信息，除非有稳定有效的参照尺度（注意：在这种情况下，用户实际上会做出比较或相对而不是绝对的判断）。

表 9-7 红、绿、黄和黑与各种警报、状态情况之间的对应关系和能有效识别的颜色

<table>
<tr><td>颜色</td><td>对应指示功能</td><td rowspan="7">能有效识别的颜色</td><td>如果所有用户有正常的辨色能力，使用：</td></tr>
<tr><td rowspan="2">红</td><td rowspan="2">警报、紧急、失效、失败、停止</td><td>红 白 黄 蓝 绿</td></tr>
<tr><td>如果一些用户没有正常的辨色能力，使用：</td></tr>
<tr><td rowspan="2">绿</td><td rowspan="2">能动的、有效的、正常的、开、运作中</td><td>红 青 黄绿 蓝 绿或白</td></tr>
<tr><td rowspan="2">如果需要进行快速颜色识别以及一些用户没有正常的辨色能力，使用：</td></tr>
<tr><td>黄</td><td>中性情况、等待</td></tr>
<tr><td>黑</td><td>关闭</td><td>红 绿或白 蓝</td></tr>
</table>

通过改变不同色彩的相对强度（如，通过加入非彩色照明作为多余信号），或者通过最大程度地提高饱和度，以提高分辨力。然而，如果延长对在 CRT 上的高饱和色彩的观察又可能引起其他的问题。

9.7 实例分析与研究：提示正确提举姿势的图形符号

尽管应该发展机械装置以降低或杜绝人们误操作的可能性，操作指南的提示作用依然是向用户传递正确操作和使用方式的重要手段。而直接出现在产品上的图形符号更能以直观、易记忆的方式传递这样的信息。

本案例介绍了运用人机工程学原理，确定提示采用正确提举姿势的图形符号设计方案的可用性研究过程。整个研究测试过程分为三个阶段。第一阶段采用特定的测试对九个经过设计、鼓励人们采取正确提举姿势的图形符号进行评估，其中四个标识符号适合专门的标准；第二阶段为理解力测试，从第二阶段检测中得出最可行的符号；第三阶段，围绕提举一个小箱子所涉及的内容在一个设定范围中检验其效果。结果表明当将图形符号与控制措施比较时，对使用正确提举姿势有很大提高。研究也表明在外包装上配置提举标准符号是一种有用的技术，可以传递安全信息。

采用不正确的提举姿势将重物从地面移向较高位置时，可能会导致严重的伤害事故，据统计近一半背部下侧损伤与不正确的提举姿势有关。为了解决这个问题，曾进行多种尝试培训工人们正确的操作技术，例如进行正确提举姿势的过程培训，然而事故并未明显减少，原因之一在于未能将学得的方法转而运用到工作场景中去。

因此提醒人们采取正确提举姿势的最好方法就是在人们准备进行提举操作时作直接提醒。显然，口头提醒是不现实的，然而，视觉提醒是合理可行的，特别是当它能被展现在所操作处理的重物上时。图 9-15 展示了被设计用来传递正确提举技术信息的 9 种图形标志样例。图中（a）～（d）可印在各种操作使用的向导和手册上，而（e）～（i）是特别为本次研究设计的。这项研究的目的是系统地评估图 9-15 中展示的符号的设计和效力，并且决定哪个最佳，最合理以便用于外包装为展示媒介，提示正确的提举技术。

一个好的图形标志有被普遍理解的可能，能成功地影响知觉和行为，并且比文字标识有更好的视觉迅速识别性，特别在有干扰和注意力分散的条件下能被确切地认识到。

(a) (b) (c) (d) (e) (f) (g) (h) (i)

图 9-15　提示正确提举姿势的图形符号设计方案

与消费品比较，一般机电产品和产品外包装上关于操作及传递指令的标志常常更能得到检视。图形标志符号作为一种更正物体操作方法提醒已经有很长一段历史了，例如在产品外包装箱表面印制的图形标志。这些符号所传递的信息是为了更正或限制工人们对外包装的操作，既能保证工人自己的安全，也确保了箱内物品的安全。

提示采用正确提举技术的图形标志可以形象地传递使用指南说明中介绍的内容。例如，正确提举的操作过程：移除障碍物、把脚适当地分开并分别位于载重负荷的两边、弯曲膝盖、保持背部直立；确保抓紧物体的对角；把负重拉近身体；保持脸向前，下巴抬起，头垂直；然后慢慢提举。然而，究竟怎样的提举技术是恰当的也有一些争议。有许多建议要采取挺直背部/弯曲膝盖的动作（例：艺术、体育、环境、旅游和地域部门，1987；澳大利亚标准，1974；国家安全评议会，1971），同时也有其他方法。例如：挺背曲膝的动作对提举许多物体包括各种规则形状的小箱子可能都是合适的，但是可能在其他环境中就不太理想了。

在这个研究中为评估而特别设计的标志如图 9-15 中（e）～（i）是根据传递正确提举姿势的 5 个准则的目的而设计的：脸向前，背挺直，两脚叉开，膝盖弯曲，还有抓紧握实。这些提举技术被认为对小包装箱子的操作是合适的。

9.7.1 第一阶段研究

在第一阶段将评估检测同样说明正确提举行为的 9 个符号图例，这 9 个符号为同一意义的“方案”。本阶段研究将遵循有关标准—信息和安全符号和符号化标识的研发、测试及实行所概括的程序，而进行特定的测试。试图从中剔除可能在以后的测试（例如理解力测试）中表现不佳的方案。

(1) 方法

① 试验对象。一百零五个大学生，37 个男生，68 个女生，平均年龄 23.3 岁，在试验开始时完成了试验调查问卷。

② 问卷调查。问卷调查的设计遵循澳大利亚标准——信息、安全符号、符号化标志的研发、测试及实行（AS2342，1992）。指令表明 9 个所展示的符号都被设计为用于发生操作使用的情况下，提示、鼓励人们使用正确的提举技巧。它们是：保持背部挺直；弯曲膝盖；保持抬头面向前；确实抓紧物品；将脚分立物品两边。

每个符号的固定尺寸均为：长 100mm，宽 80mm，并且跟问题一起置于同一张 A4 纸上。问题为“你认为一般人群能否识别这个符号的正确意思？”每个符号使用 7 分等级作为固有几率。评分标准：1——没有人会懂它的意思，2——大部分人不懂它的意思，3——不到一半的人会懂它的意思，4——大概一半的人会懂它的意思，5——一半以上的人懂它的意思，6——大部分人会懂它的意思，而 7——每个人都能懂它的意思。这 9 个图形标志符号按 5 种不同任意顺序出现，每种顺序完成大约相等数量的调查问卷。

(2) 调查结果及讨论

每个符号的平均固有等级经过计算在表 9-8 中列出。并规定平均值等于或高于 6 的方案适合进入下轮检测。在计算每个符号的评估等级时，符号 (a)、(e)、(h) 和 (i) 都达到了足够的特定标准。

使用反复的方法进行等级测试，以分析差异。相比较而言，测试表明符号 (a)、(e)、(h) 和 (i) 都比其他符号得到了更高的适宜等级。在所选择的符号例如 (a)、(e)、(h) 和 (i) 之间没有很大的适宜等级区别。

表 9-8 每个符号在第一阶段研究中检测出的平均及中值适宜等级

符号方案	平均适宜等级	中值适宜等级	标准偏差
(a)	5.4	6	1.20
(b)	4.1	4	1.40
(c)	4.1	4	1.65
(d)	4.0	4	1.55
(e)	5.5	6	1.33
(f)	4.4	5	1.60
(g)	4.6	5	1.49
(h)	5.9	6	1.06
(i)	5.4	6	1.20

9.7.2 第二阶段研究

第一阶段研究表明试验对象能够分辨出传递正确提举姿势信息的符号。第二阶段研究用理解力测试来检测方案（a）、（e）、（h）和（i），再参照标准作为研究方法指标。理解力测试需要试验对象通过列举每个方案的意义来反馈。

（1）方法

① 试验对象。21 个城市评议会工作者参加了研究，19 个男性，2 个女性，平均年龄 28.3 岁。

② 问卷调查和过程。每个方案尺寸被固定为长 100mm 宽 80mm，并且分开呈现在页面上，使用 4 种任意的顺序。试验对象被告之测试的每种方案都设计成鼓励采用正确提举姿势的图形，并且要求他们清楚地写下每个符号试图传递的内容。

（2）调查结果及讨论

试验对象的反应如表 9-9 中列举的使用标准。表 9-9 的调查表明四个方案传递各种不同提举标准的能力有很大差别。其中特别有趣的是方案（e），尽管信息都确实的被结合到符号上，但评的分数却很低。尽管试验对象都明显忽视符号（e），表 9-9 表明大部分试验对象表示符号（e）展示了正确的提举姿势。对方案（e）有两种解释评说是值得注意的，那就是它需要英语知识和阅读能力。

表 9-9 从第二阶段研究的理解力测试中试验对象注意每个标志的比例

得分标准	符号(a)	符号(e)	符号(h)	符号(i)
背挺直	23.8	19.0	28.5	38.0
曲膝	52.3	14.2	52.3	38.0
脸向前	4.7	14.2	9.5	14.2
抓握	4.7	14.2	19.0	14.2
脚分开	0	23.8	4.7	4.7
展示正确提举姿势	9.5	72.5	23.8	47.6
展示最初步骤	0	9.5	4.7	19.0
展示正确步骤	0	0	0	47.6
评说的总共数量	20	35	30	47

概括来说，方案（i）获得的评估分最高（47）。方案（i）也创造了关于脊背挺直标准反馈的最好比例，并且其他标准同样也是合理的。其中特别要注意的是大部分试验对象提到符号显示了提举所需要的正确步骤。这些反馈指出了一个事实，就是提举涉及到一系列的行为动作，而它们都应该正确实行。符号（i）的这个方面，以及它在其他标准上的表现促使它将进入第三阶段研究。

9.7.3 第三阶段研究

进行追踪活动以确定方案（i）是否能提示人们采用正确的提举技巧。方案（i）在没有控制措施的情况下进行了测试。追踪活动由一个调查人员假装成服务人员，然后需要帮助提举箱子。箱子或者显示了标准包装符号和方案(i)，或者只有标准包装符号。如果他们同意帮助调查员的话，两个观察员记录下受测试对象的提举姿势。

(1) 方法

① 试验对象。调查人员共交涉了一百零九个人。其中八个人不同意把他们的资料用于研究。剩下的101个试验对象中59个是男性，平均年龄26.6岁，42个女性，平均年龄25岁。

② 材料。研究使用两个纸板箱（长615mm×宽290mm×高290mm)。两个箱子都在右下角贴有标准操作图形标志符号，尺寸为130mm×60mm，沿着一边有寄售交付形式，顶部有一个手写地址。有两个黑底红色方案（i）符号的试验箱子，标识尺寸为120mm×60mm位于箱子顶部。箱子画上两条作为研究解析的参考线。如下文描述的那样，研究解析线为观察者判断每个测试试验对象操作技巧的适宜度提供了参考点。

③ 观察者培训。向观察者提供了五项标准提举姿势的精确定义：如果手位于箱子上研究线之外就算是适宜的抓握；如果大腿与小腿后侧之间的角度小于90°就算膝盖弯曲适宜；如果背部在整个提举动作中保持挺直就算是背挺直了，而不一定要和地平面相对垂直；而且只要脚位于箱子研究线的两边就算是分开的。

三名观察者都进行了两段时期的训练。训练期包括提举姿势标准的讨论，以及17项提举测试的观察。观察者被提供一张以五项标准为列标题的记录纸。如果他们观察到某项标准符合就在该列上打个记号。在完成各项测试后，观察者比较他们的资料并讨论其区别。

④ 调查过程。在校园里分七个位置，由调查人员跟人们交往。调研者穿着像服务生，手中提着一个箱子和夹板，脚下还放着另一个箱子。由随意编号的表格来决定是将试验用的箱子，还是将作为比较用的箱子放在地下。当可能的目标试验对象接近出现时，调研者就说：“嗨！那个，你好！”（停顿）“你能告诉我如何到登记处那里吗?”（等他指明）“谢谢，你能帮我把那个箱子（看着地上的箱子）搬到这个上面来吗？（看着手中提的那个箱子)”如果测试试验对象照着做完了，调研者就对其说明“谢谢你！这实际上是操作研究的一个部分。你是否介意把你提举箱子的动作用来做研究？如果同意的话请记录下年龄和性别。”

在这个范围内有两个观察人员。他们分散在不同的位置，以至于他们能够观察到调研者跟测试试验对象双方的交流，以及试验对象提举箱子的姿势。观察者并不知道测试试验对象提举的是试验箱子，或是作为比较标准的箱子。观察者记录下所有试验者的资料。

(2) 调查结果和讨论

计算观察者对每个提举标准的符合程度：脚分开81.1%，膝盖88.1%，背82.1%，脸85.1%，以及手100%。所有观测可靠性都达到了令人满意的最低标准。

50 个测试试验对象提举了试验箱子，51 个提举的则是作为比较标准的箱子。采用从 0～2 范围的分值来计算观察人员对每个试验对象记录下的每项提举标准资料：0＝2 位观察者都记录没有使用正确提举技巧，1＝1 位观察者记录使用了正确提举技巧，2＝2 位观察者都记录使用了正确提举技巧。也可以计算所有提举标准的分数，范围从 0～10(例：10＝2 位观察者都表示测试试验对象使用了所有五项的正确提举技巧)。比较每项标准的分数以及全部标准的分数用来分析其差异。这些分析表明试验的箱子在“膝盖弯曲”上有很大的收获[$F(1, 100)=6.395$，$P<0.05$]，并且所有正确提举技巧的使用都有很大的提高[$F(1, 100)=4.702$，$P<0.05$]。表 9-10 列举了分析得出的平均值。

表 9-10 提举标准的平均分数，以及第三阶段研究中使用每项提举标准的试验对象比例

提举标准	试验对象平均标准分数	比较标准对象平均标准分数	观测到使用提举技巧的试验对象的比例	观测到使用提举技巧的作比较标准的对象比例
膝盖弯曲	0.76	0.35	28.0	15.6
	(0.87)	(0.74)	(20.0)	(3.9)
背挺直	0.38	0.25	10.0	3.9
	(0.66)	(0.52)	(18.0)	(17.6)
脸向前	0.40	0.29	12.0	7.8
	(0.70)	(0.61)	(16.0)	(13.7)
抓握可靠	1.96	1.84	98.0	92.1
	(0.28)	(0.54)	(0.0)	(0.0)
脚分开	0.78	0.54	28.0	19.6
	(0.86)	(0.80)	(22.0)	(15.6)
全部	4.28	3.29	0.0	0.0
	(2.27)	(2.29)	(0.0)	(0.0)

注：表 9-10 也显示了两种情况下，2 个观察者都认为使用了每项正确技巧的试验对象比例。仅仅有 1 个观察者认为使用了正确提举技巧的试验对象比例显示在括号里。表 9-10 显示的比例调研表明方案 (i) 使得所有标准的各项正确提举技巧的使用都一致上升。值得指出无论对试验箱子或作为比较标准的箱子，正确抓握都有很高的符合度。

9.7.4 讨论

在过去的时间里，训练工人使用正确的提举程序只获得了有限的成功。这项研究的结果表明使用像方案 (i) 这样的符号，使培训内容转换到实际工作行为中去是有效的。

第一阶段研究表明了一个事实，即符号需要认真仔细的研究与设计，许多通常显示促使正确提举的符号可能实际上作用有限。需要指出的是方案 (e)，尽管综合了五项提举测试标准的每项内容，却显然并不比单项符号形体好。特殊的提举任务可能需要发展特殊的符号。这里主要集中关注那种小型规则形状包装箱子上的符号，而在其他情况下可能需要不同细节特征的符号。事实上，这是一种理想状态，个人的提举任务被评价为特殊的提举程序，而这种程序能得到最好的应用并且以符号的形式来显示。

第二阶段研究中使用的复杂测试证明了方案（i）可能是最有效的。有必要指出方案（i）专门提示了与提举所需要的一系列行为相关的过程，它们都应该被正确执行。方案（i）在动作方面给人的理解力特别值得鼓励，并且与其他被测试的方案相比具有明显的优势。尽管方案（i）图解说明动作，但它仍是使用静态方法来完成的，并将动作结合在同一平面内。而通过（h）标志，当观察者的眼光瞥过标志时，确实可清楚理解提举动作。

最后，第三阶段研究证明了方案（i）在涉及操作使用情况下的采用，能提高正确提举姿势的明示作用。由于作业人员人数广泛、普遍缺乏有组织的环境，而使研究受到限制。但是假如符号的采用，同时伴以对提举标准和安全操作组织性情形的培训项目，有可能实现更高水平的服从指示。同样特别值得指出的是第三阶段研究的内容已经注意到方案（i），表明在包装外表面印制图形符号是一种有效的方法，可以传递那些为了保证作业人员安全的信息。

【习题九】

9-1 请自行设计或收集能传递某一信息的图形识别标志的至少四个方案，如方向指示的图形识别标志，男、女公共厕所的图形识别标志等，仿照本章“提示正确提举姿势的图形符号”的方式进行一项可用性实验（集体进行），并完成实验报告。

9-2 图 9-16 为四种可能的“箭头/按键”组合，哪一种最合理，为什么？请按合理性排序。

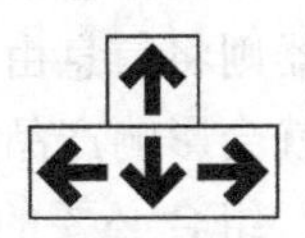

图 9-16 四种可能的“箭头/按键”组合

第10章 控制与控制器

- 影响控制器选择与设计的因素
- 常用控制器特征
- 常用控制器类型
- 设计要点

事实上，设计师设计的每一种产品，无论是简单的切割工具（如水果刀）或杠杆（如撬棒），还是更复杂的设备，都必须具备人/机交互作用面。在最简单的情况下，这种交互界面采取了手柄的形式。在复杂的装置中，这种手柄就演变为控制器。在输入信息复杂而又快速的场合中，需要手、脚同时进行控制，因而这种交互界面又进一步发展成为多重人/机交互面。

产品控制器是指那些供用户操作以获得产品特定、如愿回应的输入装置。与显示器一样，控制器也是人机交互界面信息转换的工具，所不同的只是显示器将信息由产品传递给人，而控制器则将信息由人传递给产品。因此，两者同样重要，如果选择不当或设计不妥就会影响产品的完美性和宜人性。

控制面板是通过有次序地集中、组合必要的显示和控制元件而形成的人/机交互作用面。最简单的组合可由一个单独的控制器加上一个指示器组成，并由此发展为具有一批控制、显示器的操作控制台，甚至发展成为执行空间使命、并具有多个控制站的控制中心。为形成一种既舒适又易于使用的设计，当今设计者通常面临的任务是如何简化控制面板。这既涉及控制面板表面的简化，也涉及其内部结构的简化与操作方式的简化。

用户对产品的操作和满意度取决于产品控制器的舒适性、控制器的类型、尺寸和空间；启动所需的力量、控制动力、控制/显示的关系、控制器和显示器的安排；控制的识别等重要因素，见彩图 10-1。

控制交互界面的各项细节也要作为整个设计过程的一部分进行评价。这既包括纯美学的各项内容，如形态与对比、风格与韵律，色调与肌理、颜色与色相等，也包括实际工程领域的各个方面，如材料与表面处理、人机工程学与成本效益、质量与易于制造等。当然，也不能忘了产品的基本要求，即应当适合市场销售的需要。

10.1 影响控制器选择与设计的因素

无论是为设计的产品选择控制器，还是设计新的控制器，设计师必须考虑：

① 用户的能力；

② 基于任务基础的控制要求和全部产品操作要求。

在基本需求确定的基础上，再考虑诸如外表和成本的其他因素。

10.1.1 用户能力

在选择或设计控制器之前，要考虑用户的能力和其他特性。必须确保控制器的操作在操作者的能力范围之内。控制器的范围、速度、精度以及人在操作控制器时传递给控制器的力都与所涉及的人体相应的部位有关。一般来说，某些部位可能比其他部位更适合于某种操作。例如，手指就适合于作精细而灵敏的操作，而不适合在较长的时间内周期性的施以较大的力。用户能力主要包括以下内容：

- 视觉和听觉；
- 具有线性和旋转力的能力；
- 感性动力技巧；
- 记忆、学习、推理的能力；
- 过去的经验；
- 人体测量特征。

产品的目标用户形象可以提供这方面的信息。如果明确了用户年龄、性别和国籍，就可以从相关手册和技术报告中获得有关用户感觉和机动能力的数据和人体测量数据。下面一些例子将有助于理解考虑用户特性的重要性。

① 如果是为老年人设计，必须考虑他们衰减的视力和听力。设计者可以考虑使用图形处理控制器（对触摸识别是有用的）或增大控制标志的尺寸；所使用的各种控制器产生的声音反馈必须足够响，以便让有听力障碍的人们能听到。

② 当要求避免孩子操作控制器时，设计者必须设计特别的控制器，以保证孩子不能独立操作。如设计成孩子无法完成的操作顺序，或只有成年人才能使用的力。当然这个力量和顺序不能超过成年用户的能力。

③ 认知能力包括阅读给定的指导手册进行控制器操作的能力和在没有指导说明的情况下进行控制器操作识别的能力。对控制器的设计与选择应尽量考虑用户以往类似控制器的操作经历，因为这种操作经历可以相当地降低识别要求。

④ 最后，在进行控制器尺寸设计和以后的安排之前，必须考虑用户的人体测量特性、衣服和保护设备的附加条件。在寒冷的户外使用的产品上的控制器，必须是足够大和相互间有足够的间距，以方便戴着手套的人操作。

10.1.2 任务特征和控制要求

用户将要执行的任务特性，在很大程度上决定了该产品控制器的要求。一些普通的任务类型包括：

- 单个分离的任务（如打开开关或选择几个操作模式中的一个）；
- 数量值的选择任务（例如设定一个恒温器）；
- 调整输出到指定值的任务（例如调整收音机的声响）；

• 一组任务，其中每个子任务必须以特定的顺序执行（例如为 VCR 设计一个时钟程序）；

• 数据输入任务（例如拨号码打电话）；

• 连续的机动任务（例如驾驶一辆汽车）。

除了任务特性，还必须同时考虑对于操作速度的要求、调整的精确度以及反馈的方式。在一般情况下，这些信息可以从产品要求文件上获得。此外，还应了解控制器所处环境中影响控制器的各种环境因素，想一想这些因素是否都考虑到了。例如，操作者是否在低温状态下工作，是否考虑到操作者在戴着厚实的手套时也能准确无误地进行操作。或者相反，环境很热、很潮湿，以致操作者的手几乎总是汗湿和滑腻的。或者，控制面板或操作者站立工作的平台经常产生振动，并由此导致操作者的手会产生不受控制的动作而产生误操作。

在多个控制器并存的情况下，各控制器相互间的识别往往十分重要，这可以通过不同形状、质地、尺寸、位置、操作方式、颜色和标记来实现。所有这些特征都与控制器的选择及细节设计关系极大，必须引起重视。

获得特定任务的详细信息的更好方法是进行任务分析。任务分析能够显示执行每个任务所需的控制器数目和每个控制器的特性。举例来说，如果一个任务或子任务要求选择一种模式，任务分析会揭示选择控制器分离位置的最小数目。类似地，如果任务要求控制器进行不断的调整，任务分析会显示所需要的调整范围。

在任务分析期间建立控制要求可以排除一定类型的控制器，再从符合任务特性的控制器中根据以下条件：相关操作，物理限制（如有限空间或特殊环境），类似产品上使用的控制器类型、美学、成本和用户爱好等方面进行尝试性的选择，以便最终确定合适的控制器类型。

10.2 常用控制器特征

这里提供了在确立要求之后，选择控制器的依据。表 10-1 是控制器分类表。图 10-1 给出了几种控制器类型。设计信息包括测定空间需求，定位控制位置视觉识别的容易度，操作速度的合适性，进行精确调整的舒适度，以及推荐的物理特性都在表 10-2 中作了介绍。

一旦建立了独立或连续的调整要求和调整的位置数目或范围后，利用表 10-1 可缩小所选择的控制器范围。如果对激活力有相关限制或确定的潜在用户被认为更喜欢线性或旋转的控制动作，这个范围可以进一步缩小。举例来说，如果一个控制器必须有 6 个分离的位置，用一个较小的力就可以启动了，可能适合的控制器将会是键盘、旋钮、指动轮、六联开关、步进键和小的控制杆。

两位分离控制器具有较小的激活力。这类控制器包括按钮（手指启动），联动开关、肘节开关、双掷开关、摇臂开关、推拉开关和两位滑动开关等。

表 10-1 控制器的简单分类

类别	2 位		多位	
离散位置控制器	线性型(S)	旋转型	线性型	旋转型(S)
	按钮(S)	无	阶梯键(S)	旋转选择(S)
	联动开关(S)		键盘(S)	定位器(S)
	肘节开关(S)		定位杆(S、L)	指轮(S)
	双掷开关(S)		双位控制组合(S)	
	摇臂开关(S)			
	推拉开关(S)			
	2 位滑动开关(S)			
	2 位连杆(S、L)			
	T 形手柄(L)			
	脚踏开关(L)			
连续调节控制器	小范围		大范围	
	滑动控制器(S)	旋钮(S)	无	多位旋钮(S)
	小连杆(S)	小曲柄(S)		大曲柄(L)
	大连杆(L)	联动指轮(S)		方向盘(L)
	转位踏板(L)			

注：S——激活力小；L——激活力大。

图 10-1 常用控制器

表 10-2 一般产品的控制器特点

类型	控制形式	安装需要的空间	控制位置识别的容易度	操作速度的合适性	精确调整的舒适度	物理特点	备注
推按钮	D/2	小	好，一般	好	好，一般	间距：13mm F：2.8～11N	提供指示灯来改善控制位置确定的容易度
按钮阵列	D/M	中-大	好，差	好	好，一般	类似推按钮	如果所有按钮具有相同的功能或者按顺序操作，间距可以减少至6mm。除非按钮面积小于13mm×13mm，间距小于6mm是不能应用的
肘节开关	D/2 D/3	小	好，一般	好	好	间距：19mm F：2.8～11N DP：30°～80° H：13mm	
双掷开关	D/2	小-中	好	好，一般	好	间距：19mm F：2.8～11N DP：30°～80°	各种各样的肘节开关
摇臂开关	D/2	小	一般	好	好	间距：如开关作一字排开或纵向排列可最小 F：2.8～11N	在肘节开关凸出的手柄可能引起受伤或可能被意外启动的情况下使用
2位滑移开关	D/2	小	好	一般	好，一般	间距：19mm F：2.8～11N	意外被启动的可能性很小
推拉按钮	D/2	小	一般	好	好	间距：25mm	各种各样的推按钮，拉是打开，推是关闭
控制杆（2位置）	D/2 D/M	中-大	好，一般	好，一般	好	间距：50mm	通常其尺寸依操作机械装置所要求的力而定
T形手柄	D/2	中	好，差	好		F：4.4～17.8N	用于需中等力移动机械装置的场合
旋转选择器	D/M	小-中	好，一般	好，一般	好	间距：25mm F：115～680N	允许最大开关数为24
步进键	D/M	小-中	好（与附加显示器共存）	差	好	间距：13mm F：2.8～11N	与旋转选择器功能相同，最大选择位置可大于24
键盘	D/M DE	中-很大	好，差	好，一般	好，一般	间距：6.4mm（键面积：13mm×13mm）	大多数用于数字输入设备，若键大小为19mm×19mm或更大，则间距可以减少至30mm
定位数显旋钮	DE	中	好	差	好	间距：10mm F：1.7～5.6N	意外被启动的可能性很小
滑动控制	C	中	好，一般	一般	一般	F最大：8.9N	某些功能与旋钮相同
连续控制杆	C	中-大	好，一般	好，一般	一般，差	间距：5mm DP：中点两边各45° F：1.7～5.6N	其尺寸依操作机械装置所要求的力而定
连续调节指轮	C	小	差	一般，差	一般	间距：13mm	用于作有限度的持续调整中

续表

类型	控制形式	安装需要的空间	控制位置识别的容易度	操作速度的合适性	精确调整的舒适度	物理特点	备　注
多位旋转旋钮	C	小-中	差	差	好	间距:25mm	用于调整幅度大并要求保证精确度
小曲柄	C	中-大	差	差	一般,差	间距:50mm	用折叠手柄可以节省空间,需用较大的力操作时,可用大的曲柄
手轮	C	大	差	一般	一般	间距:76mm F:18～220N	需要较大的力移动某种机械装置时
转换踏板	C	中-大	差	好	一般,差	间距:100mm F:18～90N DP:25～180mm	当不能用手操作时

注：控制器类型：D/2　不连续的，2个方向
D/3　不连续的，3个方向
D/M　不连续的，多个方向
DE　数据输入
C　连续调整
F：操作时所用的力　DP：位移　H：最大手柄长度

按钮和联动开关手指操作按钮如图10-1有各种各样的功用，例如将产品电源打开或关闭、模式之间的转换、从一种状态变为另一种状态等，各种尺寸和形状的按钮都有。不同类型的开关动作包括暂时动作、锁定动作和选择动作。常用的最小手指操作按钮直径（或长度）约6.5mm。但如果空间允许，直径（或长度）最小为13mm。袖珍尺寸的按钮要用钢笔或铅笔尖才能使用，除非有效的空间相当有限，否则不建议使用。总的来说，袖珍开关用起来不方便，有时也很难操作。

按钮之间最小的间距取决于它们的尺寸。如果按钮很小，按钮之间的最小间距不低于13mm，以防止同时按到两个按钮。然而，如果按钮为13mm×13mm或更大，按钮之间的距离可减少到6.5mm。只要空间允许，间距越大越好，以方便可能戴着手套的用户。

典型按钮的重要问题之一是控制器位置的视觉识别。最有效的解决方法是在启动开关的同时，打开独立的指示灯。这种灯可以是开关本身的一部分或设置在与开关相邻处。

图标开关是带有完整图标和背景灯的按钮。当启动的时候，这两种开关都会亮。图标开关可以平行地组合在一起，开关之间有3mm的阻隔。这样的开关可允许用户检查每一个开关的灯源。

10.3 常用控制器类型

可以将控制交互界面的主要类别限定为触觉和视觉（暂不讨论与听觉有关的警报器等）。而这些类别又可作如下的适当分类：

触觉/重型——应用于较重型的工程机械中，如操纵杆、踏脚、手轮，需

要相当大的体力；

触觉/轻型——应用于电气、机电控制装置，如肘节开关、旋钮和按钮，要求体力较小；

视觉/显示器——显示器输出信息，包括模拟计量器、数字显示器、指示灯和阴极射线管等；

视觉/图形——采用与设计布局相一致的式样、格调、色彩、线型和排布形式，以产生有特色的控制面板的表现形象。

触觉控制元件向人们提供了用以操纵机器的工具，视觉控制元件则向人们提供了机器对指令所作出的反应信息和能够检测机器状态的信息。除了近年来出现的接触式开关外，通常的触觉控制元件均采用了枢轴式或旋转式的操纵机构。从基本的机械角度来看，一个操纵杆就是一件以耗费能量，并从其执行工作的地方取得机械效益的工具。操纵杆可按它们的机械效益，以最简单的形式区分为第一系列、第二系列等。

本节将主要考虑其更广泛的基本原理，当然也包括人机工程学的影响，并涉及控制器细节上的设计和选择等问题。

10.3.1 触觉/重型

(1) 手操纵杆

重型触觉类的手操纵杆可以再细分为：作线性运动的操纵杆；具有固定枢轴、在平面内作圆弧运动的操纵杆；具有万向节、可在一个锥形空间内操纵的操纵杆。

尽管已在前面涉及了人机工程学的问题，但为更好地说明问题，这里仍需指出一些应用于这类操纵杆的有关人机工程学方面的内容。

要使对紧握的操纵杆施加的力达到最大，操纵杆的位置应在人站立时的肩部高度处，或坐着时的肘部高度处。

操纵器所需的最大操作力不应超过 14kg，而在瞬间的拉力可允许达到 110kg。

对施加于操纵杆的力，推力要大于拉力，而且无论是拉力还是推力，从坐姿位置施出的力均应大于从站姿位置施出的。在这两种情况下，指的都是从头至尾的整个移动。横过身体前施加的拉力，即从一边拉向另一边，其速度较高，但精确性较差。

在人体韵律的极限内，操纵杆行程越长，其控制精度越高。当行程长度增加时，作用力也将成比例地减小。

对于枢轴式和变速杆可有以下一些类型：

① 手操纵杆作平面圆弧移动，能在行程末端正确地啮合或脱开，如犬牙离合器控制杆；

② 手操纵杆在受狭长孔约束的锥形面内移动，能在行程末端正确啮合或脱开，如汽车齿轮箱的选择操纵杆；

③ 手操纵杆作平面圆弧移动，能在它们整个弧形行程中递增地增加或递减地减少某种控制功能；

④ 手操纵杆在受狭长孔约束的锥形面内移动，在其整个行程弧中递增地增加或递减地降低某种控制功能，如卡车上的铲斗控制。

对操纵杆的作用及其所产生的反应的分析，可用来确定某事件的必然发生。例如，从传动装置的空转挡切换至运转挡的移动，其动作是从容不迫的，而其反应是意料之中的，机器如同按程序运作一般，执行人的指令。

同样地，操纵动作也可以仅将机器置于“准备”状态，这时，其反应将随操作者对操纵杆的控制移动而改变。在这个阶段的控制，要求对人机工程学作更多的研究，但必须将环境的反应考虑在内。

操纵杆移动范围较大，往往因难以取得良好的调整位置而产生偏差。因此，最好将其分解为具有 x、y 两维操作功能的控制，还可以与脚控制相结合，以形成三维的控制。

在一般设计中，通常要考虑的总是那些与舒适相关的内容。例如，有些操纵杆可能与运行时会产生较高温度的齿轮箱连结在一起，这时就应考虑采取某种隔离形式。

一个实用的操纵杆，例如像露天煤矿这样工作环境中控制机械采矿的操纵杆，使用十分频繁，因此，手柄材料不能因操作者的出汗或摩擦而失效。考虑到因为用手操作引起手柄的磨损会异常迅速，所以，应当使手柄在结构上易于更换，为此，手柄上必须具备构成整体的装配标记。此外，设计者还必须考虑到在寒冷条件下操作者是戴着手套工作的，因此，设计的机器还必须据此对手柄的形状、尺寸作相应的修正，以便确保操作者戴着工业防护手套作业时也能同样方便、准确地掌握操纵杆。

可以断言，在不久的将来，在整个工程领域内都会倾向于消除或减小在操作操纵杆时所要求消耗的作用力。这样，最终要求施加在操纵杆上的力不会比“触摸”所要求的力更大就能使机器产生反应。这一重要进展将应用于本章涉及的所有控制器，这样，机器将为人们做更多的工作。

(2) 开/关操纵杆

操作一个开/关操纵杆时，在最简单的情况下，其移动极限就是一种充分的指示。在有些情况下，其操作结果还可以辅以视觉或听觉的反应。如关上或打开时相应的指示灯的亮或灭，或在关上或打开时发出的咔嗒声，以帮助操作者确信已完成了某个操作动作。然而，在有些场合，操纵杆的操作必须通过一种表现来加以说明。

这种表现，可以用单个信号灯或成对信号灯，或任何可表示状态的许多系统中的任一种来体现。

在任一给定平面内，按圆弧方向作上下、左右或前后移动的操纵杆，其相应的信号标记应与操作路线相平行。

当操纵杆的操作较为敏感，并使效果变弱的情况下，其指示刻度或其他指示数字的装置也应遵循其变化的路线，这时，不妨将操纵杆设想为轮子上的轮辐，按常规，顺时针转向为增量的方向。

（3）联合操纵器

结合了一种以上功能的操纵杆已为人们所熟知。汽车的手刹车兼有松开制动装置的功能就是广为使用的例子。摩托车操纵方向的把手也兼有调速汽门的旋转杆，把手基本上是操纵杆，而调速机构是附加的操纵器。

在空间有限的条件下，当操作者接近操纵器受到限制或操纵器较多的场合下，这类联合操纵器能有效地发挥其作用。

组合功能并不需要给予过分增大的形态，以容纳新增加的功能，良好的设计能避免这种情况，并使功能各自发挥作用。这时，确定操纵杆的空间位置就十分重要，这要求既要熟悉手的运动所需要的净空间，又能明确给控制杆划定相应的行程路线。

当多个操纵杆处于同一直线位置时，如铲车、挖土机或起重机在液压控制的情况下，为了操作的舒适和安全，必须从人机工程学的角度谨慎安排这些操纵手柄。为避免干扰，可将操纵杆弯成曲柄状。

按照操纵杆的多种控制要求，往往必须将其置于或穿越于一定的空间范围，这就必须预先估计其可能引起伤害的程度。例如，它们会不会钩挂住人的衣服或是否处于易触及人体骨骼更为敏感部分的高度，或其移动甚至可能会产生致命的伤害事故等。此外，还应考虑启动了的部位能否重新复位，任何直接连接的控制杆是否会出现在使用不便的位置上……在设计一个特定操纵器之前，必须对此给予仔细考虑。

（4）脚操纵杆

在不同类型的操纵杆中，只有一个在确定平面内沿弧线转动的固定转轴的操纵杆才是真正适合于用脚控制的。并且，由于人类的脚并不具备明显的、适于抓握的性质（尤其当操作者穿着工业防护长靴时），因此，其弹簧复位结构是必不可少的。在大多数情况下，踏板的移动依赖于操作者的意图。这时，处于压缩状态的弹簧的残留反力将足以克服由于操作者的姿势而作用于踏板的任何重力，以便操作者确定需要引起踏板移动的正向动作的方向。在汽车控制中使用踏板的控制方式表明在整个延伸控制周期中，脚能够敏感地控制住按特定规律移动的踏板位移。

在脚控制器的设计中，必须重视人的腿部动作的特点和结构。由人体解剖学知识可知，盆骨是人体结构的一个静止部分，它与大腿骨由一个可恰当称为“万向节”的球形髋关节相联系，小腿部分只能以膝关节为枢轴，在一个平面内运动。踝关节因为不是球形关节，其运动也被限制在一定的范围内。

在用脚的习惯方面，尽管足球运动员可能真正会有习惯用左脚或习惯用右脚来踢球的，而一般人，并不会以其用手的习惯方式来限定其脚的使用习惯，所以，在脚踏板的设计中，不必以这种条件来约束。

在自行车中，就利用了人从臀部关节至脚趾的完整的传动系统。

根据枢轴位置的变化，可将枢轴式踏板分为以下三种类型。

① 枢轴点在脚跟。脚的重量应由固定表面支承。

② 枢轴点在中间。可以支承脚的重量，为了精确对增量的正向、反向控

制，带有轻型的斜弹簧。

③ 枢轴点在脚趾，或在踏板顶部。允许整个腿部施加相当的力。

这些类型的踏板一般用以操纵联动装置或活塞，以驱动和操作操纵杆。

不同类型踏板的表面设计受到总的操作条件的支配。传统的橡胶垫并不能适应所有的场合，如有的踏板表面装上了多种尺寸规格的粗糙、敞开的格栅，从而更适合于大型挖土机的操作者，因为他们穿戴着沾满泥土的橡胶鞋。而在另一种极端情况下，如调节操作台高度或斜度的控制踏板，就只需要较小的表面区域，在其表面可以安装一个较光滑但又不至于打滑的衬垫。这类踏板安装在离地不高的控制杆上时，其位置必须限制在行程范围内，以免发生踏脚靠在操作者脚上所引起的伤痛。

(5) 旋转操纵杆（操纵盘）

在触觉/重型类限定类别中的另一类操纵杆就是操纵盘。在操作上采用了杠杆原理。操纵盘产生的机械效率是由操纵盘外缘直径与负载所作用的内圆直径的比值确定的。有时操纵盘由一个突出的曲柄来代替，这时操纵盘的作用是与曲柄的作用相类似的，但在实际操作时，其舒适程度或人机工程学特点是难以相比的。

操纵盘以符合人机工程学的适当方式扩大了操作的移动弧度。一般操纵杆无法应用于转动弧度超过180°的行程中，然而操纵盘则允许按所要求的旋转圈数作360°方向的不间断旋转。

直到现在为止，汽车司机一直将方向盘看做为最重要的控制器。在整个行驶过程中，司机必须全神贯注地用手紧握住它。从表面上看，通过转动一个直径较小的轮子就能轻松地驾驶由动力驱动的汽车，但实际上，汽车的操纵、驾驶并不那么简单，它存在着诸多影响汽车所要求的驾驶转动力矩的操作因素。来自伺服系统反馈的令人满意程度和操纵盘的运动范围结合在一起，共同影响着控制的完美性。当设计师确定其汽车各部分的最适当的尺寸之前，必须调查整个涉及机械、人机工程学和心理学因素的背景情况。

值得注意的是，在汽车发展的许多年里，驾驶盘自始至终没有被任何其他类型的控制器所取代。虽然也曾出现过某些不按惯例的形状，但最终还是被放弃了。由于人的双眼与两手间的配合而显得高度地协调一致，从微型汽车到大吨位的汽车，其运行的任何准确位置都可由驾驶盘给予最好的控制。

由此也就可以推断出在明确需要协调一致的控制功能的场合，应当考虑采用操纵盘。看来在铣床、车床和其他制造机械完全被数字控制代替之前，在遍及许多现有的一流产品中仍然存在着更好设计的机会。但在这些领域内，传统习惯在很大程度上限制了它的发展。

在汽车领域内，人/机关系的最好体现可以在这样的例子中发现，即方向盘至少能以两种方式调整，驾驶座也能给以调节。如果在整个正常行驶过程中，方向盘和驾驶座均能自始至终地随时调整在最佳位置上，从而使四肢与躯干得到充分松弛，将是解决问题的最理想的方式。

10.3.2 触觉/轻型

轻型触觉控制器，包括肘节开关、按钮和旋钮。这类控制器通常应用于更具流行意识的家用电器、音响装置中，因而其尺寸相对较小。

（1）肘节开关

这是一种用手指拨动操作的，能作线性移动的杆式开关。它具有一个固定的转轴轴心，通过平面内的弧线进行操作，并包括1个、2个或3个转换位置。其执行机构有多种类型：如金属的带有球形定端的肘节机构；棒状异形的塑料构件；表面有纹理或有凹槽的摇臂执行机构等。

摇臂开关在标明位置上不够精确，但能用来控制强电流。因此，通常被用于具有开/关初级功能的控制中。

（2）旋转式控制器

这类控制器是通过旋转控制旋钮进行操作的。它可分为两类：一类是旋转控制、手指操作的执行机构，它能作平滑、非步进式的弧线运动；另一类是旋转控制、手指操作的执行机构，它能作步进的弧线运动。

控制旋钮在电气或电子设备中应用最为广泛，因此，它能用手指进行操作。在触觉范围内，人类的手指对直接知觉的反馈具有令人难以置信的选择能力，如硬度、温度、振动、柔软性、肌理及任何方向（包括不连续、迟缓的和以任何速度移动）的运动。

圆盘旋转式控制器有多种尺寸和样式，圆柄的直径可以从10～100mm，常见的应用有收音机上的频率和声音控制器、煤气炉的喷嘴控制器。当需要精确使用和能持续调整时，就可以用旋转圆盘，用大直径的圆盘可以获得更高的精确度，因为它有更大的外表面。如果需要更大的调节范围和更高的精确度时，就要用到多旋圆盘。在单旋圆盘的外圆上要有一个指示器来指示它所处的控制位置。

球状把手旋转式控制器，球状把手意味着一种旋转运动，所以在设计中应突出这一点。当然，球状把手也能用于按/拉的控制模式，但必须以一定形式充分明确地表示其控制的方向，否则易使人仍以旋转方式来操作，其结果只是将球状把手从杆上旋了出来，这不免使人尴尬。

近些年来，人们在改变控制旋钮的形状，使之更易于由触觉来进行辨别方面作了大量研究。许多不按惯例设计的形状实际上已被作为标准形状用于飞机驾驶舱的各种控制器上。事实表明，各种特殊形状的控制手柄有效地降低了人的操作差错，但类似形状的旋钮并不能为大部分市场所接受，这就是为什么在高保真音响设备上带着一排形状完全相同的旋钮。控制旋钮的制造依赖于市场，值得指出的是，它们之中的某些类别实在是太守旧了，设计师们应该克服这种现象，只要可能，应创造其他的形式来代替。

（3）按钮

轻型触觉控制器的主要类型是按钮。这是在触觉接触界面中占主要地位的控制器类型。按钮的类型和应用范围很广，并在继续不断地发展。按钮之所以受欢迎是因为在操作时用手指触、按无需多费心力，而且由于明确意识到只要付出很小的代价（轻轻一按），即可取得很大作用而得到某种心理上的满足。

人们能自然地想到按钮是因为按钮具有应用于动力供应中的开/关控制功能；其次，具有用于其他开与关的转换功能；同时具有步进控制功能。如果将给定范围细分，可由按钮选择其增量，这种步进功能，多年来是利用旋转开关实现的。由于技术的进步，这种功能已能直接附着在印刷电路板上，从而将按钮引入一个更大的应用范围。

印刷电路的发展，更允许操作者只需轻轻触摸操作面板上的特定标志区域即能达到所要求的功能转换。在操作中，人只需作出精神上的努力和关注，而所耗体力微不足道。由于大多数人在按按钮时已习惯于感受一种弹簧反力的作用或能听得见的声音，以确证任务已正确执行了，因而“沉默”的开关就需要时间才能为人们所接受。

印刷电路技术和微型元件的发展，必然会导致仪器设计的小型化。由袖珍计算器的键盘形式引出了一种由数码按钮与显示读出的组合形式形成的具有功能群的控制面板。有人将其应用于微波炉的设计中，这种应用成为许多产品的标准实例。

由于微型化，因而更多的功能被塞入了更小的区域，并需要更多的控制器，以便于控制和使用。然而，令设计者感到棘手的是，从尺寸上来说，人的手仍是原来的大小，因而按钮不得不成排安置，互相紧挨，间隔在 12mm 左右或更小，于是形成了多种精巧的排列方式，以便人手的操作仍能进行，如袖珍计算器和数字式手表就是如此。

随着微电子技术进入线路设计，机械转换的连锁按钮（已按下的按钮需经按下同组合的其他按钮才能复位）已逐步消失。机械转换机构的基本优点是不需看着按钮，仅凭触摸就能获得其清晰的指示状态。在这类按钮中，钢琴上琴键的排列形式为它们提供了最佳的对比形式。

按钮行程的大小将随着其电容类型的不同而不同，它可以从零至最大值(7mm)。压力要求也从零至一般水平。按钮形状可以是平的、雕塑的、浮雕等多种形式，也可以使按钮本身具有内部照明、金属箔贴印和镶嵌印刷等。大多数控制按钮用塑料制成，因而可有效地应用于多种成型技术。

与触觉和听觉的控制响应有关的“感觉”问题受到机械操作的支配。实际上，在关于“沉默”的开关部分已经涉及了这一问题。显然，在按动按钮的操作中，按钮的反应动作有强烈的倾向性，它给手指的按压力提供了确定的阻力，并在开（或关）动作完成的瞬间，突然降低阻力，同时发出特定声响，以增强动作完成的印象。

启动开关通常比闭合开关更具有潜在的危险性。在重型设备中尤其如此，尽管在使用、操作上有许多规定，但在实际中并不总是有效的。例如，在批量生产中应用一种模拟检测装置，使用中规定操作者必须在机器停妥时方能将零件装在夹具上，然后再启动按钮以便机器进行模拟检测。但在使用中，发现操作者为图方便，往往未待机器停妥便将手伸入运转区中装换工件。为此，设计者设计了两个相隔充分距离、必须由左右手同时才能操作的按钮来启动装置的运行，并且还设定，当其中任一按钮上的按压力一旦降低，装置将立即自动停止。这就创造了一个潜在的安全保障，从根本上防止了操作者在机器运行中将手伸向危险区的可能如彩图 10-2。然而，操作者可能会因必须同时两只手按动按钮而厌烦，或者觉得影响了工作效率。机灵的操作者发现，只要将两个重物同时压住两个按钮，机器便连续运转。这时只要他自己感到安全，可随时在运转的机器上取换工件，从而使设计者的苦心付之东流。因此，在实际设计中必须预先考虑和设想到自己所设计的产品如何防止各种不当的方式进行操作的可能性。只有这样，才能真正杜绝事故隐患。

10.3.3 视觉/显示

控制交互面的视觉/显示单元能够提供数字和机器的状态信息，其单元可分为 3 种主要类别。

① 模拟显示。这包括各种类型的计量器和量规。

② 指示灯。具有各种类型的点光源。不论是单色光还是采用透镜罩或滤色镜色彩编码，均以“开”和“关”的方式表示机器的状态信息。

③ 数字显示。通常采用能够提供数字信息的标准单元。液晶和等离子气体显示控制板是近年来经常采用的显示单元；而阴极射线管（包括黑白和彩色）则广泛应用于提供灵活的信息显示，具有 100～550mm 的不同尺寸。阴极射线管（即 CRT）提供了无需光源的状态显示能力，带有输入键盘的 CRT 显示器已经发展成为标准的、计算机的人/机交互面。德国设计师从人机工程学的角度出发，根据人类躯体的特点，对传统的输入键盘作了彻底改造，以减少操作者肩部和颈部的紧张。其特点是将输入键盘中央隆起、略呈坡度，并将键盘分成两部分，输入键盘底部还被加宽，以方便手掌搁置。它和一台轻微的放射性监测器直接与主机联系在一起。

从生理学的角度考虑，正确的视觉基本规则应将人们的视域置于最明亮位置的中央，然而大部分显示屏幕均比其周围环境暗，因而是违背这一原则的。现代研究表明，工作场所的正确光线环境和成功的人机工程学设计能够缓和大部分的识别问题。

10.3.4 视觉/图形

控制交互面的视觉/图像方面的内容，通常涉及了设计者采用的专门显示的控制元件的区域。在个别表达上，相对具有较大的自由度。

(1) 面板编排

控制面板设计的质量由运用编排控制器组合群和识别控制群的技术来确定。在面板上，按区域布置的控制群体可以由轮廓线框、色调变化的嵌板、指示内容说明字下的彩色连线和括线给予限定。触觉控制单元也同样利用色彩调子来区分。

指示灯光源也可进行编排、组合布置。较低强度的现代光源周围区域应暗些，这是有效的。

控制面板的设计和布局最终应由整体的美学、人机工程学要求和所给予的显示、控制器数量来确定。

（2）生产技术

控制面板表面已不再必须采用涂料、雕刻和充填等方式来进行修饰了。铝板兼有或不兼有色彩的阳极化处理；金属或塑料外层表面的单一或多重的丝网印刷，最外层表面单一或多重清澈透明的塑料罩光；密胺层板和更为普遍采用的具有构成整体必需的光源彩色滤镜、触摸式按钮的多层显示面板以及处处光滑、具有皮肤似表面的孔网显示窗等。这些给设计者提供了广泛的技术选择余地。这些技术所表现的质量大大胜于过去用刀具加工的方式，并降低了成本。

（3）元件色彩

在确定控制面板的色彩时，需要具备有关标准及惯例的适当知识。这些标准和惯例可概述如下。

① 指示灯：

红色——危险，潜在危险或动作（行动、启动）；

黄色——警告，状态改变；

绿色——安全，安全状态，继续运行；

蓝色——特定的，未被以上所包括；

白色——非特定的，如有疑惑时使用。

② 按钮：

红色——停止/关闭，停止所有（部分）动作；

黄色——干涉，控制反常状态；

绿色——启动/进行，启动全部（部分）动作；

灰色、白色、黑色——非特定的，任何一般功能。

③ 发光按钮：指示，“启动”开关变亮表明所要求的动作；而亮度变暗，将取消所要求的动作（黄色、绿色、蓝色）。

④ 确定：亮度降低，仍保持工作状态，也可能在快速运转期间闪烁（白色）。

（4）铭牌

作为铭牌的图形范围，主要可以区分为两个方面：一是表示通过生产线的统一特征标志或符号；二是技术标签，这包括操作指示及有关的主要信息、一系列数字、所有者、维修状态等。

① 标志的处理可以有浮雕式的、立体单元嵌入镀金的；从印模压铸的框架到仅限于二维的丝网漏印标牌或直接将图形转移至壳体表面等。其本身就常常是一个重要的视觉设计成分，并具备独特产品的特性。

这种铭牌的设置与本章讨论的控制元件在使用方式上是同样重要的。但与控制元件相比，铭牌标志的设计与设置不能过于炫耀，以免喧宾夺主，破坏整体的平衡；但也不能过于平淡和“谦卑”，以免失去其应有的作用。设计者因此必须多花工夫，以协调产品与标志间的关系。

② 至于技术标签，其制作常被忽略，通常主要采用传统的加工方法。标签上的技术数据与图样是遍及产品系列的潜在联系因素。一个标准规格尺寸的标签，其内容与图形的分割、表现是设计探讨的基础。

以下列举了多种有效的处理方式，这些方式同时适用于标志符号和技术标签的制作。

金属——抛光、镀铬，带有彩色瓷釉充填物的印模压铸；

金属——在抛光、镀铬的图框内嵌入多种图形；

金属——印模压铸青铜或黄铜，并有彩色瓷釉充填；

金属——感光阳极化处理铝板，形成具有极强吸附力的表面，可以着色也可以着色处理（这一过程也提供了由上述方法产生的在框架内嵌入的一种方法）；

金属或塑料——丝网漏印色彩，并复制在压铸件上；

塑料——注塑成形，表面作漆饰或金属电镀的修饰处理；

塑料——注塑成形的塑料，部分或整体喷镀金属；

塑料——利用感光印刷制作塑料薄膜标牌，也可使之具有金属格调的修饰。

10.4 设计要点

关于控制器设计与排列还涉及以下一些需要考虑的因素：

① 控制—显示比与控制—显示的兼容性；

② 控制阻力；

③ 防止意外激活的方法；

④ 控制器设置原则；

⑤ 控制面板与工作场所的设计准则。

10.4.1 控制—显示比

在控制器的设计中，许多因素与“硬件”相关，但也包含着人在使用控制器时的执行情况。

在连续控制的过程中，把控制动作的量和显示动作的量的比，或者说把“系统的反应”称为控制—显示比（C/D）。

灵敏的控制具有较低的C/D比值，这时较小的控制动作即会引起显示上的显著变化。人们在调节控制器时，常常是分两步进行的：第一步，先粗略地将控制器调到要求位置的附近；第二步，再作细微调节，使最终达到精确的位置。要确定最佳的C/D比，必须考虑人的执行特点。一般情况下，人们总希望控制器的灵敏度高些，即取较低的C/D比值。试验表明，随着C/D值的减小，虽然反应的时间缩短了，可是调整的时间却增加了。在图10-2中，两条曲线分别表示响应时间和调节时间，从图中可以看到响应时间曲线随C/D的减少呈下降趋势（自右向左），然后达到平衡。而调节时间曲线在同时却呈相反的变化趋势。由此可见，高的灵敏度是以延长调整时间来获得的。因此，不难知道，比值C/D的最佳

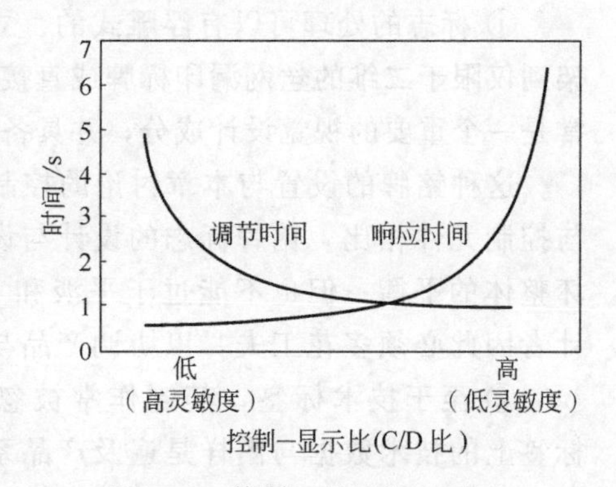

图10-2 控制—显示比（C/D）

值是在两条曲线的交点附近。

在具体设计中，C/D 的比值将随控制器和显示器的物理性质和尺寸而变化。因此，其最佳值是通过试验来确定的。

控制/显示比的最优值是控制器类型（柄、主机轮、操纵杆、杠杆、阶键等）、显示规模、容错度和一些其他因数的功能。然而，最佳比值的精确预测方法仍未找到，而且每一个都必须经过实际检验。

某些类型的控制器允许用户选择控制/显示比以适应任务的调整要求。如，鼠标移动和光标移动的关系有时可通过改变鼠标移动速度进行选择。

10.4.2 控制—显示的兼容性

控制—显示的兼容性是控制与显示间互相适应的关系，不仅表现为合适的 C/D 比，同时也表现在控制动作的方向和显示反应间与人类固有的“运动陈规”间的吻合程度。就大部分人而言，对某一特定的控制动作会产生怎样的反应一般都有预期的结果。比如以顺时针方向转动汽车的方向盘，都会预料汽车的反应是向右转。如果控制—显示的关系不相适应，就会导致产生至少三种不良的后果。

其一，会增加人员的训练时间；其二，会导致操作者控制质量的下降；其三，在紧急情况下，操作者可能仍会情不自禁地按照符合陈规的方向移动控制器。因此，在违背陈规关系的设计中，就会因产生意料之外的反应而导致事故的发生。

因此，如果产品使用无须经常参考说明书，它们的操作方法应与用户预期的结果保持一致。具体地说，操作控制器的效果，控制器和显示的安排，说明、符号、代码的使用以及其他传递有关控制器功能和操作信息的方法应与用户的期望相一致。表 10-3 列举了常用控制器操作行为与期望效果的关系。

表 10-3 用户对多种控制器操作行为与期望效果的关系

控制器类型	期望效果	推荐控制器操作(用户行为)
按钮	开	揿压按钮
	开/关	
	开始	
图例开关	(类似按钮)	
肘节开关	开,模式 1	向上、右或前移动把手
双掷开关	(类似肘节开关)	
摇臂开关	开,模式 1	按压上翼、右翼或前翼
	关,模式 2	按压下翼、左翼或后翼
2 位滑动开关	(类似棒形开关)	
推拉式开关	开	拉
	关	推
激活键	开	顺时针旋转开关
	关	逆时针旋转开关
T 形手柄	开、打开	拉
	关、关闭	推
旋转选择器	选择模式	顺时针或逆时针旋转

续表

控制器类型	期望效果	推荐控制器操作(用户行为)
步进键	增大	推动键按箭头指向朝上或朝右
	减少	推动键按箭头指向朝下或朝左
	右	推动键按箭头指向朝右
	左	推动键按箭头指向朝左
	上	推动键按箭头指向朝上
	下	推动键按箭头指向朝下
	选择模式	推动键直至显示表明期望的功能被选中
键盘/缓冲器(包括:按钮配置群)	激活	按合适键以激活期望的功能
	数据输入	按合适键群
旋转柄	增大	顺时针旋转手柄
	减少	逆时针旋转手柄
	右	顺时针旋转手柄
	左	逆时针旋转手柄
	上	顺时针旋转手柄
	下	逆时针旋转手柄
操纵杆	增大	向右、上或前移动操纵杆
	减少	向左、下或后移动操纵杆
	右	向右移动操纵杆
	左	向左移动操纵杆
	上	向上或后移动操纵杆
	下	向下或前移动操纵杆
滑动控制器	增大	向右或上移动滑块
	减少	向左或下移动滑块
操纵杆	增大	向右、上或前移动操纵杆
	减少	向左、下或后移动操纵杆
滑动控制器	增大	向右或上移动滑块
	减少	向左或下移动滑块
连续指轮	增大	垂直方位:向上旋转
		水平方位:向右旋转
	减少	垂直方位:向下旋转
		水平方位:向左旋转
手轮	右	顺时针旋转手轮
	左	逆时针旋转手轮
	开	逆时针旋转手轮
	关	顺时针旋转手轮
转换踏板	启动、开始	用脚踩压踏板

在一些事例中，控制器操作与反应的相合关系在国与国之间是不同的。较明显的例子是室内电灯开关。在美国，将电灯开关向上推是开灯，然而在英国，将电灯开关向下推是开灯。这是不同国家与民族固有习惯的例子。要正确预期这些可能导致不同结果的各类问题，设计者应熟悉产品即将销往国家的用户的特定习惯。

由于习惯和人体特性的原因，大多数用户认为某种类型的控制器应适用于创造特定、期望的效果。这种定位应通过对产品用户的观察和试验进行研究。

控制器操作行为与期望效果的一致性还与控制器与显示器的空间安排有关，如表 10-3。一些由控制器和显示器相对位置所决定的控制/显示关系在图 10-3 和图 10-4 中作了说明。图 10-3 表明，如果控制器与显示器处于同一平

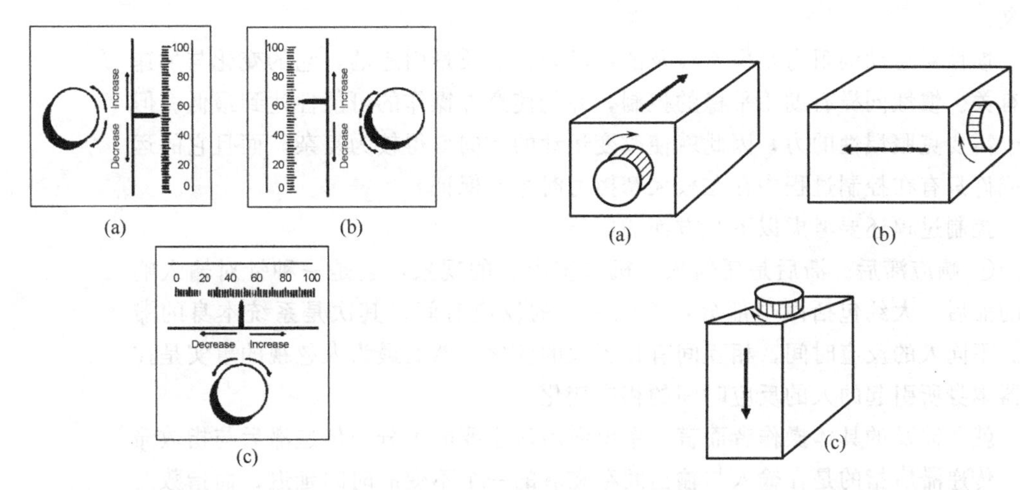

图 10-3 旋钮与线性移动指针的相合关系　　图 10-4 控制与显示在不同平面的相合关系

面，两者移动方向可保持一致。然而，当控制器处于垂直尺度左边时应注意逆时针旋转对应刻度尺上的增值方向。

当控制器与显示器表面不处在同一平面上时，就不能明显地判断最好的设置方式，这时应依据所涉及的特定平面来确定。如果必须将控制器和相关的显示置于不同平面上，最好通过观察试验进行测试以便确定最好的位置关系。如果不能找到一个令人满意的关系位置，就应采用附加标志和图形予以弥补。

10.4.3 控制阻力

操作控制器通常需要使力，以使控制器获得直线运动或旋转运动，所用的力量必须足够克服控制器的阻力。

控制器阻力可以影响到：

- 控制器操作的速度和精确度；
- 控制器的“手感”；
- 控制器运动的平稳程度；
- 控制器防止意外激活的能力。

所有的产品装置都对它们的操作有一定的阻碍作用。这种阻力在某些控制器中是由伺服机构、液压力或产品联动装置引起的静摩擦力和库仑阻力。静摩擦力在运动初期达到最大，但随之就迅速降低；而库仑阻力则在装置一旦启动之后，就对运动形成一种持续的阻力。由于对速度和位移的影响，两者都会减弱操作者的执行努力，并且这种阻力与控制运动间并不存在有机的联系，所以也不会给使用者带来有意义的反馈信息。

弹性阻力可随控制设备位置的变化而改变，位移越大，阻力也就越大，其关系可以是线性或非线性的。这种阻力可作为有用的作用于操作者的反馈信息源，利用这一事实，设计者可建立附加的提示信息。

黏滞阻力是由与控制输出相对应的力引起的，并与输出速度成比例。一般来说，它有助于执行平稳的控制，尤其能够在保持一定运动速度的情况下，使意外操作降至最低。然而，其大小对于操作者的反馈并无显著的意义。

惯性对运动的阻力是由所涉及的产品装置的质量引起的，它的变化与加速度有关。惯性同样有助于平稳的控制，并能使意外操作的可能性达到最低。但由于需要克服惯性的力，因此就使改变运动的方向变得较为复杂，而且它的运用或许只有在控制过程中存在较大摩擦力时才有保证。

控制过程还要考虑以下几方面的影响。

① 响应滞后。滞后是任何人—机系统固有的现象，它是一种针对输入响应的滞后。大约包括两个部分：首先是人的反应时间；其次是系统本身的滞后。不同人的反应时间，相互间有相当大的变化。然而最为人忽视的事实是控制器本身所引起的人的反应时间的相应变化。

就所涉及的具体操作者而言，系统滞后最主要的可分为传递滞后与指数滞后，传递滞后指的是在输入与输出间存在着的一个不变的时间延迟；而指数滞后则随着选择功能的增加而使输出呈指数曲线变化。

研究表明，明显的滞后会降低执行情况的质量。然而在有些情况下，滞后的影响是由系统的C/D比决定的。有时，操作者也能预见到输入的变化，从而能很好地对滞后进行补偿。

② 后冲。后冲指的是在控制系统中，当控制运动停止后对系统的一种逆向反响的倾向。对此，常使操作者感到难以应付，尤其在增益较高的情况下。如果发现显示器将有较高的增益（如在高速飞行的情况下），就必须将后冲限制到最小，以保证最佳的执行情况。如果不能将后冲限制至最小，就必须尽量降低显示的滞后。

③ 盲区。所谓盲区指的是控制设备中不产生反应的控制动作的数量。任何过程的盲区都会降低执行情况的质量（尽管这种能力的降低还与系统的灵敏度有关）。

10.4.4 防止意外激活控制器的方法

控制器被意外激活的后果从小得微不足道到大得引起骤变。因此，必须阻止所有意外激活的发生。

以下几种方法可以减少发生意外激活的可能性：

- 熟悉控制器，这样就不至于意外碰撞而引起激活；
- 提供足够的控制器阻力，以防止无意识的移动；
- 激活控制器，需要复杂的移动过程；
- 采用隔离或提供一个屏障，以限制接触控制器，见彩图10-2。

对于每一方法和举例，表10-4有更详细的说明。

10.4.5 控制器设置的原则

(1) 控制器的设置

控制器应设置在伸手可及的范围内。这说起来容易，但实际的范围限制（也就是设置区域的界限）并不明显。同样，一些因素所产生的效果也不明显，如座椅靠背的角度、手动定位、安全带。在全面研究了控制器范围的限制，并取得了作为决定设计的数据，令人意想不到的发现是第5百分位数的女性触及

表 10-4 防止控制器意外激活的技巧

方 法	举 例
熟悉控制器，这样碰撞就不至于会引起激活。 具体地说,熟悉各种不同类型控制器,使控制器移动的方向与预期的手动方向垂直(在绝大多数情况下,开关应该垂直摆放)	在电脑上垂直摆放的摇轴开关及滑行控制器;在汽车上环境控制器
提供足够的阻尼,使不易激活,或需要复杂的动作去激活控制器	如汽车上的刹车;扣扳电钻等
• 旋转动作	所有具备旋转控制器的产品。比如汽车收音机上的"开/关"和"响度"旋转圆旋钮
• 双轴动作	汽车上有 5 挡手动变速挡(当转换到反转动作时还要求 Z 轴上下移动)
• 联动装置	如在启动电动链锯之前,必须先压下保险装置,或重型动力设备的双重开关
用隔离控制器或提供一个物质屏障来限制	
• 在隐蔽处安装控制器	微机设在隐蔽处的 ON/OFF 开关
• 在控制器周围设置物质屏障	动力工具扳机的保险栓,如修剪杂草的工具
• 将控制器移到一般可及表面之外或者将其与其他控制器隔离,以避免意外激活	

范围惊人地小。根据 Eastman Kodak 公司 1983 年的统计，第 5 百分位数的女性的控制器最远距离大约是 43cm，在大多数的人体测量数据手册中都可以找到关于控制器距离的数据。

控制器范围的条件在为坐姿作业设计的产品时是十分重要的。而在设计手用产品时，也要考虑控制器的功能。例如当使用 35mm 相机时，使用者要聚焦，按下快门的释放键，及连续快速地卷片，所有的控制器都应该很容易触及，并且它们的设置必须避免意外事件影响，比如可能将手指放在镜头上或拿着相机时闪光灯亮了。由于这些影响很难预测，所以在完成设计前必须经过全面的测试。

(2) 控制器的设置原则

• 将最重要及使用最多的控制器键设在最易触及处；

• 应将可能用于相同系统、次系统及组成件的控制器设置在一起；

• 在实际使用中，功能键组应用分界线、分级标志、色码或其他技术予以区分；

• 控制器的设置和标识应能明显体现出与它相关联的显示的关系；

• 如果控制器需按一定顺序来操作，那它的设计应反映出这种顺序，通常在大多数文化中，按从左到右的顺序；

• 应通过测试模型或实体模型来改变最初的安排设计使之更恰当。测试必须包括性能测试和试用接收度的评估；

• 如果产品是持续使用的（例如办公室的复印机）应将不常用的控制器隐藏起来避免初用者使用；

• 当使用者操纵控制器时，控制器指示标志应在其视线范围内。

(3) 适用于大部分控制器的原则和准则

• 控制应该是“安全的”，应能防止错误的操作，疏忽的操作或过度方式的操作。

• 产品的控制装置一定要易于使用，操作时使用的力应该足够小以使得大部分人操作起来不感到困难为宜。

• 控制装置的操作应该符合目标用户的期望。操作的方向应该符合习惯或通常预期的结果。减少疲劳，提高效率。

• 每个控制装置应该注明其功能，除非十分明显。

• 向用户提供反馈信息，以便提示控制装置的操作效果，这样能使用户更熟练地操作。

• 尽量减少控制器的数量，非必要的控制器只会增加成本和使用户难以操作。

• 关键控制装置的设计应使其操作起来较为困难，以避免发生不必要事故。

• 控制装置的操作应该尽量减轻人的生理和心理压力，操作应该很自然。

• 控制装置的表面不会刮伤手、脚。

• 除非控制装置和它的附属显示器处在不同的平面，否则这组器件的操作方向应该一致。

• 在持续调整一种控制器件（例如曲柄）时，如果速度的调整比精确度重要时，控制/显示比应该低一些，反之，要高一些。如果两个都重要的话，这个比例应该调整到最合适。

• 当需要高精确度时要使用多旋度控制装置，这时要持续调整，而且调整的幅度范围也要大。

• 所有的控制装置在正式设计、生产之前都要经过仿真测试，这个测试必须包括测试措施的结果和对用户的接受度的评估。

• 控制装置与其相关的显示器尽可能处于同一平面。

(4) 控制器的功能标注

所有主要的控制器都应标明（用标志或编码），除非它们的功能很明显，或以其形状明确暗示了操作方式。通常使用标志法较好因为它不需要预先进行训练和熟记。

标志可由文字、图形或实物图解组成。一个理想的控制器标志应能体现下列内容：

• 控制器的作用；

• 操作指示（在不明显的情况下）；

• 操纵控制器后的结果。

通常较多使用叙述型的标志（如文字），因为不容易造成误解。然而，如果使用者不能阅读那种文字，标志就将毫无意义，所以，如果产品销往几个不同国家，每种语言都应设有各自的标志。如果无法做到这一点，则应使用图示、图例，通常应使用 ISO 认证的图示。对于关键的控制器最好文字和图例共同使用，以避免造成人身伤害。

大多数专家推荐水平方向的文字标志并贴在相应控制器之上。当然也有例外，例如，假如水平方向贴在控制器之上的标志让使用者看不清楚，就应考虑其他的方向和位置。对于文字标志的附加说明如下：

• 标志应简明扼要，只使用操作者能理解的语言词汇；
• 标志所使用的字体必须很清晰；
• 在操纵控制器时，标志仍应处于使用者视野内。

关于更完全的文字标志及使用图示、图例的说明参见第 9 章。其他标明控制器的方法有色彩编码、形状编码及尺寸编码。在使用者经过训练或有过操纵类似产品经验的情况下，就可使用编码。

10.4.6 控制面板与工作场所的设计准则

这里存在着 3 个需要考虑的方面。第一，是控制面板本身，即要求显示器与控制器面对操作者的面板设计；第二，是对操作者工作场所的一般化设计——他的座位以及他所需要看到的与工作对象相对的位置；第三，是所设计的控制面板和工作场所与它在其中发挥作用的更大系统间的关系。

在这三个方面中，每一方面均有相应的设计原则，而几个方面间又都存在着一定的紧密联系。

(1) 控制面板的设计原则

在控制面板的设计中，存在着诸多人机工程学的准则和需要考虑的事情。首先，必须将显示器和控制器在操作面上按一定方式组合起来，组合方式可以根据其重要性、功能、使用频率及使用先后顺序的原则来确定。

在运用重要性原则时，应将执行中的最重要的控制器和显示器置于控制面板的主要位置上。

在运用功能性原则时，可将与某一特定功能相关的显示器和控制器集中安置，并与其他功能的区域相分离。对于较大的功能还能再区分为次要功能，这样还能形成与次要功能相关的显示器和控制器的亚组合。

在运用使用频率原则时，应将使用最频繁的显示器以及它们的控制组合置于最接近操作者的位置，而将只是偶然使用的显示器与控制器置于控制面板的边缘。惟一例外的是，用于紧急制动的控制器，尽管偶然使用，仍必须置于操作者在需要时可迅速、成功地进行操作的显要位置上。

在按照产品最常出现的操作顺序或方式的原则进行组合时，可以根据组合控制、显示器所提供给操作者的动作方向以及操作的先后次序，按照从左至右、从上到下的顺序依次设置相应的控制器和显示器。这种按操作顺序的组合方式不仅适用于整个控制面板，也适用于功能性的组合中。这种组合方式特别有助于克服操作者在操作时可能产生的疏漏，可将控制器设置成功能组合键，例如将汽车的所有关于环境的控制器组合设置在一个仪表板上。另一种组合功能键的方法是将所有相似的控制器设置在一起，电炉或煤气炉的点火按钮的安排就是一个相似例子。

此外还有非常接近原则，也即将控制器和显示之间的距离最小化。这样可以排除所有关联上的不明确之处。

（2）工作场所的细节设计原则

在人/机相关处的实际细节设计中应指出两个基本的人的因素，这就是操作者对能及范围和可视范围的要求。这两个因素是密切相关的，并随着操作者面对控制面板的姿势——是坐着、站着还是时而站、时而坐的情况以及是否必须停留在控制面板前以获得所有的信息——而改变。

在一般情况下，站着作业的操作灵活性大，但不能保持稳定的姿势，且易于疲劳；坐着作业，有利于保持一种稳定的姿势，并由于与工作无关的肌肉可得以放松而不易疲劳，从而执行更为正确的控制。

操作人员能够触及的范围是建立在人体测量学的基础上的，这可以利用前已涉及的一些人体测量数据。重要的是必须保证各个控制器之间的充分空间，以确保有效的操作，避免给操作者带来不便或伤害，也避免造成操作上的疏忽。因此，必须重视任何需要同时动作或连续动作的控制器；重视与操作有关的身体部位、控制器的尺寸以及动作次数和由于疏忽而误用了错误的控制器给系统造成的影响以及可能妨碍控制操作的个人装备与衣着。控制器间隔过小会增加事故操作的风险，也会使控制器用起来不方便。如果产品要在寒冷的户外使用或用作伐木或园艺工作，就应预先考虑手套的使用，将控制器间距设计得更分开些，才更适用。表10-2列出了控制器间的最小距离。

出于上述考虑，通常至少应保证控制器与操作者间隔150mm，并在其肩上、下或身体两侧300mm的区域内。

由于考虑了上述因素，所以常会发现控制器所占区域太大了，这就有必要减少控制器的数量。例如，可将2个或3个旋钮装在同一中心轴上。只要恰当确定它们的相对直径和间距，就不会因此增加误操作的可能性。

（3）环境的考虑

与正常情况不同的环境条件会对人/机交互关系发生明显的影响。在这种情况下，采用的最简单的解决办法就是将整个控制系统用罩壳覆盖，并将其安置在独立的基座上，用以与周围不理想的或危险的极端环境条件相隔离。这种极端的环境条件包括高噪声或高温以及湿度较大、振动较强的环境条件。为确保这样的防护结构不会妨碍操作者的执行动作，如是否遮挡视线、是否能保证足够的动作和维修空间等，必须对所增加的防护结构进行检验。

10.4.7 其他

（1）设计新型控制器

在特殊的情况下，当市场上没有适合所设计的产品的控制器时，就有必要修改现有的控制器，或者设计一款全新的控制器。其基本的程序包括：

- 建立对控制器的需求，包括用户执行目的；
- 评价用户的能力；
- 建立一个或几个标准，然后测试；
- 直到实现用户的执行目的；
- 修改并再测试标准。

(2) 测试控制器

为保证产品可以被用户接受，必须对控制器进行测试和合理安排，以实现执行产品的目的。测试应该在产品开发的前期开始。在设计阶段，测试最好在模型上进行。这些测试应该包括对人体测量的评估，适合每一型号的控制器中的第 5 个、第 50 个和第 95 个百分位数。在测试和证实阶段，测试必须按标准进行。

【习题十】

10-1 有人建议将汽车的方向盘改为操纵控制杆，并安装在驾驶座椅的右侧（如图 10-5、图 10-6）。请从人机工程学的角度分析其可能存在的优缺点。

图 10-5 汽车控制杆驾驶座

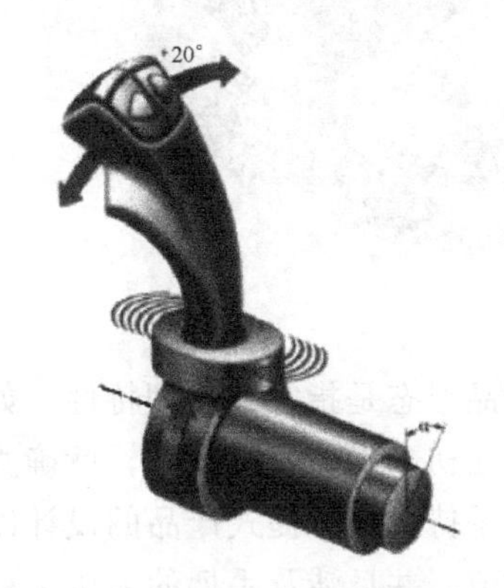

图 10-6 汽车操纵控制杆

10-2 为防止家用煤气炉的控制钮被儿童随意打开，在设计上应注意哪些问题？

10-3 请设计一件推拉门或移门的门把手，使把手形态符合以下要求：

① 能正确传递使用方式，如：推、拉、转（包括推、拉或转动的方向）等操作方式的信息，而无需文字提示；

② 符合人体相关肢体的形态与尺寸的要求。同时，要求制作 1∶1 实体模型，并通过可用性测试完善设计结果。

第11章 产品形态的人机工程学设计

- 手持式产品的设计参数和设计指导
- 便携式产品和可携带式产品的设计参数和设计指导
- 固定使用的产品的设计数据和设计原则
- 为残疾用户提供方便的设计原则
- 实例分析与研究——手工工具的设计

这里的产品形态是指它的物理特性，如：形状、尺寸、重量、重心位置和惯性矩大小。在初步设计的过程中，就确立了产品的形态。本章从方便使用的角度介绍有关手持式和手提式产品的设计以及有关产品的重量、尺寸、重心和惯性矩的参数值，并且涉及手柄的人机工程学设计。

11.1 手持式产品的设计参数和设计指导

下面列举了手持式产品设计的一般指导方法。手持式产品中的小型产品可以是安全剃须刀、电吹风、手机和袖珍计算器等；而较大件的如：网球拍、钓鱼竿、户外炊具和园艺工具等。

11.1.1 产品的最大重量参数

手持式产品的重量直接决定它的使用性能。一般，较轻的产品较易于操作。同时，因为重量轻，也延长了用户每次的使用时间。

对于手持式产品有如下设计建议：

- 握持部分不应出现尖角和边棱；
- 手柄的表面质地应能增强表面摩擦力；
- 手柄不设沉沟槽，因其不可能与所有使用者的手指形状都匹配；
- 使用时，手持产品手腕可以伸直。以减轻手腕疲劳；
- 当有外力作用于产品手柄时，应同时考虑推力、拉力和扭矩的同时作用；
- 根据外力作用要求，确定手柄直径；
- 应避免手持部位的抛光处理。

以下是关于成年人手持式产品的最大重量参数：

- 在使用时，由手臂提起产品，并从身边不好使的位置上转换至合适位置的适宜重量不应超过2.3kg。如果过重，前臂肌肉与肩膀就容易疲劳和损伤；

• 要求作用点位置精确的手持式工具，其重量不应超过0.4kg。

11.1.2 手柄设计

在设计一件手持式产品时，最重要的考虑因素之一就是产品与手之间的接触面，即人/机交互作用面，而手柄就是这种界面。事实上，设计师设计的每一种产品，无论是简单的切割工具（如水果刀）或杠杆（如撬棒），还是更复杂的设备，都必须具备人/机交互作用面。在最简单的情况下，这种交互面采取了手柄的形式。在复杂的装置中，这种手柄就演变为控制面板。在输入信息复杂而又快速的场合中，需要手、脚同时进行控制，因而这种交互面又进一步发展成为多重人/机交互面。

经过几个世纪的发展，在许多手动工具中都已经有了使用方便、雅致、美观的手柄。制作手柄的材料被表现为适合人们接触、使用的形式。可以说在当今，符合人机工程学要求的手柄对必须适合于使用者使用的考虑，已与它的制造工艺和材料要求占有同等重要，甚至更为重要的地位了。

因此，手柄的设计直接影响着产品功能的发挥和产品舒适性的体现。人们广泛研究这些作用因素，并找到大量有关的设计数据。

以下提供了合适的手柄长度、手柄直径和手柄与产品其他表面的间隙距离等设计参数：

① 最小手柄长度：100mm；

② 为了握紧手柄（如打井钻的手柄），手柄直径应是30～50mm；

③ 为了确定精确位置而设计的手柄（如小型螺丝钻的手柄），其直径为8～16mm；

④ 若使用者不戴手套，手柄距产品其他表面的间隙：30～50mm。

此外，断面呈矩形或三角形的手柄，通常更能适应大的直线作用力和扭矩，与此相比，断面呈圆形或正方形的手柄，就较差些。然而，最优化的手柄设计还是要取决于外力的作用方式及方向。

手柄尺寸和手的大小匹配关系非常重要。如果手柄太小，力量便不能发挥，而且可能产生局部大的压力（例如用一支非常细的铅笔写作）。但如果手柄对手来说太大的话，手的肌肉肯定也会在一个不舒适的情况下作业。

目前已有了很多关于紧握力的研究。在大部分的情况下，常以圆柱形手柄为对象。通过测试发现，直径为30～40mm的手柄是产生最大紧握力的手柄；直径为60mm的手柄则适合于大手掌的人使用。当然，握力的评估不像人们想像的那么简单，根据手的力量，还必须考虑每次抓握的持久性。如果肌肉爆发力很短或它只需要实际可得力量的一小部分，那么就可以使持久性提高，疲劳减少。

人们在使用某些手持式产品时要求其具有两方面的功能：既要能适应强力把握，又要能被准确控制作用点。如螺丝起子，人们不可能设计一个手柄，以使其能适应所有功能要求。通常的一种解决方法是设计几个可以替换的手柄。

当需有外力作用在手柄时，手柄的表面质地应设计成树皮状花纹，以防止与手柄的相对滑动，如某些树纹质地就显示了它的优越性。人们会在手柄上运用大量的或是沟槽更深的树形花纹，这样，可使手与手柄间加大摩擦，以使手柄持得更紧。

下面来看用于抓取物体的产品的手柄。使用者为使用这种手柄，必须单手同时握紧两支分开的手柄，尖嘴钳就是这类产品。研究表明，两支手柄之间的距离应在76～89mm之间。

遵照“便于使用的规则”，设计优秀的手柄能让使用者在使用工具（产品）时保持手腕伸直，以避免使腱、腱鞘、神经和血管等组织超负荷。一般，曲状手柄可减轻手腕的紧张，例如，使用普通的直柄尖嘴钳常会使手腕产生弯曲使力，而且手和手腕既不是推力的方向也不是旋转轴。而图11-1（a）的设计就改良了这种情形，实现了“弯曲工具，而不是手腕”，如图（b）中的虚线，见彩图11-1。

但当使用者使用工具需产生不断变化和持久的扭矩时，就应采用直手柄。如拧螺丝时需要紧握螺丝起子的手柄。如果弯曲手柄更可取，那么还必须确定弯曲的角度。最佳角度需要通过试验来确定。无论研究有何发现，试验结果是最令人信服的。例如：有人推荐了一种弯曲角度为19°的手柄，这种手柄可应用于从锤子到扫帚的各种工具。但是随后的试验证明：锤子柄使用10°更佳。

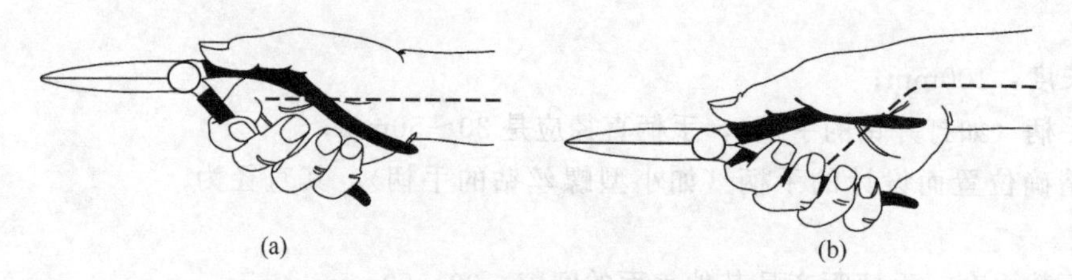

图11-1　使用普通尖嘴钳会使手腕产生弯曲

在设计工具的手柄时，有时为避免工具使用的不舒适，考虑采用贴合人手的“适宜形式”，而不是使用平直表面，如图11-2(a)。常有人将手柄设计成贴合人手的形状。如明显的V字形凹痕或锯齿痕，使其适合可能碰触的身体部分，如手掌和掌心，如图11-2（a）。但结果往往事与愿违。由于人与人手的形状差异很大，因此，除非专为某人定做，否则这样的设计反会使工具变得很不舒服，如图11-2（b），适于某人的凹痕与突起反成顶住其他人手的障碍物。这与工具设计者的初衷是相悖的。

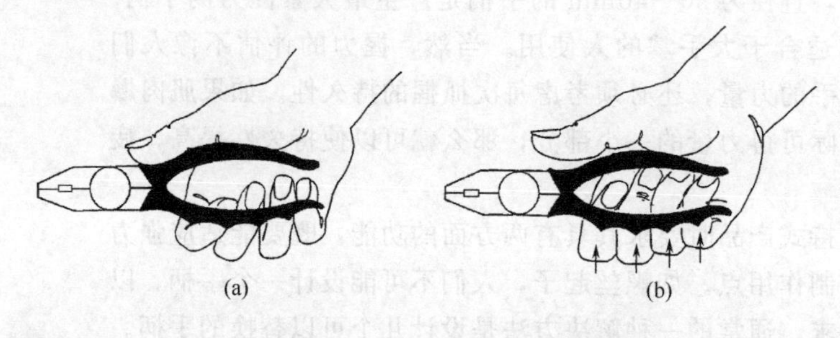

图11-2　贴合人手的“适宜形式”未必舒适

如图11-3，除了为增加摩擦，还具有阻止手柄滑出的表面设计，如柄尾端的凸缘。当污垢，灰尘，油或汗改变手柄和手之间的摩擦系数时，手柄的形式和表面材质就更为重要。在这种情形下，就要考虑特殊的形状和表面。

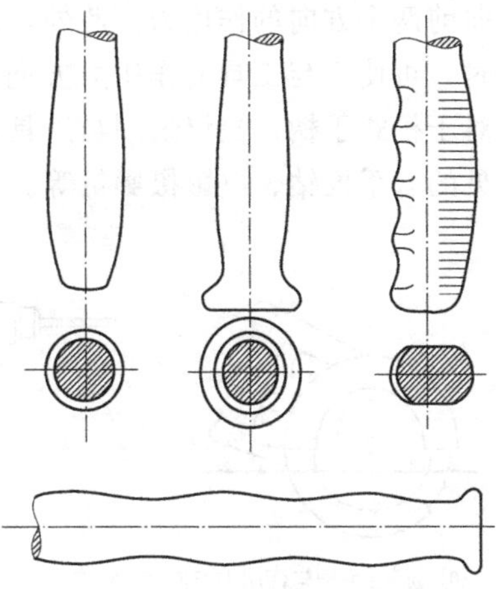

图11-3 沿手柄的适当凸起允许手的不同位置，但不会减轻压紧力。尾端的凸缘可阻止手柄滑出

11.1.3 手持式动力工具设计

手动工具需要适合手的形状。它们需要能被手、手腕和手臂以安全、适当的姿势握住，同时要既能使力而又不使身体超负荷。因此，手动工具的设计是一件复杂的人机工程学作业。

手动工具的使用如同人类历史一样久远。它从简单地使用开始——使用一块适合手的而且能达到目的的石块、骨头或者一片木头——到现代的工具（例如螺丝起子，钳子，锯子）和手持式动力工具。

工具一定要适合手的尺寸而且要利用手臂/肩整体的力量。动力驱动的手持式工具可能使用电源（锯子，钻孔机，螺丝起子，磨砂机，研磨器）；压缩空气（气压铆钉机，钻孔机，扳钳）；或燃料（如带有汽油发动机的链锯、切割机等）。

当使用体力工具时，操作人员产生所有的能源并能完全掌握这些能量（但冲击工具例外，例如铁锤或斧头），而利用外部辅助能源产生并施加作用力时，操作人员只需要抓住或移动动力驱动工具就可以了。然而，如果在作业中工具突然遭遇阻力，所产生的反作用力可能会直接影响操作人员，一旦反作用或冲击力超过人们的能力极限就会导致受伤。这些意外特别容易在使用链锯，螺丝起子和扳钳时发生。使用许多需要力量的手动工具时，力量冲击或震动传输给操作员是个主要的问题，例如铁锤，打铆器，扳钳和磨砂机。冲击和震动对人的影响，特别是结合不恰当的操作姿势，经常容易引起伤害事故。

现在，手持式电动工具随处可见，小型的如：电锯、电须刀、电动食品搅拌机等。而大功率手持式动力工具，如：链锯和篱笆修剪器等，通常使用的汽油发动机。对于这类手控工具，除了与电动工具相似的主要人机因素外，还有其他要考虑的人的因素，如：震动、噪声和安全性，见彩图11-2、彩图11-3、彩图11-4。

电动工具与普通手工工具虽然有着相似的功能，但在设计手柄时，前者要比后者困难。例如：观察电动圆锯，使用者必须在用力将电锯向前推进的同时，在手柄上施加一个向下的力（向前的作用力是为推动锯刃穿透被切割的材料，而向下的力可以平衡和防止工具冲击力）。因此，手柄必须如此设计：使操作时能同时精确地把握两个方向的作用力，同时，手柄的位置不能妨碍使用者观察切割表面。

为了让使用者手握工具时手腕尽可能伸直，Woodson（1981年）发明了一种与工具的作用力方向成45°角的手柄，使用这种手柄可以同时产生向下和向前两个方向的作用力。此外，当需用力不大，主要在于能精确控制作用方向时，可使用与工具的作用力方向成 60°角的手柄，如图 11-4 所示的手提电锯，对于枪式手柄，建议采用与工具主轴成80°～90°角的手柄。枪式手柄的工具常见的有手枪钻、电影摄影机等。

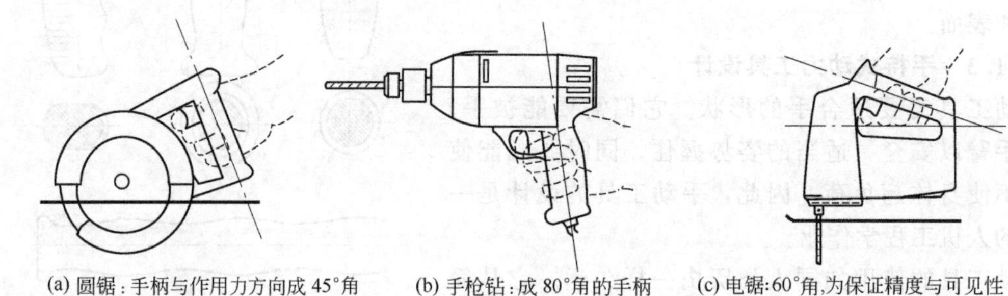

(a) 圆锯：手柄与作用力方向成 45°角　(b) 手枪钻：成 80°角的手柄　(c) 电锯:60°角,为保证精度与可见性

图 11-4　三种动力工具的手柄夹角

最后，还必须关注某些特殊的电动工具，它们需要有 2 个手柄（例如电动篱笆修割机）这样使用者可以双手紧握工具，其中的主要控制件应置于离使用者身体更近的手柄，如彩图 11-2。

11.2　便携式产品和可携带式产品的设计参数和设计指导

所谓便携式产品就是那些方便人们携带，连续携带也不会感到费力的产品。便携式产品包括小型计算器，袖珍电视机和个人收音机。有些产品只能短途携带（125m 以内），随时随地可以停下来休息。这些产品可以更精确地称之为可携带式产品。可携带式产品包括袖珍电视机和袖珍微机。

许多因素影响着产品的轻便性（尤其是携带的舒适性）。下面列出了一些重要的因素：

- 重量；
- 惯性力矩；
- 尺寸；
- 手柄设计；
- 重心。

11.2.1　产品的重量

表 11-1 和表 11-2 给出了第 5 至第 95 百分位数使用者的便携式产品和可携带式产品的极限重量。为了满足 95％的使用者，便携式产品的重量应低于 4.4kg。至于可携带式产品的推荐极限重量还取决于它是单手提还是双手提。双手提式的推荐最大重量为 9.4kg；单手提式的则为 8.1kg。为了保证产品的重量能低于上述极限重量，有时会不可避免地增加产品的成本，甚至增加到难以接受的水平（因为使用微型部件和轻质材料就会导致高成本）。当然，如果增加推荐重量，不适宜人群的比率就会增加。根据表 11-1 和表 11-2，可以预测不适宜人群的比率。

表 11-1 便携式产品的最大重量

使用者的百分位数	最大重量 kg	使用者的百分位数	最大重量 kg
5	4.4	75	8.4
10	5.0	90	9.5
25	6.1	95	10.1
50	7.3		

对于便携式产品，男性和女性用户所能接受的最大重量没有明显区别。因此，表 11-1 中对每个百分位数的人群只给出一个数据。就力量而论，在使用便携式产品时，男性在使出全力的情况下可比正常情况的最大力量增加 30%。同样地，对于女性，这个增量则是 42%。因此，携带便携式产品时，女性更能容忍不舒适度。

安全和舒适携带的最大重量还取决于物体的尺寸。因此，如果可携带式产品的宽度超过 15cm，就应该减轻所推荐的最大单手提重量如表11-2。通常，宽度每增加 10cm，最大推荐重量将要减轻 10%。由于表 11-1 提供的数据已经充分保守了，因此，没有必要因尺寸不同而进行修正。

表 11-2 可携带式产品的最大重量

使用者的百分位数	男性 单手提 kg	男性 双手提 kg	女性 单手提 kg	女性 双手提 kg
5	11.0	13.1	8.1	9.4
10	12.1	15.6	9.0	10.8
25	14.8	18.3	10.4	12.8
50	18.4	22.2	12.7	14.7
75	22.1	25.1	15.2	18.6
90	26.1	28.4	17.9	21.0
95	28.0	32.0	21.2	21.4

用肩背一定重量的物体所需的体能要远远低于用双手提相同重量的物体所需的体能，因此，在产品上附上背带会增加产品的轻便性，有了背带，携带者可以用肩和胳膊支持物品。

为了满足不同身高的使用者，背带必须设计成可调节的。如果背带在产品上两个固定点间的距离为 45cm，那么背带的最大可调节长度至少 120cm。如果产品的重量超过 6kg，推荐的背带最小宽度为 40mm。对更重的产品建议在背带上加一垫肩，以便更均匀地分散重量。若不考虑产品重量，背带的宽度不应超过 76mm。

11.2.2 尺寸

对于可携带式产品的最大可接受尺寸取决于它的设计是单手提还是双手提的形式。下面列出了单手提式产品的最大推荐值：

- 最大长度（手提时的前后距离） 100cm；
- 最大宽度（两侧的距离） 15cm；

- 最大高度（顶部到底部的距离） 45cm。

对于双手提式的产品，它的最大推荐值如下：

- 最大长度（手提时两侧的距离） 40cm；
- 最大宽度（前后的距离） 30cm；
- 最大高度（顶部到底部的距离） 40cm；
- 长度大于1m的产品在提着上登机梯的时候就显得有些笨重，有些产品在乘电梯时也会显得不方便。产品的宽度过宽，就会增加手与身体之间的距离。这容易造成肌肉疲劳。

单手提的可携带式产品的最大高度可以这样计算：身体最矮的使用者站立时手腕离地面的高度减去产品的离地高度（产品底部与地面的距离）。推荐的45cm的最大高度是基于第5个百分位数的手腕高度和25cm的离地高度。如果离地高度不够，当上楼梯时，携带者就必须将产品提高，这种做法即使没有危险，也会造成肌肉的疲劳。

11.2.3 重心与手柄位置

如果产品设计为侧面单手提携的，它的手柄中心必须位于产品重心的正上方，这将减少手腕的受力，因为在这种情况下不需要手腕的反向力矩来平衡或稳定被携带的产品。然而，在许多情况下，手柄中心很难恰好位于产品重心的正上方，仅仅通过手柄的位置不可能完全平衡物体。这时，物体产生的扭矩不应超过手腕最大同轴转动力矩的25%。图11-5给出了因手提式产品重心偏前和偏后而允许作用于手腕的最大扭矩（以不超过25%为标准）。从这些数据中可以看出，手腕所承受的最小扭矩不超过1.0N·m。也可采用可调节的灵活设计方案，使手柄能沿产品的长度方向前后移动，这样，就可由使用者根据自己的意愿来调节手柄的最佳位置，以达到最好的稳定与平衡。

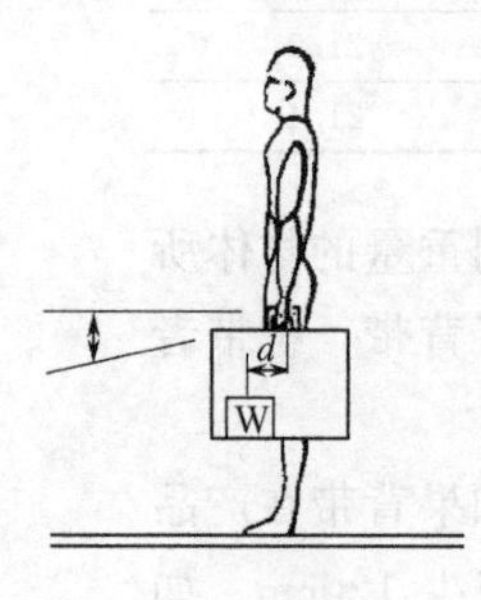

产品重心偏前产生的最大扭矩极限值

百分位数	10th	50th	90th
扭矩单位	N·m	N·m	N·m
男性	1.8	2.3	2.9
女性	1.0	1.6	2.2

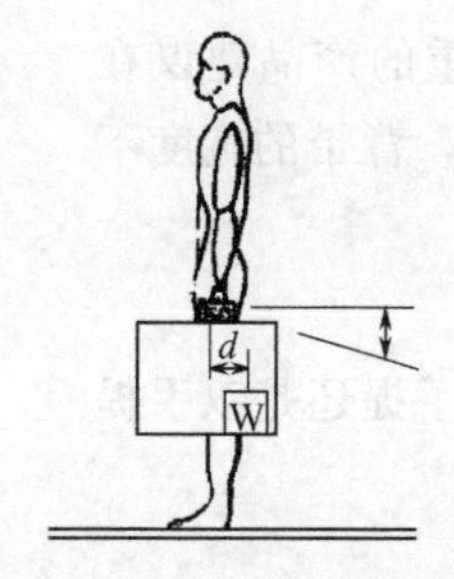

产品重心偏后产生的最大扭矩极限值

百分位数	10th	50th	90th
扭矩单位	N·m	N·m	N·m
男性	2.8	3.3	3.9
女性	1.0	2.0	2.9

图11-5 手提式产品重心偏离手柄中心产生的最大扭矩极限值

对于置于身前的双手提携式产品，它的重心离身体越近越好。在某些场合对称手柄可以增加物体的平衡性和降低手腕的反向扭矩，而且，对称手柄可以让手受力减小到最低程度，然而，这并不意味着所有产品必须具有对称分布的手柄。

许多便携式产品（或可携带式产品）在被人们携带时可采用多种方法，因此完全可以将它设计成多种携带形式。这样就可由用户根据自己的特点或优势来选择到底是手提、肩背还是其他方法来携带产品。

11.2.4 惯性力矩

对单手提携或只有一个手柄的可携带式产品来说，惯性力矩会在很大程度上影响产品的感觉。使用者更喜欢提起物品时重心下移的感觉（如重心位于手柄的下侧），但是，当重量增加时，惯性力矩的影响就无足轻重了。

如果物品在携带时发生摇晃，那么惯性力矩的作用就非常明显。然而女性使用者在携带物品时往往不会发生摇晃，因为她们习惯于把提携物体手臂的肘部依靠在臀部。这样看来，在设计惯性力矩时，可以不必考虑产品的重量。

11.2.5 提手柄的设计

提手柄的良好设计可以大大提高产品的轻便性。以6kg重的产品为例，好的提手柄设计可以使一次性连续携带时间增加20%（以单手提为例）。双手携带式的产品也同样如此，不恰当的提手柄位置设计相当于使物体增重60%。

提手柄还必须满足不止一种的提拿方式。比如，手提式产品的提手柄也可以用来把产品从高处放到地面上，或将它举到一个齐胸高的架子上、或是放到车的行李箱中。为了保证产品的可用性，提手柄设计必须满足上述各种提拿方式。

普遍认为，下面提手柄的尺寸和表面特征适合于轻便产品：

- 最小长度：115mm；
- 提手柄的最小空挡距离：30～50mm；
- 戴手套可提的最小空挡距离：55～85mm；
- 提手柄的直径：20～40mm；
- 表面纹理：无深槽、锐棱，能防滑。

除了上述要求外，成年男性和女性会喜欢不同尺寸的手柄。与人们的直觉相反，女性往往更喜欢大直径的手柄。

如果一件产品主要由男性携带，那么手柄的最小直径取20mm较合适。如果一件产品经常由女人携带（如女式提包）那么手柄的最小直径就不能小于25mm，这里5mm的差别与抓握手柄的方式有关系。男人的肩膀一般要比臀部宽，他们的拇指不参与抓握手柄，如图11-6（a）。另一方面，女人的臀部要比肩膀宽，她们以满把抓握的方式，即连同拇指共同参与握持手柄，如图11-6（b）。

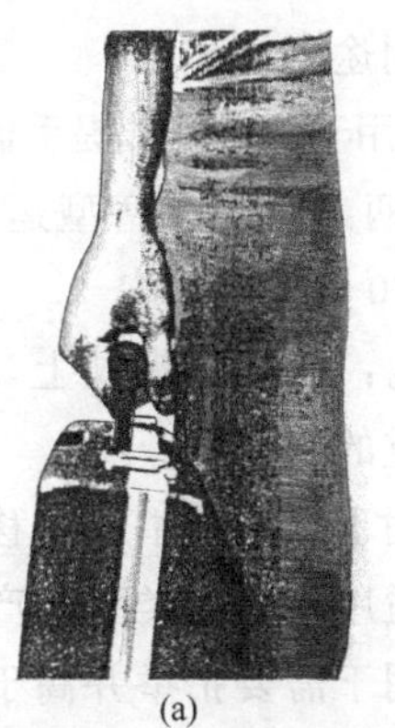

(a)

(b)

图11-6 用一只手在体侧提携轻便产品时男性和女性握持方式的区别

图 11-7 提供了几种广泛用在商业和消费产品上的提手柄的设计要素。

图　例	三度尺寸	不戴手套			戴 手 套		
		X	Y	Z	X	Y	Z
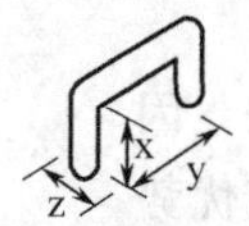	标准提手柄(单手提)	50	115	75	90	135	102
	标准提手柄(双手提)	50	215	75	90	267	102
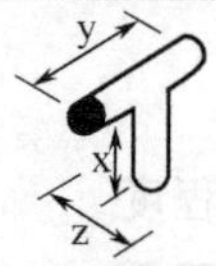	T 形杆状提手柄	38	102	76	50	115	102
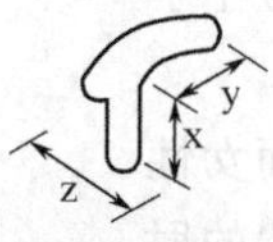	J 形杆状提手柄	50	102	76	50	115	102
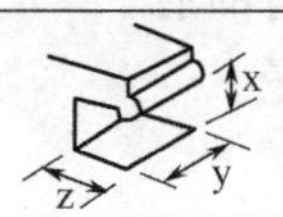	凸缘把手	50	110	90	90	135	102
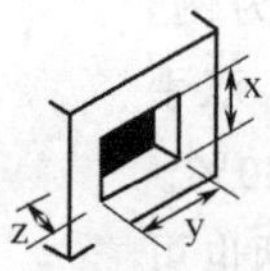	内凹形提手	32	115	10	50	135	20
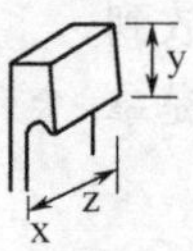	块状提手	20	64	114	25	64	135
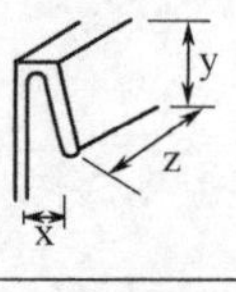	抽屉把手	32	70	114	38	70	135

图 11-7　各类提手柄的最小适宜尺寸（数值以 mm 为单位）

手提柄的类型和用途列举如下：

• 标准提手柄：常用于单手携带提手柄的最小空挡距离为 30～50mm；

• T 形杆状提手柄：用于活塞型运动（如，打气筒）或用于双手抬举重物，提手柄的直径为 20～40mm；

• J 形杆状提手柄：常用在拐杖上，由于偏心，载荷落在用户的手腕上，故不适合用于重或较重的产品上；

• 凸缘把手：适用于双手抬举或搬移；

• 内凹形提手：适用盘、盖类型的产品（或部件），不宜用于较重的产品；

• 块状提手：适用于需要抬举并高于 1m 的产品上；

• 抽屉把手：常用在那些不需经常移动的产品上，允许用户在把手内滑动手指并施加一个向外的拉力。

11.3 固定使用的产品的设计数据和设计原则

有许多产品是固定使用的。这类产品有：高档的音响设备、家具、洗衣机、计算机、复印机、打印机和冰箱等。此类产品形态方面的人机工程学要求主要涉及产品尺寸、形状、重量和把手柄的特征。

11.3.1 产品的尺寸和形状

这类产品的尺寸和形状主要由以下因素确定：

- 工业标准（如洗碗机和高档音响设备）；
- 主要元件的尺寸（如电视机显像管）；
- 容积的要求（如电冰箱）；
- 人机工程学因素（如视频显示终端设备和可调节办公椅）；
- 美学因素（如住宅家具和照明器材）。

11.3.2 产品的重量

固定使用的产品中，有些需要置放在一定高度上来使用，如 DVD、微型计算机和微波炉等。这类的产品的重量就要考虑人的提举能力。图 11-8、图 11-9、图 11-10 提供了第 10、50、90 个百分位男性和女性人群的提举能力。分别从以下几个方面给出了提举数据。

- 地面到膝关节的高度；
- 膝关节至肩膀的高度；
- 肩膀高度至胳膊完全伸直所能达到的距离。

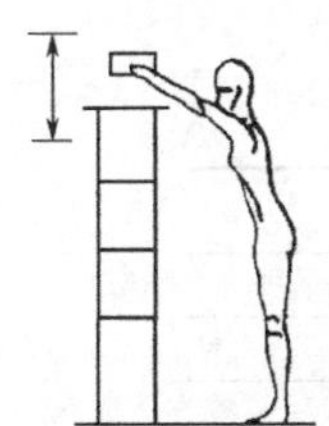

百分位数	10th	50th	90th
提举重量	kg	kg	kg
男性	13.2	22.2	30.8
女性	5.9	8.2	10.4

(a) 提举距离为肩膀高度至胳膊完全伸直所能达到的距离

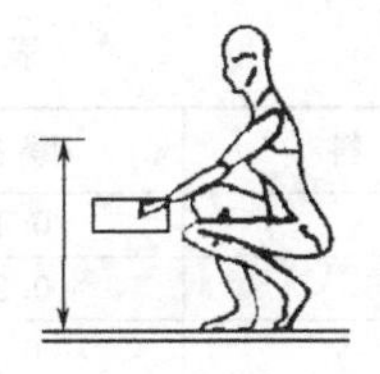

百分位数	10th	50th	90th
提举重量	kg	kg	kg
男性	16.8	24.5	31.8
女性	6.4	9.5	12.2

(c) 提举距离为地面至膝关节高度

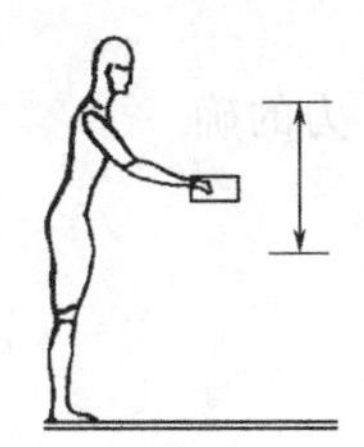

百分位数	10th	50th	90th
提举重量	kg	kg	kg
男性	15.4	24.0	32.2
女性	7.3	9.5	11.8

(b) 提举距离为膝关节至肩膀高度

图 11-8 需要用户提举产品的最大适宜重量（以 kg 为单位）

使一件产品沿着一个平面滑动所需的力通常比它自身的重量要小。这个力由产品底面和与之接触的表面之间的摩擦系数和产品的重量决定。描述它们之间关系的函数式为

$$F=\mu W$$

式中，F 为刚开始移动产品所需的水平力；μ 为材料的静摩擦系数；W 为

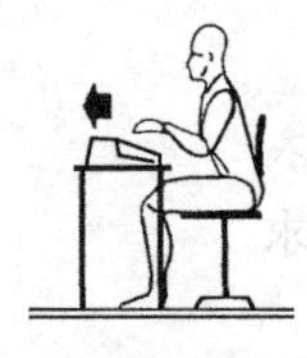

百分位数	10th	50th	90th
最大力	N	N	N
男性	262	302	334
女性	179	199	216

(a) 推力

百分位数	10th	50th	90th
最大力	N	N	N
男性	434	479	518
女性	258	289	310

(b) 拉力

图 11-9 坐姿时用户能使出的最大力（以 N 为单位）

百分位数	10th	50th	90th
最大水平力	N	N	N
男性	434	479	518
女性	258	289	310

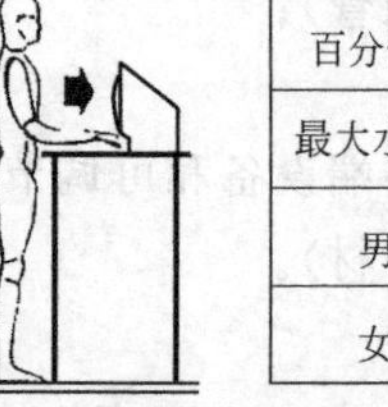

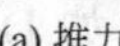

(a) 推力

百分位数	10th	50th	90th
最大水平力	N	N	N
男性	434	479	518
女性	258	289	310

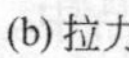

(b) 拉力

图 11-10 立姿时用户能使出的最大水平力（以 N 为单位）

产品的重量。

表 11-3 给出了静摩擦系数。大多数复合材料的静摩擦系数小于 1，因此，移动产品所需的力小于它自身的重量。然而，如果摩擦系数大于 1，移动产品所需的力就会大于它自身的重量。用于防滑表面的橡胶和塑料的摩擦系数能高达 3.0。

表 11-3 常见材料的静摩擦系数

材　料	摩擦系数	材　料	摩擦系数
金属—金属	0.15～0.2	木头—木头	0.4～0.6
金属—木头	0.2～0.65	皮革—木头	0.5～0.6
金属—皮革	0.3～0.5	防滑表面	1.0～3.0

因此，像办公复印机，移动式 X 光机这样大型的产品，为了提高其移动性，通常要给它们装上小角轮。

如果产品放在轮子或小角轮上，只需一个很小的力就可以移动它。力的确切大小由以下几个变量决定：

- 小角轮或轮子的直径；
- 轮子的质量（如轴和滚球轴承的硬度和特性）；
- 表面材料（如地板的类型）。

移动一件产品所需的力与小角轮的直径有关。对小于 45kg 的产品而言，小角轮的最小直径取 5cm 比较合适；对较重的产品而言，小角轮的最小直径应取 10cm。

当沿着铺有地毯的地板（或其他任一种柔软材料）移动产品时，小角轮的效能会显著下降。此时可在安装时在产品底部铺上一块“迁移板”（木板或塑料板）。板的面积应该比产品的底面大，以便在必要时容易移动产品。

11.3.3 把手柄的特性

安装在像复印机、冷冻机、烤炉和储柜这样一些产品上的把手柄主要用来开启和关闭门、盖子和罩子，完成这些动作所需的力通常很小。因此，耐用型的把手柄常出现在动力工具上。然而，有时需要打开或关闭很大的罩盖或其他类似部件时可能会给某些用户造成困难。如果出现这种情况，就应该考虑增设如气体弹簧这样的装置来维持重量上的平衡。在大型复印机的罩盖与机身的铰接上普遍采用气体弹簧，罩盖的启闭就要方便得多。

11.4 为残疾用户提供方便的设计原则

如果现存的商业和消费产品没有经过大的改进，残疾人一般无法使用它们。长期以来，致力于康复工程领域的专家们通过改良产品来满足严重伤残人群的需要。例如，给汽车装上手动控制可以为半身不遂的人提供方便。类似于计算机这样的其他产品也针对个别用户的要求进行了改良。

为残疾用户提供方便的第二个方法是设计、开发新产品，这些新产品不必经过改良就能直接供残疾人使用。如为伤残人群设计的现代载人电梯。其控制面板的安装位置即使坐在轮椅上的用户也够得着。电梯的控制信息既包括视觉信息，又包括触觉信息（盲文）。除此之外，在电梯上还配备了听觉显示装置，它能以语音通知乘客电梯到达了哪层楼。

为残疾用户提供方便的设计原则可归纳为以下几方面。

① 提高显示和控制的合理性和方便性：

• 增加显示屏和标签上字体的大小；

• 使用高对比度和宽视角的显示屏；

• 将控制面板置于产品的前端面上；

• 使用大且易把握的控制器；

• 减少操作控制器所需的作用力和力矩。

② 简化产品操作：

• 产品的操作力求简单易懂；

• 通过提供合适的作业辅助提示，降低必需的认知水平（如，足够的标签、键盘上的字母提示、操作的先后次序图表、清单等）；

• 简化用户操作指南。

③ 提供多种感官信息：

• 同一信息由视觉显示装置和听觉显示装置同时传递；

• 为编码信息提供多种通道（如色彩编码和亮度编码的同时使用，听觉编码和触觉编码的同时使用等）；

• 在可行的前提下提供多种类型的反馈（视觉、听觉和触觉）。

④ 不断调整产品以满足个别用户的需要：

• 增加补偿装置以满足个别人的需要（如图像增强器，语音合成器，双耳式耳机，包括脚动开关、触摸屏、改良后的键盘和语音识别装置的交替类型控制）；

• 提供亮度、对比度和响度控制；

• 当使用任何一种类型的色彩编码时，应能提供多种可供用户选择的色彩。这将给色盲人群带来方便。

以上是为残疾人群设计和改良产品的设计原则。具体的设计解决方案可归纳为以下四个方面：

① 提高显示和控制的合理性和方便性；

② 简化产品操作；

③ 提供多种感官信息；

④ 不断调整产品以满足个别用户的需要。

11.5 实例分析与研究——手工工具的设计

手工工具是人类双手的延伸，它可以增强手臂力量、扩大作业范围、提高作业效率和有效性。它们不仅扩充了人类有限的潜力，并且提高了人类的技能。虽然人们无法准确地估计人类开始使用工具的时间，然而，早在百万年前的猿人已经开始使用工具了。

但是，不正确设计的工具也易于引起事故和伤害，长时间和反复使用有设计缺陷的手工工具很可能造成使用者的累积损伤，或腕关节综合征。据统计在美国至少有 12.2%非死亡性工伤是由手工工具造成的。仅 1977 年就有 5%～10%的伤害性赔偿是由使用手动工具引起的。而在这类伤害事件中由动力手工具造成的仅占 21%～29%。这表明最危险的手工具还是那些经常被使用的，但却被忽略的手工工具，如刀子、扳手、锤子等。由于这些工具的设计可能是错误的，它们就容易导致事故或造成累积损伤。

尤其直手柄的手工工具经常会引起使用者手腕部尺骨偏移量过大，从而导致累积损伤。为降低发生累积损伤的可能性，人机工程学要求尽量以工具的弯曲代替手腕的弯曲。设计手工工具时应确保用户在使用时手腕的弯曲量减到最小，即尽量减少重复的曲腕运动，保持手腕与手臂平直的状态。另一方面，正确设计的工具能被有效地操作，确保安全并减少伤害的机会，这就是人机工程学研究的意义所在。

这里通过两件手工工具的具体案例，一件为家用工具（锅铲），一件为工程用具（平板锉），介绍获取具体手工工具最佳设计参数的人机工程学试验手段与方法。

11.5.1 锅铲手柄的可用性研究

在亚洲，锅铲是一种常用厨房工具，但是却很少对它进行人机工程学方面的研究。调查表明，东方的家庭主妇几乎每天都在使用锅铲，锅铲的操作需要手臂、手腕频繁的各种重复运动。这些运动可能导致上肢累积损伤和腕关节综合征。不符合人机工程学设计要求的锅铲会对手和腕部造成伤害，可因此导致累积的损伤。一个厨师用锅铲时，他的目的可以包括煎炒食物（比如做蛋炒饭或洋葱炒猪排），翻转食物（比如煎鸡蛋、鱼或烧烤）或铲食物（比如从锅里到盘子里）。这些操作包括了手腕的不断运动：手背的伸缩、手掌的弯曲和挠、尺骨的偏转。

烹饪用的锅铲包括铲身与手柄，如图 11-11，其主要特征包括手柄升角、材料、重量、铲身形状与尺寸、手柄形状与尺寸。本项研究的目标是确定手柄升角对烹饪的操作，如煎、翻、铲等动作的影响，并确定能有效提高手柄使用效率，降低疲劳强度的最佳升角。

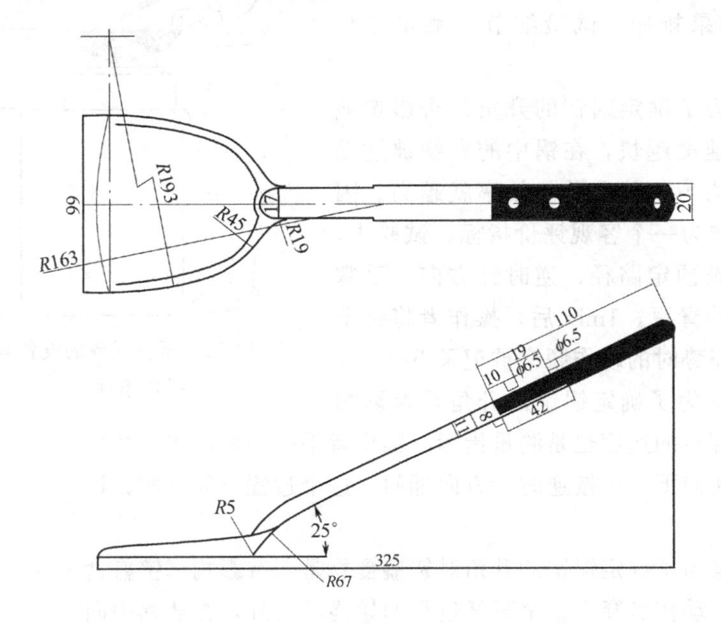

图 11-11　试验用锅铲

（1）方法

① 操作者。8 位 18～24 岁的女大学生被选为受试验者，被选用的受试验者健康且无胳膊、手腕的疾病。她们惯用右手且有至少一年以上的烹调经验，可以非常熟练地操作锅铲。8 位女学生年龄在 18～25 岁之间，平均年龄 21.4 岁，平均身高和体重分别为 160.5cm 和 50.8kg。

② 试验的设计。本项研究的试验因素是锅铲的升角。升角被认为是确定的因素；操作者被认为是随机因素。试验的任务包括煎炒食物、翻转食物和铲盛食物。每位操作者按随机顺序使用不同升角的 12 种组合来进行上述 3 种操作（4 种升角×3 项任务）。

③ 设备。在确定试验用的锅铲类型之前，曾对 30 名家庭主妇做了一个简单调查，找到了最易接受的 5 种畅销锅铲。修正并圆整锅铲手柄的升角为 15°、25°、35°和 45°。锅铲的长度分别是 20cm、25cm、30cm、35cm（因为在市场上能购买到的锅铲的长度都在 20～37cm 之间）。为消除锅铲重量的影响，最长的锅铲和最短的锅铲重量相同。

一般的锅可分为两类：平底的（西方类型）、凸底的（东方类型）。本项研究采用凸底锅（直径 380mm、深度 110mm）和 16 种锅铲。

锅沿的高度为 950mm，灶台高 650mm，如图 11-12。

用锅铲炒菜时，人一般采取站姿。用惯用的手握住锅铲的手柄，另一手抓住凸底锅把手。因此锅铲的设计不仅要关注手柄和手的结合，而且要考虑铲底和锅的配合。

④ 试验内容和测量指标。试验的内容包括煎炒食物、翻转食物和铲盛食物。每一项操作的测量标准包括客观测量和在完成3种操作后对不同锅铲按其主观偏爱分出等级，并将评价结果排序。试验细节和测量指标如下。

• 煎炒食物。这是为了确定锅铲的升角是否影响煎炒食物的操作。煎炒的速度越快，在锅中的食物被搅动与加热的速度越快，越均匀，其质量与效率就越高。因此，煎炒食物的速度可作为一个客观评价指标。试验中，操作者手握锅铲，沿三条预定路径，逆时针方向、手掌向下不断在锅中循环搅拌青豆，1min后，操作者将铲子留在锅中。操作者不同姿势时的动作频率被记录下来。

图 11-12 试验任务的设备与操作条件

• 翻转食物。目的是为了确定锅铲的升角是否影响翻转食物的操作。食物翻转的速度也是测量指标。操作者手持锅铲，将5片排成“×”形的火腿片翻转向下，再按逆时针方向翻回。这个过程重复三次，记录下所用时间。

• 铲盛操作。目的是为了确定锅铲的升角对铲盛食物是否有影响。铲盛食物是锅铲的基本功能，此动作贯穿于整个烹饪过程的始终，另外，在从锅中向盘中转移食物时也要用到。操作者手持锅铲将1kg青豆从锅中转移到距离锅20cm的盘中，并记录时间。

⑤ 试验过程。每位操作者要填写个人基本信息表，包括姓名、身高、年龄、体重和所使用的手。试验组织者也要介绍试验目的和要求。每位操作者有30min时间练习与试验相关的烹饪操作。任务的次序在操作者间是随机确定的。试验开始时，操作者自然站立，手持锅铲手柄，并将铲子置于锅的中央。开始前操作者用自己不擅长的手拿铲子。为了降低情绪影响的程度，试验组织者应使自己的声音保持自然，并避免情绪激动的请求、试验者间的竞争和旁观者的影响。

开始后，试验将按照以下顺序进行：①炒青豆；②翻转火腿片；③铲盛1kg青豆。在操作者完成了以上三种操作后，询问其手腕、手臂和肩膀的感觉。操作者的顺序是随机的，并且每个试验任务间隔两分钟，这样可以避免操作者疲劳。另外，在使用两种不同锅铲之间的间隔为5min。每次试验后，操作者要填写一份含有语义差异的问卷，问卷包括三组相对的形容词组：舒适——不舒适；易于翻转食物——难于翻转食物；易于铲盛食物——难于铲盛食物。每对词组标以相对应的数值表示程度。自“3”～“－3”。“3”表示“最佳”，“－3”表示“最差”，“0”表示“中等”。最后操作者应将其对12种情况下锅铲手柄升角的偏爱程度按最喜欢到最不喜欢排序。

(2) 试验结果

表11-4记录了烹饪操作的试验记录与所有操作者主观评定值的统计结果。

表 11-4 用以完成烹调任务的平均时间统计及主观评定值（$N=8$）

升角	煎、炒食物		翻转食物		铲盛食物		总 计	
	操作时间/s	评定值	操作时间/s	评定值	操作时间/s	评定值	操作时间/s	评定值
15°	36.0	3.8*	22.5	3.8	28.7	3.1	87.1	10.6
25°	33.4	5.6	22.7	5.0	26.4	4.9	82.5	15.5
35°	34.8	4.3	23.4	4.1	26.0	4.9	84.2	13.3
45°	37.0	3.3	25.1	3.0	26.9	4.1	89.0	9.4

注：* 评定值越高，所考虑的锅铲越好使。

具体分析如下。

① 煎炒食物。表 11-4 中，通过煎炒食物效率分析，显示手柄升角对煎炒食物操作有很大影响，并且对于不同的操作者有着很大的不同。其中 25°明显优于 15°和 45°，但与 35°无显著差别。表 11-4 还表明烹饪操作和操作者主观评定基本一致。升角为 15°、25°和 35°的锅铲之间差距不大，45°的最差。

② 翻转食物。表 11-4 通过翻转食物效率分析，显示了手柄升角对翻转食物操作的影响。45°仍为最差，而在 15°、25°与 35°间无明显差别。同时也表明在翻转食物操作中操作效果与操作者主观评定明显不一致。

③ 铲盛食物。表 11-4 显示手柄升角对铲盛食物操作的影响，无论烹饪操作效率和操作者主观评定，15°是最差的，而在 35°、25°与 45°间的差距不大。

（3）试验分析

对于 12 项不同使用方式的感觉作用评价分析中可以发现，锅铲手柄升角对于烹饪操作效率和使用适宜性有重要的作用。

① 在煎炒食物的操作时，锅铲手柄的升角越大，操作者必须抓握的位置就越高。这时为了减小腕关节的弯曲角度，操作者就不得不抬高肘部以保持腕关节伸直，而抬高肘部对操作者而言既不舒服又易引起疲劳，从而降低了煎炒食物操作的方便性。因此，较大的升角对煎炒食物操作是不利的，因而 45°角最差，这与操作者主观评定是一致的。但为什么 25°又比 15°好呢，这可能是因为 15°升角的手柄会容易引起操作者的手接触到热锅的边缘，而使人感到不方便，从而降低了效率。

② 在翻转食物的操作时，操作者必须先将食物铲到锅铲上，然后利用腕关节将锅铲翻转 180°。从生物力学的角度，腕关节与手柄把手越接近于一条直线，翻转越是容易，因此，升角越小，操作越方便。相反，在使用 45°角的锅铲时，为保持锅铲刃口与锅的内表面尽量贴合（以利于将食物铲到锅铲上），手腕（手掌弯曲）需伸得更直，胳膊肘只得上提，以保持手腕伸直，因此不易翻转。这就是为什么 45°升角的手柄无论在翻转食物的操作中，还是主观评定都是最差的原因。值得提及的是尽管 15°是翻转食物的最佳操作角，而在操作者主观评定中 25°却是最佳的。这可能是因为使用 15°锅铲翻转食物时，操作者会被迫改变方向以便避免触及热锅的边沿（即不得不往锅的右上方移动她们的手腕），因而对操作者而言，15°并非是最合适的角度。

③ 在铲盛食物的操作时，可以发现锅铲刃口与锅内表面的贴合程度对提高操作效率非常重要。在用锅铲铲盛食物时，锅铲刃口与锅内表面越吻合，每

次铲盛的食物就越多，同时，手腕弯曲也越小，这样胳膊肘也不必抬得很高，感觉不舒适，也不至于将豆粒抖落。基于这样的分析，可见由于15°锅铲刃口与锅内表面的贴合程度最差，因而其操作性能也最差。此外，在铲盛食物的操作过程中，操作者的手易于触及热锅的边沿。这样它就得到了最差的评价。45°升角的锅铲刃口与锅内表面的贴合程度是最好的，但同时由于腕关节弯曲也最大，胳膊肘必须抬高，所以其操作性与主观评定仍较差。根据综合分析、权衡的结果，35°和25°应是铲盛食物操作的最好角度。

（4）结论

在本项研究中完全根据观察和试验的结果，即根据使用性研究获得了锅铲手柄升角对烹饪食品操作性能的影响，并得出以下结论：

① 锅铲手柄的升角无论对操作效率还是主观评定都有重要的影响；

② 对于煎炒食物的操作25°的升角最好；对于翻转食物的操作15°的升角最佳；对于铲盛食物的操作35°升角最好。

在考虑了手腕弯曲的程度以及是否易触及锅的综合因素后，可以认为25°是最佳的手柄升角。

事实上影响操作效率和主观评定的重要因素还有手柄的长度。研究表明使用者也因手柄不同的升角和长度对铲子有不同的评价和选择。值得注意的是，升角和手柄长度的交互作用并不显著。因此，在选择最适宜的手柄长度和升角的时候，可以不必考虑这两个因素在完成不同操作任务时的综合影响而只需考虑各自独立的影响。

读者不妨参照本案例通过试验确定最佳的手柄长度。

除了手柄升角和长度的作用外，这里必须提及操作者烹饪动作的影响。操作者本身的经验和锅的高度与操作者身材的匹配程度都会影响试验的结果。实际上，一些操作者，特别是身材矮小的操作者会感觉锅被置于950mm的高度有点高。

11.5.2 弯柄平板锉手柄倾斜角度的确定

一项台湾的调查表明：79%的产业工人（车辆维修工、电工、机械师和木匠）十分关注手持式手动工具的改良。而在所有需要改善的工具中，平板锉名列第二。平板锉手柄的形状是被调查者不满意的主要因素。

平板锉是一种广泛使用于制造业领域的手持式手动工具。然而，普通的直柄平板锉常造成用户手腕尺骨的严重偏转。因此，长时间使用平板锉容易造成用户手腕的累积损伤，其中，80%的症状出现在右腕上。要减少手腕出现损伤的比率就应该将其设计成在使用中，手臂收缩/伸展和桡骨/尺骨偏转的范围最小，为此设计师设计了一种新颖的弯柄平板锉，它从人机工程学的角度对普通的直柄平板锉进行了改良设计。

根据人机工程学原理，为了减少使用手持式手动工具时手腕的累积损伤和避免丧失生产能力，手腕应该保持伸直状态。按人机工程学要求：尽量以工具的弯曲代替手腕的弯曲。通过试验可以确定平板锉弯曲手柄最理想的倾斜角度。试验的内容包括：测试者的工作姿势（右臂）、作业效率（锉屑）、作业精度（平直度）、右臂疲劳度（握力的减小）和测试者的客观心理偏爱程度。

由研究结果得知，弯柄平板锉优于直柄平板锉。这是因为前者能使作业者的前臂和手腕处于正中位置，能减小右臂疲劳度和迎合试验者的偏爱，而毫不影响作业效率和作业精度。符合人机工程学要求的平板锉（手柄弯曲50°～70°）能保证操作达到理想状态，尤以弯柄为60°的平板锉的使用效果最佳。弯柄平板锉不仅减少了累积外伤，而且满足了操作的需要。

（1）方法

① 试验对象。试验对象选择10名健康的惯用右手操作的男性作业者，都有三年以上的工作经验。除了在工作台上完成专业培训外，作业者都通过了技能考核，并取得了相应的技能证书。这些试验对象，年龄在23～27岁之间，平均年龄25.1岁。他们的平均身高、平均体重和肘高分别为171cm（标准偏差3.7cm）、68.8kg（标准偏差4.2kg）和107cm（标准偏差3.5cm）。

② 试验仪器。在进行试验之前为确定弯曲平板锉手柄相对水平面的倾斜度，观察了30名工人使用普通平板锉的握把姿势，并从中获得了典型的握持姿势，图11-13概括了观察的结果。前臂与握把中心轴之间的自然角度平均值大约为67°，标准偏差为3.8°。

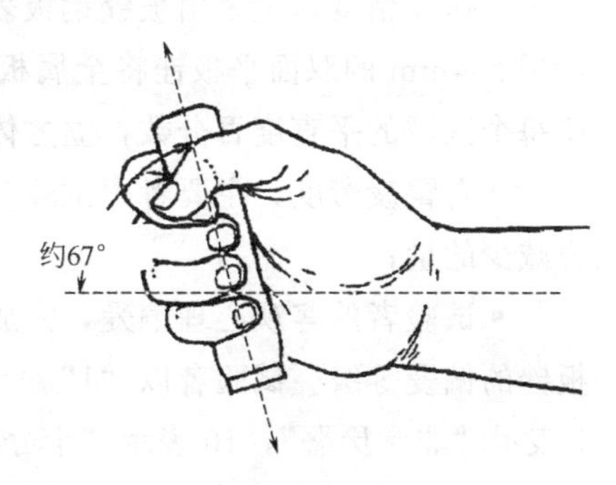

图11-13 前臂与把握中心之间的自然角度大约为67°

在这个试验中，选择了一把普通平板锉（180°），四把通过改良普通平板锉得到的弯柄平板锉（分别为50°、60°、70°和90°）。在这里，将检验五种类型的平板锉，每类平板锉做成两种规格长度：356mm和254mm。图11-14描述了在这个研究中用到的平板锉的形状和尺寸。

在这个试验中，被锉材料选择铁碳合金（中碳钢，含0.3%碳），并制成两种规格；立方体（规格为50mm×50mm×50mm，其公差尺寸：≤0.02mm）和平板（规格为：100mm×100mm×10mm）。立方体用于检验锉屑的试验（试验一），而平板用于检验平直度的试验（试验二）。

③ 试验设计。在这项研究中，要做两个试验。在第一个试验中，立方体

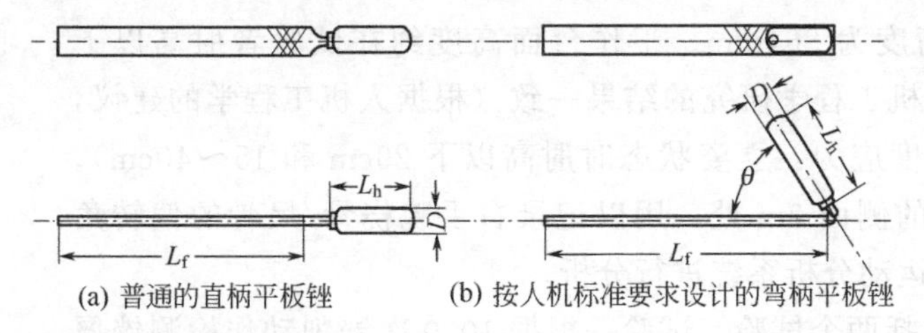

平板锉规格：手柄材料：木；

手柄直径（D） 26mm；

手柄长度（L_h） 100mm；

平板锉长度（L_f） 356mm（双面粗齿纹）、254mm（双面细齿纹）；

手柄角度（θ） 50°、60°、70°、90°和180°；

平板锉重量 620g（356mm）、260g（254mm）。

图11-14 研究中用到的平板锉的尺寸和规格

钢块被用来检验作业效率（锉屑）；在第二个试验中，钢板被用来检验作业精度（平直度）。两个试验采用随机分组，10 名试验者分别试验了所有的五类平板锉。试验规定每名试验者每天在同一时间段只能试验一类平板锉。同时还规定了五项相互独立的要求。它们是：

• 试验者的桡骨/尺骨姿势，运动测量系统（Qualisys MacReflex 系统）被用来记录试验者使用不同类型的平板锉时，右前臂径向平面的桡骨/尺骨的偏转角度；

• 作业效率，主要依据锉下的铁屑量来判别。试验者使用 356mm 的粗糙双面平板锉在立方体钢块上完成 1000 次锉削动作，然后称出锉屑的重量，试验者用 25～30min 完成这项作业；

• 作业精度，主要由被锉钢板表面的平直度来确定，为确定平直度，试验者用 254mm 的双面平板锉将金属板表面锉平，总计时 20min，然后用平板检验每个区域的平直度百分数，立方体和金属板均用台虎钳夹持；

• 右臂疲劳度，主要考虑试验者完成试验 1 规定的 1000 次动作后右臂握力减少的量；

• 试验者的客观心理偏爱，完成试验后，用问卷定量评估试验者对每类平板锉的偏爱等级。试验者以“1”～“10”的数值回答表上的测试项目，其中 1 表示“非常厌恶”，10 表示“十分喜欢”。

表 11-5 给出了两个试验中所确定的判别项目。

表 11-5　试验采用的判别项目

判别项目	试验一	试验二	判别项目	试验一	试验二
工作姿势	√		右臂疲劳程度	√	
作业效率	√		心理偏爱等级	√	√
作业精度		√			

图 11-15 表达了试验情况。试验工作台类似于一般工作场所中的工作台，高度为 711.2mm，操作高度为 864mm。工作台面高度约在试验者肘高以下 17～25cm。这些数值与人机工程学研究的结果一致（根据人机工程学的建议，在做体力活时工作面的高度应为：立姿状态时肘高以下 20cm 和 15～40cm）。一台摄像机安装在试验者的侧面 3m 处，用以记录右手腕桡骨/尺骨的偏转角度。记录的结果被传送到运动分析系统进行分析。

④ 过程。整个过程包括两个试验。试验一根据 1000 次锉削动作检测锉屑量。试验二是将金属板锉平的试验。这两个试验尝试评估普通平板锉与人机工程学设计的平板锉性能的差异。试验之前，向每名试验者简单地提示试验的总体目标。如图 11-16 所示，为了能显现与手腕正中位置的偏差，在每名试验者的右前臂和手的关节处都做上了记号。三个关节处为：第三个掌骨关节、月骨和手腕末骨之间的可触摸沟槽、侧上髁。当手腕与前臂处于解剖学上的正中位置时，这三个记号就能连成一条直线。每名试验者有 5min 的热身时间，练习

使用试验用的平板锉。最后，在作业之前，用握力计检验试验者的最大握力。每名测试者将他的手臂放低至垂直位置，进行三次测力试验。最终取三次测力试验的平均值作分析用。

(2) 试验一：锉屑的检测

在进行试验一之前，用天平称量铁块净重。当试验者完成500次和1000次锉削动作后再测量它的净重。500次锉削动作后铁块重量要求在15s内测出。从250次到255次锉削动作和从750次动作到755次动作，用摄像机记录此期间试验者右手腕的桡骨/尺骨偏转角度（对每名试验者大约录下600帧）。试验之后，测量并记录试验者右臂的最大握力。最后，向试验者征询他对平板锉的看法和偏爱的理由。

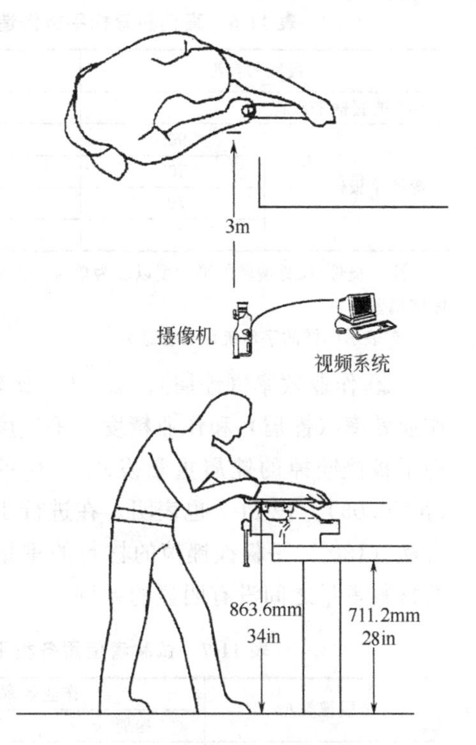

图 11-15 研究中的试验过程

(3) 试验二：平直度的检测

试验者用长为254mm的平板锉工作20min。用一块标准平板检测铁板的平直度。标准平板与国家标准对应，精度为16μm。此外，标准平板上还均匀涂有2g朱红漆。在20min的作业时间内若试验者觉得有必要检验铁板的平直度，就把铁板放在平台上并顺着平板摩擦铁板。铁板上沾有朱红漆的地方，就表明这块区域"高"，继续用平板锉锉掉高的部分。当完成试验后，研究人员通过计算铁板上朱红漆面积来检验铁板平直度的百分数。与此同时，还向试验者征询他对平板锉的看法和偏爱的理由。

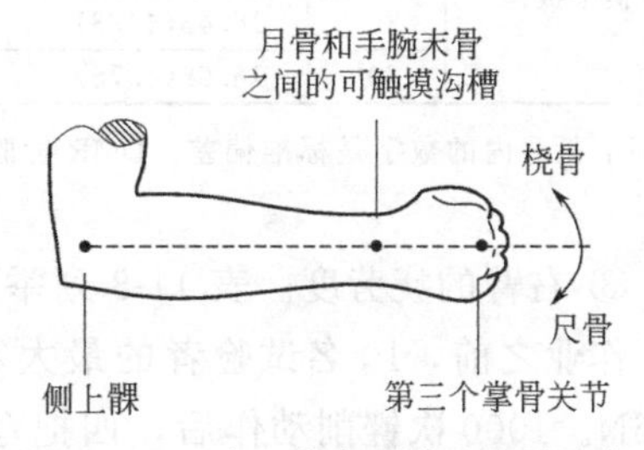

图 11-16 手、手腕和肘上的骨关节处，以它们为参考点使手腕在桡骨/尺骨平面内对准正中位置

(4) 结果分析

试验一：锉屑的检测

① 工作姿势。通过运动分析，表11-6列举了试验者工作姿势的分析结果。普通平板锉引起试验者右手腕较大角度的偏转（23.2°）；而弯柄平板锉则减少了桡骨/尺骨偏转（3.9°～9.2°）。在检验试验一中四把不同弯角的弯柄平板锉时发现，试验者的桡骨/尺骨的偏转角度不到10°。因此，单从工作姿势，弯柄平板锉要优越于普通平板锉。

而在四把弯柄平板锉中，通过认真观察试验者使用时的手腕姿势后发现，60°和70°的弯柄平板锉所引起的尺骨偏转角度最小（分别为－3.9°和－4.0°）；50°的弯柄平板锉其次（－6.9°）；90°弯柄平板锉所引起的手腕偏转角度最大（＋9.2°）。

表 11-6 直柄和弯柄平板锉造成的桡骨/尺骨偏转的平均角度

平板锉的类型		工作姿势	DMR 检验
180°的直柄平板锉		−23.2(4.2)	A*
弯柄平板锉	90°	+9.2(3.5)	B
	50°	−6.9(2.4)	C
	70°	−4.0(2.7)	D
	60°	−3.9(2.3)	D

注：桡骨/尺骨偏转的平均度以度为单位。桡骨向偏转为正，尺骨向偏转为负。括号内的数字为本标准偏差。

* 表示同样的字母统计没有意义。

② 作业效率（锉屑）。表 11-7 比较了试验者使用不同类型平板锉时他的作业效率（锉屑）和作业精度（平直度）。比较每 1000 次锉削动作后，不同类型平板锉锉掉的锉屑重量发现，90°的弯柄平板锉明显差于其他四把平板锉（$p<0.05$）。表 11-7 也表明，在进行 1000 次锉削动作的作业中，在用普通的直柄（180°）平板锉锉掉的材料的重量与用 50°、60°和 70°的弯柄平板锉锉掉的材料重量之间没有明显的差别。

表 11-7 试验者使用各类平板锉的工作姿势和作业精度

平板锉类型		作业效率		作业精度	
		锉屑/g	DMR 检验	平直度/%	DMR 检验
180°的直柄平板锉		13.61(2.36)	AB*	75.73	A
弯柄平板锉	90°	10.67(3.27)	B	71.32	A
	50°	14.97(3.83)	A	80.92	A
	70°	16.43(4.23)	A	73.50	A
	60°	16.68(4.76)	A	78.20	A

注：括号内的数字是标准偏差。DMR 检验：Duncan 复叠标检验。* 同样的字母表示统计没有意义。

③ 右臂的疲劳度。表 11-8 列举了 1000 次锉削动作后试验者的握力减小量。作业之前，10 名试验者的最大右臂握力的平均值为 566N，标准偏差为 82.6N。1000 次锉削动作后，四把弯柄平板锉造成的右臂握力的平均减少量（5%）比使用普通直柄平板锉后的握力减少量要小得多（$p<0.05$）。而在四把平板锉之间并无明显差别。

表 11-8 试验者使用各类平板锉的右臂握力分析

平板锉类型		右臂的疲劳度		
		握力的减少量/N	握力的减少比率/%	DMR 检验
180°的直柄平板锉		49.3(5.2)	8.7	A*
弯柄平板锉	90°	25.9(3.9)	5.6	B
	50°	24.5(4.6)	5.3	B
	70°	19.9(4.8)	4.5	B
	60°	19.4(3.7)	4.4	B

注：括号内的数字是标准偏差。DMR 检验：Duncan 复叠标检验。* 同样的字母表示统计没有意义。

④ 客观偏爱。表 11-9 列出了试验者对五种平板锉的心理偏爱差异。定量地评估试验者对每类平板锉的心理偏爱。要求试验者选出他们最喜欢的类型

（可以多项选择）；说出他们喜欢的理由，并对这些理由加以分析。通过试验者的心理偏爱程度，可以将五类平板锉分成三列。所有的试验者都十分喜欢60°的弯柄平板锉（100%）；50°的平板锉（70%）和70°的平板锉（20%）位于第二列。另外，所有的试验者很讨厌普通的直柄平板锉（0%）和90°的弯柄平板锉（0%）。据统计分析，三列之间存在显著差别（$p<0.05$）。180°最差，50°和70°较好，60°最佳。试验者喜欢60°和50°的平板锉的两个主要理由是：这两种平板锉容易把握。与其他的弯柄平板锉相比，它们不易造成试验者前臂的肌肉疲劳。

表 11-9　每个试验中试验者对直柄平板锉和弯柄平板锉的心理偏爱度

平板锉类型			试验者选择的百分数(排名)	心理偏爱度评估比例尺分数	DMR 检验
试验一	180°的直柄平板锉		0%(4)	3.0(0.9)	C**
	弯柄平板锉	90°	0%(4)	2.8(1.2)	C
		50°	20%(3)	5.8(1.3)	B
		70°	70%(2)	6.2(1.0)	B
		60°	100%(1)	7.4(1.1)	A
试验二	180°的直柄平板锉		0%(4)	4.5(1.3)	B
	弯柄平板锉	90°	0%(4)	2.1(1.0)	C
		50°	50%(2)	6.0(0.9)	A
		70°	30%(3)	6.3(0.7)	A
		60°	100%(1)	6.9(0.9)	A

注：括号内的数字是标准偏差。DMR 检验：Duncan 复叠标检验。** 相同的字母表示统计无意义。

实验二：平直度的检测作业精度（平直度）

有关用平板锉将100cm² 的表面有锯纹的材料锉光滑后的表面平直度，普通的直柄平板锉和四把弯柄平板锉之间没有太大的差别（$p>0.05$），如表11-8。

客观的心理偏爱

在试验二中，用同样的方法评估试验者的心理偏爱，并由此选择出他们最喜欢的平板锉。另外，要求他们说出喜欢的理由并对此进行分析。所有的试验者都趋向于60°的弯柄平板锉（100%），50°的弯柄平板锉（50%）和70°的弯柄平板锉（30%）。在试验者的心理偏爱中普通的直柄平板锉排在第二列。所有的试验者仍很讨厌90°的弯柄平板锉（0%）。据统计分析，三列之间存在显著差别（$p<0.05$）(表11-9)。90°最糟糕，180°中等和50°～70°最好。有趣的是，试验二中的心理偏爱程度和喜欢理由竟然和试验一中的雷同。

（5）讨论

本例是围绕一个人机工程学的设计展开的，它尝试改进普通平板锉的缺点，这将会开发一种新颖的产品。它不仅能减少工作损伤，还能满足操作者的需要。在两个不同的作业中（1000次锉削动作和20min的平直度检验），检验了5个判别项目：试验者的工作姿势（右臂）、作业效率（锉屑）、作业精度（平直度）、右臂的疲劳度（握力的减少量）和客观的心理偏爱度。表11-5列举了在每项作业中采用的判别项目的详尽情况。

表11-10以5个判别项目作为依据总结了普通平板锉和四种弯柄平板锉。

仅每个判别项目而言，记录下最好和最低的水平。给每个判别项目中的最高水平赋值+1，而给最低水平赋值−1，将数相加以决定平板锉的品质，获得较高值的平板锉就被认为具有较好的品质。依照5个判别项目，四种弯柄平板锉的检验结果要比普通平板锉好。而在四种弯柄平板锉中，90°的弯柄平板锉最差，60°的弯柄平板锉最好。

表 11-10　评估直柄平板锉和弯柄平板锉的5个判别项目

标　准		直柄平板锉	弯柄平板锉			
		180°	90°	70°	60°	50°
试验一	工作姿势	−1		+1	+1	
	作业效率(锉屑)		−1	+1	+1	+1
	右臂疲劳程度	−1	+1	+1	+1	+1
	心理需求评估	−1	−1		+1	
试验二	作业精度(平直度)	+1	+1	+1	+1	+1
	心理偏爱等级	−1	−1	+1	+1	+1
总 计		−3	−1	+5	+6	+4

注：DMR检验的最高水平，平板锉获得+1。
DMR检验的最低水平，平板锉获得−1。

显然，在平板表面的锉削作业中，弯柄平板锉无疑要比直柄平板锉更好使用。然而，弯柄平板锉不适合在受限制的空间内使用，例如槽口、圆孔或方孔。在受限制的空间内，普通的直柄平板锉仍是合适的工具。

(6) 结论

应用人机工程学原理“尽量以工具的弯曲代替手腕的弯曲”，弯柄平板锉的设计的确优于普通的平板锉。一把符合人机工程学要求的弯柄平板锉能让作业者的前臂和手保持在正中位置上，这样即使长时间作业也不会伤害作业者的手臂。在评估其作业姿势、握力的减少量和客观的心理偏爱程度时，50°～70°的弯柄平板锉体现了优越性，尤其以60°的平板锉最好。至于其他两个判别项目——作业效率和作业精度，各类平板锉之间的差别不很明显，根据研究结果，建议用50°～70°的弯柄平板锉取代普通的直柄平板锉。

【习题十一】

11-1　图11-4(a) 所示电动圆锯是用于切割板材或截割棒料的工具。①指出人机界面在该产品上的具体体现；②分析电动圆锯的使用特点；③说明设计手柄时应考虑的人机工程学因素。

11-2　在设计工具的手柄时，常有人将手柄设计成贴合人手的形状。这样的设计是否合理，为什么？

11-3　手提式产品提手柄的直径应如何考虑成年男性和女性使用上的差异，形成差异的原因是什么？

11-4　以本章锅铲的可用性研究为参考，试通过相似的实验，确定家用锅铲手柄的最佳长度参数（可集体进行），并完成实验报告。

11-5　试分析图11-17所示园艺剪的设计缺陷，请设计出你认为正确的结果，并依据本章相关资料完成具体设计（提供设计方案：设计效果图以及包括具体尺寸在内的工程图纸，并作具体说明）。

图 11-17 园艺剪

11-6 【综合作业（3）】产品形态的人机工程学设计

一、作业目的

自选一件手持式产品，通过用户分析，运用可用性研究方法（如情景描述法），进行产品的改良性设计或创新设计。

二、作业要求

明确产品中存在的人的因素，根据第 11 章“产品形态的人机工程学设计”的要求，从提升产品可用性的角度，也可同时结合第 12 章“产品共用性设计理念与方法”的内容，确定改良或创新目标，具体完成产品的效果图设计。

三、提交内容

(1) 开发研究报告（用文字、框图和简图说明），具体如下。

① 人的因素分析　确定产品的目标用户对象，并分析目标用户对象与产品使用相关的生理与心理特征。

② 问题分析　从用户角度对现有产品进行可用性分析，以确定存在的问题或发掘新的需求（使用状态的情景描述，可创建一个有关用户使用产品时的“情景故事”。这些情况可以是情节串联图片、简单的流程图或简单的叙述性文本）。

③ 人机交互界面与交互方式分析　正确判断产品人机交互界面的形式与特征，以确定最佳的交互使用方式。

④ 解决方案　在分析问题的基础上，明确可用性与用户体验目标，确立相关设计理念，提出有针对性的创新解决方案。

⑤ 设计说明　从可用性角度分析总结新方案的新意和优点，以及方案的市场定位。

(2) 设计方案（用电脑效果图表达），具体包括：整体效果图，局部或细节结构描述。

第12章 产品共用性设计理念与方法

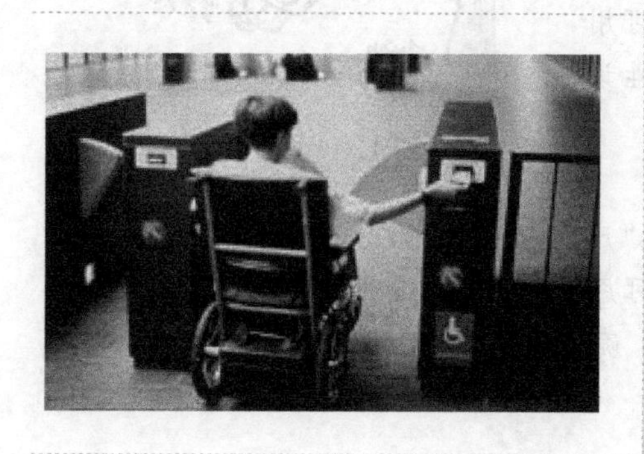

- 产品共用性设计理念
- 产品共用性设计内容与方法
- 共用性设计原则和优先次序
- 老年人、儿童和残疾人的基本特性
- 共用性设计的实现
- 实例分析与研究：老年人家中作业面高度的评估

共用性设计（Universal Design）是人机工程学“以人为中心”的设计理念的最高发展。由美国人 Ron Mace 于20世纪70年代最先提出，是在无障碍设计的基础上发展起来的。直到最近，共用性设计才被应用于多个领域，包括产品设计、环境设计、通信等领域。共用性设计是对无障碍设计的发展和完善，它包含了无障碍设计对弱势群体的关爱，同时弥补了无障碍设计将弱势群体与大众分离的不足。

换个角度来思考，如果将整个人类视为完整的群体，那么，在产品使用中有人会有障碍就是设计师的责任。因为是他疏忽了相关的人的因素。美国残疾人就业委员会主席 Task Force 的一句话形象地传递了这样的理念：

“在这个社会中，我们被称为有障碍者。实际上，是一些不良的设计使我们有了障碍。如果我在街上找不到门牌号，那是号码太不显眼；如果我上不了楼，那是楼梯挡了我的道。”

共用性设计的理念就是消除这种不良的设计的手段与方法。共用性设计不但将成为产品和环境设计的发展方向，而且还将成为社会文明和社会进步的重要标志。

12.1 产品共用性设计理念

12.1.1 背景

随着整个社会生活水平的提高和医疗技术的进步，人类的生命期望在不断增加。公元前1000年之前，人类的生命期望不足20岁；直到19世纪，人类生命期望才达到40岁，而在一些殖民统治地区，生命期望则为35岁。到了20世纪，人类的生命期望迅速增长，在欧洲和北美，1900年，约为50岁；1990年则为75岁；现在已经达到80岁。

根据联合国人口基金会的新闻公报：1999年全球60岁以上的老年人已经超过了7亿，占世界总人口的11.6%；50年后，全球60岁以上的老年人将增至25亿，占总人口的比率也将升至25%。目前，中国60岁以上的老年人已达1.3亿，占全国总人口的10.34%。而且由于长期的独生子女政策，使今后家庭人口比例为4∶2∶1，即一对夫妇只有一个孩子，却有四位父母。因此，中国老年人口占总人口的比率将迅速上升。人口老龄化已成为当前世界普遍存在的社会问题。

根据联合国老年人口系数的计算，60岁及60岁以上的人口占总人口的比例达到10%即为“老年型”。根据这一通用标准衡量，世界上许多国家早已是老年型国家。目前高龄人口所占比例最高的国家是意大利和希腊，达23%。其次是日本、德国和瑞典，为22%。

此外，同样由于医疗技术的进步，使过去无法生存的残疾人得以生存，大大增加了残疾人的数量。据国际劳工组织公布的有关报告，目前全世界的残疾人总数已超过5亿，约占世界总人口的10%，现在每年平均增长残疾人数为1500万；目前中国有残疾人6千万，占全国总人口的5%，是世界上残疾人最多的国家，他们的生存状况还影响到近3亿的亲属和各方有关人士。

老年人和残疾人，由于他们特殊的生理、心理条件，应该得到社会更大的关爱。自20世纪60年代以来随着人类老龄化的趋势以及众多残疾人存在的现实，在一些经济发达的国家和地区，在建筑设计、公共设施设计上制定了方便残疾人和老年人的有关规定和条例。目前中国有些大城市也已进入老龄化社会。本着“以人为中心”的设计原则，中国城市建设有关部门已经着手制定为残疾人、老年人在建筑安全设计方面的有关规定和条例。

但遗憾的是，许多产品（广义上的）的设计仍然有意、无意地把老年人和残疾人等弱势群体排除在使用对象之外，从而限制了他们潜能的发挥，损害了他们的自尊，剥夺了他们平等参与社会生活、平等享受现代文明的权利。更重要的是，老年人和残疾人并不是要求设计师做只适合他们自己的特别设计，而是尽可能地和大家一样生活。事实证明，一些造价昂贵的老年人和残疾人专用设施，利用率很低，而老年人和残疾人能与健全人一起使用的设施和设备的利用率却很高。

以老年人和残疾人为主体的弱势群体的增长，使上述情况更受人们关注，也为人机工程学的研究提出了新的课题。共用性设计的理念由此产生。

12.1.2 共用性设计的概念

共用性设计最初应用于建筑领域，直到20世纪90年代才广泛应用于多个领域。共用性设计在不同的设计领域有不同的定义，在不同的发展阶段也有不同的定义。目前世界上普遍认为较权威和完善的定义，是由美国人共用性设计专家Gregg C. Vanderheiden博士提出的定义：共用性设计（Universal Design）是指在有商业利润的前提下和现有生产技术条件下，产品（广义的，包括器具、环境、系统和过程等）的设计尽可能使不同能力的使用者（例如残疾人、老年人等）、在不同的外界条件下能够安全、舒适地使用的一种设计过程。

共用性设计的英文名称：Universal Design 还没有统一的汉语译名。“Universal ”可解释为“一般的”、“普遍的”、“万能的”、“通用的”等意思，因此“Universal Design”，从字面上可直译为“通用性设计”，而且通用性设计的汉语含义与“Universal Design”的定义内涵也比较接近。但是，从更深层次理解“Universal Design”，可发现它的最大的特征就是满足特殊人群需求的同时，方便普通人群。而且更重要的是要在设计上掩饰其专为特殊人群的特殊考虑，消除特殊人群的自卑心理，使他们能够以与普通人群同样的心态接受这种产品，它强调所有人群的共同使用，没有区别、偏见或歧视。因此，本书将“Universal Design”译为“共用性设计”，以突出“共同使用”的特征。此处的“共用”为“共同使用”之意，并非“公共使用”。

概括来说共用性设计就是“能够满足各种年龄和身体条件的设计”。共用性设计应尽可能满足所有人的需求，无论年龄大小、健全与否，它既要为健全人带来方便，同时也要消除障碍，为弱势群体提供接近和使用它的机会。因此，共用性设计既不是辅助用品设计（Assistive Technology Design）也不是易于接近设计（Accessible Design），而是既考虑消除环境障碍为特殊群体（如残疾人）提供接近它的机会，同时要考虑为健全人带来方便的设计。其目的是通过产品设计、交流、创造环境使具有各种不同需求的人们生活更方便、更舒适。包括“使用者不同的身体机能”（如行动不便的老人，右撇子/左撇子，有视力障碍者，有听觉障碍者等）——“设计产品的分类”（是个人使用，家庭使用，工作使用还是社会使用）——“行为说明”（信息的输入和输出）——“共用性设计观点”（它分成两个部分，“设计者的观点”和“使用者的观点”，两者既有共同点，也有差异）：

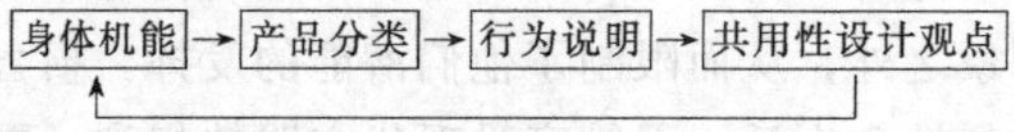

身体机能 → 产品分类 → 行为说明 → 共用性设计观点

尽管所有的消费者都能从共用性设计中获益，尤其对特殊人群而言更是如此，由于他们经常买不到适合自己使用的产品以及人们对残疾人的误解和狭隘的态度，于是就出现了他们的专用产品，令人难堪而且造价昂贵的特殊人群专用品和专用设施，但他们觉得使用这种产品对他们是一种蔑视。这样的专用品和专用设施在为他们克服生理障碍的同时也给他们带来了新的心理障碍，因此，他们期望共用性设计能普及公共环境的共用性，同时也期望提高平等参与社会生活的机会，更期望实现残疾人与社会的一体化。

那么对健全人又如何呢？有人也许认为对健全人来说共用性设计价值不大，因为他们没有从中直接受益。在他们看来，说他们将来需要共用性产品是一种消极的观点，只有当他们变老时才会发现它的用处和价值。然而，事实上人人都可能成为特殊人群的中的一分子，哪怕你是健全人也会衰老而成为特殊人群中的一员。每个人在从儿童到老年的整个人生所经历的不同阶段都会从共用性设计产品和环境中受益。所以共用性设计有时也被称为“完整人生设计”（Lifespan Design）或“通代设计”（Transgenerational Design）。这将有助于消除以为共用性设计对健全人价值不大或蔑视，并回避共用性产品的态度。

因此，共用性设计对健全人来说是锦上添花，而对弱势人群而言则是雪中送炭。在共用性设计理念里，人群应该是一个需求和功能连续变化的统一体。一件好的共用性设计产品不仅能满足广大群体的需求，而且还具有更好的宜人性、方便使用性和经济性，并要在设计上掩饰其专为特殊人群的特殊考虑，使他们能够以与健全人同样的心态接受这种产品。共用性设计的理想目标是满足所有人的需求，然而，也必须认识到并不是任何时候都能实现这个目标的，因此，共用性设计的发展实际上是一个不断前进和不断循环的过程。通过这个过程，比例日益增加的特殊人群的各种需求能够不断地得到满足。

在市场营销中共用性设计同样成为一个热门话题。除了人道主义因素，提高产品的共用性还能获得许多经济利益。共用性产品是针对所有消费者的，共用性产品和共用性建筑设施具有广泛的可使用性，除了普通的消费群体还有巨大的儿童市场、银发市场和残疾人市场。现行的居住环境、公共设施、路标和信息牌、信号和警报系统、通信以及其他的用户界面，都应该考虑它们的共用性而重新设计。如果共用性产品成了主流产品，将使整个社会受益，不但节约了设计、生产特殊人群专用产品的资金积累，还使因没有合适的使用工具而无法工作的特殊人群也能参与工作。因此，无论从产品成本或市场份额，共用性产品都将具有良好的市场前景。

12.1.3 共用性设计与无障碍设计的关系

共用性设计是在无障碍设计发展到一定程度、当人们发现无障碍设计的缺陷时提出的一种新的设计理念，它们的理论基础都是人机工程学。共用性设计与无障碍设计既有区别又有密切的联系，共用性设计理论是在无障碍设计的基础上发展起来的，因此共用性设计的历史包含了无障碍设计的发展过程。

所谓无障碍设计（Barrier-Free Design）是指对特殊人群无危险的、可接近的产品和建筑设施的设计（Barrier-Free Environments）。无障碍设计也称特殊设计（Specialized Design），它包含两种设计，“辅助用品设计”（Assistive Technology Design）和“易于接近（环境）设计”（Accessible Design）。

无障碍设计主要考虑的对象是特殊人群，它把整个人群根据功能（残疾与否、残疾种类和残疾程度）分为不同的群体；根据不同群体确定不同的设计准则和要求，然后设计出对应的专用产品或辅助装置或专用空间。

无障碍设计具有以下特征：

- 可操作性。产品或环境对使用者或潜在的使用者必须是可操作的；
- 安全性。产品或环境对使用者或潜在的使用者必须是能安全使用的；
- 方便性。产品或环境对使用者或潜在的使用者必须是方便使用的。

共用性设计则把儿童、老年人、残疾人等弱势群体以及健全成年人作为一个整体来考虑，而不是分别作为独立的群体来考虑。共用性设计既不是辅助用品设计也不是易于接近设计，而是既考虑消除环境（广义的）障碍，为特殊群体提供进入或使用它的机会，同时要考虑为健全人带来方便。

无障碍设计的前提是弱势群体与健全人的区别。而共用性设计恰恰相反，它是包容性设计（Inclusive Design），它要消除特殊人群和健全人在产品使用上的差异。

共用性设计具有以下特征：

- 无障碍性。共用性产品对使用者在生理和精神上都是无障碍的；
- 无差别性。共用性产品与普通产品在外表上无明显的差别；
- 市场广阔。共用性产品使用对象是全体人，所以有广阔的市场；
- 安全性。共用性产品必须能够被安全使用。

实际上，无障碍设计和共用性设计间的界限并不明显，因为无论无障碍设计还是共用性设计，在它们的设计原理中有共同的基础，即感觉器官互补原则。

无障碍设计最初的设计目的虽然不是为健全人提供方便，但有时它的设计结果往往实现了这点。例如像计算机键盘中的 F、J 键上的小凸起，它原来的设计意图是使视力有障碍者能够准确定位键盘，但众所周知，它的设计给视力健全者也带来了极大的方便。又如，在日本一些城市的十字路口，在采用红绿灯的视觉信号传递通行信息的同时还伴有声音信号。当绿灯亮时，同时发出悦耳的音乐，这是为盲人设计的无障碍装置，但对视力健全人来说，也是一种帮助和提醒装置。因此，很难说这种设计是属于共用性设计还是属于无障碍设计。

12.2 产品共用性设计内容与方法

共用性设计的对象不仅仅是日常用品，它还包括居住环境、公共设施、路标和信息牌、信号和警报系统、通信以及服务等。它追求的目标是创建一个人人都能平等参与的共同生活空间。它所涉及的学科包括人机工程学、人口统计学、心理学、人体测量学、生物力学以及相应领域的学科。共用性设计的研究必须建立在大量的试验基础之上。因此，方便功能障碍者的设计同样能方便健全人。

共用性设计两个主要特征是：

① 在有商业利润的前提和现有材料、工艺和技术等条件下，共用性产品必须具有足够的可调节性，尽可能使各种不同能力的使用者能够直接使用产品，无需任何修正和辅助装置；

② 如果因部分使用者不能有效或舒适地直接使用产品，而必须修正或增设辅助装置，修正或增设的辅助装置必须与原产品在造型和功能上协调一致。

共用性设计与其说是一种方法，还不如说是一种理念。所谓共用性设计方法是指在设计过程中实现这种理念的手段。实现共用性设计理念的方法主要有两类：可调节设计和感官功能互补设计。

共用性设计应该考虑到广大使用者各自不同的习惯与能力，因此操作力量、姿势和速度等操作者都可以根据自己的需要做出选择。

产品和环境之所以对特殊人群形成障碍，是因为特殊人群的某一（或某些）器官功能的衰退或丧失，消除这种障碍的方法之一就是利用其他健全器官的功能来弥补。因此有些共用性设计对健全人来说，就提供了利用两种或更多种器官使用或感知的方式，这样既为特殊人群克服了障碍，也为健全人提供了方便。例如能报时的时钟，它就是通过听觉来弥补视觉的障碍，既为盲人克服了无法看钟的障碍，同时也为视力健全人增加了获取信息的途径。

事实上，共用性设计使所有人都能受益，因为，有时环境给健全人造成的不便与功能障碍者的不便非常相似。下面是其中一些例子：

- 无需视觉的操作——能满足盲人的需要，同时也可满足眼睛必须关注其他目标（更为重要的目标）的人（如开车的人）和在黑暗中操作的人的需要；
- 只需低视力的操作——满足视力有障碍的人的需要，同时也满足了小显示设备的用户需要和在模糊不清的环境中操作的用户的需要；
- 无需听力的操作——满足聋哑人的需要，同时也满足在非常吵闹的环境中的人的需要和耳朵正忙的人或在必须安静的环境中的人的需要；
- 只需一定听力的操作——满足听力有障碍的人的需要，同时也满足处在喧闹环境中的人的需要；
- 只需一定肢体灵活性的操作——满足肢体残疾的人的需要，同时满足穿着特殊服装（太空服或无菌服等）的人的需要和在振动的车厢中的人的需要；
- 只需一定的认知能力的操作——满足认知能力有障碍的人的需要，同时也满足心烦意乱时的人的需要和喝醉酒的人的需要；
- 无需阅读的操作——满足认知能力有障碍的人的需要，同时满足不识字或不识此种文字的人（如外国游客）的需要。

设计师该如何面对所提出的课题呢？从根本上说应确立“以人为中心”的设计思想，汇总自己的全部智慧，进而确定目标和方向。当然，单纯依靠技术是不能解决问题的。特别是在考虑残疾人问题时，如果不能对由于残疾带来的不利情况有一个正确的认识和理解，就不可能找到合理的解决途径，而得不到预期的效果。

“共用性设计”经常被人们误解，最普遍的误解有两种：一是简单地认为共用性设计就是无障碍设计；二是认为共用性设计的产品必须满足任何人，不管使用者的功能障碍程度和障碍类型。事实上，共用性设计并非如此绝对。必须承认，任何产品不可能满足所有的使用者，因为总存在着一些严重的肢体残疾、感觉器官残疾和认知能力障碍的人群，他们无法使用某些产品，而且产品的使用环境也是复杂多变的。

然而，共用性设计考虑的对象必须包括所有人群和所有使用情况，然后设法使产品的设计尽可能满足不同使用群体和不同使用情形，当然前提必须是产品有商业利润的。

必须指出，共用性设计不是专门针对残疾人或老年人等某一弱势群体的特殊设计。以残疾人和老年人为主体的弱势群体是共用性设计研究的重要对象，而不是惟一对象。

12.3 共用性设计原则和优先次序

12.3.1 共用性设计原则

通过建筑师、产品设计师、工程师和环境设计师们的通力合作，建立了共用性设计的七大原则，为产品、环境和通信等领域的设计提供了指导性的原则。此原则可以用来评价现有的设计，也可以用来指导设计过程，而且还有助于设计师和使用者了解使用性良好的产品和环境的特征。

(1) 原则一：公平使用

定义：任何用户群体都能从共用性设计中受益，同时也都有能力购买共用性产品。

指导方针：

① 只要条件允许，给所有用户提供完全相同的使用方法，至少也能提供相似的使用方法；

② 避免有区别地对待任何不同使用者；

③ 任何用户都平等地享有保护隐私和保障安全的权利。

【例】 如图 12-1。

(2) 原则二：灵活柔性使用

定义：共用性设计应该考虑到广大使用者各自不同的习惯与能力。

指导方针：

① 提供多种使用方法供使用者选择；

② 惯用左手和惯用右手的使用者都能方便使用；

③ 使使用者能够很容易地做出准确和精确的操作；

④ 使用者可以根据自己的特点调整动作节拍。

【例】 如图 12-2。

图 12-1 公共场所入口：采用坡度适当的斜坡（现有的大多数为阶梯），以便轮椅、车辆和手推车等能方便地进出

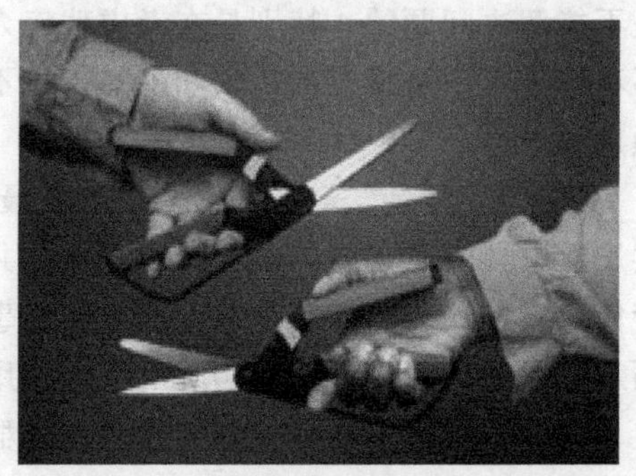

图 12-2 大剪子：对称的设计使惯用右手和惯用左手的使用者都能方便使用

(3) 原则三：操作简单，信息易懂

定义：不管使用者的经历、知识、语言和注意力集中程度，能够容易地理解各种信息。

指导方针：

① 消除不必要的复杂性；

② 各种信息与使用者的预期和直觉相一致；

③ 尽可能满足不同文化程度的使用者；

④ 各种信息按照重要程度高低的顺序排列；

⑤ 为连续的操作提供有效的提示；

⑥ 在操作过程中和完成操作后都能及时地反馈信息。

【例】 如图 12-3。

（4）原则四：信息易获取

定义：不管外界条件和使用者的感知能力如何，共用性设计必须有效地传递必要的信息。

指导方针：

① 对重要信息要提供多种不同的获取方式（图示的、文字的、触觉的等）；

② 重要信息和周围环境要有适当的对比度，以突出重要信息；

③ 尽可能使重要信息最容易被识别和被感知；

④ 各部件可以通过信息说明来区分；

⑤ 改进技术或增加装置使视觉、听觉等有障碍的使用者也能正常使用。

【例】 如图 12-4。

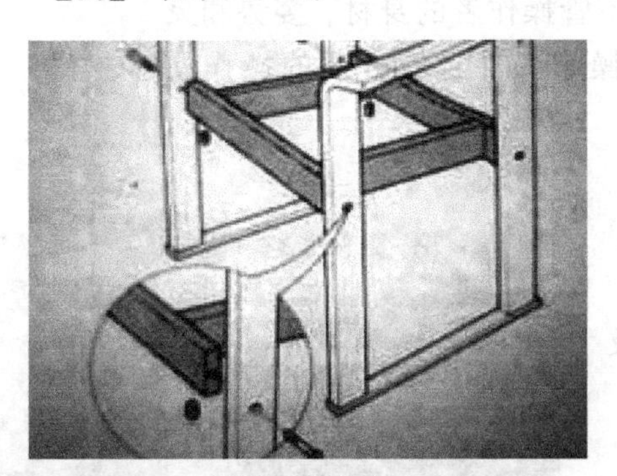

图 12-3 可拆卸的椅子：完全对称的设计，安装无需辨别方向

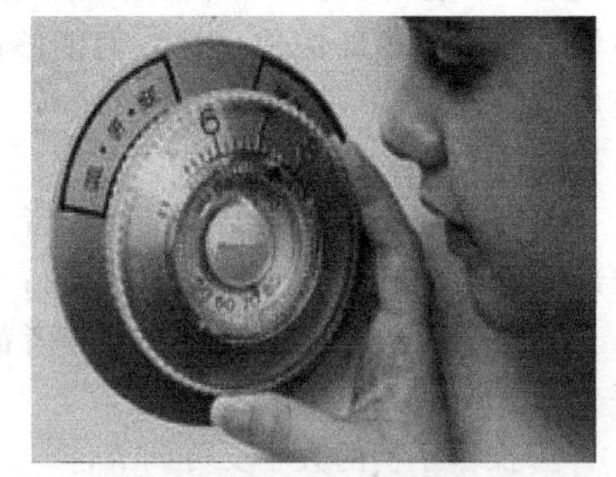

图 12-4 温度调节装置：可触摸的大数字刻度、旋转时能发出声音

（5）原则五：宽容性好

定义：尽可能减小由于意外或误操作产生的危害和不利后果。

指导方针：

① 合理分布各零部件，尽可能降低发生危险和误操作的可能性（即最常用的零部件设计在最易够得着的位置，可能产生危险的零部件尽可能消除、隔离或加防护罩）；

② 当发生危险或误操作时，要发出警告；

③ 要有安全保护装置；

④ 在高警惕作业时，要防止使用者做无意识的动作。

【例】 如图 12-5。

（6）原则六：更省力

定义：使用者在使用共用性产品时应该是高效、舒适且最不易疲劳的。

指导方针：

① 允许使用者能保持自然轻松的姿势作业；

② 操作力大小适当；

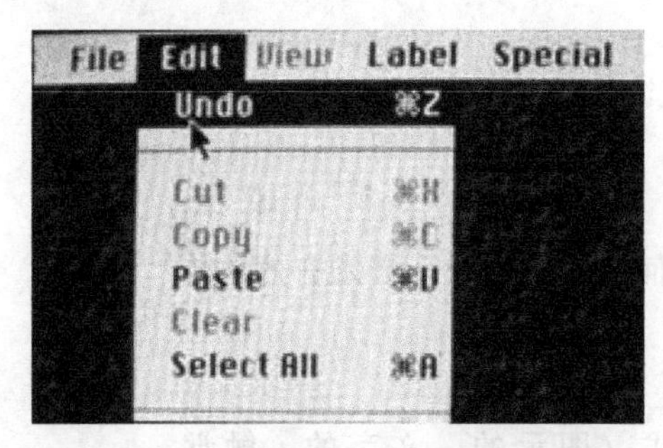

图 12-5 软件操作界面：当发生误操作时，可以选择“Undo”来取消误操作

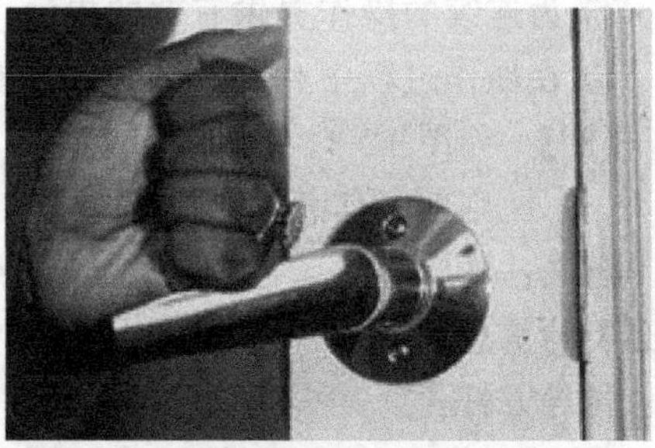

图 12-6 下压式门把手：单手轻轻下压便能打开门锁

③ 尽可能减少重复动作；

④ 尽可能减少所需操作者的体能。

【例】 如图 12-6。

(7) 原则七：空间尺寸的合理性

定义：适当大小的尺寸和合理的空间结构，不管操作者的身材、姿势和灵活性怎样，都能确保他（她）们能够触及每个操作部件且能方便的操作和使用。

指导方针：

① 不管对坐着还是站着的操作者，重要的操作部件都必须在他们的清晰视线之内；

② 不管是坐着还是站着的操作者都能够触及每个操作部件且能舒适地操作；

③ 操作手柄的大小要可调节；

④ 确保留有足够的空间，以便安装辅助装置或个人协助设备。

【例】 如图 12-7。

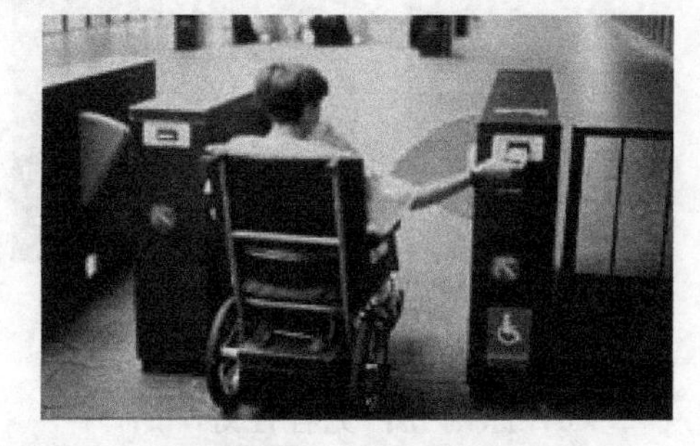

图 12-7 地铁检票口：足够宽的通道，以便轮椅能够方便地通过

12.3.2 人的因素与共用性设计七原则

共用性设计中应满足的人的因素可包括：基本需求、社会需求和综合需求。用户对产品的基本需求是符合使用者身体特征与功能特征的需求，在进行共用性设计时，应该随时考虑这些需求，并与七项共用性设计的相关原则相对应。

在七项原则中，第一项“公平使用”原则是最根本的，它应凌驾于其他各项原则之上。而其余六项原则主要立足于基本需求，因为它们就是处理解决功能问题。

社会需求是在满足了“基本需求”的基础上进一步的需求。包括经济、环境保护、交流等需求，这类需求与使用者的需要或背景息息相关。

最后，还必须满足综合需求，也就是将心理因素与这些需求相联系。满足这三项需求就构成了最基本的共用性设计。

在进行具体产品的共用性设计中，应以实现上述需求的目标为出发点，从产品本身及用户的生理层面、心理层面综合运用上述七项设计原则。

（1）基本需求与七项原则的联系

① 安全性：如图 12-8。

第五项原则：宽容性好

产品本身	安全的材料／安全的尺寸／安全的形式／安全的布局 通过颜色、声音、气味、感觉、形式来说明危险性
生理层面	安全地使用 防止失效 能了解到危险
心理层面	放松 更健康

图 12-8 关于“安全性”的例子；醉酒者或眼部受伤的人能够安全使用的车站自动门

② 易理解：如图 12-9。

第三项原则：操作简单，信息易懂

第四项原则：信息易获取

产品本身	提供特殊的信息 位置／颜色／声音／气味／感觉／大小／功能
生理层面	能接受到必要的信息 可辨认的 能直接理解
心理层面	易理解 没错误 不迷惘

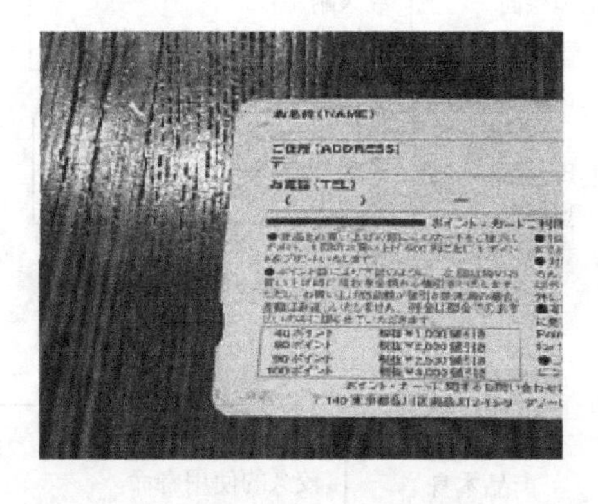

图 12-9 “易理解”的例子；简单形状的磁卡帮助使用者区分种类和正确使用

③ 可操作性：如图 12-10。

第二项原则：灵活柔性使用

第六项原则：更省力

④ 身体的特性：如图 12-11。

第二项原则：灵活柔性使用

第六项原则：更省力

第七项原则：空间尺寸的合理性

产品本身	为更省力而设计的形式与大小 为更方便实际操作而设计的形式与布局
生理层面	个人能够使用 能正确地操作
心理层面	使用方便 更轻松

产品本身	根据不同的位置 / 不同的大小 / 不同的物理特征 / 不同的布局来设计形状
生理层面	容易握持 经久耐用 能够在舒适的位置操作
心理层面	更简单 避免遇到困难 操作不累

⑤ 经济：

产品本身	合适的价格 较久的使用寿命 非常容易保养
生理层面	容易拿到 能有专为老年人设计的相应转换信息 能长时间使用
心理层面	考虑到最糟的情况 能接触到 务必要有益的

(2) 社会需求的例子

① 环境：如图 12-12。

图 12-10 “可操作性”的例子；这些盘子大小各异，根据不同使用情况，可以选择适合尺寸的盘子

图 12-11 “身体特性”的例子；这个自动购物机所有操作面均在腰的高度位置。对健全人，可避免弯腰操作，同时又可以方便坐轮椅的用户

产品本身	使用的材料 使用的形式 不污染环境 布局
生理层面	能优化环境
心理层面	能意识到问题的存在实施以后的自身感受

图 12-12　关于"环境"的例子，电车是城市里最主要的运输工具，它十分环保

② 学习：

产品本身	新颖、别致， 易诱发学习兴趣
生理层面	有利修复 避免危险
心理层面	能了解知识 成长 有满足感

交流

产品本身	刺激与他人的交流 鼓励思想开放
生理层面	互相帮助 开始交谈 增加与他人联系的机会
心理层面	意识到他人的存在 产生与他人交流的欲望

(3) 综合需要的例子

① 密切关系：如图 12-13。

产品层面	亲密关系 颜色 / 形式 / 大小 / 材料
思想层面	非正式的没有其他感觉 很适合自己 很柔软，舒服

② 吸引力：

产品层面	在同类产品中更吸引人 纯粹 吸引目光 特殊的个性
身体层面	恢复健康 最钟爱的 / 渴望的 最喜欢的 / 高兴的

图 12-13　这些看来普通的休闲装，随面料的不同，反射效果也各不相同

12.3.3 实现共用性的优先次序

提高产品的共用性可以从产品的多个特征（或功能）入手。但并非实现共用性的特征（或功能）越多，整个产品的共用性就越好。而且，由于受技术和经济等条件限制，不可能实现产品的每个特征（或功能）都具有良好的共用性。从共用性角度来看，产品的不同特征（或功能）其重要程度也不同。例如，某一幢建筑为了方便坐轮椅的人，加宽了走廊、采用短毛地毯取代长毛地毯，但在入口处却没有设置残疾人通道，这就颠倒了共用性设计的优先次序，尤其在市场竞争激烈的当今社会，对资源的利用率要求很高。要做到利用有限的资源，最大限度地提高产品的共用性，必须有主次地提高产品不同特征（或功能）的共用性，即首先确保提高产品基本特征（或功能）的共用性，在资源允许的条件下，按重要程度逐步提高各特征（或功能）的共用性程度。下面给出了提高产品共用性的优先次序。

（1）可接近/可使用

提高产品的共用性，第一步是尽可能使最多的潜在用户能够使用该产品，也就是提高产品的可接近性（或可使用性）。从产品的可接近性（或可使用性）角度来考虑，用户实际上是一个连续的群体，具体可分为：

- 能够安全方便地使用产品的所有功能的人群（通常是很小的群体）；
- 能够使用产品的所有功能但不是很方便的群体；
- 产品的部分功能使用起来有困难的群体；
- 产品的大部分功能使用起来非常困难的群体；
- 根本不能使用产品的群体。

当然，产品的设计不可能满足所有潜在用户的需求。要使产品的每一特征或功能都具有良好的共用性也是不现实的。为此，美国人 Gregg Vanderheiden 博士提出了“三层次系统法”来评估产品共用性特征的重要性：

第一层次——产品的某一特征如果不采用共用性设计，某些人群就无法使用该产品，或在某些情况下无法使用该产品；

第二层次——产品的某一特征如果不采用共用性设计，某些人群不能方便地使用该产品，或在某些情况下不能方便地使用该产品；

第三层次——产品的某一特征如果采用了共用性设计，将使产品的使用更加方便，但不会增加或减少产品的用途（由于产品的其他特征造成不方便使用该产品的用户除外）。

人们可以利用“三层次系统法”来评判产品的特征，符合第一层次的即为最重要的特征，首先要确保提高其共用性，然后依次为第二、第三层次。

（2）独立操作与协作操作

除了可接近或可使用，第二步就是独立操作与协作操作的关系。在日常生活中，有些事情个人能独立完成，有些则需要他人帮助。产品的设计也一样，在设定产品的共用性优先权时，必须考虑哪些功能是独立操作，哪些功能是协作操作的。根据独立操作和协作操作，下面给出了产品特征从独立操作到协作操作的次序。当然，由于产品和操作环境的不同，具体的顺序也会改变。

① 产品的基本用途所需的功能或特征。

② 不可预知的，但需用户自己完成的保养、维护、更新等操作。

③ 不可预知的，但属于维护人员的保养、维护、更新等操作。

④ 可预知的或需定期的维护操作。

⑤ 内部结构。

⑥ 修理操作。

(3) 效率与紧急情况

第三步要考虑的是效率。操作效率的重要程度与操作频率成正比。也就是说，如果某一操作一天只执行一次，那么它的操作效率就不如整天连续作业的操作效率那么重要。例如，某人使用电脑的开机时间是其他电脑平均开机时间的五倍，这并不会对使用电脑的效率造成太大的影响。因为，使用电脑一般来说一天只需开机一次或两次，而且电脑的开机时间相对很短，可以忽略不计，但如果数据输入的时间是其他平均时间的五倍的话，那操作效率的差别是巨大的。因此，像开机这种操作，只要满足上述第一层次的要求即可，即只要保证能开机。而像数据输入操作，第一、二、三层次的要求都是至关重要的。与效率对应的还有紧急操作，如果有些操作没有在规定的时间内完成就会产生不利后果，即使这种操作很少执行，也要严格遵守上述第二、第三层次的要求，以使不同的操作者都能在规定的时间内完成操作。对这种操作一般提出三种改进措施。

- 使操作可逆。
- 消除或减少误操作造成的不利后果。
- 操作时间和频率根据操作者的不同可调节。

(4) 舒适性

在设计产品时，舒适性是必须考虑的因素之一。这里的“舒适”有多层含义，包括经济、省时、易操作、易维护等。舒适性良好的产品比起不易操作的产品当然更具吸引力。但绝不能为了舒适性而忽略了共用性产品的最基本特征，也就是通常会为了满足第三层次的要求而忽略了最基本的第一层次要求。相反，也不能盲目地为了使产品满足更多的特殊人群，而忽视了产品的舒适性，因为，事实上某些产品并非所有的特殊群体都可能使用的。

(5) 认知能力障碍

认知能力与上述各方面的情况有很大的不同。因此可以设计出盲人、聋哑人或肢体严重残疾的人能够使用的产品，这是因为人拥有多种感知信息的途径，只要有一种能获取和输出信息的途径就可以完成操作了。此外，还可以使用相应的装置或技术改变运动轨迹以满足肢体残疾的操作要求。但到目前为止，由于还不能通过任何措施改变认知过程，因此，无法设计出几乎丧失了认知能力的人能够使用的产品。事实也是如此，在生活中，很多盲人、聋哑人和肢体严重残疾的人原本不能使用某些产品，通过改良设计，他们也能够使用了。但重度认知能力障碍者或无认知能力者原本不能使用的产品，几乎没有通过改良设计而使他们能够使用的。

12.4 老年人、儿童和残疾人的基本特性

产品和环境的设计对象应该是所有人而不是某一群体，这种设计观念的转变成为共用性设计发展的前提。共用性设计的目标是在日常用品、生产工具和环境的设计中尽可能地扩大适用群体。这就要求设计师充分了解所有年龄层和各种不同能力的人们的多种特性，并善于区别他们的不同之处。要考虑人们各方面的能力，如行动能力、视觉能力、听觉能力、认知能力以及手的灵活程度。大部分设计资料自觉或不自觉地将用户假定为21～45岁，身体健康，视力良好，并具有一定学历的人。作为补充，这里将着重介绍老年人、儿童和残疾人的基本情况。

12.4.1 老年人的基本特性

随着年龄的增长，老年人的身体特征与行为能力会有较大的变化，主要表现在以下方面。

(1) 人体测量数据的变化与人体测量存在的问题

老年人的人体数据测量方法和年轻成年人相同，在每个年龄段中抽样测量人体尺寸，然后把测量的数据定为此年龄段的人体尺寸。这种方法在年轻的成年人中使用并不会产生很大的误差，因为他们的身体尺寸变化不大。但对老年人而言并不合适，这是因为

① 个体间的差异增大。随着年龄的增加，老年人的身体尺寸发生着巨大的变化。例如，由于脊椎骨的变形和萎缩，身高会变矮；由于营养状况、新陈代谢和生活习惯的变化，体重会改变；由于运动减少和健康状况，四肢力量会减小。然而，有些老年人在很长的时期内身体尺寸却变化不大。

② 年龄组的年龄跨度大。通常是10岁为一个跨度，有些甚至更大，于是在每个样本中，个人的身体尺寸相差非常大。因此，对老年人而言，年龄段不是一种很好的划分标准。理想的情况应该对某一个体长期进行连续的测量和观察。这样获得的数据才是科学的，但目前这种数据非常少。

表2-7和表2-8分别为老年男子和老年女子的人体测量尺寸。

(2) 身高减低，体重增加

从三十多岁开始，人体随着年龄的增加身高会减低（约每10年1cm）。这是由于以下原因造成的：

① 脊椎骨软骨组织开始扁平；

② 脊椎骨骨质组织收缩；

③ 身体承重软骨组织收缩；

④ 脊柱侧面形状发生弯曲，即通常所说的驼背；

⑤ 脊柱正面形状发生变化，即通常所说的脊柱侧凸；

⑥ 腿部弯曲，足部变平。

总体来说，男子在30～40岁时体重最重，然后随着年龄的增加体重逐渐减少；而女子往往在20～30岁时体重较轻，随着年龄的增加体重也逐渐增加，到60岁时体重达到最大值。

（3）运动机能的变化

随着年龄的增加，生理机能也会发生相应的变化，包括骨骼、关节、肌肉和各项技能。

① 骨质疏松症。骨骼，尤其是长的骨骼，内径和外径会增大。骨骼的孔隙也会变大，骨骼的重量却减少。因衰老而产生的骨质疏松症，会使骨骼变硬变脆。一般情况下，妇女和运动少的人比男子和经常运动的人患骨质疏松症的概率要高。

② 骨折。由于骨骼结构的变化，当发生意外事故或当骨骼受到冲击时，发生骨折的概率大大增加。尤其对老年妇女，腰、髋关节和大腿极易受伤，其次是肩关节和胳膊。

③ 关节。由于关节间的软骨组织变薄，韧带弹性减少，分泌的润滑液减少，从而导致关节不够灵活，而且经常会产生疼痛。

④ 肌肉。随着年龄的增加，肌肉运动频率减少，因此血液循环也会减少，从而导致肌肉组织减少和肌肉强度变弱。

⑤ 运动技能。随着年龄的增加，虽然有些运动技能也可能由于良好的健康状况或通过练习可以得以维持，但是大多数的运动技能都会有不同程度的衰退。这是由于中枢神经和外部神经功能不同程度的衰退，以及血液循环和新陈代谢功能的衰退引起的。因此，老年人很难或不能完成，需要持续体力和力量的动作和需要长时间的知觉器官判断的动作。

（4）呼吸功能和血液循环功能的变化

随着年龄的增加，由于肺部肺泡的减少，交换氧气和二氧化碳的功能衰退，从而导致整个呼吸系统功能的衰退。而且，肋间肌和胸膜功能的衰退，使胸腔的呼吸空间减小，也影响了呼吸系统的功能，同时，血管的弹性也会变差。由于血管壁的沉积物积累，增加了血流的阻力，从而降低了血流速度，骨髓产生的血细胞也会渐渐减少。

心脏功能也会改变。心脏体积变小，输出能量减少。当心跳加快时，需要更长的时间恢复到正常的心跳。控制心脏的神经也会逐步衰退。

（5）神经系统功能的变化

随着年龄的增加，生理反应时间和心理反应时间都随之增加。神经系统功能逐渐衰退。

① 感觉和知觉。人类通过感觉器官和知觉器官从外部获取信息（感觉是指直接通过感觉器官获取的信息，如触觉、视觉等；知觉是指经过大脑处理的感觉器官的信息，如语言，文字等）。随着年龄的增加，不管是感觉器官还是知觉器官功能都会衰退。由于动脉和静脉中的血流速度减慢和血细胞的减少，神经的灵敏度会降低，因此，神经系统对外部刺激和内部刺激的反应也会变慢。

在躯体感觉方面，由于皮肤（真皮和表皮）中的细胞减少和皮肤表面的胶原质、弹性纤维的增加，皮肤的触觉灵敏度大大降低。

② 味觉和嗅觉。由于味蕾的减少和口腔唾液分泌的减少，会使味觉功能

发生衰退，随着年龄的增加，嗅觉同样也会衰退。

(6) 视觉功能的变化

① 清晰度降低。随着年龄的增加，无论从解剖学、生理学还是心理学的角度，视觉功能会逐渐衰退。眼睛所成图像清晰度也会降低，尤其是对快速运动的物体。

② 角膜的变化。角膜变平，从而降低了它的聚焦能力。松弛的眼帘也会减少到达角膜的光束的数量。

③ 瞳孔发生变化。瞳孔变小，这会减少进入眼球的光束数量。这就是通常所说的老年性瞳孔缩小，它在光线昏暗时产生的副作用尤为明显，患者无法看清物体的外形轮廓。

④ 晶状体发生变化。通常，人过了40岁，他（她）的晶状体会变硬，弹性不足。从而无法对近距离的物体进行聚焦，也就是人们通常说的老花眼（远视）。

年轻成年人的晶状体略显黄色，这种黄色物质起着紫外线过滤器的作用，即阻止紫外线到达视网膜。但随着年龄的增加，黄色物质会增加，从而增加它的过滤功能，同时它更容易吸收蓝光和紫光，这使得老年人对色彩的判断产生了偏差：如白色看似浅黄色；不易察觉蓝色的光线；难以辨认蓝色和绿色。

随着年龄的增加，晶状体中不溶于水的大分子蛋白质增多。从而降低了晶状体的透明度，阻止了部分光线到达视网膜。大分子蛋白质对光线的散射使患者犹如眼前蒙了面纱，感觉物体模糊不清。

⑤ 白内障。大分子蛋白质增加到一定数量，就形成了一道“白幕”，即白内障。其实，人在各年龄段都有可能患白内障，但到老年时期患白内障的概率明显增加。大量的大分子蛋白质降低了晶状体的透明度，阻止了到达视网膜的光线。白内障患者的视力和“白幕”的大小、位置和密度密切相关。小面积的“白幕”如果位于晶状体中间，它对视力的影响要远大于位于晶状体边缘的大面积的“白幕”。白内障患者的主要症状为：视线模糊不清、物体出现重影、看不清太小或太亮的物体、感觉眼前仿佛有一道“水幕”等。

(7) 听觉功能的变化

老年人随着年龄的增加，听觉能力会急剧下降。首先对高频率的声音丧失听力，从20～10kHz，然后慢慢减至8kHz，这种听觉功能的衰退称为老年性耳聋。随着年龄的不断增加，对低频声音和夹杂有噪声的声音也会丧失听力。

① 耳朵的生理变化。随着年龄的增加，外耳（耳廓）最先发生变化。耳廓变硬，失去弹性。耳孔中有污垢堆积，外耳道变得不畅通，这些都会阻碍声音到达内耳。而且随着年龄的增大，内耳的听觉神经变得不灵敏。

② 听觉灵敏度下降。几乎每个人过了50岁，都有不同程度的听力下降。当然个体间的差别很大。特别地，经常受工业噪音或城市噪声干扰的人听觉灵敏度更容易下降，因此，听力下降与环境和年龄都有关系。

③ 交流困难。在交流中，老年人往往听不清辅音音节。因为，老年性耳

聋听不见或听不清高频率的声音，而辅音音节大多数由高频率声音组成，因此，老年人很难辨别发音相近的辅音词句，尤其在嘈杂的环境中。与老年人的交流困难可能还与人们的心理困惑有关，因为他人不知道该以多大的声音与其交谈，太大声的话，怕令对方尴尬，不够大声又怕对方听不见，因此，他们往往在犹豫不决中打消了与老年人交流的念头。

12.4.2 儿童的基本特性

(1) 身体的巨大变化

从出生到成年早期（18 岁左右），人体的变化很大。无论身高、体重、力量、技能以及其他生理和心理特征都是如此。在出生时，人体的重量大约为 3.5kg，身高约为 50cm，其中躯干长度约占 70%。在以后的 20 年中，身高将增加 3～4 倍，体重将增加 20 倍左右。同时，身体其他尺寸及其与身高的比例也会发生急剧的变化。到发育成熟时，躯干的长度约占身高的 50%，如图 12-14。而且这些变化并非人人相同，它不仅与遗传基因有关而且与生长环境也有着重大关系。因此，没有“标准”的男孩或女孩。

总的来说，在婴儿时期（从出生到 2 岁）的快速生长之后，人体开始进入一个相对缓慢的生长过程。到了青春期又开始了一个快速成长的过程，一般在 14、15 岁时成长速度达到巅峰。大约到了 25 岁，人体发育成熟，如表 12-1。然而，女孩的各发育阶段要比男孩早 2 岁左右。因此，在 11～13 岁时，女孩通常要比同龄的男孩长得高。

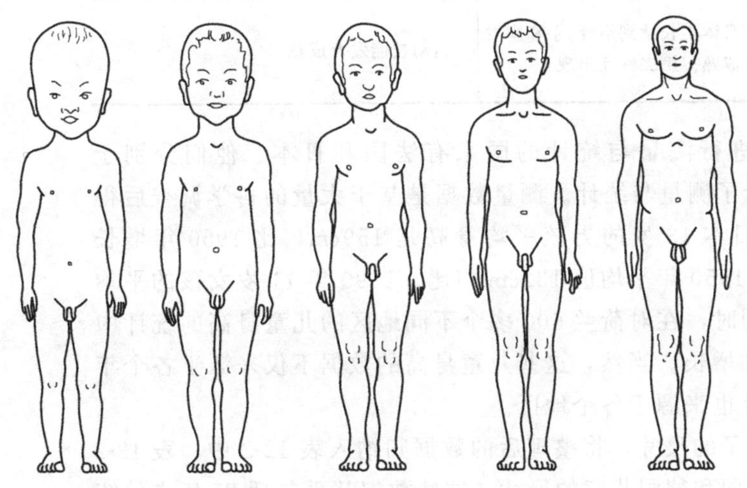

图 12-14 不同年龄段人体各部分的比例

而在最近的几十年中，人体发育出现了三大趋势：

- 儿童时期的身体成长速度明显增加；
- 男孩和女孩青春期时间分别提早；
- 男孩和女孩分别提早发育成熟。

(2) 儿童人体测量

通常对儿童或婴儿进行人体测量会非常困难，尤其是对婴儿进行人体测量，因为他们无法理解和遵循测量者的意图和指导。例如，测量三岁以下婴儿的身高时，通常是让儿童仰卧，从背部测量，然后，再收集站立时的尺寸。但实际上，婴儿站立时的身高比仰卧时的身高低好几厘米。目前中国还没有系统的有关儿童人体测量的数据，只有诸如身高、体重等外形尺寸，并没有生理机能方面的数据，即使在一些发达的国家，这方面的数据也不够完整。

表 12-1　人体发育的各阶段

阶段		身体特征	运动技能
婴儿阶段	0～6 个月	头部相对尺寸大，四肢短小	能触及和抓取，在扶助下能坐立
	6～9 个月	体重增加，肌肉开始生长	能坐立，在扶助下能行走
	9～15 个月	四肢变得灵活	能爬行、行走和站立
	16～24 个月	颈部发育成形，腹肌开始发育	能摇摆、挺立和攀爬，步态平稳
	2～3 岁	头部占身体尺寸比例变小，背部曲线出现，腹肌继续发育	膝关节和踝关节能灵活活动，能完成跑、跳、踢等动作
早期儿童	3～5 岁	生长速度变慢，身体尺寸及比例发生变化，婴儿特征消失，肌肉增加	行走自如，有较好的平衡能力，能转身和握笔或其他器具
中期儿童	6～12 岁	身体开始横向发展，身体尺寸继续增加	跑和跳跃的距离、精度和持久力增加
青少年	12～18 岁	身体生长达到巅峰，手和脚发育成熟。第二性征出现	运动技能发育成熟

近年来在这方面进行测量与统计的国家有法国和日本。他们分别于1996年和1995年进行了测量与统计。测量数据是基于大量的科学调查后得到的。例如，1990年日本13岁的男孩平均身高是159cm，比1950年增长了18cm；同样的，与1950年平均值132cm相比，1990年11岁女孩的平均身高为146cm。与此同时，在对荷兰600多个不同地区的儿童身高的统计中同样发现有不同程度的增长。当然，这些儿童身高的数据不仅来源于各个年龄层的普遍收集，而且也来源于各个地区。

根据收集到的变化了的尺寸，将整理后的数据归纳入表12-2中。表12-2收集了大部分英国、美国和德国儿童的尺寸，这些数据几乎包括25年来的统计数据。

当今的儿童有不同于以前的身体尺寸，而且不同地区不同国家的儿童尺寸也有不同，在纵向和横向上都有了变化。因此表中的数据仅供参考。

由于每年都会发生儿童头部，颈部，手部受伤的事件。因而美国商业产品安全协会曾公开呼吁建立专门研究美国儿童的身体尺寸的部门。他们的发起不仅能够提供相关的儿童身高数据，而且在特殊情况下也是一种适合收集这些资料的取样方法和测量方法。基于这些数据，能够最大范围地总结许多方法和规则，所谓的范围是指阻止儿童进行危险活动的最大范围，例如两个栏杆扶手之间的距离大小。

特别关键的数据是有关头部宽度，胸部厚度和手可通过的空隙的直径范围。这些数据整理在表 12-3 中。考虑到平均和标准的偏差值，表中收集的大多是 13 岁以下的儿童的尺寸。在数据中可看出，女孩的头部，胸部，和手可通过的空隙直径都较同年龄段的男孩小。因此，如果通道的宽窄不能让女孩通过，那么，男孩就更不可能通过。

表 12-2　国外儿童身高参考值

女孩				男孩			
年龄	英国	德国	美国	年龄	英国	德国	美国
0		51.8	54.8	0		52.4	55.4
0.5		68.3	68.6	0.5		69.6	70.4
1		75.6	72.4	1		76.4	73.5
2	89	85.9	84.0	2	93	86.9	85.3
3	87	94.1	92.9	3	99	95.0	93.4
4	105	101.3	99.5	4	105	102.2	99.9
5	110	107.2	106.5	5	111	108.1	107.6
6	116	115.1	112.8	6	117	116.1	113.7
7	122	121.0	118.8	7	123	119.6	120.5
8	128	126.1	123.4	8	128	127.2	125.3
9	133	130.2	130.2	9	133	131.1	130.0
10	139	137.2	134.4	10	139	137.7	135.1
11	144	142.7	141.1	11	143	144.0	141.9
12	150	148.3	145.5	12	149	145.9	146.8
13	155	154.6	155.1	13	155	153.3	149.5
14	159	160.0		14	163	161.5	
15	161	162.2		15	169	166.5	
16	162	162.9		16	173	171.5	
17	162	163.5		17	175	173.6	
18	162	163.9		18	176	175.8	

对儿童基本特性的研究，目的在于使设计更能保障儿童的安全。比如机动车中的防撞安全装置的设计，就必须了解儿童无论在站立和坐的情况下随位移变化而引起身体的变化。再如随着年龄的增长人体机能的不断变化，这些信息都非常重要，与此相关的数据收集在表 12-4 中。数据中身体重心的高度是以人体重心离开地面高度与身高的百分比来表达的，而这些数据不会随年龄的增长而变化。同时男、女孩在这项数据中并无大的差异。对于坐着的儿童，高于座位的人体重心的有关高度，随着年龄会减少，这无论对于男、女孩是同样的情况。以上说明了考虑身体受限尺寸时，男、女孩的尺寸差异不大。

表 12-3　美国儿童头部宽度、胸部厚度、手可通过的空隙直径的平均值/cm

年龄	头部宽度		胸部厚度		手可通过的空隙直径	
	女孩	男孩	女孩	男孩	女孩	男孩
0	10.3	10.4	9.0	9.3	3.21	3.33
0.5	11.4	11.7	9.9	9.9	3.55	3.72
1	12.3	12.6	10.4	11.0	3.86	4.14
2	13.0	13.3	11.3	11.6	4.10	4.24
3	13.3	13.5	11.8	12.0	4.30	4.51
4	13.5	13.8	12.2	12.5	4.50	4.57
5	13.6	14.0	12.7	13.0	4.66	4.82
6	13.7	14.0	13.2	13.3	4.79	4.99
7	13.9	14.2	13.5	14.1	5.01	5.16
8	14.0	14.2	13.7	14.3	5.08	5.28
9	14.1	14.3	14.4	14.8	5.22	5.42
10	14.1	14.4	14.7	15.2	5.42	5.56
11	14.2	14.6	15.7	16.2	5.60	5.85
12	14.5	14.5	16.2	16.8	5.82	6.03
13	14.6	14.5	17.9	17.2	6.16	6.06

表 12-4　儿童体重与重心位置的平均值

类别	体重		人体重心高度(与身高的百分比)			
年龄			站立		坐姿	
	女孩	男孩	女孩	男孩	女孩	男孩
0	4.6	4.8	59.4	58.5	50.2	48.0
0.5	6.7	7.4	58.1	59.1	47.1	46.6
1	8.9	9.5	58.1	58.5	44.6	45.6
2	11.2	12.2	57.5	57.5	41.3	39.3
3	12.8	14.2	59.3	58.9	39.1	37.6
4	15.4	15.8	58.8	59.7	37.9	37.2
5	17.7	18.3	59.3	58.9	35.3	36.6
6	19.3	20.8	59.3	59.1	34.0	35.0
7	21.8	23.2	58.6	58.7	33.3	33.1
8	24.2	25.3	58.0	58.6	32.2	32.3
9	27.7	27.7	58.0	57.9	30.7	32.1
10	30.6	30.4	57.5	58.0	30.2	31.1
11	34.4	35.4	57.4	57.7	29.5	30.0
12	38.1	38.8	57.4	57.8	29.4	30.1
13	48.0	40.7	57.4	58.0	29.2	29.7

又如儿童站立时的身体尺寸对于学校课桌的设计就是非常重要的考虑因素。由于不同身体尺寸的儿童可能共同存在一个空间，因此，姿势的问题也要考虑。所以，不同尺寸的桌椅应该适应于不同身体尺寸的儿童。通常由于许多具体的原因，要得到同时适合各方面的数据是很难的。然而，可调整的桌椅的出现就提供了一个解决的办法，但是对于年幼的小孩，在使用可调整的桌椅时仍有许多困难。

儿童的基本特性还表现在，如婴儿的不协调性，身体力量的不足，身体的长度在童年的早期和中期会迅速增长等。手的力量与年龄有直接的关系，至少在幼年的早期，力量和手的支配性与性别之间有一定联系。大量资料提供了关于儿童力量能力的相关数据。表 12-5 和表 12-6 是由专家整理的 3～10 岁美国儿童的力量和手臂力矩的数据。从表中可发现：力量随年龄的增长而增长，以及个体之间有较大的差异。

表 12-5 儿童在腕、肘、膝弯曲伸展时能使出的平均力矩/N·cm

年龄	腕		肘		膝	
	弯曲	伸展	弯曲	伸展	弯曲	伸展
3	84	63	606	616	500	1673
4	122	61	731	724	468	1866
5	152	69	932	901	706	2301
6	224	90	1192	1034	956	2717
7	268	113	1687	1332	1175	3788
8	352	122	2114	1612	1371	4762
9	453	167	2248	1676	1986	5648
10	434	164	2362	1596	2084	5553
	$N=211$	$N=205$	$N=495$	$N=496$	$N=267$	$N=496$

表 12-6 儿童边紧握和强力握的平均握持力/N

年龄	拇指-食指边紧握	强力握	年龄	拇指-食指边紧握	强力握
3	18.6	45.1	7	41.2	105.0
4	26.5	57.9	8	47.1	124.6
5	31.4	71.9	9	52.0	145.2
6	38.3	89.3	10	51.0	163.8

12.4.3 残疾人的基本特性

在设计共用性产品中首先要了解的因素，也是最重要的因素，就是用户的特征和需求。残疾人作为用户中的特殊群体和产品能否实现良好共用性的关键群体，了解他们的特征和不便就更有必要了。

(1) 残疾人的定义

根据 1975 年第 30 次联合国大会提出并通过的《残疾人权利宣言》中所阐明的，残疾人是指那些先天性或其他方面的原因，致使身体各部分中的功能或精神方面的能力不健全，对日常的个人生活或社会活动，完全不能或是一部分不能料理的人。中国在 1987 年开展的第一次残疾人抽样调查时，首次确定了残疾人的定义，并写入 1990 年 12 月颁布的《中华人民共和国残疾人保障法》，以法律的形式确定下来：“残疾人是指在心理、生理、人体结构上，某种组织、功能丧失或者不正常，全部或者部分丧失以正常方式从事某种活动能力的人。”这个定义改变了以前单纯从身体上着眼，而是以社会功能障碍和身体功能障碍为特征。不仅从器官上，也包括了精神和心智方面的残疾，这样就比较全面地概括了残疾人的基本特征。

1977 年联合国第 32 次大会提议把残疾人的生存现象分为三个方面：功能障碍、能力障碍和不利条件。1980 年世界卫生组织国际残病分类委员会，针对上述的三个方面，对残疾者自身的障碍和环境的障碍给残疾人所造成的影响，作了如下说明。

① 功能障碍。是指人们在生理学或者解剖学及心理学方面的构造或者功能上有不同程度的丧失、欠缺或者不正常，在生活上丧失了基本活动能力。

就身体功能障碍而言，现今各国的康复医疗对象一般仍以肢体功能障碍和一些内脏障碍为主。特别是肢体功能障碍，往往占身体障碍总数的 60%左右。

② 能力障碍。由人的残疾产生的功能障碍，致使人们在正常范围内实现某种活动的能力受到某种程度的限制。例如，下肢残疾的人可以坐轮椅或使用步行辅助工具来移动，但如果遇到了台阶或楼梯，也就无能力进行上下移动，所以他还存在“移动能力不足”，这一自身能力有障碍的残疾者，即为能力障碍。

③ 不利条件。不利条件是指社会及居住环境上的障碍，如城市道路、交通和建筑物中的许多设施，对残疾人的通行与生活造成的不利因素和各种障碍。例如，坐轮椅的人无法上公交汽车、无法进入某些建筑物等。

从性质上说，功能障碍和能力障碍所造成的影响都局限在患者自身范围之内，主要依赖医学手段来加以解决，因而还是属于纯医学康复及训练范围的问题；而社会的不利条件所造成的影响则已超出患者的自身范围，不再是仅仅通过医学手段所能解决的，从而使残疾问题成为社会问题。一般来说，能力障碍和不利条件主要取决于功能障碍和形态的异常性质和程度，但也受到众多客观因素的影响。

(2) 残疾人的分类

目前，由于世界各国对残疾人的定残标准不同，其划分残疾的类别也不完全一致。美国根据残疾人生理缺陷的具体部位和心智不健全的特征，将其分为 11 类，即智力落后、重听、聋、语言障碍、重度情感紊乱、畸形损伤（包括肢体残疾、侏儒症）、其他健康损害、又聋又盲、又聋又哑、多重障碍和特殊学习困难。日本则把残疾人分为 8 类，即视觉障碍（包括全盲或弱视）、听觉障碍（包括聋和重听）、智力落后、肢体缺陷、病弱、精神和情感障碍、语言障碍、多重障碍。

根据 1987 年 4 月 1 日中国第一次全国残疾人抽样调查确定，中国残疾人分为 5 类：视力残疾、听力和言语残疾、智力残疾、肢体残疾、精神病残疾，又确定凡是有两种或两种以上残疾的人，另列为综合残疾。

但从设计学或人机工程学的角度，上述分类均不够具体。美国人 Faste 按人机工程学的要求把残疾类型具体分为 15 种，如图 12-15。并将每种残疾类型对患者获取显示信息的影响作了具体归纳，如表 12-7。

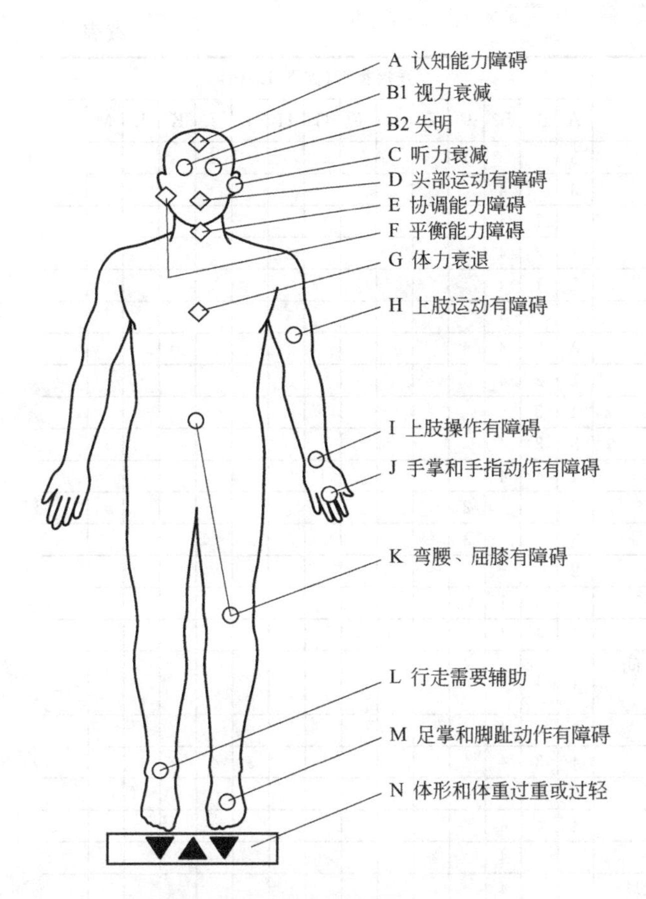

图 12-15 残疾类型（Faste 1977）

表 12-7 残疾类型对患者获取信息的影响

显示特征		残疾类型(如图 12-15)														
		A	B1	B2	C	D	E	F	G	H	I	J	K	L	M	N
垂直方向	头部正上方	3	4	4		4	2	4						3	3	1
	需仰视	2	2	4		3	1	3						1		
	平视正前方			4												
	需俯视	2	2	4		3							1			1
水平方向	正中间			3												
	偏左或偏右	3	2	4		3	3							2		
观察距离	约 0.5m		1	4												
	约 1m		2	4												
	大于 1m		4	4												
符号方向	水平方向			4												
	其他方向	2	2	4		2										
符号垂直特征	小角度倾斜		4	4												
	中等角度倾斜		3	4												
	大角度倾斜			4		2										
符号水平特征	小角度倾斜		4	4												
	中等角度倾斜		2	4												
	大角度倾斜			4		3										

续表

显示特征		残疾类型(如图 12-15)														
		A	B1	B2	C	D	E	F	G	H	I	J	K	L	M	N
信息内容	形状代码	3			1						1	4				
	颜色代码	3		4												
	图画		1	4												
	地图	3	2	4												
	象形图	2	1	4												
	记号	4		4												
	标签	3	2	4												
	对比信息	2	2	4												
	数量信息	4	3	4												
	简明文字	3	3	4												
	复杂文字	4	4	4					1							
	兼有声频信息	2			2											
	仅有声频信息	3			3											
	经常使用	2														
	偶尔使用	3	3	2												
	短时间显示	4	4	4												
	观察者和显示间有相对运动	4	4	4												
	动态显示	3	4	4												
	交互显示	4	3	4	4						3	4				
	高对比度		1	4												
照明情况	低对比度	4	4	4												
	有灯光照射			4												
	半透明或有背景灯			4												
	太阳光下		1	4												
	非自然光照射			4												
	闪烁的灯光下	4	4													
	A	B1	B2	C	D	E	F	G	H	I	J	K	L	M	N	

附注：1—潜在困难；2—有困难；3—严重困难；4—不可能实现

(3) 各种残疾类型的特征

就像不可能设计出一种完全满足所有特殊群体的产品一样，要了解产品所有潜在用户的特征是不可能的。尽管存在着各种各样的伤残人士，但从产品的使用性角度来分析，可以把他们分为以下 5 大类。

① 肢体功能障碍。肢体功能障碍者在许多方面有着很大的不便，主要表现有瘫痪、肌肉力量不足、易疲劳、不便或无法行走、上肢无法握紧或抓取和皮肤无知觉等。此群体不能或不便使用多种工具，无法完成复杂动作，无法同时完成两个或两个以上的简单动作。手腕扭转动作对他们来说也很难完成。此外，肢体功能障碍者无法像普通人那样在操作时使尽全力。肌肉功能障碍者的手指灵活性很差，很多动作无法靠手指动作来完成（像用手指拧），只能靠手整体的动作来完成。

② 耳聋或听力障碍。耳聋或听力障碍是最普遍的功能障碍之一。在中国大约有 2000 万人听力有障碍，其中 240 万深度听力障碍。听力障碍程度的划分如

下：只能听到 90dB 以上声音的人属于耳聋；只能听到 20～40dB 以上声音的人属于轻度耳聋；中度耳聋的人只能听到 40～50dB 以上的声音。听力有障碍者的比例随着年龄的增加而增加。65～74 岁的老人中的 23%听力有困难，75 岁以上的老年人的比率则为 40%。

最普遍的是老年性耳聋，由于年龄的增加而丧失听力。老年性耳聋发生率随着年龄的增加而增加，而且发生率很高。耳聋的主要障碍是无法收到声音信息。

③ 失明或视力障碍。视力功能障碍者实际上是一个连续的群体，从弱视者到只能感觉到光但看不见物体具体形状的群体，然后到连光都感觉不到的群体。然而，通常把视力功能障碍者分为两个群体：弱视者和盲人。在老年人中，视力功能障碍者的比例更高。盲人是指：视力精度小于或等于 20/200（即使经过校正），或双眼视力范围均小于 20°的人。在中国，盲人有 820 多万。视力功能障碍者很难或无法获取显示信息。此外，他们无法完成依靠视觉判断的操作（例如使用电脑鼠标），很难或无法完成书写和读取文本，还有许多操作无法完成。据美国一项调查，只有 10%的盲人首选盲文获取信息，其余的则通过声音或使用浮刻字母来获取信息。即使经过矫正，视力有障碍者仍然会遇到许多问题，如视线模糊、图像失真、图形扭曲、无法看清太近或太远的事物、对光线强弱敏感等。

④ 认知能力障碍。认知能力有障碍者有很多种类型，记忆迟缓、某种认知功能有障碍（如语言）等。轻度迟缓者的认知能力介于 4～7 级之间，能够从事技巧性不强的工作。中度迟缓者是能够康复的，可以过集体生活，从事特殊的受保护的工作。与衰老有关的认知能力障碍主要是老年痴呆症。老年痴呆症通常会引起智力减退、混淆记忆、丧失方向感和大脑功能的衰退。

主要的认知能力障碍分类如下：

• 记忆障碍——没有记忆力或记忆力很差；

• 知觉障碍——无法或很难获取信息、集中注意力和区分不同的信息；

• 解决问题能力障碍——无法或很难认识问题，无法或很难区别和选择解决方法以及预测后果；

• 概念能力障碍——无法或很难进行概括、分类以及理解抽象概念和前因后果；

• 语言能力障碍——将在下文单独讨论。

不同的功能障碍可以采用不同的弥补方法。为了满足认知能力障碍者，在设计中通常使用简洁的显示、易懂的文字、显而易见的或有提示的先后关系。对声音语言理解有障碍者可以使用文字的信息或图像信息。对这类人群来说，要提高产品的共用性在设计时可以采用简洁的文字、大字体、高对比度、带图像的标签和先进的显示器等。

⑤ 语言能力障碍。最后一种功能障碍是语言能力障碍。这种障碍有些与认知能力有关，但有些是由于疾病或受伤造成的。语言能力障碍者是指对口语或书面语的理解有困难的群体。像患诵读困难症者无法理解书面语；失语症则是认知能力障碍引起的，患者无法通过语言、文字或符号来交流；构音障碍症是由于舌头或

其他发音组织损伤造成的，患者多数为口吃，甚至有的完全不能说话。

语言能力障碍者通常无法使用需要语音信息交流的产品，例如电话或通信系统。因此，设计者必须提供除了语音输入的其他信息输入方法。同样，语言能力障碍者也不能使用或不能方便地使用有语音输出的产品。因此，产品设计师必须提供语音输出和文本输出至少两种输出方式，尤其对那些潜在用户范围非常广的产品或在紧急情况下使用的产品。如果可能，设计者还应使增加的文本输出装置和产品的功能和整体造型协调一致。

在具体设计中应根据用户体能特征采取响应的措施，以改善产品的共用性。如图 12-16，为考虑弱视者和老年人的方便，电梯内的按键在到达乘客所到的楼层前，相应的按键会闪烁，以提醒乘客。在按键旁刻制盲文，如图 12-17，为盲人提供了自主选择楼层的方便；而按键内置光源同时又为弱视者和老年人提供了同样的便利。

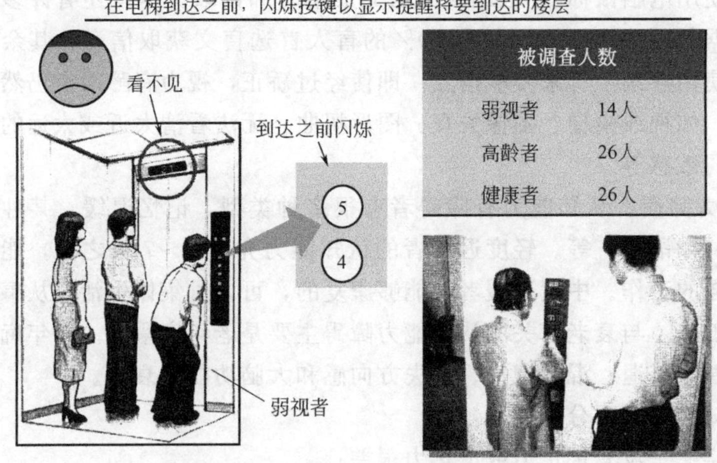

图 12-16 电梯的共用性设计

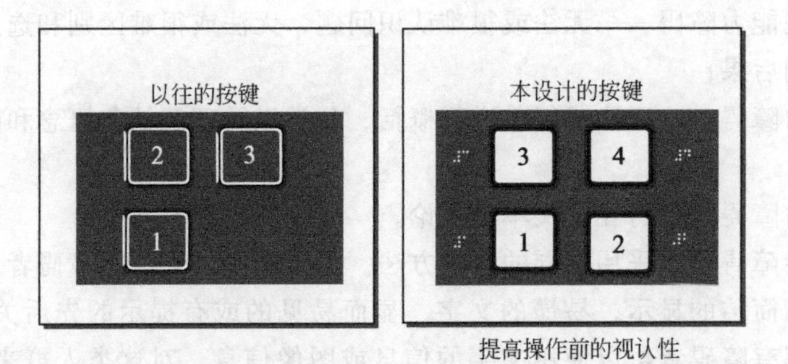

图 12-17 电梯楼层按键的共用性设计

12.5 共用性设计的实现

12.5.1 共用性设计的方法

为实现共用性设计目标，具体可应用以下 3 种方式。

① 专用设计。提供特定材料和产品，为各种不同的使用条件，提供特别

定制的专用产品，如图 12-18。

② 通用设计。同时提供多种选择的可能，以满足不同人的需要，如图 12-19。

图 12-18 最后的那个水池比较低，坐轮椅的人和孩子能够方便地使用

图 12-19 这些材料在温水里浸泡后会变化。手柄的形状便于握持，以便握力较差的人和孩子们也能舒适地使用

③ 可调节设计。使同一件产品满足多个不同用户的需要，如图 12-20。

12.5.2 共用性设计案例

(1) 专用设计

案例 1（彩图 12-1)：是为方便老年人与残疾人使用而设计的餐具，却又精心掩饰这一考虑的设计。端部小，便于从多方位进食。把柄的 U 型结构既便于握持，又方便从餐桌面上取用。

案例 2（彩图 12-2)：是残疾人专用瓷器套具。形态上又刻意加以掩饰。特别在手把凹凸的处理上，使人拿在手里有一种心态上的平衡感。

案例 3（彩图 12-3)：是一款微型助听器的设计，体积小，不易察觉。

(2) 通用设计

案例 4（彩图 12-4)：筷子，既可供老年人与残疾人使用，也可供健康的“左撇子”使用。筷杆可更换。同时也可供健全的不习惯用筷的外国人使用。

案例 5（彩图 12-5)：为用再生纸制成的救生简易担架，使用方法用图案清晰地表示在本体上。保证在紧急情况下任何人都能正确使用。

案例 6（彩图 12-6)：是一款“手指精灵”（指戴式压力感应鼠标）概念设计方案，是在共用性设计理念的启发下设计的（已获实用新型专利)。

手指是人体最灵活的部位。在操作习惯上，人们更习惯用手指来比划和指点。本设计旨在整合手指的优势，设计开发与人使用手指习惯相适应的概念鼠标——“手指精灵”。

“手指精灵”光电鼠标可戴在手指上使用，如彩图

图 12-20 不用考虑使用者的年龄或身高，这个水池能通过操作杆轻易地调节到适合的高度

12-6(b)、(f)，与普通光电鼠标一样，通过光束的移动产生位移信号。在“手指精灵”的内部置入压力传感器，用于感受手指的力度，力的方向、鼠标体与操作面的接触部位，产生选择、取消、滚动等信号。操作时，只需移动手指，不必牵动手臂和肩膀，减轻了二者的负荷。

“手指精灵”戴在手指上，可露出指端部［见彩图 12-6(e)、(f)］，因此，不影响同时击打键盘、听电话等操作。鼠标的光眼技术可使“手指精灵”在最靠近键盘的地方工作，缩短了手频繁来往于键盘和桌面的距离和时间。可减少操作者的疲劳感，提升产品的宜人性，大大提高使用者的办公效率，因此特别适合键盘操作频繁的场合。由于只需一个手指佩戴，且操作动作幅度小，也适合残疾人和老年人的使用。如果以手指的前后移动滚压实现普通鼠标的左、右击键，该鼠标还能同时满足左撇子的使用。

案例 7（彩图 12-7）：为钥匙与锁的共用性设计。普通门锁因锁孔较小，对于视力有障碍的人（包括老年人）要将钥匙插入锁孔相当不容易。尤其在光线昏暗的情况下，即使健全人也会有困难。本设计由带有喇叭形导入口的锁座和可收纳钥匙的钥匙板组成。

锁座由一半球体及一“四爪形体”构成。锁孔部分的导入口便于钥匙板的插入。使用时“四爪形体”与钥匙联动。以便对准钥匙孔。圆柱形底座固定在门上，如图 12-21。钥匙板内有滑槽，钥匙可沿滑槽移动。其顶端为钥匙的推出口。在钥匙板进入锁座的锁孔导入口后，钥匙可沿滑槽推出进入锁孔，如图 12-22、图 12-23)。由于使用时，是将钥匙板先插入锁座的导入口，相对目前的直接插钥匙孔，大大增加了接触面，减小了插入钥匙的难度，方便了使用。同时由于平时钥匙可收纳在钥匙板内，也使携带更方便，更安全，如图 12-22。

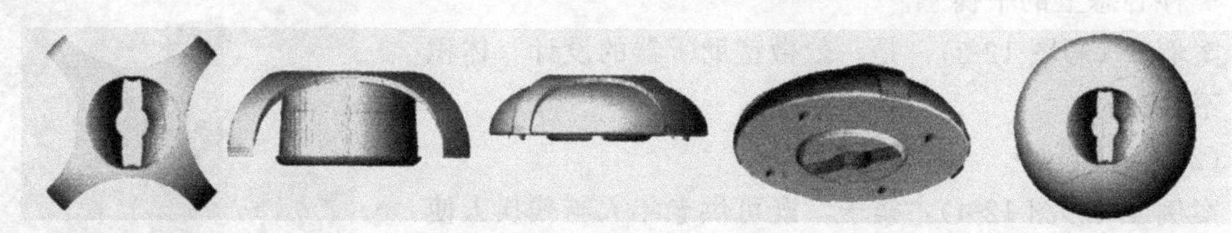

图 12-21　锁座原理

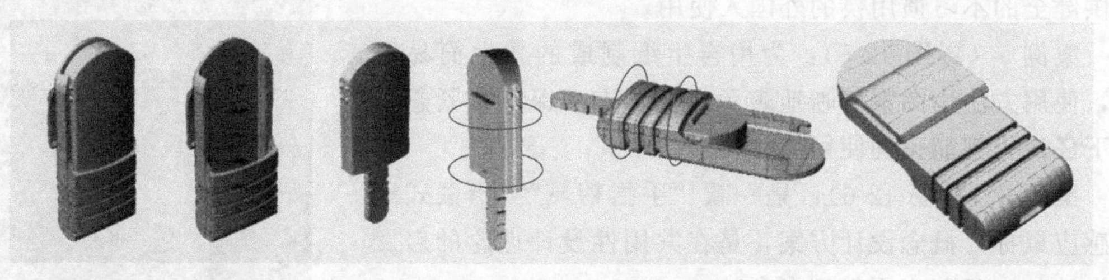

图 12-22　可收纳钥匙的钥匙板

(3) 可调节设计

案例 8（彩图 12-8）：柄杆长度可调的园艺铲。其柄杆长度可调，以满足不同身材的人的需要，其调节十分方便，只需调节手柄下橙色的旋钮即可。

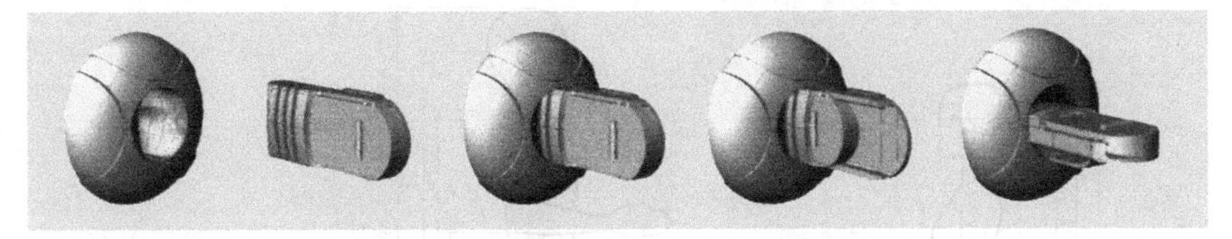

图 12-23 钥匙板插入锁座导入口，再将钥匙推出

12.6 实例分析与研究：老年人家中作业面高度的评估

这一调研的目的是为了把人们对一些厨房家具高度的主观评估，和专家的主观建议，以及从人体测量学试验数据得出的高度建议，三者之间作一个比较。这些试验是在一个模拟房间中进行的。在那里，试验者，即一群老人（人数为 55 个）完成了一些类似于典型日常家居生活的任务。

这一模拟房间中有许多“作业面”，它们的高度可以被调节到不同的锁定位置。例如：房间里有三把不同高度但外形完全相同的椅子。在主观评估测试中，这些老年人都认为 450mm 高度的椅子是最合适的；最低的椅子（350mm）和最高的椅子（550mm）都不受欢迎。而另两项评估也证实了这一结论。厨房中，架子的高度最低不能低于 300mm。对于大部分老人来说，850mm 是最适合的作业面高度。不同的评估方法获得了一致的结果，但其中，也发现了一些重要的不同点，并对它们进行了讨论。

12.6.1 简介

目前全世界老年人的数量正在急剧增加。在衰老的过程中，每个人都必然会面临体力逐渐下降的现象，它会极大地降低人们参与日常活动的能力。活动能力的降低导致老年人的大部分活动都在家中进行，因而，对家庭环境要求也大大提高了，因此，能否掌握有关的人体尺寸数据十分重要。但要为老年人设计符合人体工程学的家具，还必须了解有关老年人机体性能、活动性以及完成一项特定任务所需能力及所受限制的信息；了解影响人体的生物力学特征、心理特征、生理特征、智力特征和影响人生态度、人的行为等因素。

（1）人体内与年龄有关的变化

在评估家具设计是否合理时，必须把人体测量学数据考虑在内。相对于年轻人来说，老年人具有不同的人体测量学数据。

调查发现，65～74 岁的男性平均身高比 18～24 岁的青年男性矮 61mm，而相应年龄段的老年妇女则比年轻妇女矮 51mm。

另一些研究也发现，成年人的身高随年龄增长而降低。同样，坐高（如图 12-24）也会随年龄增长而减少。成人身高的显著下降开始于40～44 岁，随后一直持续降低。尽管人的肩宽会因年龄而急剧减小，但由肩至肘和由肘至中指的长度并不会因年龄的变化而改变。

此外，老年人的活动范围也会缩小，有时甚至是急剧缩小。人体关节的活动性，随年龄的增加更将成倍急剧下降。

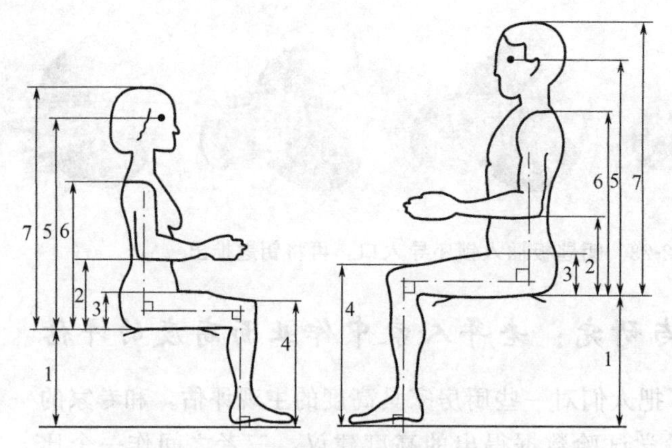

图 12-24　坐姿的人体测量数据

1—腿弯部高度；2—肘高；3—大腿高；4—膝盖骨高；5—眼高；

6—肩高；7—坐高

为老年人和残疾人设计的家具或产品必须考虑到他们的这些特点。例如：平衡能力差，缺乏协调能力，精力有限，手掌和手指持物困难，弯腰和下蹲不便，腿脚不灵活等。

除了身体尺寸数据之外，老年人是否能在家中独立活动还取决于其肌肉骨骼系统。研究发现，人体平衡能力、步长及抬腿高度会随年龄增长而降低。研究显示，在 40～80 岁这段时间，人的肌肉力量会下降 40%～50%。肌肉力量的减小开始得很早，但在 70 岁以后减小得特别迅速。试验表明，在 51～55 岁这几年间，中年被测者的骨骼肌肉能力的变化非常显著。

(2) 评估及试验目的

评估调研与试验调研非常相似，因为它们的目的都在于测评一些特定事物造成的影响。在评估调研中，这一特定事物通常是某个系统或某件产品，这一系统或产品的不同变量通常可以通过制造一个模拟装置获得。评估也可以作为系统整体设计过程中的一个组成部分，它被定义为证明一个产品是否符合它所需实现功能的衡量标准。在评估一件产品是否优良的试验中，产品必须在一个有代表性的，与将来最终使用情况相同的环境下获得测试。在这种真实的或接近于真实的操作环境下，必须考虑对人的因素的评估。

有时，仅仅用标准的人体测量学模型是很难重现工作场景的。因为标准的人体测量学数据是静态的，而在真实世界中，人体活动还包括很多动态的因素。要准确地评估一个工作场景的影响因素，人们必须建立一个全方位的模型。试验目的是让不同身材的人模拟完成任务来测试这一工作场景的优劣，通过全方位的模拟，才能确定在一个工作场景中，哪些部分需要重新设计。

在整个试验中，用一个模拟家居房间来测试家居生活中的一些活动。当试验者根据指示完成一些指定任务后，通过对试验者的观察和采访对其进行评估。这些指定任务都与老人们家居生活所用的家具密切相关，其目的是为了制造出专为老年人设计的科技产品，使他们的家居生活更安全，更独立。现在还没有足够的老年人人体测量学数据，所以，在这个由老年人参与的功能性模拟试验中，还将测得他们的人体测量学数据，据此，可以估算出老人的身高百分比分布情况。

在每完成一次任务之后，老人们都会对测试中不同高度的家具进行评估，这些作业面高度分别是厨房料理台高度、壁橱架高度和椅子的高度。试验的目的其一是为了通过老年人在模拟房间中对家具一段时间的使用，获得他们对“明显”不同高度的评估。之所以要用“明显”不同高度是因为人们往往会忽略高度变化上细微的差异，因为，人们对座椅高度小于10mm的变化一般是感觉不到的。试验的第二个目的，是为了比较试验者认可的高度与人体测量学理论所建议的高度及一位职业理疗师所给出的评估高度。

在获得了每个试验者的意见之后，最终的适宜高度将通过分析试验者整体的意见来确定，而并非通过试验中某些较高的人的意见或某些较矮的人的意见，或仅仅是男性或女性的意见来确定。

12.6.2 材料与方法

(1) 试验者

这项试验共有55名试验者，其中，41人是健康的70～80岁老人（骨骼肌肉系统相对于其年龄来说正常，平均年龄 $x=74.4$ 岁，年龄公差 $sd=3.1$，$N_{女}=22$，$N_{男}=19$），另14人也是70～80岁老人，但行走需要拐杖支撑（$N_{女}=9$，$N_{男}=5$，平均年龄 $x=77.1$ 岁，年龄公差 $sd=3.3$）。试验之初，这些试验者都首先接受了临床检查。试验调研组包括了许多不同学科的专家，其中的老年学家们确认，这些参与试验的老年人能代表相应年龄段的老人。在临床检查中，试验者的身体数据，例如：身高（$x\pm sd$），女性是（1568 ± 55）mm，男性是（1692 ± 85）mm，总体为（1621 ± 93）mm。

(2) 模拟房间

评估在一个固定的模拟房间中进行，那是一间模仿家居环境而建的小房间，如图12-25 (a)，人们可以在其中完成各种指定的任务。房间里有可逐级调整高度或是拥有不同工作面高度的家具。每位试验者都必须在每个不同的工作面高度上完成指定的任务。这些不同的工作面高度是根据老年人平时家居环境中的高度或大规模生产的家具结构而制定的。房间里设置了三架摄像机以记录试验者的所有活动。

为了完成有关日常生活的不同任务，房间里摆放了四把普通的椅子。其中三把仅在座椅高度上有所区别，分别是350mm、450mm和550mm，第四把椅子也是450mm（椅高是指从地面到椅面前部边缘最高点的距离），但是带扶手。每把椅子所用的材料都相同，所以试验者不会因为材料的不同而影响其对座椅的评估。当试验者坐在350mm和450mm高度的椅子上时，他们被要求完成坐下，换鞋，然后起立的动作。当试验者坐在550mm高度的椅子上时，他们被要求完成坐下，过一会儿再起身的动作。450mm这一高度是根据一项研究结果选择的，并根据座位是否倾斜在430～460mm范围内选择座椅高度。对一把普通的座椅，建议高度取450mm为宜。一般来说，在理想静止坐姿时，

理想的座椅高度＝腿弯部高度＋鞋跟高

厨房里料理台和壁橱可以调节到两种不同高度，如图 12-25（b），壁橱分 1250mm 和 1350mm 两种，它是指从地面到壁橱最低处的距离。料理台的高度分别为 800mm 和 900mm，最低的水壶架高度分别为 165mm 和 265mm。在厨房模拟环境中，试验者从水壶架上拿出一把水壶，在水龙头处把水壶灌到半满，然后放到煤气灶上，从上下三格壁橱架上各拿出一只杯子，清洗杯子，再把三只杯子放回晾杯架上。

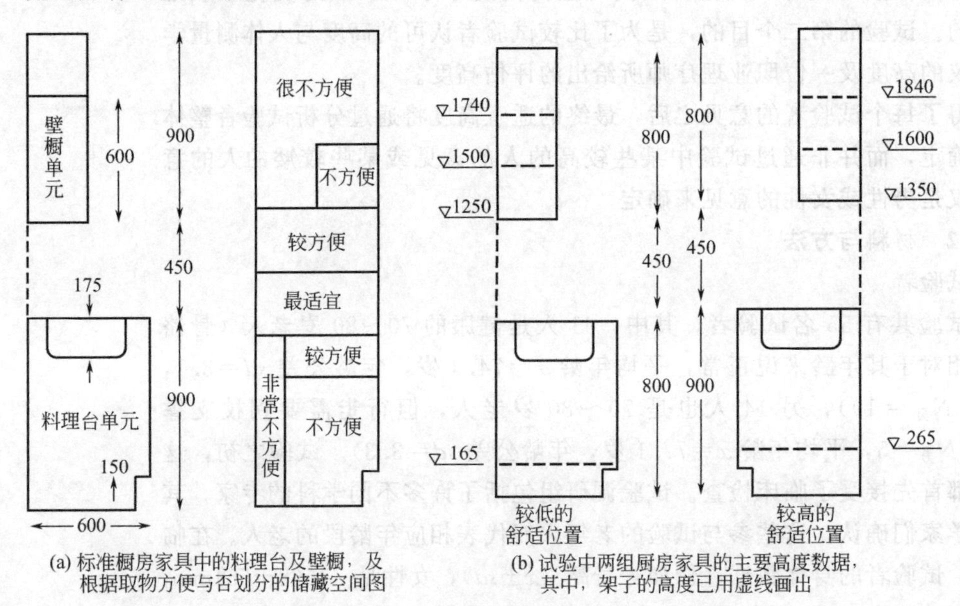

(a) 标准橱房家具中的料理台及壁橱，及根据取物方便与否划分的储藏空间图

(b) 试验中两组厨房家具的主要高度数据，其中，架子的高度已用虚线画出

图 12-25　试验结果示意图

高度单位 mm

(3) 数据收集和分析

每次任务结束之后，试验者都会接受系统性的询问以获得他们对不同座椅高度及家具高度的评价。人们对不同高度的评价被分为 7 个等级，分别是：实在太高（1）；太高（2）；有点高（3）；正好（4）；有点低（5）；太低（6）；实在太低（7）。当人们完成任务后，就可以用这一尺度来对不同高度进行评分。除了用评分来进行评估之外，试验者也可对不同座椅留给自己的感受及各人的取物范围自由发表意见。

为了方便比较，一位职业理疗师重新观看了所有录像带，用与试验者评分时相同的 7 级评分标准给出了他的专家评分（ES）。他的评分是根据他自己所做的分析以及每位试验者拿取不同高度物品时给他的总体印象得出的。在附录中有他的具体测评标准。

12.6.3　结论

(1) 对工作面高度的评估

表 12-8 列出了试验者和专家对每个工作面高度评分的统计数据。

正如表 12-8 所示，试验者们都认为 350mm 的椅子太低了（5.5 分），专家甚至打出了 6.4 分（即认为实在太低了）。*sd* 却非常大，这表明高度的评估差异很大。

(2) 对厨房家具的评估

试验者都认为壁橱最高层架子太高了。在两次壁橱高度测试中壁橱高度较高的那一次，试验者给它打出了2.8分，即认为有点高，而专家给出了1.9分，即太高了。其实，人们仅在取壁橱最高层架子中的东西时，才会感觉有点困难。不过，它的*sd*很大，也就是说，试验者对它的评分差异很大。

对于厨房料理台的高度和水壶架的高度，试验者的评分情况都比较接近，都认为高度合适。但专家认为对900mm厨房料理台高度的评分应介于“合适”与“有点高”之间，而800mm则应介于“有点低”和“太低”之间。试验者认为265mm的水壶架“有点低”，而165mm则“太低”了。

为了进一步对工作面高度进行评估，也求得了专家的评分与肘高之间的相互关系，及试验者评分与肘高之间的相互关系，如表12-9。从表中可以发现，专家的评分与肘高之间关系很大（即，看到肘高较高的人的录像后，专家往往会给出一个较高的分，表示他认为这一工作平面对此试验者“太低”或“实在太低”了）。而试验者的评分与肘高之间几乎没有关系。

表12-8 试验者评分（*SS*）和专家评分（*ES*）的主要统计数据（*N*=55）

家具种类		*SS*		*ES*	
		x	*sd*	*x*	*sd*
椅子	35mm	5.5	1.0	6.4	0.6
	45mm	4.0	0.3	4.4	0.7
	55mm	2.9	1.1	2.2	1.2
	45mm 带扶手	4.0	0.3	4.1	0.5
厨房家具					
壁橱	低	3.6	0.7	2.7	1.1
	高	2.8	1.0	1.9	1.1
工作平面	80cm	4.1	0.4	5.5	1.0
	90cm	3.9	0.3	3.5	1.1
水壶架	12.5mm	4.4	0.9	5.9	0.6
	26.5mm	4.1	0.4	4.9	0.6

表12-9 对于不同高度的工作平面评分与肘高之间的相互关系

家具种类	*ES*与肘高		*SS*与肘高	
	r	*α*	*r*	*α*
800mm工作平面	0.8559	0.000	0.0491	0.722
900mm工作平面	0.7157	0.000	0.1850	0.176

12.6.4 讨论与建议

(1) 座椅

根据人体测量学，430～460mm高的普通座椅对穿着鞋子的人来说是最合适的。之所以给出这样的建议，是为了使那些身高在最低5个百分位数内的成人也能够坐得非常舒适。

英国国标规定座椅高度在430～540mm，欧洲标准为390～540mm，德国标准为420～540mm，瑞典为390～510mm。以这些标准为基础，就很容易对座椅高度试验分类了：（a）350mm，太低了；（b）对大多数试验者来说450mm正好；（c）甚至对于较高的试验者来说，550mm的座椅也有点太高了。这些老年试验者所做的主观评价也证实了这种分类的正确性。

老年人（65～80岁）的腿弯部高度比年轻人（19～45岁）的腿弯部高度要低。英国男性和女性的腿弯部高度分别是425mm和410mm。就个体而言，腿弯部高度不像坐高那样下降得非常明显。腿弯部高度的下降程度与肩肘长度的下降程度非常类似。这些事实更证明了对老年人评估结果的正确性，也与一般的成年人对座椅高度的建议一致。

但有人在1988年时曾得出了一个完全相反的结论，他认为，从多方面考虑，对于一把椅子，取女性第5百分位数椅高（400mm）是最好的。因为这样的椅高能避免给腿骨下端造成过大的压力。考虑到要避免压力和老年人相对较低的腿弯部高度，400mm高的椅子其实和试验所测得的450mm高的椅子一样合适。

试验还显示，老年人不喜欢高的椅子，即使那样的椅子更便于起身。只有1/3的老年人认为最高的椅子（450mm）是舒适的。当然，如果高的椅子上装一个踏脚对老年人来说倒是一个不错的选择，因为那样既避免了对腿骨过多的压力，又使起身变得更加容易。

椅子有没有扶手并不影响人们对450mm高度座椅的满意程度。此外，试验者说，他们并不认为扶手是必不可少的，但其中的一些人说，如果他们需要坐很长时间的话，有扶手的椅子会比较好。但这些人并不认为自己起身时需要靠扶手借力，几乎所有试验者都说他们家里没有类似这样带扶手的椅子。然而，由于人的活动所及范围和肌肉力量会随年龄缩减，因此，从人机工程学专家的观点来说，扶手是必要的。

从测试中还发现，试验者的评分和专家的评分有很大的差异。这可能是由于专家的分数更多是基于对试验者生物力学因素的考虑而给出的。有证据表明，“舒适”和“不舒适”不能用同一尺度来衡量，“不舒适”通常与生物力学和生理因素（如，关节角度、肌肉收缩度、压力分布情况）有关。而“舒适”一般与心理上的放松或幸福的感觉有关。因此，除了基本的人体测量学数据之外，这些感情因素对于试验者对不同高度的评价也是具有决定作用的。试验者与专家评分存在差异的原因还可以从逻辑上和统计上由人体测量学在厘米长度上的不协调性推演得来。在这里，这种不协调性以膝盖高的形式表现出来，并且与试验者的身高有着非常显著的关系，这也说明，当人们选择座椅的时候，身高可以作为估算腿弯部高度的有效辅助数据，但每个人的身材比例相差很大，仅仅依靠身高并不能够预测腿弯部高度，而且老年人的身材比例与年轻人的身材比例有很大的不同，这也许正是导致试验者的评分和专家的评分有很大的差异的一个原因。

（2）厨房家具

试验者要拿取壁橱中最上层架子上的东西有点困难。根据试验者完成厨房中的任务后给出的建议，大约2/3的试验者觉得够不到较高的那组厨房家具中最高的架子，25%的试验者甚至觉得要够到较低的那组壁橱中最高的架子（1740mm）也有困难。如图12-26所示，最高层架子的高度根据大家的普遍意见被划分在“极差”区域中。1600mm被认为是壁橱最高层架子合适的高度，因为它几乎适合所有老年人。而且，并非所有老年试验者都能伸直他们的膝关节。虽然，在试验中，试验者的平均右手摸高能达到2136mm，即使是最矮的试验者右手摸高也有1790mm，但大部分试验者还是抱怨两组壁橱最高的架子都太高了。因为他们不愿意自己在厨房里工作时还要费力地把身体伸直到极限，虽然可能从理论上说，这样的拉伸运动可以锻炼老年人的肌肉柔软性。

图12-26　在模拟房间中，一位女性试验者（身高1635mm）正从壁橱顶层架子（1840mm）上拿取一个茶杯

在这个试验中，800mm和900mm高度都被认为很合适。根据试验者的身高范围，工作面高度应在820～1070mm。试验者的平均工作面高度为（932±54)mm。因此，900mm高度相对而言似乎更合适。即使那些看上去更适合800mm高度的较矮的试验者，大部分也认为900mm高度还不算太高。

肘高也被认为是确定工作面高度非常重要的一项指标，根据欧洲成年人肘高，女性平均为980mm，男性为1050mm。一般认为工作面高度比肘高低150～200mm是可以使手臂舒适地进行切割或搅拌操作的适合高度，因此，对女性而言，合适的工作面高度为780～830mm，对男性而言，为850～900mm。由此，800mm和900mm都被认为是合适的工作面高度，850mm更被认为是适合老年人的高度。

对于老年人，300mm被认为是最适宜的水壶架高度。在试验中，试验者认为265mm高度的水壶架比较合适，但是，试验中水壶的把手比架子高出100mm，这就意味着当试验者拿取水壶时，手掌离地约为350mm，如果放在架子上的物品比较矮，265mm的高度就不太合适了，300mm可能会更好一些。根据大家的普遍意见，对水壶架的高度评分在“一般”和“差”之间。有人曾建议厨房中架子高度应在300～1600mm之间作调整。

(3) 讨论

从一般意义上来说，人体测量学上微小的尺寸差异给人们造成感觉上的变化并不显著，因为人们的感觉一般仅能分辨相差大于 10mm 以上的不同高度，这种感觉上的不精确性会造成试验评估结果的不一致性，另一方面，还会导致高度间隔较小的试验结果失效。因此，应当在调研中采用 2～3 个变量，并使它们以 50mm 间隔变动高度。

显然，试验较好地反映了老人的一些主要人体测量学数据，例如，男性、女性或所有试验者的身高百分数分布情况。根据这些数据，可以发现，试验者的身高比成年人的身高平均值矮 47mm（男性）和 63mm（女性），比英国成年人的身高平均值矮 60mm（男性）和 45mm（女性）。

就整体而言，在试验中所采用的方法对研究工作面高度是实际有效的。但在试验中，试验者与家具接触，完成任务，作出评价的时间过于短暂，今后应当设计更完善的任务，使试验者能够与家具接触更长的时间，以便作出更综合的评价，并能在这一过程中感受不同高度可能引起的不适或疼痛。每个人不适或疼痛的部位与他们家中家具高度之间的关系也很值得研究。因为人们一般会喜欢他们已经习惯了的高度，而忽视某些肩、背的不适或疼痛可能正是由这些厨房家具所引起的。

仅有身高数据可能不足以设计工作面高度。肘关节离地高度、腿弯部高度、臀至膝高度等都需要测量。老年人的人体测量学数据仅在少数几个国家中有，如：美国。并且，老年人的数据种类总是非常少，一般仅有平均数和标准偏差。而根据以往设计情况，至少应该掌握总人数中第 5 个百分位数和第 95 个百分位数的测量数据。

老年女性的人体测量学数据特别缺乏，而人体统计学数据显示，在现有的老年人群中，女性人口比男性人口多。而且，现在所掌握的数据仅笼统地显示 65 岁以上人群的总体情况，但人的实际情况是，每个人的人体数据的降低会一直缓慢地持续他的一生，65 岁人群和 80 岁人群的高度差异可能是非常显著的，以 5 岁为间隔的分类数据调查可能会更合理一些。另一方面，即使已经获得了人体测量学数据，老年人的动态作用人体测量学仍有许多问题有待解决。即使试验已经揭示了老年人人体测量学的基本情况，仍需进行有关老人静态、动态人体测量学的各种研究。

六位试验者在几周后又被请来重做试验，他们在不同时间对家具高度的评分被用来与测试标准相比较。测试结果显示他们两次试验评分没有大的差异，因此这一模拟试验评估数据是可靠的。主要的结论是：试验者对高度的评估，专家的评估，人体测量学数据，各个数据之间的关系和著作理论之间是互相一致的，是可靠的，有效的。虽然，有些主观的评价可能不符合逻辑，但是不应该孤立地看待这些评估数据，因为，一些除高度以外的变化因素也会明显地影响评估结果。真正反映试验者评估可靠度的标志是评分的总体平均值（$x=4.2$），它说明人们认为“普通的”450mm 座椅非常“合适”，350mm 和 550mm 则不好。这也说明了试验者已经符合逻辑地实际应用了 7 档评分法。对试验者来说，根据回归分析，从人体测量学角度看，合适的椅高（不匹配指

数 $\Delta h=0$）评分为4.3。这与定出的“合适”评分非常接近，因此说明试验非常可靠。

人体测量学准则可以概括为以下两句话：

① 让矮小的人方便够到；

② 让高大的人感到舒适。

就工作面高度而言，试验考虑准则①更多一些，但若工作面高度是固定的，这条准则可能对中等身材或高大的人不太公平。对于老年人来说，他们的骨骼、肌肉力量随着年龄的增长而退步，由此，身体适应不同高度的能力也有所下降，所以，要必须不断修改高度。骨骼、肌肉力量的退缩及老年人逐渐降低的身高和活动能力告诉人们，一个固定的工作面高度对于老年人来说不合适。相对于年轻人来说，老年人更需要一个可以随自己愿望而随意调整的工作面高度。对此，一种解决办法是让老年人的家具有三种固定的选择高度，他/她可以选择其中适合自己的工作面高度，另一种解决方法是，把一些专门为老年人设计的基本家具高度变成可调的。

每个人衰老开始的时间和衰老的速度都是不同的，这取决于他出生时的情况，健康状况，营养，运动，工作和社会活动。设计师的设计原则是“为所有人而设计”，例如，为老年人设计的物品对视力、听力良好，身体强壮的年轻人也同样适用。从这个角度来说，人机工程学的研究准则非常有趣：“为年轻人设计的产品往往摈弃了老年消费者的腰包，而为老年人设计的产品则能够囊括年轻消费者的钱袋。”从人体测量学的角度来看，这一准则似乎并不符合试验的结果。这一准则更多地是从一般意义上的认知角度去考虑，而忽略了基本的人体测量数据会随人的年龄增长而变化这一重要事实。

（4）附录——专家测评标准

专家在观察试验者接触不同家具高度后评分的主要依据是录像资料。当然，对辅助装置的印象也会影响他的评分结果。而且，专家事先并不知道试验者的评分情况。

① 椅子：

太高，如果试验者

- 坐下后需要用手支撑，或挪动臀部才能靠到椅背上；
- 坐下后脚碰不到地面；
- 起身时膝关节的角度大于90°。

合适，如果试验者

- 坐下时能够直接靠到椅背上；
- 坐下后臀部及膝部的角度都大约为90°，且脚能够碰到地面；
- 椅背能让试验者的腰部放松。

太低，如果试验者

• 在坐下和站起时需要特别用手支撑一下；
• 需要明显弯腰才能坐下；
• 坐下和起身时膝盖弯曲超过 90°；
• 坐得很靠后，以至于他起身时需要先把身体往前挪。

② 厨房料理台：

太高，如果试验者
• 全力抬高他们的肘关节（比平时舒适的程度高）；
• 抬高肩膀（比平时舒适的程度高）。

太低，如果试验者
• 需要把腰弯得很低；
• 前臂小于 70°，或肩与身体呈 0°（紧贴身体）时，前臂超过 120°；
• 另一手需支在工作平面上以保持平衡。

③ 壁橱：

太高，如果试验者
• 一手需支在工作平面上保持平衡；
• 需要用一段时间来摸索寻找架子上的杯子；
• 需要尽力踮脚；
• 甚至连脚尖也要绷紧踮起。

合适，如果试验者
• 不需任何伸展就能够到架子上的杯子或把杯子放回架子上。

④ 水壶架：

合适，如果试验者
• 可以很容易地就从架子上拿到水壶。

太低，如果试验者
• 需要蹲下或明显弯曲膝盖；
• 需要明显弯腰；
• 需要用一手支撑厨房家具；
• 起身时需要费很大力让身体伸直。

【习题十二】

12-1 请说明在进行具体产品的共用性设计中应以满足人的因素的哪些需求目标为出发点？并应与哪些原则相对应？

12-2 共用性设计有时也被称为“完整人生设计”或“通代设计”，请说明其中的理由。

12-3 共用性设计的原则是什么？从共用性设计的角度出发，户外公共电话亭在形态、色彩、结构与功能上应有哪些考虑？

12-4 试分析图 12-27 所示一对勺与叉的设计特点，其握持部分的特别结构有何作用？请依据共用性设计原则进行分析。

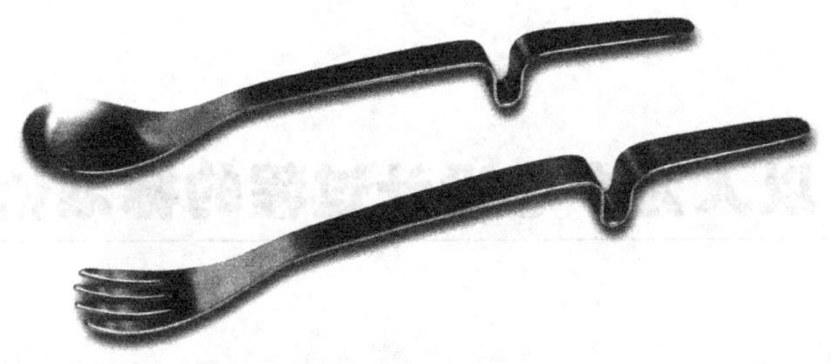

图 12-27 勺与叉

12-5 如图 12-28 为一台新颖的斜置滚筒式洗衣机，请与普通滚筒式洗衣机比较，并以共用性设计原则，从可用性角度分析其设计特点（请特别关注其交互界面与交互方式的特点）。

12-6 图 12-29 为公共场所的自助式饮水机，同时备有三个不同高度的饮水口。

① 请分析这样设计的目的，以及所涉及的设计理念；

② 分析在三个不同高度的饮水口中设置的按钮位置的差异性，并判断其原因；

③ 试确定三个饮水口的不同高度。

图 12-28 斜置滚筒式洗衣机

图 12-29 公共自助式饮水机

12-7 请描述一件产品的使用状态，在这种使用状态下，健全人所感到的不便与功能障碍者的不便非常相似。分析其原因，并提出一项合理的解决方案，以实现同时满足健全人与功能障碍者平等使用的目的。

第 13 章 以人为中心设计过程的标准化

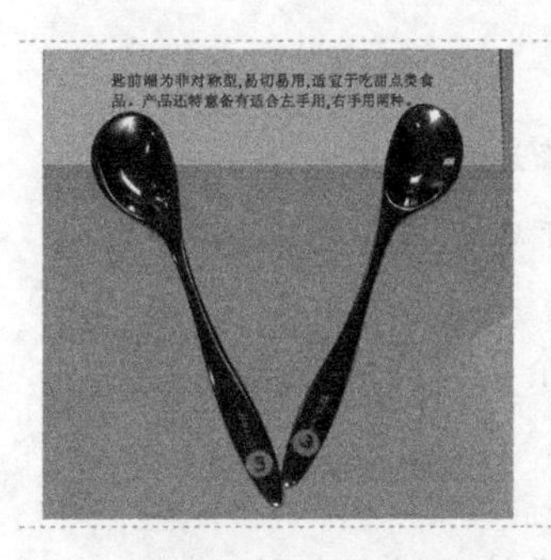

- 以人为中心设计过程的意义
- 以人为中心的设计原则
- 确定以人为中心的设计计划
- 以人为中心的设计过程
- 其他相关以人为中心的国际标准

ISO 13407 是一个基于发达国家长期研究结果形成的，与人机工程学有关的最新国际标准。其定义是：在进行具有双向交流（对话型）机能的产品设计中，明确并实现以人为中心设计（Human-centred Design）过程的国际标准。换言之：是交互系统设计过程（或称为双向性系统的以人为中心的设计过程——Human-centred design process for Interactive systems）中，以人为中心的指导方针。该标准强调具有一贯性的双向系统。内容涉及如何从用户的立场、角度进行产品设计。怎样才能设计出对用户而言，使用方便，高质量的产品。它为产品设计工作者提供了具体而有效的方法和原则，具有极高的实用价值。同时对政府建立相关的产品开发政策，设计人员建立正确的产品开发思想，提高产品的档次和在市场上的竞争力，形成社会对工业设计价值和人性化主体价值的认同，都会产生巨大的推动作用。

工业设计应以生活为源泉、技术为支撑、市场为导向，其核心是以人为中心。在进入 21 世纪，面临经济全球化的今天，企业的产品将面临更广泛、更严厉、多层次的消费者审视。能否取得 ISO 13407 的认证，能否为尽可能多的人（包括健康的老年人和能够自力更生的残疾人）提供使用性良好的工业产品和设施，为现代人提供平等的使用机会，将成为企业通过产品接近消费者，向社会显示产品品质，获得国际竞争力的重要手段。

13.1 以人为中心设计过程的意义

产品的开发者有责任确保产品不会危害用户的健康和安全，保护用户免受危险的影响，并能更好满足用户需要。对产品强调其以人为中心的设计有利于保证产品实现上述目标，并具有明显的经济与社会效应。具体表现在：

① 使产品更容易理解，这样能减少训练和支持成本；

② 改善用户的满意程度，减少不安和压力；

③ 追求使用的方便性，改善用户在使用产品和机构时的操作效率，如图 13-1；

④ 改善产品质量，增强产品对用户的吸引力，提高产品竞争优势。

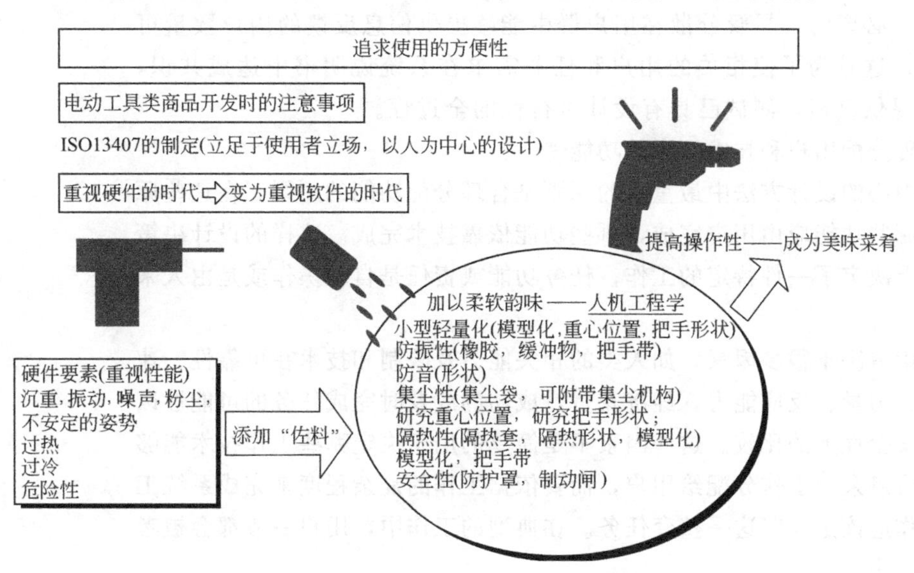

图 13-1 电动工具以人为中心的设计

13.2 以人为中心的设计原则

以人为中心的设计是现存设计方法的补充，它提供了一种以人为中心的设计观点，这种观点在某种程度上可以看作是不同设计过程的综合。

无论采用哪一种设计过程和责任与任务的分配方法，以人为中心的设计方法都由以下几部分结合而成。

① 创造用户积极参与设计过程的条件，明确理解用户和操作任务的具体需求。

② 合理分配用户和技术两者的功能。

③ 随时接受用户的反馈意见。

④ 实现多学科领域的合作，与具有不同技术、背景、视野的人协作进行设计。

(1) 创造用户积极参与设计过程的条件，明确理解用户和操作任务的具体需求

在产品开发过程中，用户意见提供了有价值的信息来源。这些信息涉及使用目标，任务以及用户将可能如何使用未来的产品和系统。增加产品开发企业和用户之间的交流可使设计师更了解其设计产品的未来使用者的状况，更明确理解用户和操作任务的具体需求。用户意见的分类则依据正在进行的设计因素而定。

在发展定制产品时，有反馈意见的用户和已完成的生产任务能在发展过程中直接联系起来。使用此系统的组织能够有机会发现问题并及时调整，还可以从那些将直接使用产品工作的人中评估出解决方案。这样的反馈与参与意见也能提高用户的认同及责任。

在定制用户的或用户需要的产品时，用户或合适的用户代表必须参与制定过程是十分必要的，尽管分散在用户群中能够提供信息反馈的用户数量可能不易达到，这是为了使相关的用户和任务需求在系统说明书中达成共识，也是为了能提供反馈，测试已具有设计可行性的全过程。

(2) 合理分配用户和技术两者的功能

以人为中心的设计方法中最重要的原则是合理分配功能的原则。在这些原则中详述了哪些功能应由用户完成，哪些功能依靠技术完成。这样的设计决策在某种程度上决定了一件特定的工作，任务功能或责任是自动操作或是由人来完成。

这个决策取决于很多因素，如人类的相关能力及限制和技术在可靠性、速度、精确性、力量、反应能力，经济花费，成功的或及时完成任务的可能性以及使用者的安全性上的比较。这些因素不是简单的用于决定哪些工作技术能够完成，然后将剩余的工作分配给用户，而要依据工作的复杂程度来完成系统工作，人的工作应该是完善这一整套任务。在典型的工作中，用户一般都会被考虑在这些决定中。

(3) 随时接受用户的反馈意见

在交互设计方法中，用户的反馈意见成为信息的评价来源。结合有效的用户意见，反复调试，是个有效的方法，它能将系统不符合用户和组织要求的风险降到最低。反馈方法允许原始的设计方案在不同于真实世界的环境中测试，再根据反馈信息进行调整，结果得到日益完善的设计方法。反馈的方法能体现在其他设计方法中。

(4) 多学科领域的合作

以人为中心的设计需要多种知识与技巧。为了完成设计需要一系列人员。这意味着以人为中心的设计过程还应该包括多学科领域的团队，团队可以是很小和动态的，并且仅用于延续工程的生命。这支团队的组成部分应该能反映出组织者在技术发展上的责任和顾客之间的关系。它包括以下几个角色：

① 最终使用者；

② 购买者和使用者的管理人员；

③ 应用领域的专家，商业分析人员；

④ 系统分析专家，系统工程师，程序员；

⑤ 市场营销人员、售货员；

⑥ 用户界面设计者，可视化信息设计人员；

⑦ 人机工程学专家，人机交互专家；

⑧ 技术权威，训练和支持人员。

团队的各个成员，覆盖了不同的技术领域和观点。多学科领域的团队不一定很大，但是它要有充分的分工以形成适当的设计决策平衡。

13.3 确定以人为中心的设计计划

以人为中心的设计过程的计划应包括在整个系统工程的发展计划中，它也应该遵循相同的工程原则（例如：责任，控制变化）。就像其他关键因素一样要确保此计划也遵从原则并得到有效的实施。当要求改变时，计划也应相应修改以反映人的因素的情况。

整个发展计划包括：

① 根据用户标准解释和说明使用范围、用户和组织的要求，生产模型和设计评价间的关联；

② 将这些因素与其他系统因素结合起来的程序，如分析，设计，测试；

③ 个人及组织应承担的以人为中心的设计因素和他们所应提供的技能及观点的范围；

④ 当以人为中心的设计因素影响到其他设计因素时，建立反馈和交流的有效程序和综合这些设计因素的方法；

⑤ 以人为中心的因素与所有设计和发展过程结为一体的适当转折点；

⑥ 将合适的反馈时间，可能发生的设计变动考虑到工程计划中去。

工程计划应允许反复以融合用户的反馈信息。某些时候还需要在设计团队中进行有效的交流以消除潜在的矛盾取得平衡。团队中的成员，融合了集体智慧，将拥有超常的创造力和灵感，这些都将对工程有益。加强交流与讨论能早日发现并解决工程中存在的问题，这样就能节省在后阶段中因为发生改动而需的额外花费。

13.4 以人为中心的设计过程

在以人为中心的设计过程中，应包括四个主要环节，这些环节是：

① 理解并详细说明使用的范围；

② 说明用户与组织者的要求；

③ 产生设计方案；

④ 根据可用性要求评价设计。

以人为中心的设计过程应从工程的最初阶段就开始（例如当阐明产品或系统的原始概念时），而且应该反复，直至系统符合要求，如图 13-2 所示。

以人为中心的设计方法，需要通过系统的操作目标来确定，例如，满足用

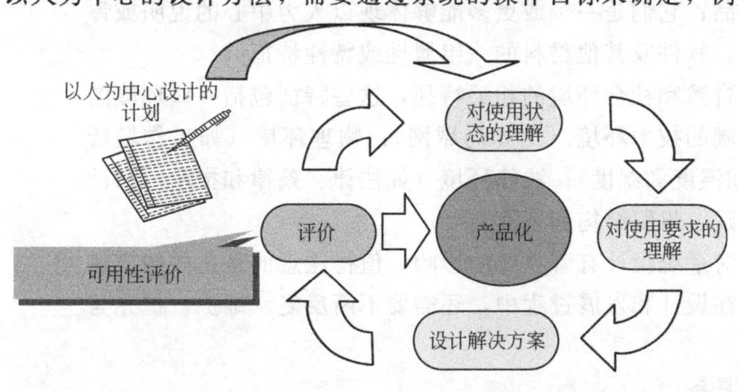

图 13-2　以人为中心设计过程中各环节的互相依存

户在可用性上的要求。

在计划一个系统开发项目时，应该仔细研究每一项人的因素，并把其当作指导来设计和选择以人为中心的设计方法和技术，这样不仅可以实现这些因素，还能有进一步的发展和发现。尽管所涉及的所有人的设计因素都互相关联，但其中的相关因素和所有的资金投入还要依据产品的规格和类型而定。例如，一项庞大的工程，新产品或新系统可以拥有一支全面的团队，在每个相关方面都有一名成员，可以关注并实现项目所要求的所有以人为中心的设计因素。相反，小工程，改良产品或系统，或者产品目标只是一个小市场，它可能有一个简单的设计团队就足够了，包括具备特别技能的成员，使用较有限的方法与技能来支持这些因素。

13.4.1 理解并详细说明使用状况

用户与作业任务的特点、企业组织与物理环境的特点限定了所设计系统的使用状况。为了对早期的设计决策起指导作用并提供评估基础，充分理解和限定这一使用状况的具体细节非常重要。

应收集有关新产品和新系统的用户对象范围的信息。如果面临的是现存系统的优化或升级，这些信息就很容易获得，但是还要经过核查。如果用户的反馈意见较分散，就应借助工作报告或其他数据，它们将提供依据，帮助用户将系统的修改要求区分优先次序。

对系统未来用户对象和使用状况的描述应包括以下几方面。

① 有意向用户的特点：用户的相关特点可归纳为知识，技能，经验，教育程度，培训，客观品质，习惯和能力。如果有必要，还应详细说明不同用户的特点，例如，经验水平的差异或不同的专业（维修人员，安装人员）等。

② 用户要完成的任务：这部分的描述应包括系统使用中的所有目标，应提及会影响到使用性的任务特点，如使用频率与周期，如果还存在健康与安全隐患，例如控制数控机床的运作，也必须进行描述。这部分描述还应包括在人与技术间功能分配的情况和操作步骤，任务的描述不应仅仅根据由产品或系统提供的功能或特征来进行。

③ 用户使用产品系统的环境：该环境包括硬件，软件和使用材料。它们的描述可以依据一组产品；它们是一个或更多能够体现以人为中心的说明或评估的产品；或依据硬件，软件及其他材料的一组属性或特性特征。

此外，还应该描述自然和社会环境的相关特征，这些特征包括一些环境的相关标准和属性：更广阔的技术环境（比如局域网）；物理环境（如工作场所及设备）；周边环境（如温度和湿度）；法律环境（如法律、条律和指示）和社会文化环境（如工作实践、组织结构和态度）。

用户、任务和环境对系统设计有着重要的影响。值得注意的是这样的描述不是仅仅一次就够了，在设计和发展过程中，还需要不断反复、维护、扩充与更新。

所描述的内容应该具备：

① 可详细划分潜在用户、任务和环境的范围，以支持设计事务；

② 合适的来源；

③ 经过客户确认，当无法获取客户确认时可由那些对该过程感兴趣的人士来确认；

④ 有充足的文件证明其可信；

⑤ 能够以合适的形式为设计团队所获取，以支持设计事务。

图 13-3（a）、（b）说明了通过使用状态的研究，开发电熨斗的过程。

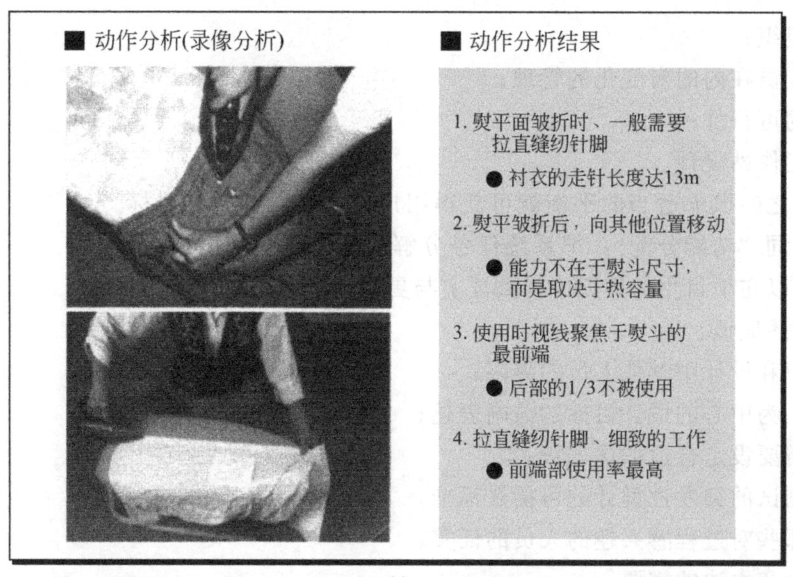

(a)

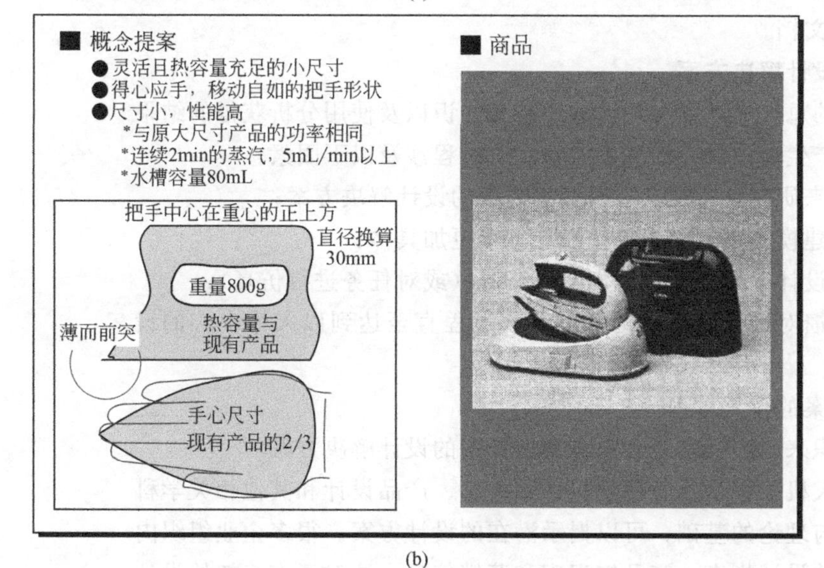

(b)

图 13-3　开发电熨斗过程的使用性研究

13.4.2　详细说明用户及组织的需求

在大部分设计过程中，详细说明产品和系统的功能和其他需求都是一项主要事务。对于以人为中心的设计而言，应该结合用户描述的概念将该说明延伸以创造一种针对用户和组织需求的清晰表述。在鉴别相关需求时需要考虑的是以下几方面因素：

① 操作和资金目标对新系统的性能要求；

② 包括安全与健康在内的法制和立法要求；

③用户与其他相关部分之间的协调与交流；

④ 用户的工作（包括任务分配、用户的舒适、用户的动机）；

⑤ 任务的执行；

⑥ 工作设计和组织；

⑦ 包括培训和人员在内的对变化的管理；

⑧ 操作和维护的可行件；

⑨ 人机界面与工作站设计。

通过在不同需求之间谋求适当的平衡就可获得用户的需要，并建立目标。该说明可以定义为名词“功能分配”：把系统任务分解成由人实现和由技术实现。这些需要应该可以在项目生命周期中得到证实与更新。

对用户需要的详述应该：

① 鉴别相关用户和设计中其他人员的界限；

② 提供对于以人为中心的设计目标的清晰表述；

③ 针对不同的需要设定合适的优先级；

④ 提供针对被测试的突发性设计的可衡量标准；

⑤ 经过用户或那些对过程感兴趣的人员的证实；

⑥ 包括任何法令和立法的需要；

⑦ 建立充足的文档。

13.4.3 产品设计解决方案

通过从已确立的总体描述，参与者的经验和知识以及使用分析获得的结果中汲取的知识可以产生潜在的设计解决方案。该过程涉及以下因素：

① 用现有知识来研究具备复合学科知识要素的设计解决方案；

② 通过仿真、建模和实体模型等使设计方案更加具体；

③ 为用户提供设计方案并允许他们实现任务（或对任务进行仿真）；

④ 响应用户反馈对设计进行改动并重复该过程直至达到以人为中心的设计目标；

⑤ 管理设计方案的重复过程。

(1) 用现有知识来研究具备复合学科知识要素的设计解决方案

由于拥有来自人机工程学、心理学、认知科学、产品设计和其他相关学科的坚实的科学知识与理论的基础，可以揭示潜在的设计方案。很多企业组织内部已经形成了自己的设计指南、产品知识库和营销信息，这对于支持初始设计特别是设计类似的产品时非常有用。而一般的人的因素和人机工程学设计指南及标准都可以从国家和国际的标准体系中查到。

(2) 通过仿真、建模和实体模型等使设计方案更加具体

使用仿真、建模和实体模型及其他形式的模型，使设计者可以更高效地与

用户进行交流，而且减少了返工的需要和耗费，而在以前，这种对产品进行设计修改的返工经常发生在产品设计生命周期的后期，甚至有些情况下会发生在实际用户首次使用之后。优点如下：

① 使设计决策更加清晰（这使设计团队的成员可在设计过程中及早进行相互沟通）；

② 允许设计者在做出方案选择决策前可以研究多个设计方案；

③ 使开发过程中及早将用户的反馈意见结合到设计中成为可能；

④ 使对同一方案的多次反复和多个设计方案做出评价成为可能；

⑤ 提高功能设计说明书的质量和完备性。

从基于使用信息（例如使用场所）范围的最初设计思想到所有细节实际上已经成形的试生产模型阶段的设计过程，大部分阶段中都可以进行造型。一个模型既可以简单到用一支铅笔和一张纸画出的草图，也可以复杂到几乎无法将其与实物区分开来的电脑仿真模型。

(3) 为用户提供设计方案并允许他们实现任务（或对任务进行仿真）

通过使用静态的两维平面上的图形可以让用户进入到设计过程的早期。这将使当前的用户与屏幕上的一件产品或系统展现的草图结合起来，并可要求用户在实际使用条件下对其进行试验。设计中的很多问题（例如，如何使菜单层次更加易用）可以因此而迅速并廉价地获得评估。对于硬件产品来说，用简单材料构造的三维模型可以带来类似的好处。

在以人为中心的设计过程中，模型不是简单用来向用户提供设计预览的示范，而是用来收集用户的反馈信息以推动设计过程。

如果无法在设计过程早期向用户展示模型（例如，出于保密的原因），那么可以由专家进行评估，专家评估是有价值的并且有成本效益，还能对用户测试做补充。但是，对于一个以人为中心的设计过程来说，（至少）最终测试应该由实际用户来完成。

(4) 响应用户反馈对设计进行改动并重复该过程直至达到以人为中心的设计目标

模型的水准与重复程度的变化依赖于好多因素，包括最优化设计的重要性。在软件开发中，可以通过将屏幕上的设计以二维形式来显现，并通过多个阶段的重复交互取得进展，这样可使软件具备足够的功能来支持用户的需要。在设计后期，可以在一个更加实际的范围内评价模型。为了取得最大利润，最好应由用户共同实施多次重复设计。为了测定是否能够满足所有对象，还应该在实际环境中实施更为正式的评估。

用户批评及使用模型时观测到的缺陷为功能设计的变化提出了改进，这将提高系统的可用性。在有些情况下，这样的反馈还能帮助提炼一个交互式系统的范围和目标。

13.4.4 根据需求评估设计

在以人为中心的设计中，评估是一项基本步骤，它应发生在整个系统生命周期的各个阶段。评估可被用来：

① 提供可用以提高设计水平的反馈信息；

② 评测是否已经达到用户目标；

③ 监控产品或系统的长期使用。

在设计过程的早期，重点应放在获取可用以指导设计的反馈信息上，而在后期，当有了一个更加完备的模型时，便可以衡量是否已达到用户和组织目标了。在产品开发和设计的前期，更改设计相对花费较少，越往前进展、系统界定越完备，则更改设计越是昂贵。因此，尽早开始评估非常重要。

(1) 评估计划

需要制订的评估计划应该包括以下几方面：

① 以人为中心的设计目标；

② 谁负责评估事宜；

③ 需要评估系统的什么部分以及怎样评估，例如，测试环境、实体造型或模型；

④ 怎样实行评估以及执行测评的过程；

⑤ 对结果进行评估和分析以（尽可能地）接近用户的需要；

⑥ 评估事务的时间表及其与项目日程的关系；

⑦ 反馈和使用对其他设计事务的结果。

由于评估实施环境的差异，评估技术在其正规程度、严格性和用户参与程度上有所不同。该决策取决于实践和资金上的约束，待开发生命周期中的阶段和待开发系统的性质。

(2) 提供设计反馈

在系统生命周期的各个阶段中都应该进行评估以影响将要推出的系统。详细的评估目标应该表现出：

① 评测系统对组织目标的满足程度；

② 对界面提高需要、材料支持、工作站环境或培训建议进行鉴别和潜在问题诊断；

③ 选择在功能上和满足用户需求最好的设计方案；

④ 从用户处得到反馈和更深入的需求。

专家评估既快又经济，而且对识别主要问题有好处，但是还不足以保证一个成功的互动系统。

基于用户的评估可在设计的任何阶段提供设计的反馈。在早期阶段，用户可以针对环境、简单的二维模型和局部模型进行评估。

由于设计方案得到了进一步发展，用户评估的目标也逐步建立在更加完备和具体的系统版本之上。

(3) 评价目标是否实现

评估能够用来：

① 证实某特定设计符合以人为中心的需求原则；

② 评价与国际、国家、地方及公司的法规标准一致。

为获得有效的结论，评估方法应得当，可采用典型用户操作实际任务作为评估内容。

以人为中心目标评价原则的选择有赖于产品需求和设置该原则的组织需求。

(4) 长期跟踪

应制订一个产品或系统长期跟踪的计划和操作流程。在以人为中心的设计过程中，作为设计和评估活动，从用户中收集产品系统的使用状况是有必要的。长期跟踪就意味着在一个较长的时间段内以不同方式收集用户的反馈。短期评估和长期评估有很大区别。使用产品系统的问题有时要在一段时间之后才能发现，问题可能会是由于外部原因引起的，比如，非预期的实际工作条件的改变。运行原则和公司用户健康报告能为长期评估过程提供评估参数。设计过程中留意以人为中心的设计原则能保证那些参数对评估的重要决定作用。

注意：找出不安全的因素比记录已发事故好得多，查出心理或精神障碍比事后记录医疗问题好得多。

(5) 报告结论

为了管理反复设计过程，评估结论应有系统记录。如果要宣称一个设计过程符合这些国际标准，那么对于评估这一宣告的人员，无论是客户、第三方或供货方自己，都需要具备充分评估的合适证据：

① 足够的用户参与检测，这些用户在使用过程中有代表性；

② 具有关于以人为中心目标的检测项；

③ 有效的检测和信息收集方法；

④ 对检测结果的适当处理；

⑤ 检测条件适当。

设计过程中有三种可用的评估报告，这取决于评估目的是对设计进行反馈、测定特定标准还是为已取得的以人为中心的设计目标提供佐证，比如，可用性或用户健康和安全。可用性评估的基本流程如图 13-4。

设计反馈的报告应

——在开发过程的适当时候进行；

——建立在适当的评估内容之上（如用户设计复查）；

——以表格形式提供设计反馈，它支持设计决策；

——系统改进可用性品质。

用户测试报告应

——定义用于评估的使用过程；

——提供关于用户和组织需要的信息；

——描述测试产品及其地位，如产品原型；

——描述采用的措施、用户和使用方法；

——包含相关统计结论；

——注明与需求对应的决策。

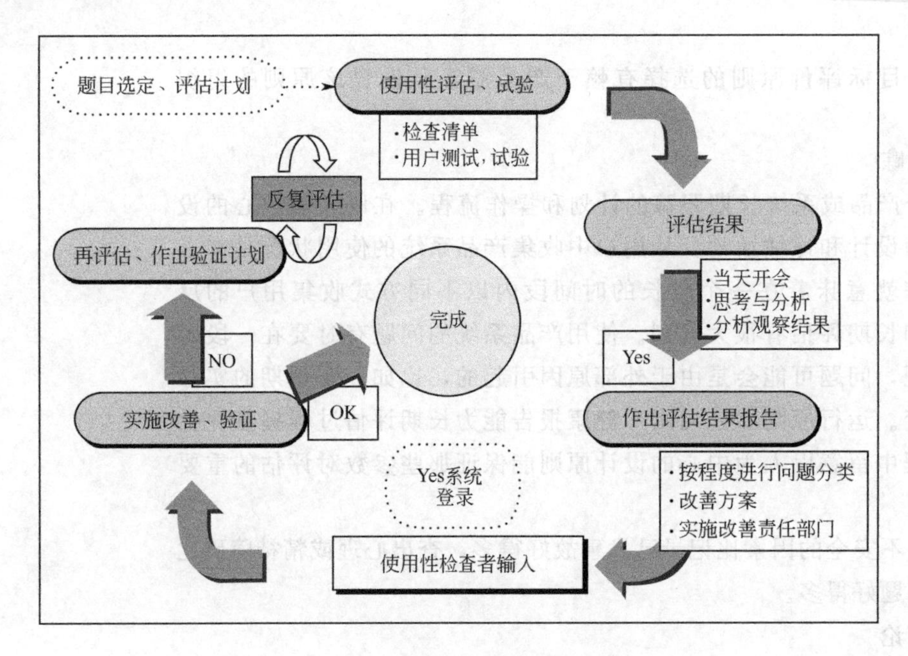

图 13-4 可用性评估的基本流程

13.5 其他相关以人为中心的国际标准

13.5.1 概述

设计标准分为两类。一类面向过程：它规定应遵循的程序和过程。一类面向产品：它规定用户界面所需的属性。

但有些面向产品的标准规定运行要求而不是产品属性。这些标准将用户、任务、使用过程和评估可用性描述为应取得的用户性能和满意度。

13.5.2 面向过程

ISO 6385：1981，工作系统设计的人机原则。

ISO 6385 设置了在工作系统设计中应遵循的人机原则。这一国际标准建立在其内含的原理、目标描述和人机目标理论基础上。

ISO 9241—1：1997，办公工作可视显示终端（VDTS）的人机需求——第一部分：概述。

ISO 9241—1 介绍了办公工作中使用可视显示终端的人机需求多个标准，解释了一些基本原则。它提供如何使用 ISO 9241 的导引，叙述了如何报告与 ISO 9241 的一致性。

ISO 9241—2：1992，办公工作可视显示终端的人机需求，第二部分：任务需求导引。

ISO 9241—2 处理与可视显示终端有关的设计任务。它对如下两件工作提供指导：

在独立组织内如何贯彻落实任务需求；

任务需求如何纳入系统设计和执行过程中。

ISO 9241—11：1998，办公工作可视显示终端的人机需求——第十一部分；可用性导引。

ISO 9241—11 提供了这一国际标准中的可用性定义。

ISO 9241—11 解释了在定义评估可用性为用户性能和满意度时如何鉴定应纳入考虑列的信息。导引清楚地描述了产品使用过程和可用性需求标准。这包括如何把产品可用性定义和评价为质量系统统一的有机组成。例如，一个遵循 ISO 9000 质量标准的体系还解释了用户性能和满意尺度如何用来度量工作系统部件对使用中的整个系统的影响。

ISO 10075：1991，心理负荷的人机原则——概述。

ISO 10075 解释和定义了心理负荷的术语。

ISO/IEC 14598。1 中已用的质量概念：要区别质量是作为软件产品内在特征还是软件产品在指定条件下使用即在指定使用过程中应取得的功效。这个质量定义与 ISO 9241—11（1998）中的定义不谋而合。质量一词的使用因此暗指在评估软件产品时应考虑以人为中心的问题。

注意：质量定义为产品由指定用户为适应自身需要而使用时在指定使用过程采用有效满意的方法而取得指定目标的实现程度。面向过程的标准可用来支持以下活动：

——对全面质量和使用要求的说明和对这些需求的评估（ISO 9241—11 和 ISO/IEC 14598）；

——将可用性纳入质量系统。

13.5.3 面向产品的标准

从面向产品的角度看，可用性被看成软件质量的一个相对独立的属性，在 ISO/IEC 9126（1991）中是这样定义的，信息技术—软件产品评估—质量特性和使用指南：一套建立在使用性尝试和指定使用用户的独立评估上的软件属性。

可用产品可通过把用户熟知的产品特征属性纳入特定使用过程来设计。

ISO 9241 提供了与硬件、软件和环境相应的需求和评价。ISO-9241 的第三到第九部分包含对软件设计有启示作用的设计要求和指导。第十到第十七部分和其他标准讲述有关软件属性问题。

ISO 9241—3：1992，可视办公工作显示终端的人机需求，第三部分：可视显示要求。

ISO 9241—3 规定了显示屏的人机要求，以保证用户操作时舒适、安全、有效。虽然是专门处理办公用显示屏，但也同样适用于类似办公环境的一般用途显示屏。

ISO 9241—4：1998，办公工作可视显示终端的人机需求，第四部分：键盘要求。

ISO 9241—4 规定了操作办公任务用的字母、数字复合键盘如何更舒适、安全、有效的设计特征。键盘布局在 ISO/IEC 9995（1994）的不同部分都有介绍，包括在信息技术—键盘布局章节内。

【习题十三】

13-1　何为ISO13407？你认为ISO13407对你今后的设计理念、设计方法有哪些启发？

13-2　如何理解在设计中“创造用户积极参与设计过程的条件”？

13-3　请说明：

①“以人为中心”设计过程的主要原则；

② 产品可用性活动的首要步骤是什么？并概略说明在设计不同阶段所应用的可用性工程方法；

③ 这些方法在实现“以人为中心”设计目标中的作用。

参 考 文 献

[1] William H, Cushman, Daniel J. Rosenberg. Human Factors in Product Design. New York: Elsevier Science Publishers B. V. , 1991.

[2] Nicolas Marmaras, George Poulakakis, Vasilis Papakostopoulos. Ergonomic design in ancient Greece. *Applied Ergonomics*, 1999, 30 (8): 361.

[3] Jeff Smith. Act Strategic, Be cool. *Design Management Journal*, 1999, 10 (1).

[4] Yung-Hung Lee[a], Mon-Shing Jiang. An ergonomics design and perfomance evaluation of pipettes. *Applied Ergonomics*, 1999, 30 (12): 487.

[5] O. O. Okunribido, C. M. Haslegrave. Effect of handle design for cylinder trolleys. *Applied Ergonomics*, 1999, 30 (10): 407.

[6] 王继成．现代工业设计技术与艺术．上海：中国纺织大学出版社，1997.

[7] Karl Kroemer, Henrike Kroemer, Katrim Elbert. Ergonomics: How to Design for Ease and Efficiency. New Jersey: Prentice Hall. Inc. , 2001: 562.

[8] Kong King Shieh. Effects of reflection and polarity on LCD viewing distance. *International Journal of Industrial Ergonomics* 25 (2000), 2000, 25 (2): 275.

[9] Christopher D. B. Burt, Natasha Henningsen, Nathan Consedine. Prompting correct lifting posture using signs. *Applied Ergonomics*, 1999, 30 (8): 353.

[10] 王继成．机械产品上的图形标志．北京：工程图学学报 2000 年增刊，1999，12.

[11] Sheng Hsiung Hsu, Swei Pi Wu, Yu Peng. The optimum life angle for the culinary spatula (turning shovel). *Ergonomics*, 1994, 37 (2): 325.

[12] Sheng Hsiung Hsu, Yuan Ho Chen. Evaluation on bent-handle files. *International Journal of Industrial Ergonomics*, 1999, 25 (11): 1.

[13] 国家统计局人口和社会科技统计司 编．中国人口统计年鉴．1999. 北京：中国统计出版社，2000，34～57.

[14] 中国社会科学院人口研究所 编．中国人口年鉴 2000，2001. 北京：中国统计出版社，2001，23～25.

[15] 蒋孟厚，无障碍环境设计．北京：中国建筑工业出版社，1994，3～10.

[16] 周文麟．城市无障碍环境设计．北京：科学出版社，2000.

[17] 荒木兵一郎，藤本尚久，田中直人．国内建筑设计线图图集 3：无障碍建筑．北京：中国建筑工业出版社，2000，1～14.

[18] 羌苑，袁逸，王家兰．国外老年建筑设计．北京：中国建筑工业出版社，1～20，1999.

[19] Gregg C. Vanderheiden. Universal Design What It Is and What It Isn't, Trace R&D Center, 1996, 5/6: 4.

[20] Michael A. Stegman. Accessible Housing By Design: Universal Design Principle in Practice. McGraw-Hill Companies. Inc. , 1997. 1.

[21] Michael J. Bednar. Barrier-Free Environments. Dowden: Hutchinson & Ross, Inc, 1977. 1.

[22] 野村欢［日］. 为残疾人及老年人的建筑安全设计．北京市建筑设计院技术情报所摘译．北京：中国建筑工业出版社，1990，1～23.

[23] The Electronic Industries Alliance and the Electronic Industries Foundation. U S Resource Guide for Accessible Design of Consumer Electronics, 1996. 1.

[24] Seluyn Goldsmisth. Designing for The Disabled. Architectural Press, 1997. 24.

[25] Ellen D. Taira, Jodi L. Carlson . Aging In Place. The Haworth Press Inc. , 1999. 2.

[26] Charles A. Riley II. High-Access Home：Design and Decoration for Barrier-Free Living. Rizzoli International Publications，Inc. 1992. 34.
[27] Irma Laufer Dobkin，Mary Jo Peterson. Universal Interiors by Design. McGraw-Hill Companies，1999. 1.
[28] Edward Steinfeld，Gary Scott Danford. Enabling Environments Measuring the Impact of Environments on Disability and Rehabiliation. Kluwer Acadcmie/Plenum Publish，1999. 32.
[29] 蔡清华，王继成．共用性设计及其产品系统．沈阳：2002 年国际工业设计学术研讨会论文集．北京：中国机械工业出版社，2002.
[30] Mary Jo Peterson. Universal Kitchen and Bathroom Planning，McGraw-Hill Companies，1998. 346.
[31] Susan Behar. Beautiful Barrier-Free：A Visual Guide to Accessibility. Cynthia Leibrock，1993. 209.
[32] Ruth Oliver，Diane Gyi，Mark Porter，Russ Marshall，Keith Case. A survey of the Design Needs of older and Disbled People. Contemporary Ergonomics，2001. 355.
[33] 查瑞传，曾毅，郭志刚．中国第四次人口普查资料分析．北京：高等教育出版社，25～79，1996.
[34] 于学军．中国人口老化的经济学研究．北京：中国人口出版社，1～10，94～100，1995.
[35] Cynthia A. Leibrock，James Evan Terry. Beautiful Universal Design：A Visual Guide. John Wiley & Sons. Inc.，1999. 101.
[36] 蔡清华，王继成．产品的共用性设计理念．北京：工程图学学报 2002 年增刊，2002 年 7 月．
[37] Heli Kirvesoja，Seppo Väyryner，Ari Häikiö. Three evaluations oftask-surface heights in elderly people's homes. Applied Ergonomics 31 (2000) 2000. (4)：109.
[38] ISO 13407. 1999.
[39] 张宝光译．2000 年中日工业设计高级研讨会资料．日本国际设计交流会．上海：2000 年．
[40] 张宝光译．2001 年中日工业设计高级研讨会资料．日本国际设计交流会．上海：2001 年．
[41] 张宝光译．2002 年中日工业设计高级研讨会资料．日本国际设计交流会．上海：2002 年．
[42] 张宝光译．2003 年中日工业设计高级研讨会资料．日本国际设计交流会．上海：2003 年．
[43] Bill Moggridge. Designing Interactions [M]. USA：The MIT Press，2006.
[44] Barbara Ballard. Designing the Mobile User Experience [M]. USA：Wiley Publishing，2007.
[45] Jerry Olson，Kristin Waltersdorff & James Forr. Incorporating Deep Customer Insights in the Innovation Process [J]. Hans H. Hinterhuber and K. Matzler，2008.
[46] Bill Moggridge. Designing Interactions. USA：The MIT Press，2007.

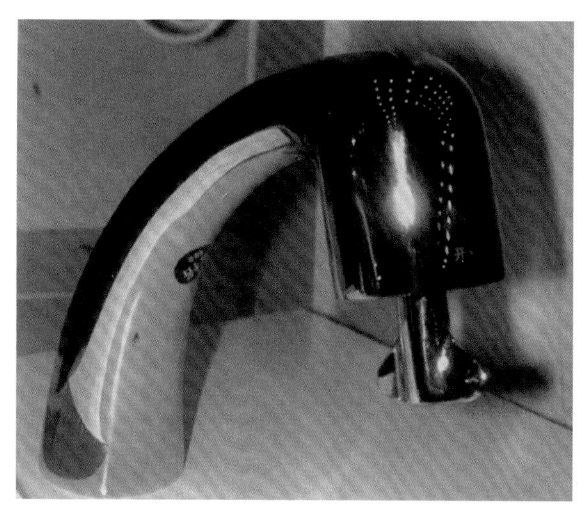

彩图 1-1　卫生洗手龙头

本产品手柄装在出水口下方，打开水龙头，冲出的水流能自行将手柄冲洗干净。防止洗净的手在关水龙头时，再次被污染。

彩图 1-2　技术为人服务

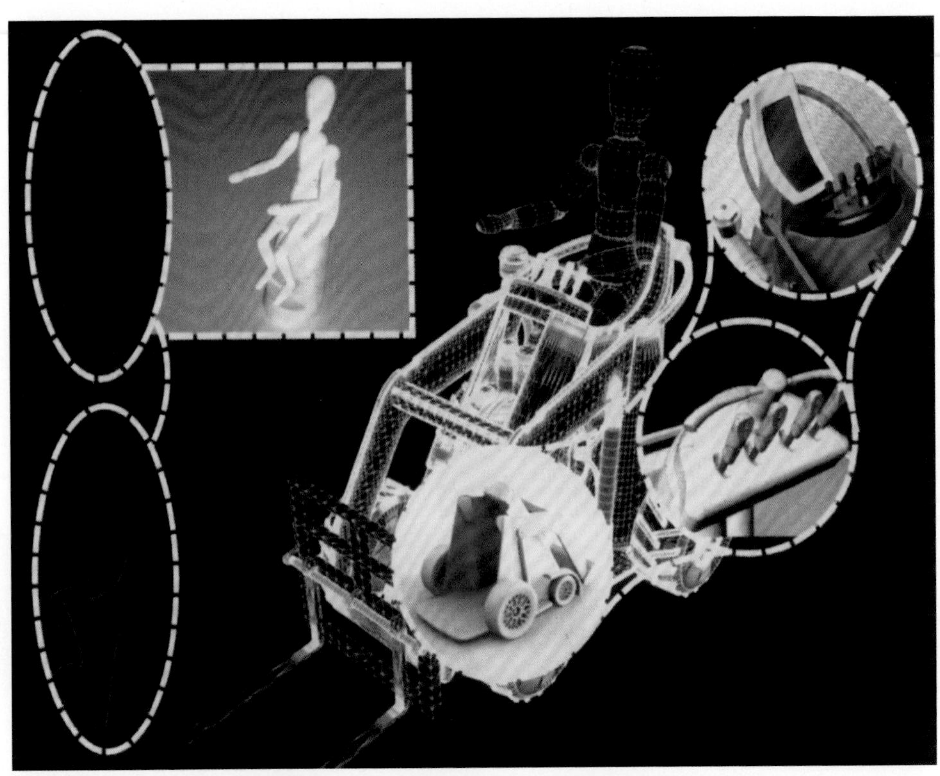
彩图 2-1　植树机的人体模拟

彩图 2-2　PZ-4650 胶印机的人——机关系分析

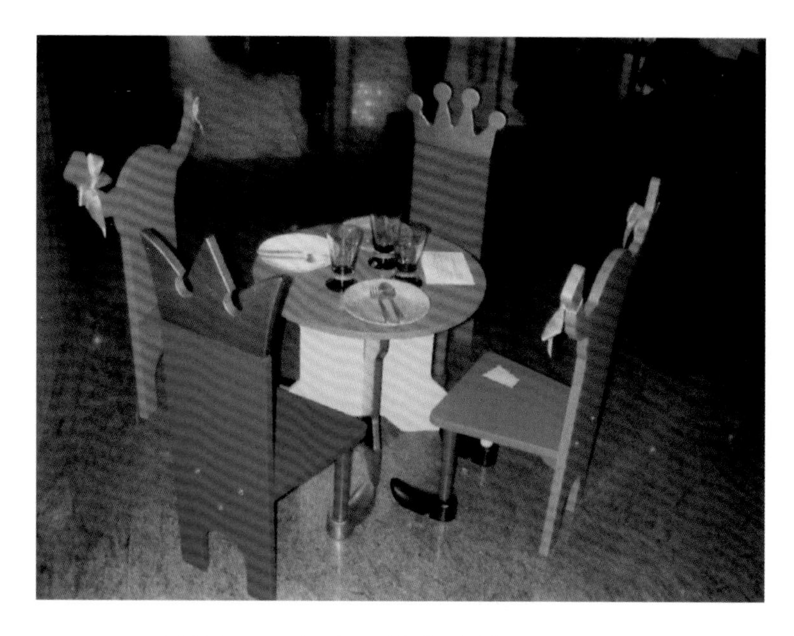

彩图 7-1（1） 儿童座椅

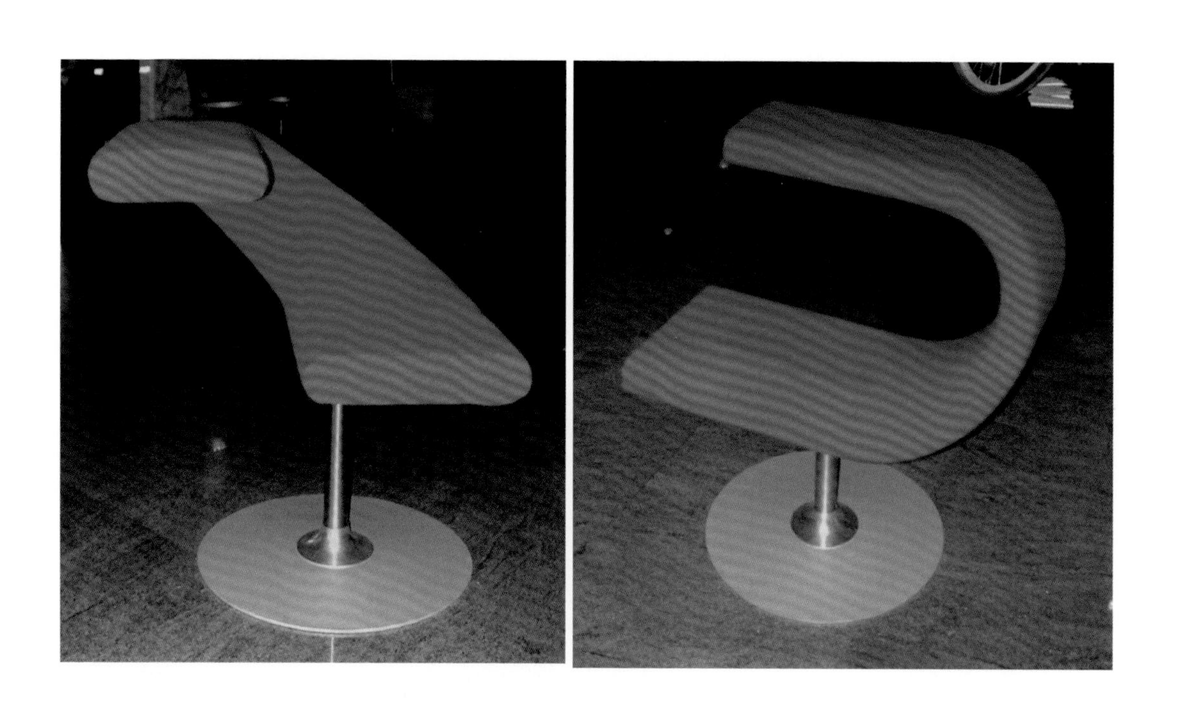

彩图 7-1（2） 简洁而又舒适的椅子

彩图 7-2　方便握持的玻璃杯

这些与众不同的玻璃杯，形状与人手的握持方式丝丝入扣，令使用者方便、舒适。

彩图 7-3　双手握持的控制器

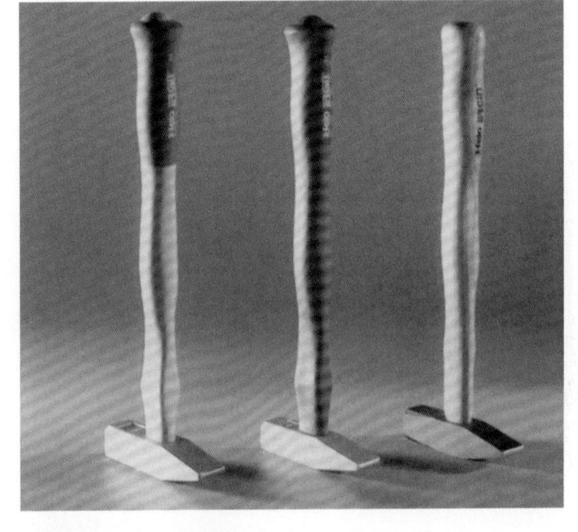

彩图 7-4　锤子

其手柄曲面的凸起恰好适合掌心，并能自动引导手掌滑向最适宜的抓握位置。接近垂头的手柄形状，还适合轻柔、精确的击打。

彩图 7-5 泥瓦工的泥铲

手柄曲面的凸起恰好适合掌心，并能自动引导手掌滑向最适宜的抓握位置。接近端部处的形态有利拇指在另侧使力，以利于精确作业。

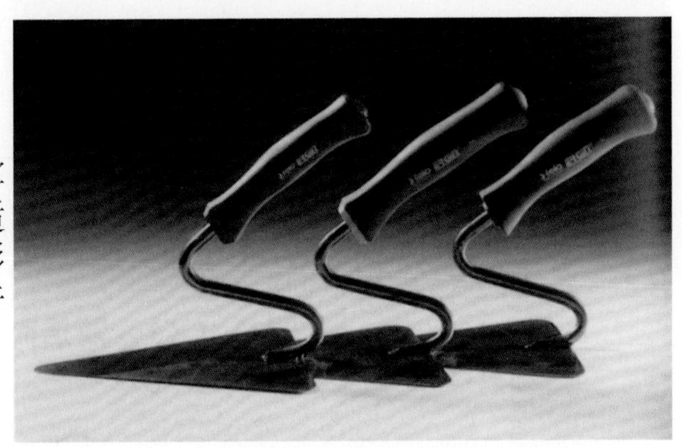

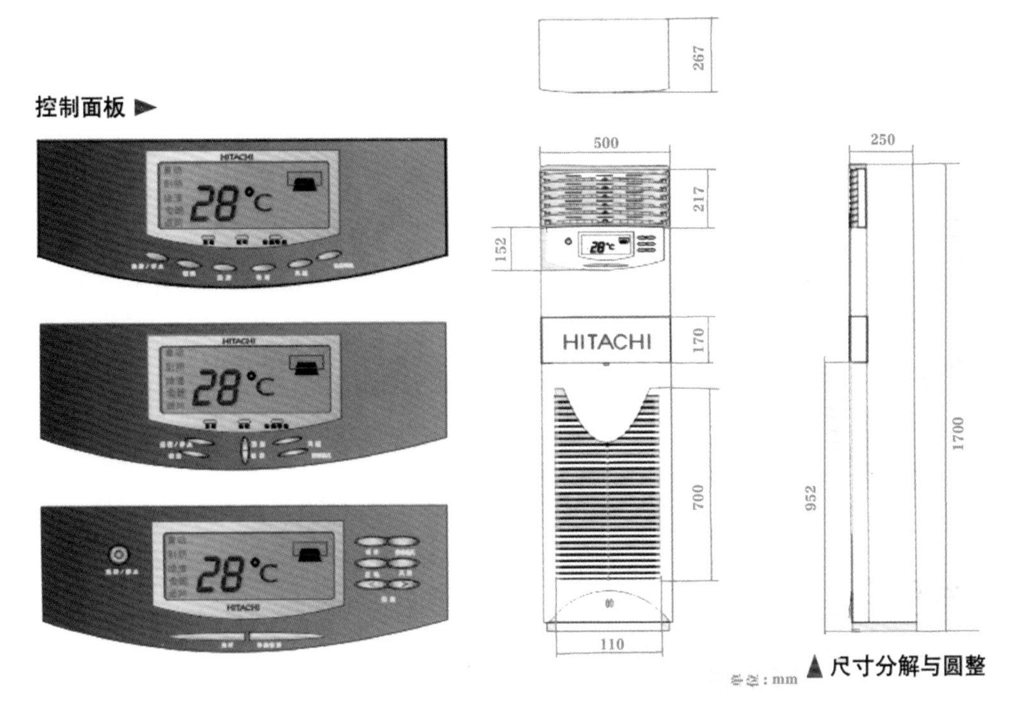

彩图 9-1 柜式空调室内机控制面板的显示设计

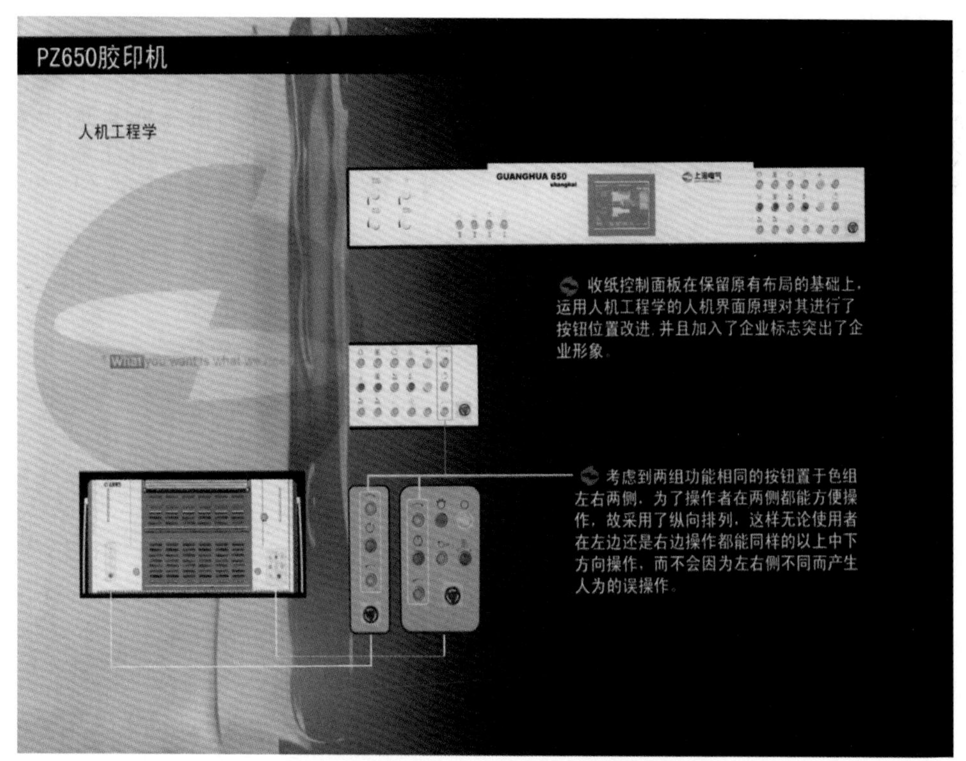

彩图 10-1 PZ-4650 胶印机控制面板设计

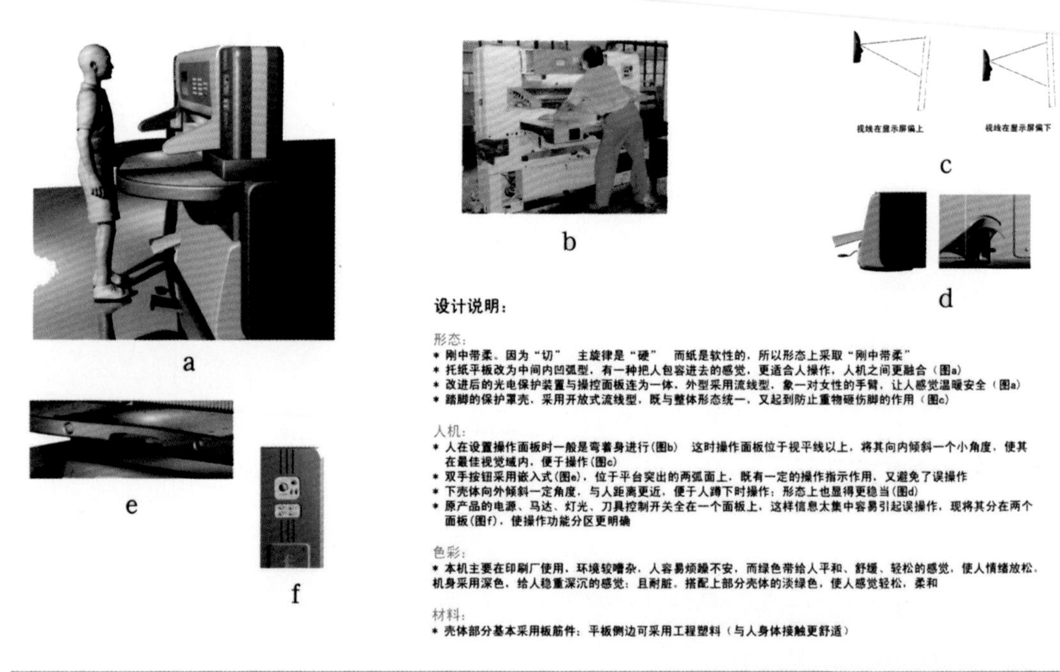

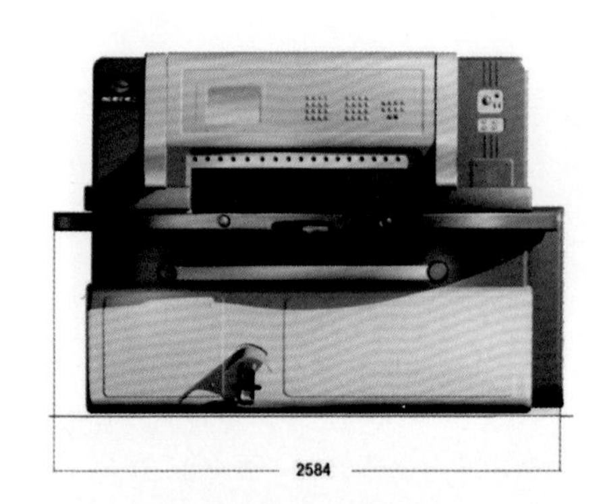

控制切纸刀的两个红色按钮位于工作面的前端（左右各一），并相隔一定距离。由于必须同时按动才会启动，操作员只能以左下图的姿势操作，从而可有效防止意外激活，保证启动后手不会留在危险区内。防止可能的事故发生。

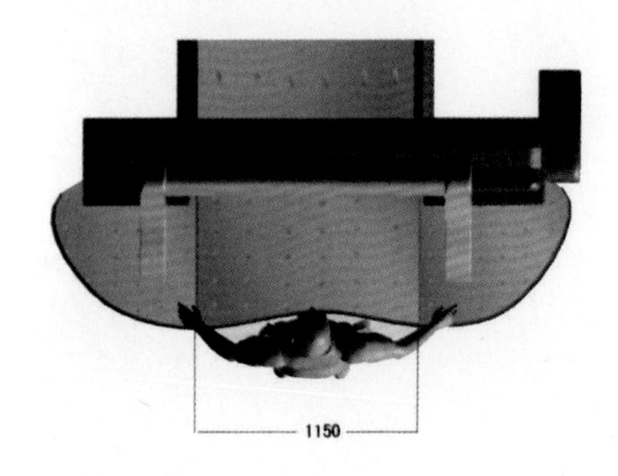

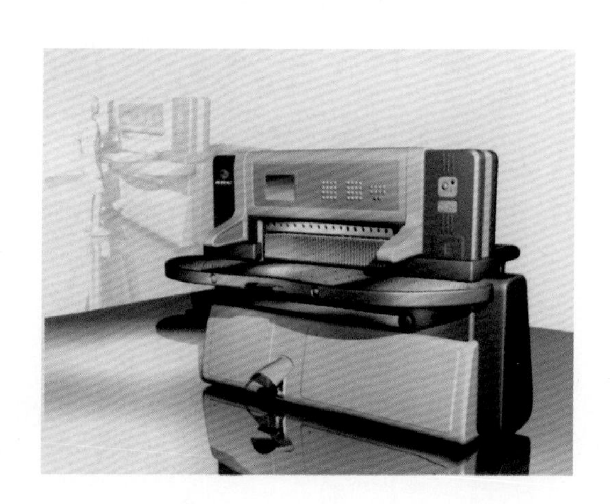

彩图 10-2　切纸机的人机工程学设计

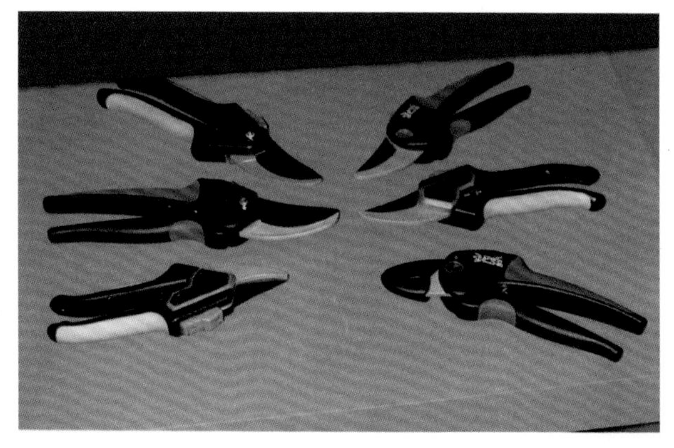

彩图 11-1 园艺修枝剪（注意手柄的弯曲造型）

彩图 11-2 气动冲击钻

其手柄的倾斜角度可避免冲击力作用于手腕。整体设计重心合理，平衡完美，握持在手很轻松。

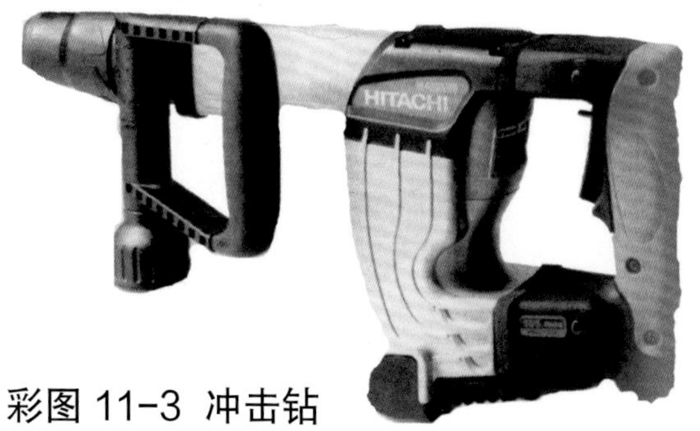

彩图 11-3 冲击钻

重量仅 5.9kg，握柄覆有柔软材料，可吸收操作时的振动。

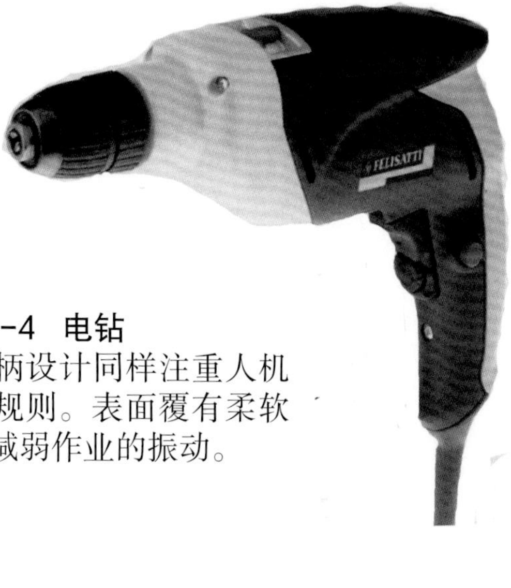

彩图 11-4 电钻

手柄设计同样注重人机工程学规则。表面覆有柔软材料，减弱作业的振动。

彩图 12-1 为方便老年人与残疾人使用而设计的餐具

彩图 12-2 残疾人专用瓷器套具

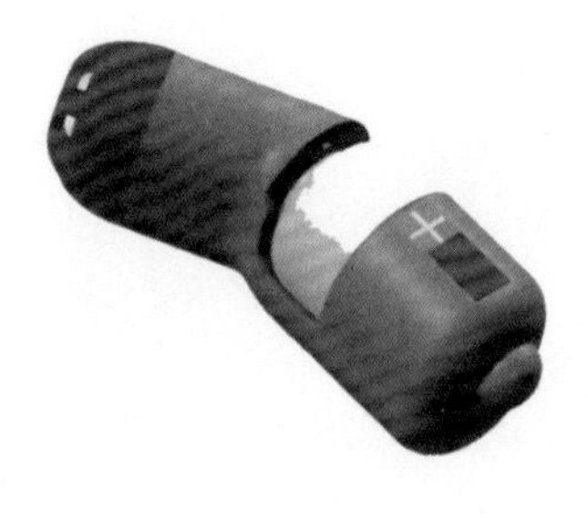

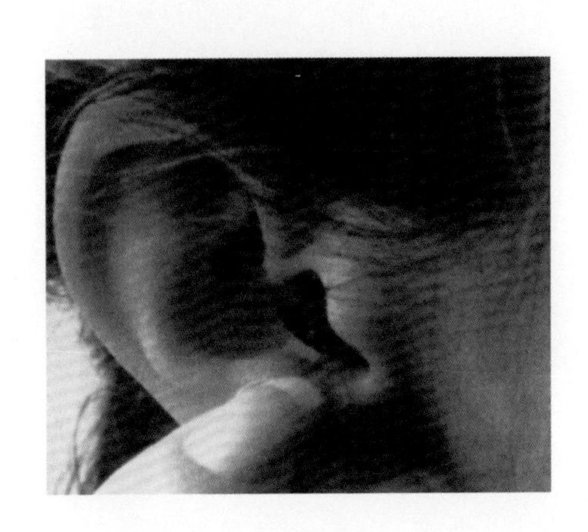

彩图 12-3 微型助听器

彩图 12-4　筷子

为老年人与残疾人设计，且左右手均可使用。筷杆可更换。同时也可供健全的外国人使用

彩图 12-5　救生简易担架

本产品用再生纸制成，其使用方法用图案清晰的表示在本体上。保证在紧急情况下任何人都能正确使用。

(a)“手指精灵”光电鼠标设计效果图

(b) 戴在手指上使用的效果

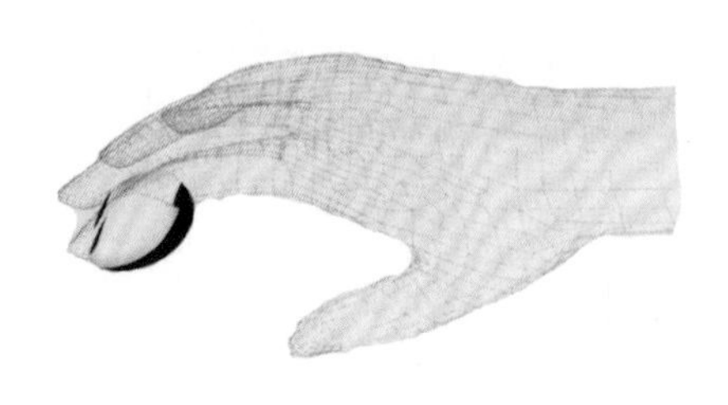

Smart

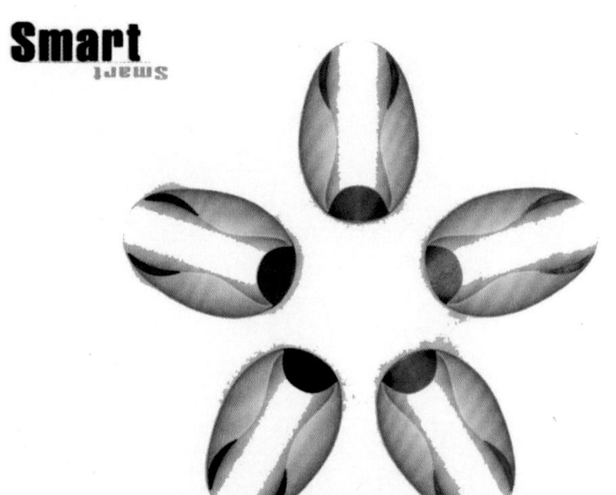

(c) 色彩效果（1）

Smart

(d) 色彩效果（2）

彩图 12-6 指戴式压力感应鼠标

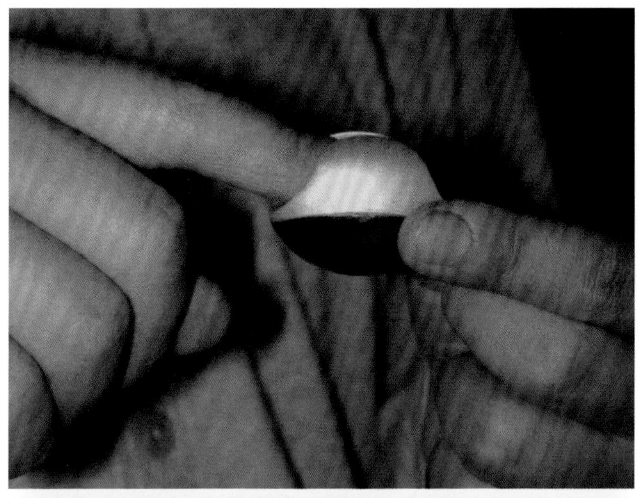

(e) 可直接戴在手指上

(f) 不影响键盘操作

彩图 12-6 指戴式压力感应鼠标

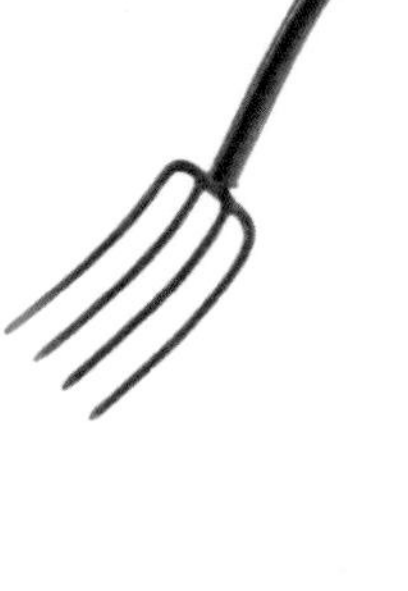

彩图 12-8 柄杆长度可调的园艺铲

彩图 12-7　钥匙的共用性设计